有向几何学

有向面积及其应用（上）

喻德生 著

南昌航空大学科学文库

科 学 出 版 社

北 京

内 容 简 介

本书是《有向几何学》系列成果之二. 在《平面有向几何学》等研究的基础上，创造性地、广泛地运用有向面积法和有向面积定值法，对平面有关问题进行研究，得到了一系列的有关三角形、多边形和多角形有向面积的定值定理，揭示了这些定理与经典数学问题、数学定理和一大批数学竞赛题之间的联系，使这些经典数学问题、数学定理和数学竞赛题得到了推广、证明或加强，较为系统、深入地阐述了平面有向面积的基本理论、基本思想和基本方法. 它对开拓数学的研究领域，揭示事物之间本质的联系，探索数学研究的新思想、新方法具有重要的理论意义；对丰富几何学各学科，以及相关数学学科的教学内容，促进大学和中学数学教学内容改革的发展具有重要的现实意义；此外，有向几何学的研究成果和研究方法，对数学定理的机械化证明也具有重要的应用和参考价值.

本书可供数学研究工作者、大学和中学数学教师、数学专业本科生和研究生阅读，可以作为数学专业本科生、研究生和中学数学竞赛的教材，也可供相关学科专业的师生、科技工作者参考.

图书在版编目(CIP)数据

有向几何学: 有向面积及其应用. 上/喻德生著. —北京: 科学出版社, 2017.8

ISBN 978-7-03-054076-8

Ⅰ.①有… Ⅱ.①喻… Ⅲ.①有向图 Ⅳ.①O157.5

中国版本图书馆 CIP 数据核字(2017) 第 185121 号

责任编辑: 陈玉琢 / 责任校对: 王 瑞
责任印制: 张 伟 / 封面设计: 陈 敬

科 学 出 版 社 出版
北京东黄城根北街 16 号
邮政编码: 100717
http://www.sciencep.com

北京京华虎彩印刷有限公司 印刷

科学出版社发行 各地新华书店经销

*

2017 年 8 月第 一 版 开本: 720 × 1000 1/16
2018 年 1 月第二次印刷 印张: 20 1/2
字数: 410 000

定价: 128.00 元
(如有印装质量问题, 我社负责调换)

作者简介

喻德生，江西高安人. 1980 年步入教坛，1990 年江西师范大学数学系硕士研究生毕业，获理学硕士学位. 现任南昌航空大学数学与信息科学学院教授，硕士研究生导师，江西省第六批中青年骨干教师，中国教育数学学会常务理事，《数学研究期刊》编委，南昌航空大学省级精品课程《高等数学》负责人，教育部学位与研究生教育发展中心学位论文评审专家，江西省第二届青年教师讲课比赛评委，研究生数学建模竞赛论文评审专家. 历任大学数学教研部主任等职. 指导硕士研究生 12 人. 主要从事几何学、计算机辅助几何设计和数学教育等方面的研究. 参与国家自然科学基金课题 3 项，主持或参与省部级教学科研课题 10 项、厅局级教学科研课题 12 项.在国内外学术刊物发表论文 60 余篇，撰写专著 3 部，主编出版教材 10 种 16 个版本. 作为主持人获江西省优秀教学成果奖 3 项，指导学生参加全国数学建模竞赛获省级一等奖及以上奖励 4 项并获江西省优秀教学成果荣誉 2 项，南昌航空工业学院优秀教学成果奖 4 项，获校级优秀教师 2 次. Email：yuds17@163.com

前　　言

"有向" 是自然科学中的一个十分重要而又应用非常广泛的概念. 我们经常遇到的有向数学模型无外乎以下两类.

一是 "泛物" 的有向性. 如微积分学中的左右极限、左右连续、左右导数等用到的量的有向性, 定积分中用到的线段 (即区间) 的有向性, 对坐标的曲线积分用到的曲线的有向性, 对坐标的曲面积分用到的曲面的有向性等, 这些都是有向性的例子. 尽管这里的问题很不相同, 但是它们都只有正、负两个方向, 因此称为 "泛物" 的有向性. 然而, 这里的有向性没有可加性, 不便运算.

二是 "泛向" 的有向量, 亦即我们在数学与物理中广泛使用的向量. 我们知道, 这里的向量有无穷多个方向, 而且两个方向不同的向量相加通常得到一个方向不同的向量. 因此, 我们称为 "泛向" 的有向量. 这种 "泛向" 的有向数学模型, 对于我们来说方向太多, 不便应用.

然而, 正是由于 "泛向" 有向量的可加性与 "泛物" 有向性的二值性, 启示我们研究一种既有二值有向性、又有可加性的几何量. 一维空间的有向距离, 二维空间的有向面积, 三维空间乃至一般的 N 维空间的有向体积等都是这种几何量的例子. 一般地, 我们把带有方向的度量称为有向度量.

"有向度量" 并不是数学中一个全新的概念, 各种有向度量的概念散见于一些数学文献中. 但是, 有向度量的概念并未发展成为数学中的一个重要概念. 有向度量的应用仅仅局限于其 "有向性", 而极少触及其 "可加性". 要使有向度量的概念变得更加有用, 要发现各种有向度量的规律性, 使有向度量的知识系统化, 就必须对有向度量进行深入的研究, 创立一门独立的几何学——有向几何学. 为此, 必须明确有向几何学的研究对象, 确立有向几何学的研究方法, 构建有向几何学的知识体系. 这对开拓数学研究的领域, 揭示事物之间本质的联系, 探索数学研究的新思想、新方法具有重要的理论意义; 对丰富几何学各学科以及相关数学学科, 特别是数学分析、高等数学等学科的教学内容, 促进高等学校数学教学内容改革的发展具有重要的现实意义; 此外, 有向几何学的研究成果和研究方法, 对数学定理的机械化证明也具有重要的应用和参考价值.

就我们所知, 著名数学家希尔伯特在他的数学名著《直观几何》中, 利用三角形的有向面积证明了一个简单的几何问题, 这是历史上较早的使用有向面积证题的例子. 20 世纪五六十年代, 著名数学家 Wilhelm Blaschke 在他的《圆与球》中, 利用有向面积深入地讨论了圆的极小性问题, 这是历史上比较系统地使用有向面积方法解决问题的例子. 但是, 有向面积法并未发展成一种普遍使用、而又十分有效的方法.

20 世纪八九十年代, 我国著名数学家吴文俊、张景中院士, 开创了数学机械化的研究, 而计算机中使用的距离和面积都是有向的, 因此数学机械化的研究拓宽了有向距离和有向面积应用的范围. 特别是张景中院士十分注重面积关系在数学机器证明中的作用, 指出面积关系是 "数学中的一个重要关系", 并利用面积关系创立了一种可读的数学机器证明方法——即所谓的消点法, 也称为面积法.

近年来, 我们在分析与借鉴上述两种思想方法的基础上, 发展了一种研究有向几何问题的方法, 即所谓的有向度量定值法. 除上述提到的两个原因外, 我们也受到如下两种数学思想方法的影响.

一是数学建模的思想方法. 我们知道, 一个数学模型通常不是一个简单的数学结论. 它往往包含一个或多个参数, 只要给定参数的一个值, 就可以得出一个相应的结论. 这与经典几何学中一个一个的、较少体现知识之间联系的结论形成了鲜明的对照. 因此, 我们自然会问, 几何学中能建立涵盖面如此广泛的结论吗? 这样, 寻找几何学中联系不同结论的参数, 进行几何学中的数学建模, 就成为我们研究有向几何问题的一个重点.

二是函数论中的连续与不动点的思想方法. 我们知道, 经典几何学中的结论通常是离散的, 一个结论就要给出一个证明, 比较麻烦. 我们能否引进一个连续变化的量, 使得对于变量的每一个值, 某个几何量或某几个几何量之间的关系始终是不变的? 这样, 构造几何量之间的定值模型就成为我们研究有向几何问题的一个突破口.

尽管几何定值问题的研究较早, 一些方面的研究也比较深入, 但有向度量定值问题的研究尚处于起步阶段. 近年来, 我们研究了有向距离、有向面积定值的一些问题, 得到了一些比较好的结果, 并揭示了这些结果与一些著名的几何结论之间的联系. 不仅使很多著名的几何定理——Euler 定理、Pappus 定理、Pappus 公式、蝴蝶定理、Servois 定理、中线定理、Harcourt 定理、Carnot 定理、Brahmagupta 定理、切线与辅助圆定理、Anthemius 定理、焦点和切线的 Apollonius 定理、Zerr 定理、配极定理、Salmon 定理、二次曲线的 Pappus 定理、两直线上的 Pappus 定理、Desarques 定理、Ceva 定理、等截共轭点定理、共轭直径的 Apollonius 定理、正弦及余弦差角公式、Weitzentock 不等式、Möbius 定理、Monge 公式、Gauss 五边形公式、Erdös-Mordell 不等式、Gauss 定理、Gergonne 定理、梯形的施泰纳定理、拿破仑三角形定理、Cesaro 定理、三角形的中垂线定理、Simson 定理、三角形的共点线定理、完全四边形的 Simson 线定理、高线定理、Neuberg 定理、共点线的施泰纳定理、Zvonko Cerin 定理、双重透视定理、三重透视定理、Pappus 重心定理、角平分线定理、Menelaus 定理、Newton 定理、Brianchon 定理等结论和一大批数学竞赛题在有向度量的思想方法下得到了推广或证明, 而且揭示了这些经典结论之间、有向度量与这些经典结论之间的内在联系. 显示出有向面积定值法的新颖性、综合性、有效性和简洁性. 特别是在三角形、四边形和二次曲线外切多边形中有向面积定值问题的研究, 涵盖面广、内容丰富、结论优美, 并引起了国内外数学界的关注.

打个比方说, 如果我们把经典的几何定理看成是一颗颗的珍珠, 那么几何有向度量的定值定理就像一条条的项链, 把一些看似没有联系的若干几何定理串连起来, 形成一个完美的整体. 因此, 几何有向度量的定值定理更能体现事物之间的联系, 揭示事物的本质.

本书是《有向几何学》系列研究成果之二. 在《平面有向几何学》(喻德生著, 科学出版社, 2014 年 3 月) 等有关研究成果的基础上, 创造性地、广泛地运用有向面积和有向面积定值法, 对平面有关问题进行研究, 得到了一系列的有关三角形、多边形和多角形有向面积的定值定理, 揭示了这些定理与经典数学问题、数学定理和一大批数学竞赛题之间的联系, 使这些经典数学问题、数学定理和数学竞赛题得到了推广、证明或加强, 较为系统、深入地阐述了有向面积的基本理论、基本思想和基本方法.

本书得到南昌航空大学科研成果专项资助基金和江西省自然科学基金 (CA201607138) 的资助, 得到科技处和数学与信息科学学院领导以及我院教师毕艳会博士的大力支持, 在此表示衷心感谢! 同时, 也感谢科学出版社陈玉琢编辑的关心与帮助.

由于作者阅历、水平有限, 书中疏漏与不足之处在所难免, 敬请国内外同仁和读者批评指正.

作者

2017 年 2 月

目　　录

第1章　多边形有向面积公式

1.1　多边形面积的概念与性质

从几何上来看, 两点间的距离是一维图形长短的度量, 多边形的面积是二维图形大小的度量, 那么这两类度量之间有什么联系呢? 本节主要阐述多边形和多边形面积的基本知识, 为多边形有向面积的研究奠定基础. 首先, 介绍平面多边形 (多角形) 的基本概念; 其次, 介绍多边形面积的概念, 并通过定义三角形的面积, 得出一般的多边形的面积; 再次, 给出三角形面积公式与性质; 然后, 给出多边形面积公式与性质; 最后, 概括本节的内容.

1.1.1　多边形 (多角形) 的基本概念

多边形 (多角形) 有平面多边形和空间多边形之分. 本书所论及的多边形 (多角形) 均为平面多边形 (多角形), 并简称为多边形 (多角形).

定义 1.1.1　由在同一平面且不在同一直线上的三条或三条以上首尾顺次连接且不相交的线段所组成的封闭图形叫做多边形; 由在同一平面且不在同一直线上的三条或三条以上首尾顺次连接的线段所组成的封闭图形叫做多角形.

显然, 多边形是多角形的特殊情形.

组成多边形 (多角形) 的每一条线段叫做多边形 (多角形) 的边; 相邻的两条线段的公共端点叫做多边形 (多角形) 的顶点; 多边形 (多角形) 相邻两边所组成的角叫做多边形 (多角形) 的内角; 多边形 (多角形) 内角的一边与另一边反向延长线所组成的角叫做多边形 (多角形) 的外角; 连接多边形 (多角形) 的两个不相邻顶点的线段叫做多边形 (多角形) 的对角线.

显然, 组成多边形 (多角形) 的线段至少有三条, 三角形是最简单的多边形 (多角形).

为方便起见, 我们把同一直线上三条或三条以上的线段首尾顺次连接所成的图形, 看成是多边形的特殊情形.

定义 1.1.2　以多边形 (多角形) 某边 (某对角线) 为一边、多边形 (多角形) 所在平面上任意一点为一个顶点的三角形, 称为多边形 (多角形) 的边三角形 (对角线三角形).

为方便起见, 当任意点在多边形 (多角形) 某边 (某对角线) 上时, 我们把任意点与这条边 (这条对角线) 所组成的线段, 看成是边三角形 (对角线三角形) 的特殊情形.

显然, 过 n 边形 $P_1P_2\cdots P_n$ 所在平面上一点 P, 可以作 n 个多边形 (多角形) 的边三角形, 即 $PP_1P_2, PP_2P_3, \cdots, PP_nP_1$.

1.1.2 多边形面积的基本概念

要确定二维图形——多边形的大小, 可以从纵横两个维度来度量, 这样就把多边形面积度量的问题转化成两个维度距离度量的问题. 由维度的对称性, 因此将多边形的面积定义为两个维度距离度量之积. 可见不同的距离的度量, 会产生不同的面积的度量. 一般地, 多边形面积的定义如下.

定义 1.1.3 多边形 $P_1P_2\cdots P_n$ 的面积是指满足不变性和可加性两个条件的正实值函数, 即这样的函数应满足下列两条件:

(i) 合同的多边形具有相同的面积;

(ii) 如果一个多边形是由两个 (或若干个) 多边形组成的, 则它的面积等于组成它的多边形的面积的和.

显然, 即使针对同一度量的距离, 满足以上条件的面积的度量也不是唯一的. 因此, 我们约定, 本书所讨论的面积, 都是指多边形在纵横两个维度上欧氏距离度量的乘积, 即通常意义下的面积.

由于长方形在纵横两个维度, 即长和宽两个维度的度量处处都是一样的, 因此可以把长方形的面积定义为长与宽的乘积; 特别地, 正方形的面积就是边长的平方. 据此, 根据定义 1.1.3 可以推出三角形的面积等于底乘高的一半, 乃至一般的多边形的面积.

反之, 尽管三角形在纵横两个维度的度量都不是恒定的, 但利用 "平均长度" 或 "平均宽度" 的概念, 也可以用以上方法定义三角形的面积. 事实上, 相对于三角形某边 (某边上的高度) 而言, 其平均高度 (宽度) 正好是该边上的高 (该边的长度) 的一半, 因此可以直接定义三角形的面积等于底乘高的一半, 进而推出长方形的面积等于长与宽的乘积, 乃至得出一般的多边形的面积.

定义 1.1.4 设 $P_1P_2P_3$ 是三角形, 则其面积定义为底与高乘积的一半, 记为 $a_{P_1P_2P_3}$, 即

$$a_{P_1P_2P_3} = \frac{1}{2}d_{P_1P_2}d_{P_3-P_1P_2} \quad \text{或} \quad a_{P_1P_2P_3} = \frac{1}{2}d_{P_2P_3}d_{P_1-P_2P_3}$$

$$\text{或} \quad a_{P_1P_2P_3} = \frac{1}{2}d_{P_3P_1}d_{P_2-P_3P_1}.$$

特别地, 当 P_1, P_2, P_3 重合或共线时, 我们把相应的点或线段看成是三角形的特殊情形, 并规定其面积为零.

定理 1.1.1 平行四边形 $P_1P_2P_3P_4$ 的面积等于底乘高, 即

$$a_{P_1P_2P_3P_4} = d_{P_1P_2}d_{P_3-P_1P_2} \quad (\text{或} \; a_{P_1P_2P_3P_4} = d_{P_2P_3}d_{P_1-P_2P_3}).$$

证明 因为平行四边形 $P_1P_2P_3P_4$ 的对角线 P_2P_4 将其分成两个三角形 $P_1P_2P_4$ 和 $P_2P_3P_4$, 故由多边形面积的可加性、三角形面积的定义和平行四边形的性质, 可得

$$a_{P_1P_2P_3P_4} = a_{P_1P_2P_4} + a_{P_2P_3P_4} = \frac{1}{2}d_{P_1P_2}d_{P_4-P_1P_2} + \frac{1}{2}d_{P_3P_4}d_{P_2-P_3P_4}$$

$$= \frac{1}{2}d_{P_1P_2}d_{P_4-P_1P_2} + \frac{1}{2}d_{P_1P_2}d_{P_4-P_1P_2} = d_{P_1P_2}d_{P_3-P_1P_2}.$$

类似地, 可以证明 $a_{P_1P_2P_3P_4} = d_{P_2P_3}d_{P_1-P_2P_3}$ 的情形.

推论 1.1.1 矩形 $P_1P_2P_3P_4$ 的面积等于长乘宽, 即

$$a_{P_1P_2P_3P_4} = d_{P_1P_2}d_{P_3P_4}.$$

证明 在定理 1.1.1 中注意到 $d_{P_3-P_1P_2} = d_{P_3P_4}$ 或 $d_{P_1-P_2P_3} = d_{P_1P_2}$ 即得.

推论 1.1.2 正方形 $P_1P_2P_3P_4$ 的面积等于边长的平方, 即

$$a_{P_1P_2P_3P_4} = d_{P_1P_2}^2.$$

证明 在推论 1.1.1 中注意到 $d_{P_1P_2} = d_{P_3P_4}$ 即得.

1.1.3 三角形面积公式与性质

定理 1.1.2 设三角形 $P_1P_2P_3$ 顶点的坐标为 $P_i(x_i, y_i)(i = 1, 2, 3)$, 则 $P_1P_2P_3$ 的面积

$$a_{P_1P_2P_3} = \frac{1}{2}\left|(x_1y_2 - x_2y_1) + (x_2y_3 - x_3y_2) + (x_3y_1 - x_1y_3)\right|. \tag{1.1.1}$$

证明 根据直线 P_1P_2 的方程

$$(y_1 - y_2)x + (x_2 - x_1)y + (x_1y_2 - x_2y_1) = 0$$

和点到直线的距离公式, 得

$$d_{P_1P_2}d_{P_3-P_1P_2} = |(y_1 - y_2)x + (x_2 - x_1)y + (x_1y_2 - x_2y_1)|_{P_3(x_3,y_3)}$$

$$= |(y_1 - y_2)x_3 + (x_2 - x_1)y_3 + (x_1y_2 - x_2y_1)|$$

$$= |(x_1y_2 - x_2y_1) + (x_2y_3 - x_3y_2) + (x_3y_1 - x_1y_3)|,$$

故由定义 1.1.2 知, 式 (1.1.1) 成立.

注 1.1.1 三角形的面积公式 (1.1.1) 也可以用叠加符号和行列式分别表示成

$$a_{P_1P_2P_3} = \frac{1}{2}\left|\sum_{i=1}^{3}(x_iy_{i+1} - x_{i+1}y_i)\right| \quad \text{和} \quad a_{P_1P_2P_3} = \frac{1}{2}\left\|\begin{array}{ccc} x_1 & y_1 & 1 \\ x_2 & y_2 & 1 \\ x_3 & y_3 & 1 \end{array}\right\|.$$

根据三角形面积的定义和公式, 可以得到三角形面积如下的几个基本性质.

性质 1.1.1 非负性　$a_{P_1P_2P_3} \geqslant 0$, 且 $a_{P_1P_2P_3} = 0$ 的充分必要条件是 P_1, P_2, P_3 三点共线.

性质 1.1.2 边三角形面积不等式　对平面上任意四点 P_1, P_2, P_3, P_4, 恒有

$$a_{P_1P_2P_3} \leqslant a_{P_2P_3P_4} + a_{P_3P_4P_1} + a_{P_4P_1P_2}. \tag{1.1.2}$$

证明　如图 1.1.1 所示. 设各点的坐标为 $P_1(x_1, y_1), P_2(x_2, y_2), P_3(x_3, y_3),$ $P_4(x_4, y_4)$, 于是由定理 1.1.2 和绝对值的性质, 有

$$
\begin{aligned}
2a_{P_1P_2P_3} &= |(x_1y_2 - x_2y_1) + (x_2y_3 - x_3y_2) + (x_3y_1 - x_1y_3)| \\
&= |[(x_2y_3 - x_3y_2) + (x_3y_4 - x_4y_3) + (x_4y_2 - x_2y_4)] \\
&\quad - [(x_3y_4 - x_4y_3) + (x_4y_1 - x_1y_4) + (x_1y_3 - x_3y_1)] \\
&\quad + [(x_4y_1 - x_1y_4) + (x_1y_2 - x_2y_1) + (x_2y_4 - x_4y_2)]| \\
&\leqslant |(x_2y_3 - x_3y_2) + (x_3y_4 - x_4y_3) + (x_4y_2 - x_2y_4)| \\
&\quad + |(x_3y_4 - x_4y_3) + (x_4y_1 - x_1y_4) + (x_1y_3 - x_3y_1)| \\
&\quad + |(x_4y_1 - x_1y_4) + (x_1y_2 - x_2y_1) + (x_2y_4 - x_4y_2)| \\
&= 2a_{P_2P_3P_4} + 2a_{P_3P_4P_1} + 2a_{P_4P_1P_2},
\end{aligned}
$$

所以式 (1.1.2) 成立.

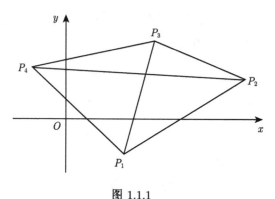

图 1.1.1

注 1.1.2　性质 1.1.2 的几何意义是, 三角形的面积不大于它所在平面上任意一点的所有边三角形的面积的和.

性质 1.1.3 对称性　$a_{P_1P_2P_3} = a_{P_3P_2P_1}$.

证明　在式 (1.1.2) 中令 $P_4 = P_2$, 得

$$a_{P_1P_2P_3} \leqslant a_{P_2P_3P_2} + a_{P_3P_2P_1} + a_{P_2P_1P_2}.$$

由性质 1.1.1 知 $a_{P_2P_3P_2} = a_{P_2P_1P_2} = 0$, 故

$$a_{P_1P_2P_3} \leqslant a_{P_3P_2P_1}.$$

又因为 P_1, P_3 的任意性, 在上式中互换 P_1, P_3 后, 得

$$a_{P_3P_2P_1} \leqslant a_{P_1P_2P_3},$$

两式结合即得 $a_{P_1P_2P_3} = a_{P_3P_2P_1}$.

注 1.1.3 根据三角形面积的对称性, 性质 1.1.2 也可以表述为: 设 P 是三角形 $P_1P_2P_3$ 所在平面上任意一点, 则恒有

$$a_{P_1P_2P_3} \leqslant a_{PP_1P_2} + a_{PP_2P_3} + a_{PP_3P_1}. \tag{1.1.3}$$

性质 1.1.4 对平面上任意四点 P_1, P_2, P_3, P_4, 恒有

$$|\, a_{P_1P_2P_3} - a_{P_2P_3P_4}| \leqslant a_{P_3P_4P_1} + a_{P_4P_1P_2}. \tag{1.1.4}$$

证明 根据性质 1.1.1 和性质 1.1.2, 有

$$a_{P_2P_3P_4} \leqslant a_{P_3P_4P_1} + a_{P_4P_1P_2} + a_{P_1P_2P_3} \quad \text{和} \quad a_{P_1P_2P_3} \leqslant a_{P_2P_3P_4} + a_{P_3P_4P_1} + a_{P_4P_1P_2},$$

即

$$-(a_{P_3P_4P_1} + a_{P_4P_1P_2}) \leqslant a_{P_1P_2P_3} - a_{P_2P_3P_4} \quad \text{和} \quad a_{P_1P_2P_3} - a_{P_2P_3P_4} \leqslant a_{P_3P_4P_1} + a_{P_4P_1P_2},$$

于是

$$-(a_{P_3P_4P_1} + a_{P_4P_1P_2}) \leqslant a_{P_1P_2P_3} - a_{P_2P_3P_4} \leqslant a_{P_3P_4P_1} + a_{P_4P_1P_2},$$

即

$$|\, a_{P_1P_2P_3} - a_{P_2P_3P_4}| \leqslant a_{P_3P_4P_1} + a_{P_4P_1P_2}.$$

注 1.1.4 根据以上证明可知, 在假设性质 1.1.1 的前提下, 式 (1.1.2) 和 (1.1.4) 是等价的.

1.1.4 多边形面积公式与性质

定理 1.1.3 设多边形 $P_1P_2\cdots P_n$ 顶点的坐标为 $P_i(x_i, y_i)(i = 1, 2, \cdots, n)$, 则 $P_1P_2\cdots P_n$ 的面积

$$a_{P_1P_2\cdots P_n} = \frac{1}{2}|(x_1y_2 - x_2y_1) + (x_2y_3 - x_3y_2) + \cdots + (x_ny_1 - x_1y_n)|. \tag{1.1.5}$$

该定理的证明见注 1.3.1. 根据该定理, 可以得出多边形面积具有三角形面积类似的几个基本性质, 兹列如下:

性质 1.1.1′ 非负性　$a_{P_1 P_2 \cdots P_n} \geqslant 0$，且 $a_{P_1 P_2 \cdots P_n} = 0$ 的充分必要条件是 n 点 $P_1, P_2, \cdots, P_n$ 共线.

性质 1.1.2′ 边三角形面积不等式　设 P 是多边形 $P_1 P_2 \cdots P_n$ 所在平面上任意一点, 则恒有

$$a_{P_1 P_2 \cdots P_n} \leqslant a_{P P_1 P_2} + a_{P P_2 P_3} + \cdots + a_{P P_n P_1}. \tag{1.1.6}$$

证明　如图 1.1.2 所示. 设多边形 $P_1 P_2 \cdots P_n$ 顶点的坐标为 $P_1(x_1, y_1), P_2(x_2, y_2), \cdots, P_n(x_n, y_n)$, 任意点的坐标为 $P(x, y)$, 于是由定理 1.1.3 和绝对值的性质, 有

$$
\begin{aligned}
a_{P_1 P_2 \cdots P_n} &= \frac{1}{2} \left| \sum_{i=1}^{n} (x_i y_{i+1} - x_{i+1} y_i) \right| \\
&= \frac{1}{2} \left| \sum_{i=1}^{n} \left[(x y_i - x_i y) + (x_i y_{i+1} - x_{i+1} y_i) + (x_{i+1} y - x y_{i+1}) \right] \right| \\
&\leqslant \frac{1}{2} \sum_{i=1}^{n} \left| (x y_i - x_i y) + (x_i y_{i+1} - x_{i+1} y_i) + (x_{i+1} y - x y_{i+1}) \right| \\
&= a_{P P_1 P_2} + a_{P P_2 P_3} + \cdots + a_{P P_n P_1},
\end{aligned}
$$

因此, 式 (1.1.6) 成立.

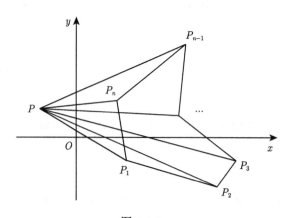

图 1.1.2

注 1.1.5　性质 1.1.2′ 的几何意义是, 多边形的面积不大于它所在平面上任意一点的所有边三角形的面积的和.

性质 1.1.3′ 对称性　$a_{P_1 P_2 \cdots P_n} = a_{P_n P_{n-1} \cdots P_1}$.

综上所述可以看出, 一般的多边形面积的概念具有合同的不变性和分割的可加性. 这样, 通过定义具备这些性质的三角形的面积, 并利用多边形面积对分割的可加性, 就可以得出一般的多边形的面积. 三角形和一般的多边形的面积都具有非负性、对称性, 以及对它所在平面上任意一点的边三角形面积不等式.

1.2 三角形的有向面积

三角形是最简单的多边形, 三角形的有向面积不仅与三角形的大小, 而且与三角形顶点的先后次序有关, 因此必须把顶点相同但顶点次序不同的三角形 $P_1P_2P_3$, $P_3P_2P_1$ 区别开来. 本节主要论述三角形有向面积的基本概念与性质. 首先, 给出三角形有向面积的概念、性质与公式; 其次, 讨论三角形有向面积公式在一些数学问题的求解或证明, 特别是在一些数学竞赛题的求解或证明中的应用.

1.2.1 三角形有向面积的概念与性质

定义 1.2.1 设 $P_1P_2P_3$ 为三角形, 若 $P_1 \to P_2 \to P_3 \to P_1$ 的绕向是逆时针 (顺时针) 的, 则称 $P_1P_2P_3$ 为正向 (反向) 三角形.

定义 1.2.2 设三角形 $P_1P_2P_3$ 的面积为 $\mathrm{a}_{P_1P_2P_3}$, 则 $P_1P_2P_3$ 的有向面积定义为其带符号的面积 $\pm\mathrm{a}_{P_1P_2P_3}$, 记为 $\mathrm{Da}_{P_1P_2P_3}$(或简记为 $\mathrm{D}_{P_1P_2P_3}$). 即

$$\mathrm{Da}_{P_1P_2P_3} = \pm\mathrm{a}_{P_1P_2P_3} \quad (\text{或}\mathrm{D}_{P_1P_2P_3} = \pm\mathrm{a}_{P_1P_2P_3}), \tag{1.2.1}$$

其中当 $P_1P_2P_3$ 为正向三角形时取 "+" 号, 当 $P_1P_2P_3$ 为反向三角形时取 "−" 号; "Da" 是 "Directed area" 的缩写.

特别地, 当 P_1, P_2, P_3 三点共线时, 我们把线段 $P_1P_2P_3$ 看成是三角形的特殊情形, 并规定式 (1.2.1) 中的有向面积为零.

定理 1.2.1 设三角形 $P_1P_2P_3$ 顶点的坐标为 $P_i(x_i, y_i)(i = 1, 2, 3)$, 则三角形的有向面积

$$\mathrm{D}_{P_1P_2P_3} = \frac{1}{2}\begin{vmatrix} x_1 & y_1 & 1 \\ x_2 & y_2 & 1 \\ x_3 & y_3 & 1 \end{vmatrix} = \frac{1}{2}\sum_{i=1}^{3}(x_i y_{i+1} - x_{i+1} y_i), \tag{1.2.2}$$

其中 $x_{3+1} = x_1, y_{3+1} = y_1$.

证明 因为当三角形 $P_1P_2P_3$ 为反向三角形时, $P_3P_2P_1$ 为正向三角形. 故由 $\mathrm{D}_{P_1P_2P_3} = -\mathrm{D}_{P_3P_2P_1}$ 可知, 只需证明 $P_1P_2P_3$ 为正向三角形时, 式 (1.2.2) 成立.

(1) 如图 1.2.1 所示. 若三角形 $P_1P_2P_3$ 有一边与 x 轴平行, 不妨设 P_1P_2 与 x 轴平行. 由三角形面积和有向面积的定义, 以及 $y_1 = y_2$, 得

$$\begin{aligned} \mathrm{D}_{P_1P_2P_3} &= \mathrm{a}_{P_1P_2P_3} = \frac{1}{2}\mathrm{d}_{P_1P_2}\mathrm{d}_{P_3-P_1P_2} \\ &= \frac{1}{2}(x_2 - x_1)(y_3 - y_2) = \frac{1}{2}(x_2 y_3 - x_2 y_2 - x_1 y_3 + x_1 y_2) \\ &= \frac{1}{2}[(x_1 y_2 - x_2 y_1) + (x_2 y_3 - x_3 y_2) + (x_3 y_1 - x_1 y_3)]; \end{aligned} \tag{1.2.3}$$

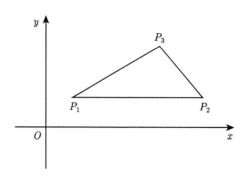

图 1.2.1

(2) 如图 1.2.2 所示. 若三角形 $P_1P_2P_3$ 的三边都不平行于 x 轴, 则过某顶点且平行于 x 轴的直线必和其对边相交. 不妨设 P_1Q 平行于 x 轴, 交对边 P_2P_3 于 $Q(x,y)$. 由 P_2, P_3, Q 三点共线, 得

$$x_2y_3 - x_3y_2 = x_2y - xy_2 + xy_3 - x_3y. \tag{1.2.4}$$

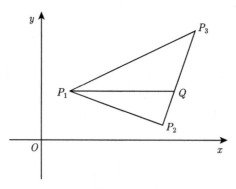

图 1.2.2

故由三角形有向面积的定义和三角形面积对分割的可加性, 以及式 (1.2.3) 和 (1.2.4), 得

$$\begin{aligned}
\mathrm{D}_{P_1P_2P_3} &= \mathrm{a}_{P_1P_2P_3} = \mathrm{a}_{P_1P_2Q} + \mathrm{a}_{P_1QP_3} = \mathrm{D}_{P_1P_2Q} + \mathrm{D}_{P_1QP_3} \\
&= \frac{1}{2}\left[(x_1y_2 - x_2y_1) + (x_2y - xy_2) + (xy_1 - x_1y)\right] \\
&\quad + \frac{1}{2}\left[(x_1y - xy_1) + (xy_3 - x_3y) + (x_3y_1 - x_1y_3)\right] \\
&= \frac{1}{2}\left[(x_1y_2 - x_2y_1) + (x_2y_3 - x_3y_2) + (x_3y_1 - x_1y_3)\right].
\end{aligned}$$

综合情形 (1)、(2), 可知式 (1.2.2) 成立.

根据定义 1.2.1 和定理 1.2.1, 可以证明有向面积如下的运算性质.

性质 1.2.1 有向性 (反对称性) $\mathrm{D}_{P_1P_2P_3} = -\mathrm{D}_{P_3P_2P_1}$.

因此, 三角形的有向面积, 与三角形顶点的次序有关.

性质 1.2.2 对边三角形有向面积的可加性   设 P 为三角形 $P_1P_2P_3$ 所在平面上任意一点, 则

$$\sum_{i=1}^{3}\mathrm{D}_{PP_iP_{i+1}} = \mathrm{D}_{P_1P_2P_3}. \tag{1.2.5}$$

证明   如图 1.2.3 所示. 设三角形 $P_1P_2P_3$ 的顶点的坐标为 $P_i(x_i,y_i)$ ($i = 1,2,3$), P 点的坐标为 $P(x,y)$, 于是由三角形形有向面积公式, 得

$$\begin{aligned}
&\sum_{i=1}^{3}\mathrm{D}_{PP_iP_{i+1}}\\
={}&\frac{1}{2}\sum_{i=1}^{3}[(xy_i - x_iy) + (x_iy_{i+1} - x_{i+1}y_i) + (x_{i+1}y - xy_{i+1})]\\
={}&\frac{1}{2}\sum_{i=1}^{3}(xy_i - x_iy) + \frac{1}{2}\sum_{i=1}^{3}(x_iy_{i+1} - x_{i+1}y_i) - \frac{1}{2}\sum_{i=1}^{3}(xy_{i+1} - x_{i+1}y)\\
={}&\frac{1}{2}\sum_{i=1}^{3}(x_iy_{i+1} - x_{i+1}y_i)\\
={}&\mathrm{D}_{P_1P_2P_3},
\end{aligned}$$

因此, 式 (1.2.5) 成立.

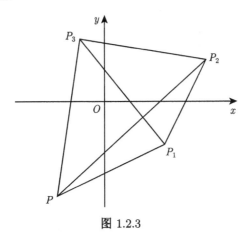

图 1.2.3

三角形对边三角形有向面积的可加性的几何意义是: 三角形所在平面上任意一点的三个边三角形的有向面积的和都等于三角形的有向面积.

总之, 三角形的有向面积就是带符号的面积, 它与三角形的面积可能相差一个符号, 是可正可负的. 三角形的有向面积与三角形的面积有关, 但不具有三角形面

积的基本性质. 三角形的有向面积具有两个重要的运算性质: 有向性和对边三角形有向面积的可加性, 这是它区别于三角形面积的重要特征. 这样就可以在三角形有关问题的讨论中, 把代数和几何紧密地结合起来, 便于问题的解决.

1.2.2　三角形有向面积公式的简单应用

例 1.2.1　连接凸四边形 $P_1P_2P_3P_4$ 两对边中点的两线段交于点 M, 证明三角形 P_2MP_3 与 P_4MP_1 有向面积的和等于三角形 P_1MP_2 与 P_3MP_4 有向面积的和.

证明　如图 1.2.4 所示. 设四边形顶点的坐标为 $P_i(x_i, y_i)$ $(i = 1, 2, 3, 4)$, 于是 $P_1P_2P_3P_4$ 两对边中点的两线段交点的坐标为 $M\left(\dfrac{x_1+x_2+x_3+x_4}{4}, \dfrac{y_1+y_2+y_3+y_4}{4}\right)$. 所以

$$
\begin{aligned}
2\mathrm{D}_{P_1MP_2} &= \left(x_1 \cdot \frac{y_1+y_2+y_3+y_4}{4} - \frac{x_1+x_2+x_3+x_4}{4} \cdot y_1\right) \\
&\quad + \left(\frac{x_1+x_2+x_3+x_4}{4} \cdot y_2 - x_2 \cdot \frac{y_1+y_2+y_3+y_4}{4}\right) + (x_2y_1 - x_1y_2) \\
&= -\frac{1}{2}(x_1y_2 - x_2y_1) + \frac{1}{4}(x_1y_4 - x_4y_1) + \frac{1}{4}(x_3y_2 - x_2y_3) \\
&\quad + \frac{1}{4}(x_1y_3 - x_3y_1) + \frac{1}{4}(x_4y_2 - x_2y_4);
\end{aligned}
\tag{1.2.6}
$$

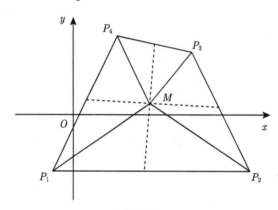

图 1.2.4

同理

$$
\begin{aligned}
2\mathrm{D}_{P_3MP_4} &= -\frac{1}{2}(x_3y_4 - x_4y_3) + \frac{1}{4}(x_3y_2 - x_2y_3) + \frac{1}{4}(x_1y_4 - x_4y_1) \\
&\quad + \frac{1}{4}(x_3y_1 - x_1y_3) + \frac{1}{4}(x_2y_4 - x_4y_2).
\end{aligned}
\tag{1.2.7}
$$

式 (1.2.6)+(1.2.7), 再除以 2 得

$$
\mathrm{D}_{P_1MP_2} + \mathrm{D}_{P_3MP_4}
$$

$$=\frac{1}{4}\left[(x_1y_4 - x_4y_1) + (x_3y_2 - x_2y_3) - (x_1y_2 - x_2y_1) - (x_3y_4 - x_4y_3)\right];$$

类似地,

$$\mathrm{D}_{P_2MP_3} + \mathrm{D}_{P_4MP_1}$$
$$=\frac{1}{4}\left[(x_2y_1 - x_1y_2) + (x_4y_3 - x_3y_4) - (x_2y_3 - x_3y_2) - (x_4y_1 - x_1y_4)\right],$$

所以

$$\mathrm{D}_{P_1MP_2} + \mathrm{D}_{P_3MP_4} = \mathrm{D}_{P_2MP_3} + \mathrm{D}_{P_4MP_1}.$$

当 $P_1P_2P_3P_4$ 为凸四边形时, 注意到三角形 $P_1MP_2, P_3MP_4, P_2MP_3$ 和 P_4MP_1 是同向的, 故

$$\mathrm{a}_{P_1MP_2} + \mathrm{a}_{P_3MP_4} = \mathrm{a}_{P_2MP_3} + \mathrm{a}_{P_4MP_1}.$$

注 1.2.1 由以上证明可知, 在有向面积下, 该题的结论可以推广到任意四边形 (四角形) 的情形. 即如下结论成立:

连接四边形 (四角形)$P_1P_2P_3P_4$ 两对边中点的两线段交于点 M, 则

$$\mathrm{D}_{P_1MP_2} + \mathrm{D}_{P_3MP_4} = \mathrm{D}_{P_2MP_3} + \mathrm{D}_{P_4MP_1}.$$

例 1.2.2 证明：双曲线的切线与其两渐近线构成的三角形的面积等于双曲线两半轴的积.

证明 如图 1.2.5 所示. 不妨设双曲线的方程为 $x^2/a^2 - y^2/b^2 = 1$, 切点的坐标为 $P(a\sec\alpha, b\tan\alpha)$. 于是双曲线的渐近线和切线的方程分别为

$$y = \pm\frac{b}{a}x \quad \text{和} \quad bx - a\sin\alpha \cdot y = ab\cos\alpha.$$

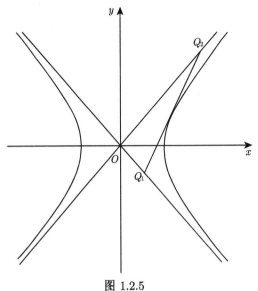

图 1.2.5

两方程联立, 求得渐近线与切线交点的坐标

$$Q_1\left(\frac{a\cos\alpha}{1-\sin\alpha},\frac{b\cos\alpha}{1-\sin\alpha}\right),\quad Q_2\left(\frac{a\cos\alpha}{1+\sin\alpha},\frac{-b\cos\alpha}{1+\sin\alpha}\right).$$

于是

$$\mathrm{D}_{OQ_1Q_2}=\frac{1}{2}\left(\frac{a\cos\alpha}{1-\sin\alpha}\cdot\frac{-b\cos\alpha}{1+\sin\alpha}-\frac{a\cos\alpha}{1+\sin\alpha}\cdot\frac{b\cos\alpha}{1-\sin\alpha}\right)$$
$$=-ab\quad\Rightarrow\quad \mathrm{a}_{OQ_1Q_2}=ab.$$

例 1.2.3　已知凸四边形 $P_1P_2P_3P_4$ 的两对角线 P_1P_3 和 P_2P_4 相交于点 O. 证明: 若 $\mathrm{D}_{P_2P_3O}^2=\mathrm{D}_{P_1P_2O}\mathrm{D}_{OP_3P_4}$, 则该四边形的两对边 P_1P_2, P_3P_4 相互平行.

证明　如图 1.2.6 所示. 不妨设四边形 $P_1P_2P_3P_4$ 的两对角线 P_1P_3 和 P_2P_4 的交点 O 为坐标原点, 四边形顶点的坐标依次为 $P_1(x_1,k_1x_1), P(x_2,k_2x_2), P_3(x_3, k_1x_3), P_4(x_4,k_2x_4)$. 于是由三角形有向面积公式得

$$2\mathrm{D}_{P_2P_3O}=x_2\cdot k_1x_3-k_2x_2\cdot x_3=(k_1-k_2)x_2x_3,$$
$$2\mathrm{D}_{P_1P_2O}=x_1\cdot k_2x_2-x_2\cdot k_1x_1=(k_2-k_1)x_1x_2,$$
$$2\mathrm{D}_{OP_3P_4}=x_3\cdot k_2x_4-x_4\cdot k_1x_3=(k_2-k_1)x_3x_4.$$

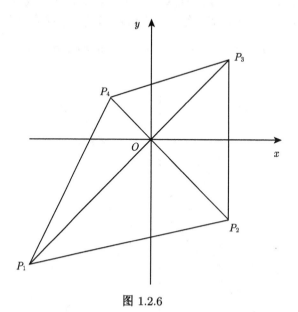

图 1.2.6

依题设得 $x_2^2x_3^2=x_1x_2\cdot x_3x_4$, 于是 $x_4=x_2x_3/x_1$, 所以

$$k_{P_3P_4}=\frac{k_2x_4-k_1x_3}{x_4-x_3}=\frac{k_2\cdot x_2x_3/x_1-k_1x_3}{x_2x_3/x_1-x_3}=\frac{k_2x_2-k_1x_1}{x_2-x_1}=k_{P_1P_2},$$

从而四边形 $P_1P_2P_3P_4$ 的两对边 P_1P_2 与 P_3P_4 相互平行.

例 1.2.4 (1961 年苏联莫斯科数学奥林匹克竞赛题) 给定三角形 $P_1P_2P_3$ 及三角形所在平面一点 O, 分别将三角形 $OP_1P_2, OP_2P_3, OP_3P_1$ 的重心记为 M_1, M_2, M_3, 求证:

$$\mathrm{D}_{M_1M_2M_3} = \frac{1}{9}\mathrm{D}_{P_1P_2P_3} \quad \left(\mathrm{a}_{M_1M_2M_3} = \frac{1}{9}\mathrm{a}_{P_1P_2P_3}\right).$$

证明 如图 1.2.7 所示. 以 O 为坐标原点建立平面直角坐标系. 设三角形 $P_1P_2P_3$ 顶点的坐标为 $P_1(x_1, y_1), P_2(x_2, y_2), P_3(x_3, y_3)$, 于是三角形 $OP_1P_2, OP_2P_3, OP_3P_1$ 的重心分别为

$$M_1\left(\frac{x_1+x_2}{3}, \frac{y_1+y_2}{3}\right), \quad M_2\left(\frac{x_2+x_3}{3}, \frac{y_2+y_3}{3}\right), \quad M_3\left(\frac{x_3+x_1}{3}, \frac{y_3+y_1}{3}\right).$$

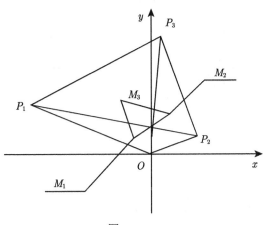

图 1.2.7

故由三角形有向面积公式, 得

$$\mathrm{D}_{M_1M_2M_3} = \frac{1}{18}\sum_{i=1}^{3}[(x_i+x_{i+1})(y_{i+1}+y_{i+2}) - (x_{i+1}+x_{i+2})(y_i+y_{i+1})]$$

$$= \frac{1}{18}\sum_{i=1}^{3}[(x_iy_{i+1}-x_{i+1}y_i) + (x_iy_{i+2}-x_{i+2}y_i) + (x_{i+1}y_{i+2}-x_{i+2}y_{i+1})]$$

$$= \frac{1}{18}\sum_{i=1}^{3}[(x_iy_{i+1}-x_{i+1}y_i) + (x_{i+1}y_i-x_iy_{i+1}) + (x_iy_{i+1}-x_{i+1}y_i)]$$

$$= \frac{1}{18}\sum_{i=1}^{3}(x_iy_{i+1}-x_{i+1}y_i)$$

$$= \frac{1}{9}\mathrm{D}_{P_1P_2P_3}.$$

注 1.2.2　由例 1.2.4 易知, 三角形 $P_1P_2P_3$ 和 $M_1M_2M_3$ 为同向三角形.

例 1.2.5 (1977 年第 6 届美国数学奥林匹克竞赛题)　设 $P_1P_2P_3, Q_1Q_2Q_3$ 是在同一平面上的两个三角形, 直线 P_1Q_1, P_2Q_2, P_3Q_3 互相平行, 证明:

$$3(\mathrm{D}_{P_1P_2P_3} + \mathrm{D}_{Q_1Q_2Q_3}) = \sum_{i=1}^{3} \mathrm{D}_{P_iQ_{i+1}Q_{i+2}} + \sum_{i=1}^{3} \mathrm{D}_{Q_iP_{i+1}P_{i+2}}. \tag{1.2.8}$$

证明　如图 1.2.8 所示. 以 P_2 为坐标原点, P_2Q_2 为 x 轴建立平面直角坐标系. 设三角形顶点的坐标分别为 $P_1(a,b), P_2(0,0), P_3(c,d); Q_1(e,b), Q_2(f,0), Q_3(g,d)$, 于是由三角形有向面积公式, 得

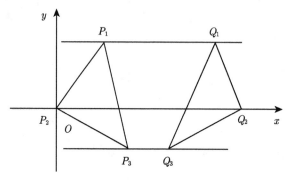

图 1.2.8

$$\mathrm{D}_{P_1P_2P_3} = \frac{1}{2}(bc - ad), \quad \mathrm{D}_{Q_1Q_2Q_3} = \frac{1}{2}(-bf + df + bg - de);$$

$$\mathrm{D}_{P_1Q_2Q_3} = \frac{1}{2}(-bf + df + bg - ad), \quad \mathrm{D}_{P_2Q_3Q_1} = \frac{1}{2}(bg - de),$$

$$\mathrm{D}_{P_3Q_1Q_2} = \frac{1}{2}(bc - de - bf + df); \quad \mathrm{D}_{Q_1P_2P_3} = \frac{1}{2}(bc - de),$$

$$\mathrm{D}_{Q_2P_3P_1} = \frac{1}{2}(df + bc - ad - bf), \quad \mathrm{D}_{Q_3P_1P_2} = \frac{1}{2}(bg - ad).$$

故

$$\mathrm{D}_{P_1P_2P_3} + \mathrm{D}_{Q_1Q_2Q_3} = \frac{1}{2}(bc - ad - bf + df + bg - de),$$

$$\sum_{i=1}^{3} \mathrm{D}_{P_iQ_{i+1}Q_{i+2}} + \sum_{i=1}^{3} \mathrm{D}_{Q_iP_{i+1}P_{i+2}} = \frac{3}{2}(-bf + df + bg - ad - de + bc),$$

因此, 式 (1.2.8) 成立.

例 1.2.6 (1989 年亚太地区数学奥林匹克竞赛题)　设 P_1, P_2, P_3 是平面上不共线的三点, 令 Q_i 为 P_iP_{i+1} 的中点, R_i 为 P_iQ_i 的中点, P_iR_{i+1} 与 Q_iP_{i+2} 交于 S_i,

P_iR_{i+1} 与 R_iP_{i+2} 交于 $T_i(i=1,2,3)$, 试求三角形 $S_1S_2S_3$ 与三角形 $T_1T_2T_3$ 的面积之比.

解 如图 1.2.9 所示. 设三点的坐标为 $P_i(x_i,y_i)(i=1,2,3)$, 于是 P_iP_{i+1},P_iQ_i 中点的坐标分别为 $Q_i\left(\dfrac{x_i+x_{i+1}}{2},\dfrac{y_i+y_{i+1}}{2}\right),R_i\left(\dfrac{3x_i+x_{i+1}}{4},\dfrac{3y_i+y_{i+1}}{4}\right)(i=1,$ $2,3)$, 直线 P_iR_{i+1} 的方程为

$$\left(y_i-\frac{3y_{i+1}+y_{i+2}}{4}\right)x+\left(\frac{3x_{i+1}+x_{i+2}}{4}-x_i\right)y=\frac{(3x_{i+1}+x_{i+2})y_i-x_i(3y_{i+1}+y_{i+2})}{4},$$

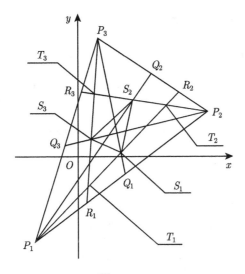

图 1.2.9

即

$$(4y_i-3y_{i+1}-y_{i+2})x+(3x_{i+1}+x_{i+2}-4x_i)y$$
$$=3(x_{i+1}y_i-x_iy_{i+1})+(x_{i+2}y_i-x_iy_{i+2}); \tag{1.2.9}$$

直线 Q_iP_{i+2} 的方程为

$$\left(\frac{y_i+y_{i+1}}{2}-y_{i+2}\right)x+\left(x_{i+2}-\frac{x_i+x_{i+1}}{2}\right)y=\frac{x_{i+2}(y_i+y_{i+1})-(x_i+x_{i+1})y_{i+2}}{2},$$

即

$$(y_i+y_{i+1}-2y_{i+2})x+(2x_{i+2}-x_i-x_{i+1})y$$
$$=(x_{i+2}y_i-x_iy_{i+2})+(x_{i+2}y_{i+1}-x_{i+1}y_{i+2}). \tag{1.2.10}$$

式 (1.2.9) 和 (1.2.10) 联立, 求得两直线交点的坐标

$$S_i\left(\frac{3x_i + 3x_{i+1} + x_{i+2}}{7}, \frac{3y_i + 3y_{i+1} + y_{i+2}}{7}\right) \quad (i = 1, 2, 3).$$

类似地, 可以求得直线 $P_i R_{i+1}$ 与 $R_i P_{i+2}$ 交点的坐标

$$T_i\left(\frac{3x_i + x_{i+1} + x_{i+2}}{5}, \frac{3y_i + y_{i+1} + y_{i+2}}{5}\right) \quad (i = 1, 2, 3).$$

于是由三角形有向面积公式, 得

$$
\begin{aligned}
98\mathrm{D}_{S_1 S_2 S_3} &= \sum_{i=1}^{3} [(3x_i + 3x_{i+1} + x_{i+2})(3y_{i+1} + 3y_{i+2} + y_i) \\
&\quad - (3x_{i+1} + 3x_{i+2} + x_i)(3y_i + 3y_{i+1} + y_{i+2})] \\
&= \sum_{i=1}^{3} [6(x_i y_{i+1} - x_{i+1} y_i) + 8(x_i y_{i+2} - x_{i+2} y_i) + 6(x_{i+1} y_{i+2} - x_{i+2} y_{i+1})] \\
&= \sum_{i=1}^{3} [6(x_i y_{i+1} - x_{i+1} y_i) + 8(x_{i+1} y_i - x_i y_{i+1}) + 6(x_i y_{i+1} - x_{i+1} y_i)] \\
&= 4\sum_{i=1}^{3} (x_i y_{i+1} - x_{i+1} y_i) = 8\mathrm{D}_{P_1 P_2 P_3}; \\
50\mathrm{D}_{T_1 T_2 T_3} &= \sum_{i=1}^{3} [(3x_i + x_{i+1} + x_{i+2})(3y_{i+1} + y_{i+2} + y_i) \\
&\quad - (3x_{i+1} + x_{i+2} + x_i)(3y_i + y_{i+1} + y_{i+2})] \\
&= \sum_{i=1}^{3} [8(x_i y_{i+1} - x_{i+1} y_i) + 2(x_i y_{i+2} - x_{i+2} y_i) - 2(x_{i+1} y_{i+2} - x_{i+2} y_{i+1})] \\
&= \sum_{i=1}^{3} [8(x_i y_{i+1} - x_{i+1} y_i) + 2(x_{i+1} y_i - x_i y_{i+1}) - 2(x_i y_{i+1} - x_{i+1} y_i)] \\
&= 4\sum_{i=1}^{3} (x_i y_{i+1} - x_{i+1} y_i) = 8\mathrm{D}_{P_1 P_2 P_3}.
\end{aligned}
$$

所以

$$98\mathrm{D}_{S_1 S_2 S_3} = 50\mathrm{D}_{T_1 T_2 T_3} \Rightarrow \mathrm{D}_{S_1 S_2 S_3}/\mathrm{D}_{T_1 T_2 T_3} = 25/49 \Rightarrow \mathrm{a}_{S_1 S_2 S_3}/\mathrm{a}_{T_1 T_2 T_3} = 25/49.$$

例 1.2.7　设三角形 ABC 的边 BC, CA, AB 所在直线上的点 P, Q, R 分别分各边为 $t/(1-t)$, 以线段 AP, BQ, CR 的长为边的三角形的面积为 k, 则 $k = (1 - t + t^2)\mathrm{a}_{ABC}$.

证明 如图 1.2.10 所示. 以 B 为坐标原点、BC 为 x 轴建立平面直角坐标系. 不妨设 ABC 为正向三角形, 且其顶点的坐标为 $A(a,b), B(0,0), C(c,0)$, 于是各分点的坐标为 $P(tc,0), Q((1-t)c+ta,tb), R((1-t)a,(1-t)b)$.

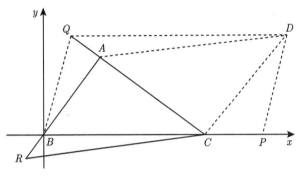

图 1.2.10

作 $AD//RC, CD//AB$, 于是 $d_{CR} = d_{AD}$, 且 CD, AD 的方程分别为

$$y = k_{BA}(x-c) = \frac{b}{a}(x-c), \tag{1.2.11}$$

$$y - b = k_{RC}(x-a) = \frac{(1-t)b}{(1-t)a-c}(x-a). \tag{1.2.12}$$

式 (1.2.11) 和 (1.2.12) 联立, 求得 D 点的坐标 $D(c+ta,tb)$. 由于

$$y_D = y_Q, \quad \mathrm{Prj}_x D_{DQ} = x_D - x_Q = c+ta-[(1-t)c+ta] = tc = x_P - x_B = \mathrm{Prj}_x D_{PB},$$

所以 $BPDQ$ 是平行四边形, $d_{PD} = d_{BQ}$. 故以线段 AP, BQ, CR 的长为边的三角形的面积

$$k = a_{PDA} = \frac{1}{2}\left[(t^2bc-0) + b(c+ta) - tab - tbc\right] = \frac{1}{2}(t^2-t+1)bc = (t^2-t+1)a_{ABC}.$$

注 1.2.3 当 P, Q, R 内分三角形 ABC 的边 BC, CA, AB 时, 1991 年日本数学奥林匹克竞赛题为: "设三角形 ABC 的边 BC, CA, AB 上的点 P, Q, R 分别内分各边为 $t/(1-t)$, 以线段 AP, BQ, CR 的长为边的三角形的面积为 k, 求 k/a_{ABC}". 可见, 例 1.2.8 是该竞赛题的推广.

例 1.2.8 (1980 年卢森堡等五国国际数学奥林匹克竞赛题) 设 A, B, C 三点共线, 且 B 在 A 与 C 之间, 今在 AC 的同侧以 AB, BC, CA 为直径分别作半圆, 前两个半圆在 B 点的公切线与第三个半圆相交于 E 点, 而前两个半圆的另一条公切线的切点分别为 U 和 V. 令 $r_1 = d_{AB}/2, r_2 = d_{BC}/2$, 求 a_{EUV}/a_{EAC}.

解　如图 1.2.11 所示. 以 B 为坐标原点、BC 所在直线为 x 轴建立平面直角坐标系. 不妨设三共线点的坐标为 $A(-2r_1, 0), B(0,0), C(2r_2, 0)(r_1 \geqslant r_2)$, 且半圆均在 x 轴上方, 于是由 $\triangle EBC \sim \triangle ABE$, 得

$$y_E/2r_2 = 2r_1/y_E \quad \Rightarrow \quad y_E = 2\sqrt{r_1 r_2},$$

于是 E 点的坐标为 $E(0, 2\sqrt{r_1 r_2})$.

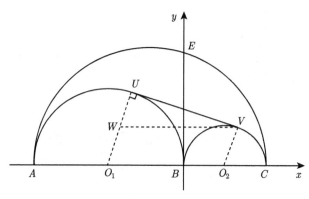

图 1.2.11

又设以 AB, BC 为直径的圆的圆心分别为 O_1, O_2, $\angle UO_1B = \beta$, 于是 U, V 的坐标为

$$U(r_1(\cos\beta - 1), r_1\sin\beta), \quad V(r_2(\cos\beta + 1), r_2\sin\beta).$$

作 $WV /\!/ O_1O_2$, 交 O_1U 于 W, 则

$$\cos\beta = \cos\angle UWV = \frac{\mathrm{d}_{UW}}{\mathrm{d}_{WV}} = \frac{r_1 - r_2}{r_1 + r_2}, \quad \sin\beta = \sqrt{1 - \cos^2\beta} = \frac{2\sqrt{r_1 r_2}}{r_1 + r_2}.$$

于是

$$2\mathrm{a}_{EAC} = (2r_1 + 2r_2) \cdot 2\sqrt{r_1 r_2} = 4(r_1 + r_2)\sqrt{r_1 r_2},$$

$$\begin{aligned}
2\mathrm{a}_{EUV} &= 2\mathrm{D}_{EUV} \\
&= -2r_1\sqrt{r_1 r_2}(\cos\beta - 1) + r_1 r_2(\cos\beta - 1)\sin\beta \\
&\quad - r_1 r_2(\cos\beta + 1)\sin\beta + 2r_2\sqrt{r_1 r_2}(\cos\beta + 1) \\
&= 2(r_1 + r_2)\sqrt{r_1 r_2} - 2r_1 r_2 \sin\beta + 2(r_2 - r_1)\sqrt{r_1 r_2}\cos\beta, \\
&= 2(r_1 + r_2)\sqrt{r_1 r_2} - 2r_1 r_2 \cdot \frac{2\sqrt{r_1 r_2}}{r_1 + r_2} + 2(r_2 - r_1)\sqrt{r_1 r_2} \cdot \frac{r_1 - r_2}{r_1 + r_2} \\
&= 2\sqrt{r_1 r_2} \cdot \frac{(r_1 + r_2)^2 - 2r_1 r_2 - (r_1 - r_2)^2}{r_1 + r_2} = \frac{4r_1 r_2\sqrt{r_1 r_2}}{r_1 + r_2},
\end{aligned}$$

所以

$$\frac{a_{EUV}}{a_{EAC}} = \frac{4r_1r_2\sqrt{r_1r_2}}{r_1+r_2} \bigg/ 4(r_1+r_2)\sqrt{r_1r_2} = \frac{r_1r_2}{(r_1+r_2)^2}.$$

例 1.2.9 (1983 年瑞士数学奥林匹克竞赛题) 设在四边形 $P_1P_2P_3P_4$ 内可找到一点 P, 使四个三角形 $PP_1P_2, PP_2P_3, PP_3P_4, PP_4P_1$ 的面积相等, 求证: 点 P 必位于对角线 P_1P_3 或 P_2P_4 上.

证明 如图 1.2.12 所示. 不妨设 $P_1P_2P_3P_4$ 是正向四边形且其顶点的坐标为 $P_i(x_i, y_i)(i=1,2,3,4)$, P 点的坐标为 $P(x,y)$. 依题设, 有

$$\begin{cases} D_{PP_3P_4} = D_{PP_4P_1}, \\ D_{PP_1P_2} = D_{PP_2P_3} \end{cases} \Rightarrow \begin{cases} D_{PP_4P_3} + D_{PP_4P_1} = 0, \\ D_{PP_2P_1} + D_{PP_2P_3} = 0. \end{cases}$$

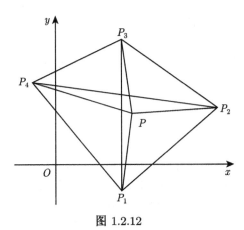

图 1.2.12

于是由三角形有向面积公式, 得

$$(2y_4 - y_3 - y_1)x + (x_1 + x_3 - 2x_4)y + (x_4y_3 - x_3y_4) + (x_4y_1 - x_1y_4) = 0, \quad (1.2.13)$$

$$(2y_2 - y_3 - y_1)x + (x_1 + x_3 - 2x_2)y + (x_2y_1 - x_1y_2) + (x_2y_3 - x_3y_2) = 0. \quad (1.2.14)$$

式 (1.2.13)–(1.2.14), 并注意到

$$2D_{P_4P_3P_2} - (x_2y_4 - x_4y_2) = (x_4y_3 - x_3y_4) + (x_3y_2 - x_2y_3)$$

和

$$2D_{P_4P_1P_2} - (x_2y_4 - x_4y_2) = (x_4y_1 - x_1y_4) + (x_1y_2 - x_2y_1),$$

得

$$(y_4 - y_2)x + (x_2 - x_4)y + (x_4y_2 - x_2y_4) + D_{P_4P_3P_2} + D_{P_4P_1P_2} = 0.$$

因为

$$2\mathrm{D}_{PP_4P_2} = (xy_4 - x_4y) + (x_4y_2 - x_2y_4) + (x_2y - xy_2)$$
$$= (y_4 - y_2)x + (x_2 - x_4)y + (x_4y_2 - x_2y_4),$$

所以

$$2\mathrm{D}_{PP_4P_2} + \mathrm{D}_{P_4P_3P_2} + \mathrm{D}_{P_4P_1P_2} = 0. \tag{1.2.15}$$

若 P 在 P_2P_4 的右侧, 则有

$$\mathrm{D}_{PP_4P_2} > 0, \quad \mathrm{D}_{P_4P_3P_2} + \mathrm{D}_{P_4P_1P_2} > 0,$$

于是 $2\mathrm{D}_{PP_4P_2} + \mathrm{D}_{P_4P_3P_2} + \mathrm{D}_{P_4P_1P_2} > 0$, 这与式 (1.2.15) 相矛盾. 因此, P 不在 P_2P_4 的右侧.

类似地, 可以证明, P 不在 P_2P_4 的左侧.

于是, P 在 P_2P_4 上.

反之, 若 P 不在 P_2P_4 上, 则必在 P_1P_3 上. 因此, 点 P 必位于对角线 P_1P_3 或 P_2P_4 上.

1.3 多边形的有向面积

本节主要将三角形有向面积的基本概念、公式与性质推广到一般的平面多边形的情形. 首先, 论述多边形有向面积的概念与性质, 并利用三角形有向面积公式和数学归纳法给出多边形有向面积公式; 其次, 利用多边形有向面积公式给出一些面积问题、定值问题和一些数学竞赛题的证明或推广; 最后, 给出矢量形式的多边形有向面积公式, 并讨论公式的一些应用.

1.3.1 多边形有向面积的概念与性质

定义 1.3.1 设 $P_1P_2\cdots P_n$ 是平面 n 边形. 如果 $P_1 \to P_2 \to \cdots \to P_n \to P_1$ 的绕向是逆时针 (顺时针) 的, 则称 $P_1P_2\cdots P_n$ 为正向 (反向)n 边形.

定义 1.3.2 设 n 边形 $P_1P_2\cdots P_n$ 的面积为 $\mathrm{a}_{P_1P_2\cdots P_n}$, 则 $P_1P_2\cdots P_n$ 的有向面积定义为其带符号的面积 $\pm\mathrm{a}_{P_1P_2\cdots P_n}$, 记为 $\mathrm{D}_{P_1P_2\cdots P_n}$, 即

$$\mathrm{D}_{P_1P_2\cdots P_n} = \pm\mathrm{a}_{P_1P_2\cdots P_n},$$

其中当 $P_1P_2\cdots P_n$ 为正向 n 边形时取 "+" 号; 当 $P_1P_2\cdots P_n$ 为反向 n 边形时取 "-" 号.

引理 1.3.1 每个 n 边形 $P_1P_2\cdots P_n$ $(n \geqslant 4)$ 都可以用其内部的一条对角线将它分成一个三角形和一个边数不小于 $n-3$ 且不大于 $n-1$ 的多边形的和; 且若

$P_1P_2\cdots P_n\ (n \geqslant 4)$ 是正向的, 那么被分成的三角形和多边形的顶点按原多边形顶点下标的大小顺序排列仍都是正向的.

证明 由于每个多边形都可以被其内部彼此不相交的对角线分成若干个三角形的和. 因此对 n 边形 $P_1P_2\cdots P_n\ (n \geqslant 4)$ 的这种对角线的三角形剖分, 适当指定某三角形后将其余的三角形合并, 可以得到一个边数不小于 $n-3$ 且不大于 $n-1$ 的多边形. 于是, 每个 n 边形 $P_1P_2\cdots P_n\ (n \geqslant 4)$ 都可以用其内部的一条对角线将它分成一个三角形和一个边数不小于 $n-3$ 且不大于 $n-1$ 的多边形的和.

显然, 若 n 边形 $P_1P_2\cdots P_n\ (n \geqslant 4)$ 是正向的, 被分成的三角形和多边形的顶点按原多边形顶点下标的大小顺序排列仍都是正向的.

定理 1.3.1 设 n 边形 $P_1P_2\cdots P_n$ 顶点的坐标为 $P_i(x_i,y_i)\ (i=1,2,\cdots,n)$, 则该 n 边形的有向面积

$$\mathrm{D}_{P_1P_2\cdots P_n} = \frac{1}{2}\sum_{i=1}^{n}(x_iy_{i+1}-x_{i+1}y_i), \tag{1.3.1}$$

其中 $x_{n+1}=x_1, y_{n+1}=y_1$.

证明 因为当 n 边形 $P_1P_2\cdots P_n$ 为反向多边形时, 则 n 边形 $P_1P_2\cdots P_n$ 为正向的. 由于 $\mathrm{D}_{P_1P_2\cdots P_n} = -\mathrm{D}_{P_nP_{n-1}\cdots P_1}$, 因此只需证明 n 边形 $P_1P_2\cdots P_n$ 为正向多边形时, 式 (1.3.1) 成立.

用数学归纳法. 当 $n=3$ 时, 根据定理 1.2.1 结论成立. 假设结论对边数不超过 k 的正向多边形成立, 则当 $n=k+1$ 时, 根据引理 1.3.1, 不妨设 $k+1$ 边形 $P_1P_2\cdots P_kP_{k+1}$ 被其内部的对角线 P_1P_3 分成正向三角形 $P_1P_2P_3$ 和正向多边形 M 之和.

(1) 如图 1.3.1 所示. 当 M 为 k 边形 $P_1P_3\cdots P_kP_{k+1}$ 时, 根据定义 1.3.2 和面积的可加性, 以及归纳假设, 得

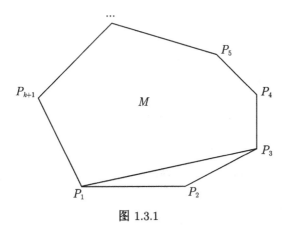

图 1.3.1

$$\mathrm{D}_{P_1P_2\cdots P_kP_{k+1}}$$

$$=\mathrm{a}_{P_1P_2\cdots P_kP_{k+1}} = \mathrm{a}_{P_1P_2P_3} + \mathrm{a}_{P_1P_3\cdots P_kP_{k+1}} = \mathrm{D}_{P_1P_2P_3} + \mathrm{D}_{P_1P_3\cdots P_kP_{k+1}}$$

$$=\frac{1}{2}[(x_1y_2 - x_2y_1) + (x_2y_3 - x_3y_2) + (x_3y_1 - x_1y_3)]$$

$$\quad + \frac{1}{2}[(x_1y_3 - x_3y_1) + (x_3y_4 - x_4y_3) + \cdots$$

$$\quad + (x_ky_{k+1} - x_{k+1}y_k) + (x_{k+1}y_1 - x_1y_{k+1})]$$

$$=\frac{1}{2}\sum_{i=1}^{k+1}(x_iy_{i+1} - x_{i+1}y_i),$$

式 (1.3.1) 成立.

(2) 如图 1.3.2 所示. 当 M 为 $k-1$ 边形时, 不妨设 M 为 $P_1P_4\cdots P_kP_{k+1}$. 此时, P_1, P_3, P_4 共线, 于是

$$(x_1y_3 - x_3y_1) + (x_3y_4 - x_4y_3) + (x_4y_1 - x_1y_4) = 0,$$

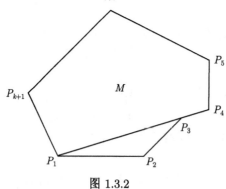

图 1.3.2

所以

$$\mathrm{D}_{P_1P_2\cdots P_kP_{k+1}}$$

$$=\mathrm{a}_{P_1P_2\cdots P_kP_{k+1}} = \mathrm{a}_{P_1P_2P_3} + \mathrm{a}_{P_1P_4\cdots P_kP_{k+1}} = \mathrm{D}_{P_1P_2P_3} + \mathrm{D}_{P_1P_4\cdots P_kP_{k+1}}$$

$$=\frac{1}{2}[(x_1y_2 - x_2y_1) + (x_2y_3 - x_3y_2) + (x_3y_1 - x_1y_3)]$$

$$\quad + \frac{1}{2}[(x_1y_3 - x_3y_1) + (x_3y_4 - x_4y_3) + (x_4y_1 - x_1y_4)]$$

$$\quad + \frac{1}{2}[(x_1y_4 - x_4y_1) + (x_4y_5 - x_5y_4) + \cdots$$

$$\quad + (x_ky_{k+1} - x_{k+1}y_k) + (x_{k+1}y_1 - x_1y_{k+1})]$$

$$=\frac{1}{2}\sum_{i=1}^{k+1}(x_iy_{i+1} - x_{i+1}y_i),$$

式 (1.3.1) 亦成立.

(3) 当 M 为 $k-2$ 边形时, 仿 (2) 可证式 (1.3.1) 成立.

综上所述, 结论对任意正向 n 边形 $P_1P_2\cdots P_n$ 成立.

注 1.3.1 在式 (1.3.1) 两边取绝对值, 即得式 (1.1.5). 因此, 定理 1.1.3 成立.

根据定义 1.3.2 和定理 1.3.1, 可以证明有向面积如下的运算性质:

性质 1.3.1 有向性 (反对称性) $D_{P_1P_2\cdots P_n} = -D_{P_nP_{n-1}\cdots P_1}$.

因此, 在有向面积下, 过 n 点的多边形与过这 n 点的次序有关.

性质 1.3.2 边三角形有向面积的可加性 设 P 为 n 边形 $P_1P_2\cdots P_n$ 所在平面上任意一点, 则

$$\sum_{i=1}^{n} D_{PP_iP_{i+1}} = D_{P_1P_2\cdots P_n}. \tag{1.3.2}$$

证明 该性质的证明与性质 1.2.2 证明类似, 请读者作出.

多边形有向面积对边三角形有向面积的可加性的几何意义是: 多边形所在平面上任意一点的所有边三角形的有向面积的和都等于多边形的有向面积 (图 1.3.3).

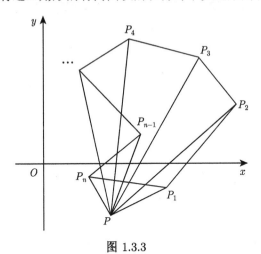

图 1.3.3

总之, 多边形的有向面积也是带符号的面积, 它与多边形的面积可能相差一个符号, 是可正可负的. 多边形的有向面积与多边形的面积有关, 但不具有多边形面积的几个基本性质. 多边形有向面积具有两个重要的运算性质: 有向性和对边三角形有向面积的可加性, 这是它区别于多边形面积的重要特征. 这样就可以在多边形有关问题的讨论中, 把代数和几何紧密地结合起来, 有利于问题的解决.

1.3.2 多边形面积与有向面积的简单应用

例 1.3.1 正五边形 $P_1P_2P_3P_4P_5$ 的对角线相交构成一个正五边形 $Q_1Q_2Q_3Q_4$

Q_5. 求:

(1) 正五星形 $P_1Q_1P_2Q_2P_3Q_3P_4Q_4P_5Q_5$ 的有向面积 (面积) 与正五边形 P_1P_2 $P_3P_4P_5$ 的有向面积 (面积) 之比;

(2) (1970 年南斯拉夫社会主义联邦共和国数学奥林匹克竞赛题) 正五边形 $Q_1Q_2Q_3Q_4Q_5$ 与正五边形 $P_1P_2P_3P_4P_5$ 的面积之比.

解　如图 1.3.4 所示. 不妨设正五星形在圆上的顶点的坐标为

$$P_k\left(R\cos\frac{2k\pi}{5},\,R\sin\frac{2k\pi}{5}\right)\quad(k=1,\,2,\,3,\,4,\,5),$$

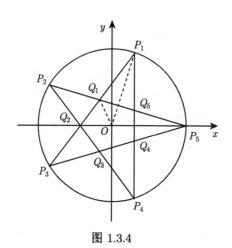

图 1.3.4

于是 P_kP_{k+2} 的方程为

$$R\left[\sin\frac{2(k+2)\pi}{5}-\sin\frac{2k\pi}{5}\right]x+R\left[\cos\frac{2k\pi}{5}-\cos\frac{2(k+2)\pi}{5}\right]y=R^2\sin\frac{4\pi}{5},$$

即

$$\cos\frac{2(k+1)\pi}{5}\cdot x+\sin\frac{2(k+1)\pi}{5}\cdot y=R\cos\frac{2\pi}{5},$$

$k+4$ 代 k, 得 $P_{k+4}P_{k+1}$ 的方程

$$\cos\frac{2(k+5)\pi}{5}\cdot x+\sin\frac{2(k+5)\pi}{5}\cdot y=R\cos\frac{2\pi}{5}.$$

两方程联立, 求得 P_kP_{k+2} 和 $P_{k+1}P_{k+3}$ 交点的坐标

$$Q_k\left(R\cos\frac{2\pi}{5}\cos\frac{2k+6}{5}\pi\Big/\cos\frac{4\pi}{5},\,R\cos\frac{2\pi}{5}\sin\frac{2k+6}{5}\pi\Big/\cos\frac{4\pi}{5}\right),$$

其中 $k=1,2,\cdots,5$.

于是由三角形有向面积公式, 得

$$D_{P_1Q_1P_2Q_2P_3Q_3P_4Q_4P_5Q_5} = 10D_{OP_1Q_1}$$

$$=5R^2\left(\cos\frac{2\pi}{5}\cdot\cos\frac{2\pi}{5}\sin\frac{8\pi}{5}\bigg/\cos\frac{4\pi}{5}-\sin\frac{2\pi}{5}\cdot\cos\frac{2\pi}{5}\cos\frac{8\pi}{5}\bigg/\cos\frac{4\pi}{5}\right)$$

$$=5R^2\sin\frac{6\pi}{5}\cos\frac{2\pi}{5}\bigg/\cos\frac{4\pi}{5}=5R^2\tan\frac{\pi}{5}\cos\frac{2\pi}{5};$$

$$D_{Q_1Q_2Q_3Q_4Q_5}=5D_{OQ_1Q_2}$$

$$=\frac{5}{2}R^2\left(\cos\frac{8}{5}\pi\sin\frac{10}{5}\pi-\cos\frac{10}{5}\pi\sin\frac{8}{5}\pi\right)\cos^2\frac{2\pi}{5}\bigg/\cos^2\frac{4\pi}{5}$$

$$=\frac{5}{2}R^2\sin\frac{2}{5}\pi\cos^2\frac{2\pi}{5}\bigg/\cos^2\frac{4\pi}{5}=\frac{5}{4}R^2\sin\frac{4}{5}\pi\cos\frac{2\pi}{5}\bigg/\cos^2\frac{4\pi}{5}$$

$$=\frac{5}{4}R^2\tan\frac{\pi}{5}\cos\frac{2\pi}{5}\bigg/\cos\frac{\pi}{5};$$

$$D_{P_1P_2P_3P_4P_5}$$

$$=\frac{1}{2}R^2\sum_{i=1}^{5}\left(\cos\frac{2k\pi}{5}\sin\frac{2k+2}{5}\pi-\cos\frac{2k+2}{5}\pi\sin\frac{2k\pi}{5}\right)$$

$$=\frac{1}{2}R^2\sum_{i=1}^{5}\sin\frac{2\pi}{5}=\frac{5}{2}R^2\sin\frac{2\pi}{5},$$

所以

(1) $\dfrac{D_{P_1Q_1P_2Q_2P_3Q_3P_4Q_4P_5Q_5}}{D_{P_1P_2P_3P_4P_5}}=2\tan\dfrac{\pi}{5}\cot\dfrac{2\pi}{5}$ $\left(\dfrac{a_{P_1Q_1P_2Q_2P_3Q_3P_4Q_4P_5Q_5}}{a_{P_1P_2P_3P_4P_5}}=2\tan\dfrac{\pi}{5}\right.$

$\times\cot\dfrac{2\pi}{5}\Bigg)$,

(2) $\dfrac{D_{Q_1Q_2Q_3Q_4Q_5}}{D_{P_1P_2P_3P_4P_5}}=\tan\dfrac{\pi}{5}\cot\dfrac{2\pi}{5}\bigg/2\cos\dfrac{\pi}{5}$ $\left(\dfrac{a_{Q_1Q_2Q_3Q_4Q_5}}{a_{P_1P_2P_3P_4P_5}}=\tan\dfrac{\pi}{5}\cot\dfrac{2\pi}{5}\bigg/\right.$

$2\cos\dfrac{\pi}{5}\Bigg)$.

例 1.3.2 (1991 年苏联教委推荐试题) 设 AG, BE, CF 为锐角三角形的高, H 为垂心. 已知 $a_{BGHF} = a_{GCEH}$, 求证三角形 ABC 为等腰三角形.

证明 如图 1.3.5 所示. 以 G 为坐标原点, BC 为 x 轴建立平面直角坐标系. 设三角形顶点的坐标为 $A(0,a), B(-b,0), C(c,0)(a,b,c>0)$, 于是 AB, AC, CF, BE 的方程分别为

$$-x/b+y/a=1, \tag{1.3.3}$$

$$x/c+y/a=1, \tag{1.3.4}$$

$$x/a+y/b=c/a, \tag{1.3.5}$$

$$x/a - y/c = -b/a. \tag{1.3.6}$$

式 (1.3.5) 和 (1.3.6)、(1.3.3) 和 (1.3.5)、(1.3.4) 和 (1.3.6) 联立, 分别求得 H, F, E 点的坐标

$$H\left(0, \frac{bc}{a}\right), \quad F\left(\frac{b(bc - a^2)}{a^2 + b^2}, \frac{ab(b - c)}{a^2 + b^2}\right), \quad E\left(\frac{(a^2 - bc)c}{a^2 + c^2}, \frac{ac(c - b)}{a^2 + c^2}\right).$$

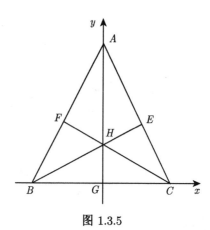

图 1.3.5

故由多边形有向面积公式及 $a_{BGHF} = a_{GCEH}$, 得

$$-\frac{b^2 c(bc - a^2)}{a(a^2 + b^2)} + \frac{ab^2(b - c)}{a^2 + b^2} = \frac{ac^2(c - b)}{a^2 + c^2} + \frac{bc^2(a^2 - bc)}{a(a^2 + c^2)},$$

即

$$\frac{b^3(a^2 - c^2)}{a^2 + b^2} = \frac{c^3(a^2 - b^2)}{a^2 + c^2},$$

即

$$(b - c)[a^4(b^2 + c^2 - bc) + b^3 c^3] = 0 \Rightarrow b - c = 0 \Rightarrow b = c,$$

所以三角形 ABC 为等腰三角形.

　　例 1.3.3　给定四边形 $P_1 P_2 P_3 P_4$ 和四边形所在平面上一点 P_0, 记三角形 $P_0 P_1 P_2, P_0 P_2 P_3, P_0 P_3 P_1, P_0 P_4 P_1$ 的重心的坐标依次为 M_1, M_2, M_3, M_4, 求证:

$$D_{M_1 M_2 M_3 M_4} = \frac{2}{9} D_{P_1 P_2 P_3 P_4} \quad \left(a_{M_1 M_2 M_3 M_4} = \frac{2}{9} a_{P_1 P_2 P_3 P_4}\right). \tag{1.3.7}$$

　　证明　如图 1.3.6 所示. 以 P_0 为坐标原点建立平面直角坐标系. 设四边形 $P_1 P_2 P_3 P_4$ 顶点的坐标为 $P_1(x_1, y_1), P_2(x_2, y_2), P_3(x_3, y_3), P_4(x_4, y_4)$, 于是三角形 $P_0 P_1 P_2, P_0 P_2 P_3, P_0 P_3 P_4, P_0 P_4 P_1$ 的重心分别为

$$M_1\left(\frac{x_1 + x_2}{3}, \frac{y_1 + y_2}{3}\right), \quad M_2\left(\frac{x_2 + x_3}{3}, \frac{y_2 + y_3}{3}\right),$$

$$M_3\left(\frac{x_3+x_4}{3},\frac{y_3+y_4}{3}\right), \quad M_4\left(\frac{x_4+x_1}{3},\frac{y_4+y_1}{3}\right).$$

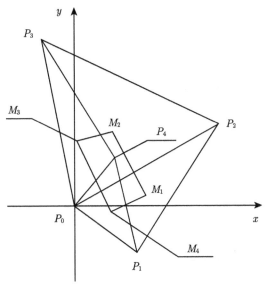

图 1.3.6

故由多边形有向面积公式, 得

$$
\begin{aligned}
\mathrm{D}_{M_1M_2M_3M_4} &= \frac{1}{18}\sum_{i=1}^{4}[(x_i+x_{i+1})(y_{i+1}+y_{i+2})-(x_{i+1}+x_{i+2})(y_i+y_{i+1})]\\
&= \frac{1}{18}\sum_{i=1}^{4}[(x_iy_{i+1}-x_{i+1}y_i)+(x_iy_{i+2}-x_{i+2}y_i)+(x_{i+1}y_{i+2}-x_{i+2}y_{i+1})]\\
&= \frac{1}{18}\sum_{i=1}^{4}[(x_iy_{i+1}-x_{i+1}y_i)+(x_iy_{i+1}-x_{i+1}y_i)]\\
&= \frac{1}{9}\sum_{i=1}^{4}(x_iy_{i+1}-x_{i+1}y_i)\\
&= \frac{2}{9}\mathrm{D}_{P_1P_2P_3P_4},
\end{aligned}
$$

从而, 式 (1.3.7) 成立.

注 1.3.2 由例 1.3.3 易知, 四边形 $P_1P_2P_3P_4$ 和 $M_1M_2M_3M_4$ 为同向四边形.

例 1.3.4 设 P_1,P_2,P_4 是不共线的三点, 证明: 以 $\overrightarrow{P_4P_1},\overrightarrow{P_4P_2}$ 为两边的平行四边形的面积等于三角形 $P_1P_2P_4$ 面积的 2 倍.

证明 如图 1.3.7 所示. 以 P_4 为坐标原点, $\overrightarrow{P_4P_1}$ 所在直线为 x 轴建立平面直

角坐标系. 设 P_1, P_2, P_4 的坐标为 $P_4(0,0), P_1(a,0), P_2(b,c)$, 则以 $\overrightarrow{P_4P_1}, \overrightarrow{P_4P_2}$ 为两边的平行四边形为 $P_4P_2P_3P_1$ 且 $P_3(a+b,c)$.

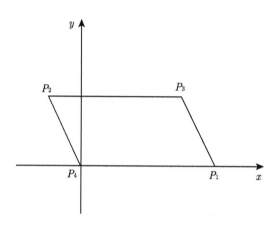

图 1.3.7

于是根据多边形有向面积公式得

$$D_{P_4P_1P_2} = \frac{1}{2}\left[(0-0)+(ac-0)+(0-0)\right] = \frac{1}{2}ac,$$

$$D_{P_4P_2P_3P_1} = \frac{1}{2}\left\{(0-0)+[bc-(a+b)c]+(0-ac)+(0-0)\right\} = -ac,$$

所以 $D_{P_4P_2P_3P_1} = -2D_{P_1P_2P_4}, a_{P_4P_2P_3P_1} = 2a_{P_1P_2P_4}.$

1.3.3   矢量形式的多边形有向面积公式与应用

定理 1.3.2   设 $\overrightarrow{P}_i$ 表示点 P_i 的位置矢量 $\overrightarrow{OP_i}, \Lambda_{ij} = \overrightarrow{P}_i \times \overrightarrow{P_{i+1}} \ (P_{n+1} = P_1)$, 则多边形 $P_1P_2\cdots P_n$ 的有向面积 (面积矢量)

$$D_{P_1P_2\cdots P_n} = \frac{1}{2}\sum_{i=1}^{n}\overrightarrow{P_i}\times\overrightarrow{P_{i+1}} = \frac{1}{2}\sum_{i=1}^{n}\Lambda_{ij}. \tag{1.3.8}$$

证明   在式 (1.3.2) 中令任意点 P 为坐标原点 O 即得.

注 1.3.3   这里所指的有向面积是有向面积矢量, 这与非矢量形式的有向面积是不同的. 当然, 这两者之间并没有实质上的不同, 只不过是表达形式上的不同而已. 因此, 我们总是把它们视为同一的, 并用相同的符号表示.

定理 1.3.3 (Monge-Möbius 定理)   设 P_1, P_2, P_3, P_4, P_5 是平面上五点, 则以 P_1 为一个顶点的六个三角形的有向面积满足如下公式

$$D_{P_1P_2P_3}D_{P_1P_4P_5} + D_{P_1P_2P_5}D_{P_1P_3P_4} - D_{P_1P_2P_4}D_{P_1P_3P_5} = 0. \tag{1.3.9}$$

证明 如图 1.3.8 所示. 以 $P_1(0,0)$ 为坐标原点, 建立平面直角坐标系, 利用有向面积公式 (1.3.8) 将式 (1.3.9) 左端展开, 得

$$4\left(\mathrm{D}_{P_1P_2P_3}\mathrm{D}_{P_1P_4P_5} + \mathrm{D}_{P_1P_2P_5}\mathrm{D}_{P_1P_3P_4} - \mathrm{D}_{P_1P_2P_4}\mathrm{D}_{P_1P_3P_5}\right)$$

$$= \Lambda_{23} \cdot \Lambda_{45} + \Lambda_{25} \cdot \Lambda_{34} + \Lambda_{24} \cdot \Lambda_{35}.$$

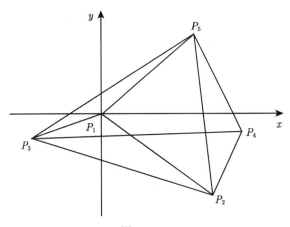

图 1.3.8

设其余四点的坐标为 $P_i(x_i, y_i)(i = 2,3,4,5)$, 则

$$\Lambda_{23} \cdot \Lambda_{45} = (x_2y_3 - x_3y_2)(x_4y_5 - x_5y_4) = x_2y_3x_4y_5 - x_2y_3x_5y_4 - x_3y_2x_4y_5 + x_3y_2x_5y_4,$$

$$\Lambda_{25} \cdot \Lambda_{34} = (x_2y_5 - x_5y_2)(x_3y_4 - x_4y_3) = x_2y_5x_3y_4 - x_2y_5x_4y_3 - x_5y_2x_3y_4 + x_5y_2x_4y_3,$$

$$\Lambda_{24} \cdot \Lambda_{35} = (x_2y_4 - x_4y_2)(x_3y_5 - x_5y_3) = x_2y_4x_3y_5 - x_2y_4x_5y_3 - x_4y_2x_3y_5 + x_4y_2x_5y_3,$$

以上三式相加, 即得

$$4\left(\mathrm{D}_{P_1P_2P_3}\mathrm{D}_{P_1P_4P_5} + \mathrm{D}_{P_1P_2P_5}\mathrm{D}_{P_1P_3P_4} - \mathrm{D}_{P_1P_2P_4}\mathrm{D}_{P_1P_3P_5}\right) = 0,$$

因此式 (1.3.9) 成立.

显然, 公式 (1.3.9) 对平面五边形 $P_1P_2P_3P_4P_5$ 成立. 因此, 根据式 (1.3.9), 可以得出如下一些结论.

推论 1.3.1 (Monge 公式) 设 $P_1P_2P_3P_4P_5$ 是凸五边形, 则以 P_1 为一个顶点的六个三角形的面积满足如下公式:

$$a_{P_1P_2P_3}a_{P_1P_4P_5} + a_{P_1P_2P_5}a_{P_1P_3P_4} = a_{P_1P_2P_4}a_{P_1P_3P_5}. \tag{1.3.10}$$

证明 如图 1.3.9 所示. 不妨设 $P_1P_2P_3P_4P_5$ 是正向五边形, 则 $P_1P_2P_3, P_1P_4P_5,$ $P_1P_2P_5, P_1P_3P_4, P_1P_2P_4, P_1P_3P_5$ 均为正向三角形, 于是式 (1.3.9) 中各三角形的有向面积等于它自身的面积, 从而式 (1.3.10) 成立.

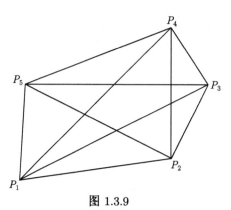

图 1.3.9

定理 1.3.4 设 $P_1P_2P_3P_4P_5$ 是五边形, $c_1 = \sum\limits_{i=1}^{5}D_{P_{i-1}P_iP_{i+1}}, c_2 = \sum\limits_{i=1}^{5}D_{P_{i-1}P_iP_{i+1}}D_{P_iP_{i+1}P_{i+2}}$, 则

$$D_{P_1P_2P_3P_4P_5}^2 - c_1D_{P_1P_2P_3P_4P_5} + c_2 = 0. \qquad (1.3.11)$$

证明 将 $D_{P_1P_3P_4} = D_{P_1P_2P_3P_4P_5} - D_{P_1P_2P_3} - D_{P_4P_5P_1}, D_{P_1P_2P_4} = D_{P_1P_2P_3P_4P_5} - D_{P_2P_3P_4} - D_{P_4P_5P_1}, D_{P_1P_3P_5} = D_{P_1P_2P_3P_4P_5} - D_{P_1P_2P_3} - D_{P_3P_4P_5}$ 代入式 (1.3.9), 化简即得式 (1.3.11).

推论 1.3.2 设 $P_1P_2P_3P_4P_5$ 是平面五边形, $c_1' = \sum\limits_{i=1}^{5}D_{P_{i-1}P_iP_{i+1}P_{i+2}}, c_2' = \sum\limits_{i=1}^{5}D_{P_{i-1}P_iP_{i+1}P_{i+2}}D_{P_iP_{i+1}P_{i+2}P_{i+3}}$, 则

$$D_{P_1P_2P_3P_4P_5}^2 - c_1'D_{P_1P_2P_3P_4P_5} + c_2' = 0. \qquad (1.3.12)$$

证明 因为 $D_{P_{i-1}P_iP_{i+1}} = D_{P_1P_2P_3P_4P_5} - D_{P_{i+1}P_{i+3}P_{i+4}P_i}$, 所以

$$c_1 = \sum_{i=1}^{5}D_{P_{i-1}P_iP_{i+1}} = \sum_{i=1}^{5}(D_{P_1P_2P_3P_4P_5} - D_{P_{i+1}P_{i+3}P_{i+4}P_i})$$

$$= 5D_{P_1P_2P_3P_4P_5} - \sum_{i=1}^{5}D_{P_{i-1}P_iP_{i+1}P_{i+2}} = 5D_{P_1P_2P_3P_4P_5} - c_1',$$

$$c_2 = \sum_{i=1}^{5}(D_{P_1P_2P_3P_4P_5} - D_{P_{i+1}P_{i+2}P_{i+3}P_{i+4}})(D_{P_1P_2P_3P_4P_5} - D_{P_{i+2}P_{i+3}P_{i+4}P_i})$$

$$= 5D_{P_1P_2P_3P_4P_5}^2 - 2c_1'D_{P_1P_2P_3P_4P_5} + c_2'.$$

将两式代入式 (1.3.11), 化简即得式 (1.3.12).

推论 1.3.3 (Gauss 五边形公式) (Svrtan et al., 2006) 设 $P_1P_2P_3P_4P_5$ 是凸五边形, $c_1 = \sum\limits_{i=1}^{5}a_{P_{i-1}P_iP_{i+1}}, c_2 = \sum\limits_{i=1}^{5}a_{P_{i-1}P_iP_{i+1}}a_{P_iP_{i+1}P_{i+2}}$, 则

$$a^2_{P_1P_2P_3P_4P_5} - c_1 a_{P_1P_2P_3P_4P_5} + c_2 = 0.$$

证明   不妨设 $P_1P_2P_3P_4P_5$ 是正向五边形, 则定理 1.3.4 中所有的有向面积均等于它自身的面积, 故由定理 1.3.4 即得推论 1.3.3.

推论 1.3.4   设凸五边形 $P_1P_2P_3P_4P_5$ 顶点三角形的面积均等于 s, 则 $P_1P_2P_3$ P_4P_5 的面积

$$a_{P_1P_2P_3P_4P_5} = \frac{5+\sqrt{5}}{2}s.$$

证明   由推论 1.3.3 得

$$a^2_{P_1P_2P_3P_4P_5} - 5sa_{P_1P_2P_3P_4P_5} + 5s^2 = 0,$$

从而推论 1.3.4 结论成立.

特别地, 当 $P_1P_2P_3P_4P_5$ 为正五边形时, 即得 $a_{P_1P_2P_3P_4P_5} = \frac{1}{4}\sqrt{25+10\sqrt{5}}a$, 其中 a 为 $P_1P_2P_3P_4P_5$ 正五边形的边长.

注 1.3.4   利用推论 1.3.2, 也可以得到类似于推论 1.3.3 和推论 1.3.4 的结论.

定理 1.3.5 (Monge-Möbius 定理)   设 $P_1, P_2, P_3, P_4, P_5, P_6$ 是平面上六点, 则

$$D_{P_1P_2P_3}D_{P_4P_5P_6} + D_{P_1P_3P_4}D_{P_2P_5P_6} - D_{P_1P_2P_4}D_{P_3P_5P_6} - D_{P_1P_5P_6}D_{P_2P_3P_4} = 0.$$

$$(1.3.13)$$

证明   如图 1.3.10 所示. 以 $P_1(0,0)$ 为坐标原点, 建立平面直角坐标系, 利用有向面积公式 (1.3.8) 将式 (1.3.13) 左端展开, 并抵消符号相反的项, 得

$$
\begin{aligned}
&4\left(D_{P_1P_2P_3}D_{P_4P_5P_6} + D_{P_1P_3P_4}D_{P_2P_5P_6} - D_{P_1P_2P_4}D_{P_3P_5P_6} - D_{P_1P_5P_6}D_{P_2P_3P_4}\right)\\
=&\Lambda_{23}\cdot(\Lambda_{45}+\Lambda_{56}+\Lambda_{64}) + \Lambda_{34}\cdot(\Lambda_{25}+\Lambda_{56}+\Lambda_{62})\\
&- \Lambda_{24}\cdot(\Lambda_{35}+\Lambda_{56}+\Lambda_{63}) - \Lambda_{56}\cdot(\Lambda_{23}+\Lambda_{34}+\Lambda_{42})\\
=&\Lambda_{23}\cdot\Lambda_{45} + \Lambda_{23}\cdot\Lambda_{56} + \Lambda_{23}\cdot\Lambda_{64} + \Lambda_{34}\cdot\Lambda_{25} + \Lambda_{34}\cdot\Lambda_{56} + \Lambda_{34}\cdot\Lambda_{62}\\
&+ \Lambda_{42}\cdot\Lambda_{35} + \Lambda_{42}\cdot\Lambda_{56} + \Lambda_{42}\cdot\Lambda_{63} + \Lambda_{65}\cdot\Lambda_{23} + \Lambda_{65}\cdot\Lambda_{34} + \Lambda_{65}\cdot\Lambda_{42}\\
=&\Lambda_{23}\cdot\Lambda_{45} + \Lambda_{23}\cdot\Lambda_{64} + \Lambda_{34}\cdot\Lambda_{25} + \Lambda_{34}\cdot\Lambda_{62} + \Lambda_{42}\cdot\Lambda_{35} + \Lambda_{42}\cdot\Lambda_{63}.
\end{aligned}
$$

设其余五点的坐标为 $P_i(x_i, y_i)(i = 2, 3, 4, 5, 6)$, 则

$$
\begin{aligned}
\Lambda_{23}\cdot\Lambda_{45} =&(x_2y_3 - x_3y_2)(x_4y_5 - x_5y_4)\\
=&x_2y_3x_4y_5 - x_2y_3x_5y_4 - x_3y_2x_4y_5 + x_3y_2x_5y_4,\\
\Lambda_{23}\cdot\Lambda_{64} =&(x_2y_3 - x_3y_2)(x_6y_4 - x_4y_6)\\
=&x_2y_3x_6y_4 - x_2y_3x_4y_6 - x_3y_2x_6y_4 + x_3y_2x_4y_6,\\
\Lambda_{34}\cdot\Lambda_{25} =&(x_3y_4 - x_4y_3)(x_2y_5 - x_5y_2)\\
=&x_3y_4x_2y_5 - x_3y_4x_5y_2 - x_4y_3x_2y_5 + x_4y_3x_5y_2,\\
\Lambda_{34}\cdot\Lambda_{62} =&(x_3y_4 - x_4y_3)(x_6y_2 - x_2y_6)\\
=&x_3y_4x_6y_2 - x_3y_4x_2y_6 - x_4y_3x_6y_2 + x_4y_3x_2y_6,
\end{aligned}
$$

$$\Lambda_{42} \cdot \Lambda_{35} = (x_4y_2 - x_2y_4)(x_3y_5 - x_5y_3)$$
$$= x_4y_2x_3y_5 - x_4y_2x_5y_3 - x_2y_4x_3y_5 + x_2y_4x_5y_3,$$
$$\Lambda_{42} \cdot \Lambda_{63} = (x_4y_2 - x_2y_4)(x_6y_3 - x_3y_6)$$
$$= x_4y_2x_6y_3 - x_4y_2x_3y_6 - x_2y_4x_6y_3 + x_2y_4x_3y_6,$$

以上六式相加, 即得

$$4(D_{P_1P_2P_3}D_{P_4P_5P_6} + D_{P_1P_3P_4}D_{P_2P_5P_6} - D_{P_1P_2P_4}D_{P_3P_5P_6} - D_{P_1P_5P_6}D_{P_2P_3P_4}) = 0,$$

因此式 (1.3.13) 成立.

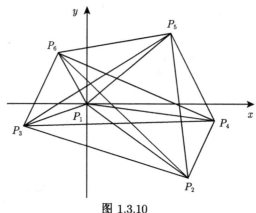

图 1.3.10

推论 1.3.5　设 $P_1P_2P_3P_4P_5P_6$ 是凸六边形, 则

$$a_{P_1P_2P_3}a_{P_4P_5P_6} + a_{P_1P_3P_4}a_{P_2P_5P_6} - a_{P_1P_2P_4}a_{P_3P_5P_6} - a_{P_1P_5P_6}a_{P_2P_3P_4} = 0. \quad (1.3.14)$$

证明　如图 1.3.11 所示. 不妨设 $P_1P_2P_3P_4P_5P_6$ 是正向六边形, 则 $P_1P_2P_3$, $P_4P_5P_6, P_1P_3P_4, P_2P_5P_6, P_1P_2P_4, P_3P_5P_6, P_2P_3P_4, P_1P_5P_6$ 均为正向三角形, 于是式 (1.3.13) 中各三角形的有向面积等于它自身的面积, 从而式 (1.3.14) 成立.

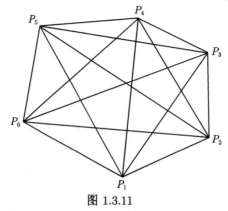

图 1.3.11

第 2 章　多边形有向面积公式的应用

2.1　三角形有向面积公式在数学证明中的应用

本节主要讨论三角形有向面积公式的应用. 首先, 给出三角形有向面积公式在几何定理证明中的应用, 包括著名的 Ceva 定理、等截共轭点定理等的证明; 其次, 给出三角形有向面积公式在定值定理证明中的应用, 包括共轭直径的 Apollonius 定理的证明和一道数学竞赛题在有向面积下的推广; 再次, 给出三角边形有向面积公式在三角公式证明中的应用; 最后, 给出三角边形有向面积公式在不等式证明中的应用, 从而得到著名的 Weitzentock 不等式的一个加强.

2.1.1　三角形有向面积公式在几何定理证明中的应用

定理 2.1.1 (Ceva 定理)　在三角形 $P_1P_2P_3$ 的边 P_1P_2, P_2P_3, P_3P_1 所在直线上依次取点 Q_1, Q_2, Q_3. 试证: P_1Q_2, P_2Q_3, P_3Q_1 交于一点的充分必要条件是

$$\frac{\mathrm{D}_{P_1Q_1}}{\mathrm{D}_{Q_1P_2}} \cdot \frac{\mathrm{D}_{P_2Q_2}}{\mathrm{D}_{Q_2P_3}} \cdot \frac{\mathrm{D}_{P_3Q_3}}{\mathrm{D}_{Q_3P_1}} = 1. \tag{2.1.1}$$

证明　如图 2.1.1 所示. 以 P_1 为坐标原点, P_1P_2 为 x 轴建立平面直角坐标系. 设三角形 $P_1P_2P_3$ 顶点的坐标为 $P_1(0,0), P_2(a,0), P_3(b,c), \mathrm{D}_{P_1Q_1}/\mathrm{D}_{Q_1P_2} = \lambda_1,$ $\mathrm{D}_{P_2Q_2}/\mathrm{D}_{Q_2P_3} = \lambda_2, \mathrm{D}_{P_3Q_3}/\mathrm{D}_{Q_3P_1} = \lambda_3,$ 于是 Q_1, Q_2, Q_3 的坐标为

$$Q_1\left(\frac{a\lambda_1}{1+\lambda_1}, 0\right), \quad Q_2\left(\frac{a+b\lambda_2}{1+\lambda_2}, \frac{c\lambda_2}{1+\lambda_2}\right), \quad Q_3\left(\frac{b}{1+\lambda_3}, \frac{c}{1+\lambda_3}\right),$$

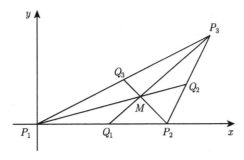

图 2.1.1

直线 P_1Q_2 和 P_2Q_3 的方程分别为

$$y = \frac{c\lambda_2}{a + b\lambda_2}x, \tag{2.1.2}$$

$$y = \frac{c}{b - a - a\lambda_3}x - \frac{ac}{b - a - a\lambda_3}. \tag{2.1.3}$$

式 (2.1.2) 和式 (2.1.3) 联立, 求得 P_1Q_2 和 P_2Q_3 交点的坐标

$$M\left(\frac{a + b\lambda_2}{1 + \lambda_2 + \lambda_2\lambda_3}, \frac{c\lambda_2}{1 + \lambda_2 + \lambda_2\lambda_3}\right).$$

由三角形有向面积公式得

$$2\mathrm{D}_{P_3Q_1M}$$

$$= \left(0 - \frac{ac\lambda_1}{1 + \lambda_1}\right) + \left(\frac{a\lambda_1}{1 + \lambda_1} \cdot \frac{c\lambda_2}{1 + \lambda_1 + \lambda_2\lambda_3} - 0\right)$$

$$+ \left(\frac{a + b\lambda_2}{1 + \lambda_2 + \lambda_2\lambda_3} \cdot c - \frac{bc\lambda_2}{1 + \lambda_2 + \lambda_2\lambda_3}\right)$$

$$= \frac{1}{(1 + \lambda_1)(1 + \lambda_2 + \lambda_2\lambda_3)} \cdot [ac\lambda_1\lambda_2 - ac\lambda_1(1 + \lambda_2 + \lambda_2\lambda_3) + ac(1 + \lambda_1)]$$

$$= \frac{ac(1 - \lambda_1\lambda_2\lambda_3)}{(1 + \lambda_1)(1 + \lambda_2 + \lambda_2\lambda_3)},$$

所以

$$P_1Q_2, P_2Q_3, P_3Q_1 \text{交于一点} \Leftrightarrow \mathrm{D}_{P_3Q_1M} = 0 \Leftrightarrow \lambda_1\lambda_2\lambda_3 = 1 \Leftrightarrow \text{式}(2.1.1)\text{成立}.$$

定理 2.1.2　在三角形 $P_1P_2P_3$ 的边 P_1P_2, P_2P_3, P_3P_1 所在直线上依次截取线段 Q_1R_1, Q_2R_2, Q_3R_3, 使得 $\mathrm{d}_{P_1Q_1} = \mathrm{d}_{P_2R_1}, \mathrm{d}_{P_2Q_2} = \mathrm{d}_{P_3R_2}, \mathrm{d}_{P_3R_3} = \mathrm{d}_{P_1Q_3}$. 若 $P_iQ_{i+1}, P_{i+1}Q_{i+2}$ 和 $P_iR_{i+1}, P_{i+1}R_{i+2}$ 的交点分别 $M_i, N_i(i = 1, 2, 3)$, 则

$$\mathrm{D}_{P_{i+2}R_iN_i} + \mathrm{D}_{P_{i+2}Q_iM_i} = 0 \quad (\mathrm{a}_{P_{i+2}R_iN_i} = \mathrm{a}_{P_{i+2}Q_iM_i}) \quad (i = 1, 2, 3). \tag{2.1.4}$$

证明　如图 2.1.2 所示. 不妨设三角形 $P_1P_2P_3$ 顶点的坐标为 $P_1(0, 0), P_2(a, 0)$, $P_3(b, c)$, 且

$$\mathrm{D}_{P_1Q_1}/\mathrm{D}_{Q_1P_2} = \lambda_1, \quad \mathrm{D}_{P_2Q_2}/\mathrm{D}_{Q_2P_3} = \lambda_2, \quad \mathrm{D}_{P_3Q_3}/\mathrm{D}_{Q_3P_1} = \lambda_3,$$

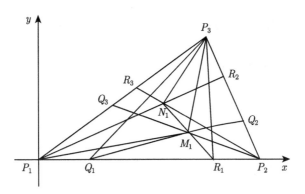

图 2.1.2

则由 $\mathrm{d}_{P_1Q_1} = \mathrm{d}_{P_2R_1}, \mathrm{d}_{P_2Q_2} = \mathrm{d}_{P_3R_2}, \mathrm{d}_{P_3Q_3} = \mathrm{d}_{P_1R_3}$, 得

$$\mathrm{D}_{P_1R_1}/\mathrm{D}_{R_1P_2} = 1/\lambda_1, \quad \mathrm{D}_{P_2R_2}/\mathrm{D}_{R_2P_3} = 1/\lambda_2, \quad \mathrm{D}_{P_3R_3}/\mathrm{D}_{R_3P_1} = 1/\lambda_3.$$

于是根据定理 2.1.1, 有

$$\begin{aligned}
\mathrm{D}_{P_3R_1N_1} &= \frac{ac[1 - (1/\lambda_1)(1/\lambda_2)(1/\lambda_3)]}{(1 + 1/\lambda_1)[1 + 1/\lambda_2 + 1/(\lambda_2\lambda_3)]} \\
&= \frac{ac(\lambda_1\lambda_2\lambda_3 - 1)}{(1 + \lambda_1)(1 + \lambda_3 + \lambda_2\lambda_3)} = -\mathrm{D}_{P_3Q_1M_1},
\end{aligned}$$

因此, 当 $i = 1$ 时, 式 (2.1.4) 成立.

类似地, 可以证明当 $i = 2, 3$ 时, 式 (2.1.4) 成立.

推论 2.1.1 在三角形 $P_1P_2P_3$ 的边 P_1P_2, P_2P_3, P_3P_1 所在直线上依次截取线段 Q_1R_1, Q_2R_2, Q_3R_3, 使得 $\mathrm{d}_{P_1Q_1} = \mathrm{d}_{P_2R_1}, \mathrm{d}_{P_2Q_2} = \mathrm{d}_{P_3R_2}, \mathrm{d}_{P_3Q_3} = \mathrm{d}_{P_1Q_3}$, 证明: P_1Q_2, P_2Q_3, P_3Q_1 交于一点的充要条件是 P_1R_2, P_2R_3, P_3R_1 交于一点.

证明 如图 2.1.3 所示. 由定理 2.1.2, 可得

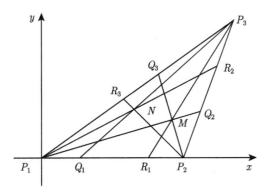

图 2.1.3

P_1Q_2, P_2Q_3, P_3Q_1 交于一点 $M \Leftrightarrow \mathrm{D}_{P_3Q_1M} = 0 \Leftrightarrow \mathrm{D}_{P_3R_1N} = 0 \Leftrightarrow P_1R_2, P_2R_3,$ P_3R_1 相交于一点 N.

注 2.1.1　在三角形 $P_1P_2P_3$ 的边 P_1P_2, P_2P_3, P_3P_1 截取线段 $Q_1R_1, Q_2R_2,$ Q_3R_3 时, P_1Q_2, P_2Q_3, P_3Q_1 的交点 M 和 P_1R_2, P_2R_3, P_3R_1 交点 N 称为三角形 $P_1P_2P_3$ 的等截共轭点, 相应的结论就是所谓的 "等截共轭点定理". 可见推论 2.1.1 是等截共轭点定理的推广.

定理 2.1.3　设 $P_1P_2P_3$ 是椭圆的内接三角形, P_1Q_1, P_2Q_2, P_3Q_3 是椭圆的通径 (即通过椭圆中心的弦), 证明:

$$\mathrm{D}_{P_1P_2P_3} + \mathrm{D}_{Q_1P_2P_3} + \mathrm{D}_{Q_2P_3P_1} + \mathrm{D}_{Q_3P_1P_2} = 0. \tag{2.1.5}$$

证明　如图 2.1.4 所示. 不妨设椭圆的方程为 $x^2/a^2 + y^2/b^2 = 1$, 三角形 $P_1P_2P_3$ 顶点的坐标为 $P_i(a\cos\alpha_i, b\sin\alpha_i)\ (i=1,2,3)$, 于是椭圆通径 P_1Q_1, P_2Q_2, P_3Q_3 另一端点的坐标为 $Q_i(-a\cos\alpha_i, -b\sin\alpha_i)\ (i=1,2,3)$. 由三角形有向面积公式, 得

$$2\mathrm{D}_{P_1P_2P_3} = ab\sum_{i=1}^{3}(\cos\alpha_i\sin\alpha_{i+1} - \sin\alpha_i\cos\alpha_{i+1}) = ab\sum_{i=1}^{3}\sin(\alpha_{i+1} - \alpha_i),$$

$$2\sum_{i=1}^{3}\mathrm{D}_{Q_iP_{i+1}P_{i+2}} = ab\sum_{i=1}^{3}[(-\cos\alpha_i\sin\alpha_{i+1} + \sin\alpha_i\cos\alpha_{i+1}) + (\cos\alpha_{i+1}\sin\alpha_{i+2}$$
$$- \cos\alpha_{i+2}\sin\alpha_{i+1}) + (-\cos\alpha_{i+2}\sin\alpha_i + \cos\alpha_i\sin\alpha_{i+2})]$$

$$= ab\sum_{i=1}^{3}[\sin(\alpha_i - \alpha_{i+1}) + \sin(\alpha_{i+2} - \alpha_{i+1}) + \sin(\alpha_{i+2} - \alpha_i)]$$

$$= ab\sum_{i=1}^{3}[\sin(\alpha_i - \alpha_{i+1}) + \sin(\alpha_{i+1} - \alpha_i) + \sin(\alpha_i - \alpha_{i+1})]$$

$$= -ab\sum_{i=1}^{3}\sin(\alpha_{i+1} - \alpha_i),$$

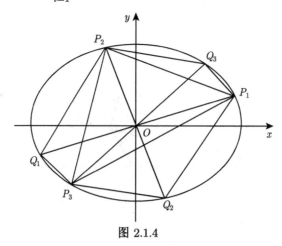

图 2.1.4

因此, 式 (2.1.5) 成立.

推论 2.1.2 设 $P_1P_2P_3$ 是圆的内接三角形, P_1Q_1, P_2Q_2, P_3Q_3 是圆的直径.

(1) 若 $P_1P_2P_3$ 为锐角三角形, 则 $a_{P_1P_2P_3} = a_{Q_1P_2P_3} + a_{Q_2P_3P_1} + a_{Q_3P_1P_2}$;

(2) 若 $P_1P_2P_3$ 为直角三角形, 则三个三角形的面积 $a_{Q_1P_2P_3}, a_{Q_2P_3P_1}, a_{Q_3P_1P_2}$ 中, 其中两个等于零, 另一个等于 $a_{P_1P_2P_3}$;

(3) 若 $P_1P_2P_3$ 为钝角三角形, 则三个三角形的面积 $a_{Q_1P_2P_3}, a_{Q_2P_3P_1}, a_{Q_3P_1P_2}$ 中, 其中钝角的通径另一端点所在的三角形的面积等于三角形 $P_1P_2P_3$ 的面积与另外两个面积的和.

证明 因为圆是椭圆的特殊情形, 因此式 (2.1.5) 成立.

(1) 如图 2.1.5 所示. 在式 (2.1.5) 中, 注意到三角形 $Q_1P_2P_3, Q_2P_3P_1, Q_3P_1P_2$ 与三角形 $P_1P_2P_3$ 都是反向的即得.

(2) 如图 2.1.6 所示. 不妨设 $\angle P_2P_1P_3 = 90°$, 此时点 P_3 与 Q_2 及 P_2 与 Q_3 均重合, 因此结论成立.

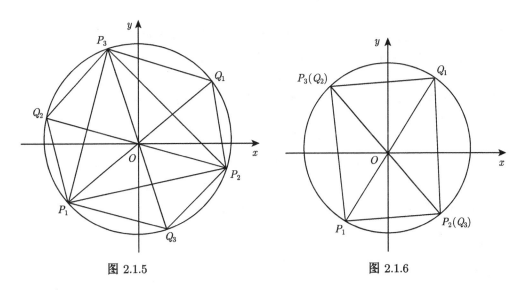

图 2.1.5　　　　　　　　　　　　图 2.1.6

(3) 如图 2.1.7 所示. 不妨设 $P_1P_2P_3$ 为正向三角形, 且三角形 $\angle P_2P_1P_3 > 90°$, 则此时 $Q_1P_2P_3$ 为反向三角形, $Q_2P_3P_1$ 和 $Q_3P_1P_2$ 均为正向三角形, 故根据式 (2.1.5) 知

$$a_{Q_1P_2P_3} = a_{P_1P_2P_3} + a_{Q_2P_3P_1} + a_{Q_3P_1P_2},$$

因此结论成立.

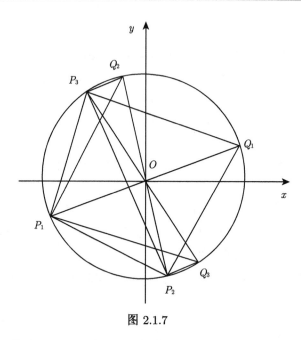

图 2.1.7

注 2.1.2　推论 2.1.2(1) 为 1981 年中国安徽省芜湖市初中数学竞赛题. 对于椭圆, 以上结论也可能成立. 请读者判断哪个成立, 哪个不成立.

定理 2.1.4　设 $P_1P_2P_3$ 是双曲线的内接三角形, P_1Q_1, P_2Q_2, P_3Q_3 是通过双曲线中心的直线段且分别与双曲线相交于另一点 Q_1, Q_2, Q_3, 证明:

$$\mathrm{D}_{P_1P_2P_3} + \mathrm{D}_{Q_1P_2P_3} + \mathrm{D}_{Q_2P_3P_1} + \mathrm{D}_{Q_3P_1P_2} = 0. \tag{2.1.6}$$

证明　如图 2.1.8 所示. 不妨设双曲线的方程为 $x^2/a^2 - y^2/b^2 = 1$, 三角形 $P_1P_2P_3$ 顶点的坐标为 $P_i(a\sec\alpha_i, b\tan\alpha_i)(i = 1, 2, 3)$, 于是直线段 P_1Q_1, P_2Q_2, P_3Q_3 另一端点的坐标为 $Q_i(-a\sec\alpha_i, -b\tan\alpha_i)(i = 1, 2, 3)$. 从而

$$2\mathrm{D}_{P_1P_2P_3}$$
$$= ab\sum_{i=1}^{3}(\sec\alpha_i\tan\alpha_{i+1} - \tan\alpha_i\sec\alpha_{i+1})$$
$$= ab\sum_{i=1}^{3}\sec\alpha_i\sec\alpha_{i+1}(\sin\alpha_{i+1} - \sin\alpha_i),$$

$$2\sum_{i=1}^{3}\mathrm{D}_{Q_iP_{i+1}P_{i+2}}$$
$$= ab\sum_{i=1}^{3}[(\tan\alpha_i\sec\alpha_{i+1} - \sec\alpha_i\tan\alpha_{i+1}) + (\sec\alpha_{i+1}\tan\alpha_{i+2} - \sec\alpha_{i+2}\tan\alpha_{i+1})]$$

$$+(\sec\alpha_i \tan\alpha_{i+2} - \sec\alpha_{i+2}\tan\alpha_i)]$$

$$=ab\sum_{i=1}^{3}[\sec\alpha_i \sec\alpha_{i+1}(\sin\alpha_i - \sin\alpha_{i+1}) + \sec\alpha_{i+1}\sec\alpha_{i+2}(\sin\alpha_{i+2} - \sin\alpha_{i+1})$$

$$+ \sec\alpha_i \sec\alpha_{i+2}(\sin\alpha_{i+2} - \sin\alpha_i)]$$

$$=ab\sum_{i=1}^{3}[\sec\alpha_i \sec\alpha_{i+1}(\sin\alpha_i - \sin\alpha_{i+1}) + \sec\alpha_i \sec\alpha_{i+1}(\sin\alpha_{i+1} - \sin\alpha_i)$$

$$+ \sec\alpha_{i+1}\sec\alpha_i(\sin\alpha_i - \sin\alpha_{i+1})]$$

$$=ab\sum_{i=1}^{3}\sec\alpha_i \sec\alpha_{i+1}(\sin\alpha_i - \sin\alpha_{i+1}),$$

因此, 式 (2.1.6) 成立.

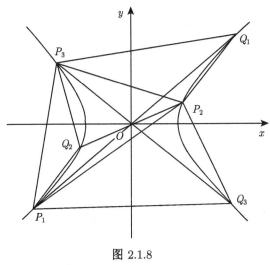

图 2.1.8

2.1.2 三角形有向面积公式在定值定理证明中的应用

定理 2.1.5 (共轭直径的 Apollonius 定理) 设 P, P' 分别是椭圆 $x^2/a^2+y^2/b^2 = 1$ 或双曲线 $x^2/a^2 - y^2/b^2 = 1$ 与其任意两条共轭直径的一个交点, 则

(1) $\mathrm{d}_{OP}^2 + \mathrm{d}_{OP'}^2 = a^2 + b^2$(恒为定值), 或 $\mathrm{d}_{OP}^2 - \mathrm{d}_{OP'}^2 = a^2 - b^2$(恒为定值);

(2) 以 OP, OP' 为邻边组成的平行四边形的面积等于 ab(恒为定值).

证明 (1) 如图 2.1.9 所示. 不妨设椭圆 $x^2/a^2 + y^2/b^2 = 1$ 的共轭直径的方程为 $y = kx, y = k'x$, 则 $kk' = -b^2/a^2$, 即 $k' = -b^2/ka^2$.

设 P, P' 的坐标分别为 $P(x,y), P'(x',y')$, 则 $\mathrm{d}_{OP}^2 = x^2 + y^2$, $\mathrm{d}_{OP'}^2 = x'^2 + y'^2$. 由方程组

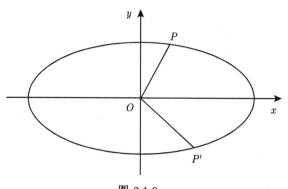

图 2.1.9

$$\begin{cases} x^2/a^2 + y^2/b^2 = 1, \\ y = kx, \end{cases}$$

求得

$$\begin{cases} x^2 = a^2b^2/(k^2a^2 + b^2), \\ y^2 = k^2a^2b^2/(k^2a^2 + b^2). \end{cases}$$

以 $-b^2/ka^2$ 代上式中的 k, 得

$$\begin{cases} x'^2 = k^2a^4/(k^2a^2 + b^2), \\ y'^2 = b^4/(k^2a^2 + b^2), \end{cases}$$

于是

$$\begin{aligned} \mathrm{d}_{OP}^2 + \mathrm{d}_{OP'}^2 &= \frac{a^2b^2 + k^2a^2b^2}{k^2a^2 + b^2} + \frac{k^2a^4 + b^4}{k^2a^2 + b^2} \\ &= \frac{b^2(a^2 + b^2) + k^2a^2(a^2 + b^2)}{k^2a^2 + b^2} = a^2 + b^2 \quad \text{(为定值).} \end{aligned}$$

同理可以证明双曲线的情形.

(2) 不妨设 P 位于 x 轴的上方, P' 位于 x 轴的下方, 则

$$x = \frac{\pm ab}{\sqrt{k^2a^2 + b^2}}, \quad y = \frac{|k|ab}{\sqrt{k^2a^2 + b^2}}; \quad x' = \frac{\pm |k|a^2}{\sqrt{k^2a^2 + b^2}}, \quad y' = \frac{-b^2}{\sqrt{k^2a^2 + b^2}}.$$

因为

$$\begin{aligned} 2\mathrm{D}_{OPP'} &= xy' - x'y \\ &= \frac{\pm ab}{\sqrt{k^2a^2 + b^2}} \cdot \frac{-b^2}{\sqrt{k^2a^2 + b^2}} - \frac{\pm |k|a^2}{\sqrt{k^2a^2 + b^2}} \cdot \frac{|k|ab}{\sqrt{k^2a^2 + b^2}} \\ &= \frac{\mp ab(k^2a^2 + b^2)}{k^2a^2 + b^2} = \mp ab, \end{aligned}$$

所以以 OP, OP' 为邻边组成的平行四边形的面积为 $a = 2|D_{OPP'}| = ab$.

同理可以证明双曲线的情形.

定理 2.1.6 在三角形 $P_1P_2P_3$ 所在平面上任取一点 P, 则

$$D_{PP_1P_2}\overrightarrow{PP_3} + D_{PP_2P_3}\overrightarrow{PP_1} + D_{PP_3P_1}\overrightarrow{PP_2} = \overrightarrow{0}. \tag{2.1.7}$$

证明 如图 2.1.10 所示. 设三角形顶点的坐标为 $P_1(x_1, y_1), P_2(x_2, y_2), P_3(x_3, y_3)$, 任意点的坐标为 $P(x, y)$. 于是

$$\sum_{i=1}^{3} D_{PP_iP_{i+1}}\overrightarrow{PP_{i+2}} = \sum_{i=1}^{3} D_{PP_iP_{i+1}}(x_{i+2} - x, y_{i+2} - y)$$

$$= \left(\sum_{i=1}^{3}(x_{i+2} - x)D_{PP_iP_{i+1}}, \sum_{i=1}^{3}(y_{i+2} - y)D_{PP_iP_{i+1}} \right).$$

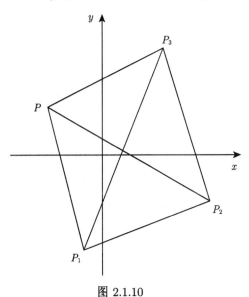

图 2.1.10

因为

$$\sum_{i=1}^{3}(x_{i+2} - x)D_{PP_iP_{i+1}}$$

$$= \frac{1}{2}\sum_{i=1}^{3} x_{i+2} \begin{vmatrix} x & y & 1 \\ x_i & y_i & 1 \\ x_{i+1} & y_{i+1} & 1 \end{vmatrix} - \frac{x}{2}\sum_{i=1}^{3} \begin{vmatrix} x & y & 1 \\ x_i & y_i & 1 \\ x_{i+1} & y_{i+1} & 1 \end{vmatrix}$$

$$= \frac{x}{2}\sum_{i=1}^{3} x_{i+2}(y_i - y_{i+1}) - \frac{y}{2}\sum_{i=1}^{3} x_{i+2}(x_i - x_{i+1}) + \frac{1}{2}\sum_{i=1}^{3} x_{i+2}(x_i y_{i+1} - x_{i+1} y_i)$$

$$-\frac{x^2}{2}\sum_{i=1}^{3}(y_i-y_{i+1})+\frac{xy}{2}\sum_{i=1}^{3}(x_i-x_{i+1})-\frac{x}{2}\sum_{i=1}^{3}(x_iy_{i+1}-x_{i+1}y_i)$$

$$=\frac{x}{2}\sum_{i=1}^{3}(x_{i+2}y_i-x_{i+2}y_{i+1})-\frac{y}{2}\sum_{i=1}^{3}(x_{i+2}x_i-x_{i+1}x_{i+2})$$

$$+\frac{1}{2}\sum_{i=1}^{3}(x_{i+2}x_iy_{i+1}-x_{i+2}x_{i+1}y_i)+\frac{x}{2}\sum_{i=1}^{3}(x_{i+1}y_i-x_iy_{i+1})$$

$$=\frac{x}{2}\sum_{i=1}^{3}(x_iy_{i+1}-x_{i+1}y_i)-\frac{y}{2}\sum_{i=1}^{3}(x_ix_{i+1}-x_ix_{i+1})$$

$$+\frac{1}{2}\sum_{i=1}^{3}(x_ix_{i+1}y_{i+2}-x_{i+1}x_iy_{i+2})+\frac{x}{2}\sum_{i=1}^{3}(x_{i+1}y_i-x_iy_{i+1})=0.$$

同理

$$\sum_{i=1}^{3}(y_{i+2}-y)\mathrm{D}_{PP_iP_{i+1}}=0,$$

因此, 式 (2.1.7) 成立.

推论 2.1.3 (1983 年第 17 届全苏联数学奥林匹克竞赛题)　在三角形 $P_1P_2P_3$ 内任取一点 P, 则

$$\mathrm{a}_{PP_1P_2}\overrightarrow{PP_3}+\mathrm{a}_{PP_2P_3}\overrightarrow{PP_1}+\mathrm{a}_{PP_3P_1}\overrightarrow{PP_2}=\overrightarrow{0}. \tag{2.1.8}$$

证明　如图 2.1.11 所示. 因为 P 为三角形 $P_1P_2P_3$ 内任意点时, 三角形 PP_1P_2, PP_2P_3 和 PP_3P_1 都是同向的. 从而这三个三角形的有向面积 $\mathrm{D}_{PP_1P_2}$, $\mathrm{D}_{PP_2P_3}, \mathrm{D}_{PP_3P_1}$ 同号, 故由式 (2.1.7) 得式 (2.1.8).

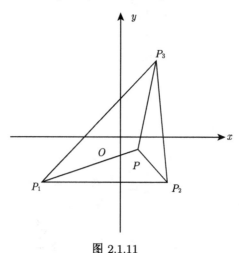

图 2.1.11

定理 2.1.7 设 $P_1P_2P_3P_4$ 为平行四边形, P 为 $P_1P_2P_3P_4$ 所在平面上任意一点, 则

$$\mathrm{D}_{PP_iP_{i+2}} - \mathrm{D}_{PP_{i+1}P_{i+2}} + \mathrm{D}_{PP_{i+2}P_{i+3}} = 0 \quad (i = 1, 2, 3, 4). \tag{2.1.9}$$

证明 如图 2.1.12 所示. 以 P_1 为坐标原点、P_1P_2 为 x 轴建立平面直角坐标系. 设平行四边形顶点的坐标为 $P_1(0,0), P_2(a,0), P_3(b,c), P_4(b-a,c)$, 任意点的坐标为 $P(x,y)$. 于是由三角形有向面积公式, 可得

$$2\mathrm{D}_{PP_1P_3} = by - cx,$$
$$2\mathrm{D}_{PP_2P_3} = (0 - ay) + (ac - 0) + (by - cx) = -cx + (b-a)y + ac,$$
$$2\mathrm{D}_{PP_3P_4} = (cx - by) + (bc - bc + ac) + (b-a)y - cx = -ay + ac,$$

所以

$$2\mathrm{D}_{PP_1P_3} - 2\mathrm{D}_{PP_2P_3} + 2\mathrm{D}_{PP_3P_4} = 0.$$

因此, 当 $i = 1$ 时, 式 (2.1.9) 成立.

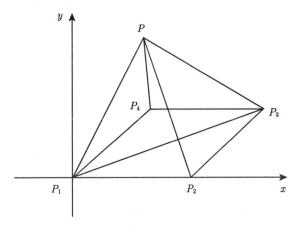

图 2.1.12

类似地, 可以证明, 当 $i = 2, 3, 4$ 时, 式 (2.1.9) 成立.

推论 2.1.4 设 $P_1P_2P_3P_4$ 为平行四边形, P 为 $P_1P_2P_3P_4$ 所在平面上任意一点, 则在下列各组三个三角形 $PP_iP_{i+2}, PP_{i+1}P_{i+2}, PP_{i+2}P_{i+3}$ $(i = 1, 2, 3, 4)$ 中, 其中一个三角形的面积等于其余两个较小的三角形的面积的和.

证明 注意到式 (2.1.9) 中, 三个三角形的有向面积 $\mathrm{D}_{PP_iP_{i+2}}, \mathrm{D}_{PP_{i+1}P_{i+2}}$, $\mathrm{D}_{PP_{i+2}P_{i+3}}(i = 1, 2, 3, 4)$ 的符号相同或三角形的有向面积 $\mathrm{D}_{PP_{i+1}P_{i+2}}$ 的符号与另外两个三角形的有向面积 $\mathrm{D}_{PP_iP_{i+2}}, \mathrm{D}_{PP_{i+2}P_{i+3}}$ $(i = 1, 2, 3, 4)$ 中一个的符号相同、另一个的符号相反即得.

2.1.3　三角形有向面积公式在三角公式证明中的应用

定理 2.1.8　利用三角形有向面积公式证明:

$$\sin(\alpha - \beta) = \sin\alpha\cos\beta - \cos\alpha\sin\beta, \tag{2.1.10}$$

$$\cos(\alpha - \beta) = \cos\alpha\cos\beta + \sin\alpha\sin\beta. \tag{2.1.11}$$

证明　如图 2.1.13 所示. 不妨设 $2\pi > \alpha > \beta \geqslant 0$. 当 $\alpha = \beta, \pi + \beta$ 时, 结论显然成立. 当 $\alpha \neq \beta$ 时, 在单位圆上取两点:

$$A(\cos\alpha,\ \sin\alpha),\quad B(\cos\beta,\ \sin\beta).$$

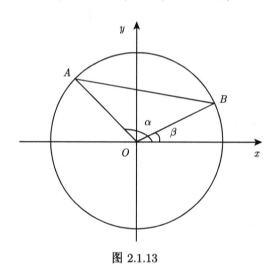

图 2.1.13

由三角形有向面积公式, 坐标原点与这两点构成的三角形 OAB 的有向面积

$$\mathrm{D}_{OAB} = \frac{1}{2}(\cos\alpha\sin\beta - \sin\alpha\cos\beta).$$

当 $\alpha - \beta < \pi(\alpha - \beta > \pi)$ 时, 三角形 OAB 为反向 (正向) 三角形. 于是

$$\mathrm{a}_{OAB} = \mp\mathrm{D}_{OAB} = \pm\frac{1}{2}(\sin\alpha\cos\beta - \cos\alpha\sin\beta).$$

另一方面, 由等腰三角形面积公式有

$$\mathrm{a}_{OAB} = \frac{1}{2} \cdot 1^2 \cdot |\sin(\alpha - \beta)| = \pm\frac{1}{2}\sin(\alpha - \beta),$$

因此, 式 (2.1.10) 成立.

类似地, 在单位圆上取两点:

$$A'\left(\cos\left(\frac{\pi}{2} + \alpha\right),\ \sin\left(\frac{\pi}{2} + \alpha\right)\right) = A'(-\sin\alpha,\ \cos\alpha),\quad B(\cos\beta,\ \sin\beta),$$

可以证明式 (2.1.11) 成立.

2.1.4 三角边形有向面积公式在不等式证明中的应用

例 2.1.1 设三角形 $P_1P_2P_3$ 外接圆的半径为 R, 证明:

$$0 \leqslant \sum_{i=1}^{3} d_{P_iP_{i+1}}^2 - 4\sqrt{3}a_{P_1P_2P_3} < 8R^2. \tag{2.1.12}$$

证明 如图 2.1.14 所示. 设三角形 $P_1P_2P_3$ 顶点的坐标为 $P_i(R\cos\theta_i, R\sin\theta_i)$ $(i=1,2,3)$ 且 $0 \leqslant \theta_1 < \theta_2 < \theta_3 < 2\pi$. 于是

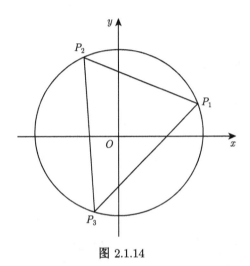

图 2.1.14

$$\sum_{i=1}^{3} d_{P_iP_{i+1}}^2 - 4\sqrt{3}a_{P_1P_2P_3}$$

$$=R^2\sum_{i=1}^{3}[(\cos\theta_{i+1}-\cos\theta_i)^2 + (\sin\theta_{i+1}-\sin\theta_i)^2$$

$$-2\sqrt{3}(\cos\theta_i\sin\theta_{i+1}-\cos\theta_{i+1}\sin\theta_i)]$$

$$=2R^2\sum_{i=1}^{3}[1-\cos(\theta_{i+1}-\theta_i)-\sqrt{3}\sin(\theta_{i+1}-\theta_i)]$$

$$=8R^2\sum_{i=1}^{3}\sin\frac{\theta_{i+1}-\theta_i}{2}\sin\left(\frac{\theta_{i+1}-\theta_i}{2}-\frac{\pi}{3}\right).$$

令 $f(\alpha,\beta,\gamma) = \sin\alpha\sin\left(\alpha-\frac{\pi}{3}\right) + \sin\beta\sin\left(\beta-\frac{\pi}{3}\right) + \sin\gamma\sin\left(\gamma-\frac{\pi}{3}\right)$, 其中 $0 \leqslant \alpha,\beta \leqslant \pi, -\pi \leqslant \gamma \leqslant 0, \alpha+\beta+\gamma=0$, 则

$$f = \sin\alpha\sin\left(\alpha-\frac{\pi}{3}\right)+\sin\beta\sin\left(\beta-\frac{\pi}{3}\right)+\sin(\alpha+\beta)\sin\left(\alpha+\beta+\frac{\pi}{3}\right), \quad 0 \leqslant \alpha,\beta \leqslant \pi.$$

由

$$\begin{cases} \dfrac{\partial f}{\partial \alpha} = 2\sin(2\alpha + \beta)\cos\left(\beta + \dfrac{\pi}{3}\right) = 0, \\[3mm] \dfrac{\partial f}{\partial \beta} = 2\sin(\alpha + 2\beta)\cos\left(\alpha + \dfrac{\pi}{3}\right) = 0, \end{cases}$$

求得 f 定义域中的内点为

$$\begin{cases} \alpha = \pi/6, \\ \beta = \pi/6, \\ \gamma = -\pi/3; \end{cases} \quad \begin{cases} \alpha = \pi/3, \\ \beta = \pi/3, \\ \gamma = -2\pi/3; \end{cases} \quad \begin{cases} \alpha = \pi/6, \\ \beta = 2\pi/3, \\ \gamma = -5\pi/6; \end{cases} \quad \begin{cases} \alpha = 2\pi/3, \\ \beta = \pi/6, \\ \gamma = -5\pi/6. \end{cases}$$

又 $\dfrac{\partial^2 f}{\partial \alpha^2} = 4\cos(2\alpha + \beta)\cos\left(\beta + \dfrac{\pi}{3}\right), \dfrac{\partial^2 f}{\partial \alpha \partial \beta} = 2\cos\left(2\alpha + 2\beta + \dfrac{\pi}{3}\right), \dfrac{\partial^2 f}{\partial \beta^2} = 4\cos(\alpha + 2\beta)\cos\left(\alpha + \dfrac{\pi}{3}\right)$.

(1) 当 $\alpha = \pi/6, \beta = \pi/6, \gamma = -\pi/3$ 时, $A = \dfrac{\partial^2 f}{\partial \alpha^2} = 0, B = \dfrac{\partial^2 f}{\partial \alpha \partial \beta} = -2, C = \dfrac{\partial^2 f}{\partial \beta^2} = 0$, 于是 $B^2 - AC = 4 > 0$, 故函数 f 在 $\alpha = \pi/6, \beta = \pi/6, \gamma = -\pi/3$ 处无极值.

(2) 当 $\alpha = \pi/3, \beta = \pi/3, \gamma = -2\pi/3$ 时, $A = C = 2 > 0, B = 1, B^2 - AC = -3 < 0$, 故 f 在 $\alpha = \pi/3, \beta = \pi/3, \gamma = -2\pi/3$ 处取得极小值, 且极小值为 0.

(3) 当 $\alpha = \pi/6, \beta = 2\pi/3, \gamma = -5\pi/6$ 时, $A = 4, B = 4, C = 0, B^2 - AC = 16 > 0$, 故函数 f 在 $\alpha = \pi/6, \beta = 2\pi/3, \gamma = -5\pi/6$ 处无极值;

同理, f 在 $\alpha = 2\pi/3, \beta = \pi/6, \gamma = -5\pi/6$ 处无极值.

(4) 当 $\alpha = 0$ $(0 \leqslant \beta \leqslant \pi)$ 时, $f = \sin\beta\sin\left(\beta - \dfrac{\pi}{3}\right) + \sin\beta\sin\left(\beta - \dfrac{\pi}{3}\right) = \sin^2\beta$, 此时 f 的最大值为 1, 最小值为 0.

类似地, 可以求得 $\alpha = \pi$ $(0 \leqslant \beta \leqslant \pi)$; $\beta = 0$ $(0 \leqslant \alpha \leqslant \pi)$ 和 $\beta = \pi$ $(0 \leqslant \alpha \leqslant \pi)$ 时, f 的最大值为 1, 最小值为 0.

从而 f 在闭区域 $0 \leqslant \alpha, \beta \leqslant \pi$ 上的最大值为 1, 最小值为 0, 且最小值可以在区域内取得, 而最大值只能在边界上取得. 注意到 $0 < \theta_{i+1} - \theta_i < \pi$, 由上述结论可得

$$\sum_{i=1}^{3} \sin\frac{\theta_{i+1} - \theta_i}{2} \sin\left(\frac{\theta_{i+1} - \theta_i}{2} - \frac{\pi}{3}\right)$$

的最小值为 0, 上确界为 1, 故式 (2.1.12) 成立.

注 2.1.3　式 (2.1.12) 的左式即著名的 Weitzentock 不等式.

例 2.1.2 (1966 年第 8 届国际数学奥林匹克竞赛题)　设 Q_i 是三角形 $P_1 P_2 P_3$ 的边 $P_i P_{i+1}$ $(i = 1, 2, 3)$ 上任意一点, 证明: 三角形 $P_1 Q_1 Q_3, P_2 Q_2 Q_1, P_3 Q_3 Q_2$ 中至少有一个三角形的面积不大于三角形 $P_1 P_2 P_3$ 面积的 1/4.

证明 如图 2.1.15 所示. 不妨设三角形 $P_1P_2P_3$ 为正向三角形, 其顶点的坐标为 $P_1(0,0)$, $P_2(a,0)$, $P_3(b,c)$ $(a,c > 0)$, 边上的点的坐标为 $Q_1(\lambda_1 a, 0)$, $Q_2(\lambda_2 a + (1-\lambda_2)b, (1-\lambda_2)c)$, $Q_3(\lambda_3 b, \lambda_3 c)$ $(0 < \lambda_1, \lambda_2, \lambda_3 < 1)$, 则三角形 $P_1Q_1Q_3$, $P_2Q_2Q_1$, $P_3Q_3Q_2$ 均为正向三角形, 于是

$$2\mathrm{a}_{P_1P_2P_3} = 2\mathrm{D}_{P_1P_2P_3} = ac,$$

$$2\mathrm{a}_{P_1Q_1Q_3} = 2\mathrm{D}_{P_1Q_1Q_3} = \lambda_1\lambda_3 ac,$$

$$2\mathrm{a}_{P_2Q_2Q_1} = 2\mathrm{D}_{P_2Q_2Q_1} = (1-\lambda_1)(1-\lambda_2)ac,$$

$$2\mathrm{a}_{P_3Q_3Q_2} = 2\mathrm{D}_{P_3Q_3Q_2} = \lambda_2(1-\lambda_3)ac.$$

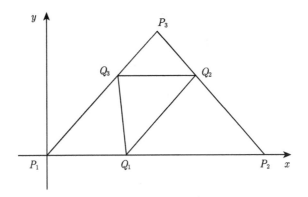

图 2.1.15

令 $f(\lambda_1, \lambda_2, \lambda_3) = 64\lambda_1(1-\lambda_1)\lambda_2(1-\lambda_2)\lambda_3(1-\lambda_3)$. 由于 $\lambda_i + (1-\lambda_i) = 1(i = 1, 2, 3)$, 所以当且仅当 $\lambda_i = 1 - \lambda_i$ 即 $\lambda_i = 1/2(i = 1, 2, 3)$ 时, $f(\lambda_1, \lambda_2, \lambda_3)$ 的最大值为 1.

现假设三角形 $P_1Q_1Q_3$, $P_2Q_2Q_1$, $P_3Q_3Q_2$ 的面积均大于三角形 $P_1P_2P_3$ 面积的 $1/4$, 则

$$4\lambda_1\lambda_3 ac > ac, \quad 4(1-\lambda_1)(1-\lambda_2)ac > ac, \quad 4\lambda_2(1-\lambda_3)ac > ac,$$

即

$$4\lambda_1\lambda_3 > 1, \quad 4(1-\lambda_1)(1-\lambda_2) > 1, \quad 4\lambda_2(1-\lambda_3) > 1,$$

于是

$$64\lambda_1(1-\lambda_1)\lambda_2(1-\lambda_2)\lambda_3(1-\lambda_3) > 1,$$

这与 $f(\lambda_1, \lambda_2, \lambda_3)$ 的最大值为 1 相矛盾, 从而三角形 $P_1Q_1Q_3$, $P_2Q_2Q_1$, $P_3Q_3Q_2$ 中至少有一个三角形的面积不大于三角形 $P_1P_2P_3$ 面积的 $1/4$.

2.2　多边形有向面积公式在几何定理证明中的应用

本节主要讨论多边形有向面积公式在几何证明中的应用. 首先, 给出多边形有向面积公式在定值定理证明中的应用; 其次, 给出多边形有向面积公式在一些面积问题和数学竞赛题证明中的应用, 包括这些问题的证明或推广.

2.2.1　多边形有向面积公式在定值问题证明中的应用

定理 2.2.1　设双曲线的半轴为 a 和 b, 过双曲线上一点 P 作其二渐近线的平行线, 两条渐近线和二平行线构成一平行四边形, 证明该平行四边形的面积等于两半轴乘积的一半.

证明　如图 2.2.1 所示. 不妨设双曲线的方程为 $x^2/a^2 - y^2/b^2 = 1$, 点 P 的坐标为 $P(a\sec t, b\tan t)$. 于是双曲线的渐近线和与平行于渐近线的两直线的方程分别为

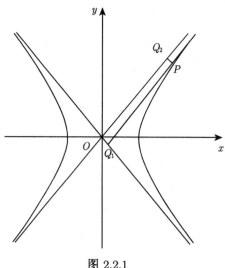

图 2.2.1

$$y = \pm\frac{b}{a}x \quad \text{和} \quad y = \pm\frac{b}{a}x + b(\tan t \mp \sec t).$$

两方程联立, 求得渐近线与切线的交点

$$Q_1\left(a(\sec t - \tan t)/2, b(-\sec t + \tan t)/2\right), \quad Q_2\left(a(\sec t + \tan t)/2, b(\sec t + \tan t)/2\right).$$

于是

$$4a_{OQ_1PQ_2} = 4D_{OQ_1PQ_2}$$

$$= [a(\sec t - \tan t) \cdot b\tan t - a\sec t \cdot b(-\sec t + \tan t)]$$

$$+ [a \sec t \cdot b(\sec t + \tan t) - a(\sec t + \tan t) \cdot b \tan t]$$

$$= 2ab(\sec^2 t - \tan^2 t) = 2ab,$$

所以 $a_{OQ_1PQ_2} = ab/2$.

定理 2.2.2 设有两抛物线 $L_1 : y = x^2$ 和 $L_2 : y = x^2 + b^2$ $(b > 0)$.

(1) 在 L_1 上任取一点 $P_0(x_0, x_0^2)$, 作 L_2 的切线, 切点为 Q_0, R_0, 证明三角形 $P_0Q_0R_0$ 的有向面积 (面积) 恒为定值;

(2) 在 L_1 上任取两点 $P_1(x_1, x_1^2), P_2(x_2, x_2^2)$, 使 $x_2 - x_1 = h < 2b$, 过 P_1, P_2 作 L_2 的切线, 切点分别为 $Q_1, R_1; Q_2, R_2$(均按横坐标相同大小顺序排列), 证明: 对固定的 h, 四边形 $Q_1Q_2R_1R_2$ 的有向面积 (面积) 恒为定值.

证明 (1) 如图 2.2.2 所示. 设切点的坐标为 (X, Y), 于是切线的斜率

$$k = (x^2 + b^2)'|_{x=X} = 2x|_{x=X} = 2X,$$

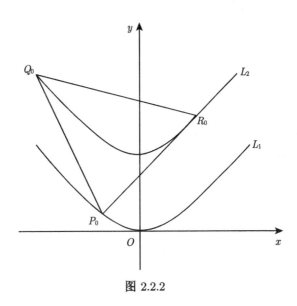

图 2.2.2

切线的方程为

$$y = 2X(x - x_0) + x_0^2.$$

代入 L_2 的方程中, 得

$$2X(x - x_0) + x_0^2 = x^2 + b^2,$$

即

$$x^2 - 2Xx + (b^2 + 2Xx_0 - x_0^2) = 0.$$

依题设

$$\Delta = 4X^2 - 4(b^2 + 2Xx_0 - x_0^2) = 4[X^2 - 2x_0X + (x_0^2 - b^2)] = 0,$$

解得
$$X = x_0 \pm b.$$
故得切点的坐标为
$$Q_0 \left(x_0 - b, (x_0 - b)^2 + b^2\right), \quad R_0 \left(x_0 + b, (x_0 + b)^2 + b^2\right).$$
于是
$$2\mathrm{D}_{P_0 Q_0 R_0}$$
$$=x_0 \left[(x_0 - b)^2 + b^2\right] - (x_0 - b)x_0^2 + (x_0 - b) \left[(x_0 + b)^2 + b^2\right]$$
$$- (x_0 + b) \left[(x_0 - b)^2 + b^2\right] + (x_0 + b)x_0^2 - x_0 \left[(x_0 + b)^2 + b^2\right]$$
$$=2bx_0^2 - b(x_0 + b)^2 - b(x_0 - b)^2 - 2b^3 = -4b^3,$$

所以 $\mathrm{a}_{P_0 Q_0 R_0} = 2b^3$, 即三角形 $P_0 Q_0 R_0$ 的有向面积 (面积) 恒为定值.

(2) 如图 2.2.3 所示. 由 (1) 类似地可以得到切点的坐标
$$Q_1 \left(x_1 - b, (x_1 - b)^2 + b^2\right), \quad R_1 \left(x_1 + b, (x_1 + b)^2 + b^2\right);$$
$$Q_2 \left(x_2 - b, (x_2 - b)^2 + b^2\right), \quad R_2 \left(x_2 + b, (x_2 + b)^2 + b^2\right).$$
于是
$$2\mathrm{D}_{Q_1 Q_2 R_1 R_2}$$
$$=(x_1 - b) \left[(x_2 - b)^2 + b^2\right] - (x_2 - b) \left[(x_1 - b)^2 + b^2\right]$$
$$+ (x_2 - b) \left[(x_1 + b)^2 + b^2\right] - (x_1 + b) \left[(x_2 - b)^2 + b^2\right]$$
$$+ (x_1 + b) \left[(x_2 + b)^2 + b^2\right] - (x_2 + b) \left[(x_1 + b)^2 + b^2\right]$$
$$+ (x_2 + b) \left[(x_1 - b)^2 + b^2\right] - (x_1 - b) \left[(x_2 + b)^2 + b^2\right]$$
$$= - 2b(x_2 - b)^2 - 2b(x_1 + b)^2 + 2b(x_2 + b)^2 + 2b(x_1 - b)^2$$
$$=8b^2(x_2 - x_1) = 8b^2 h,$$

故对固定的 h, 四边形 $Q_1 Q_2 R_1 R_2$ 的有向面积 (面积) 恒为定值.

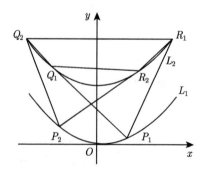

图 2.2.3

定理 2.2.3 (喻德生, 2017) 设 PQ 为一线段, 长度固定. 令它在三角形 ABC 的边 BC 所在直线上滑动, 次序为 $BPQC$ 或 $PQBC$ 或 $BCPQ$. 过 P,Q 作 AB,AC 的平行线, 分别交 AC,AB 所在直线于 $P_1,Q_1;P_2,Q_2$, 则 $\mathrm{D}_{PQQ_1P_1}+\mathrm{D}_{PQQ_2P_2}$ 为定值.

证明 如图 2.2.4 所示. 不妨设三角形顶点的坐标为 $A(0,a),B(b,0),C(c,0)$ $(b<c);P(x_0,0),Q(x_0+d,0)(d>0)$, 则三角形两边 AB,AC 的直线方程分别为

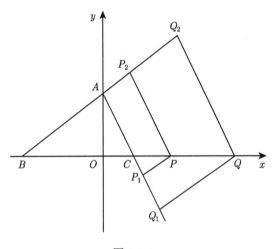

图 2.2.4

$$AB : x/b + y/a = 1, \tag{2.2.1}$$

$$AC : x/c + y/a = 1, \tag{2.2.2}$$

于是求得各平行线的方程

$$PP_1 : x/b + y/a = x_0/b, \tag{2.2.3}$$

$$PP_2 : x/c + y/a = x_0/c, \tag{2.2.4}$$

$$QQ_1 : x/b + y/a = (x_0+d)/b, \tag{2.2.5}$$

$$QQ_2 : x/c + y/a = (x_0+d)/c. \tag{2.2.6}$$

式 (2.2.2)—(2.2.3), 得

$$(1/c - 1/b)x_{P_1} = 1 - x_0/b \quad \Rightarrow \quad x_{P_1} = \frac{b-x_0}{b-c}c;$$

代入式 (2.2.2), 得

$$y_{P_1} = a\left(1 - \frac{x_{P_1}}{c}\right) = a\left(1 - \frac{b - x_0}{b - c}\right) = \frac{x_0 - c}{b - c}a,$$

故直线 AC, PP_1 交点的坐标为

$$P_1\left(\frac{b - x_0}{b - c}c, \frac{x_0 - c}{b - c}a\right).$$

类似地, 分别由式 (2.2.1) 和 (2.2.4), 式 (2.2.2) 和 (2.2.5), 式 (2.2.1) 和 (2.2.6) 可以求得 $AB, PP_2; AC, QQ_1; AB, QQ_2$ 交点的坐标为

$$P_2\left(\frac{x_0 - c}{b - c}b, \frac{b - x_0}{b - c}a\right), \quad Q_1\left(\frac{b - x_0 - d}{b - c}c, \frac{x_0 + d - c}{b - c}a\right),$$

$$Q_2\left(\frac{x_0 + d - c}{b - c}b, \frac{b - x_0 - d}{b - c}a\right).$$

于是

$$\begin{aligned}
2\mathrm{D}_{PQQ_1P_1} =& \frac{a}{b - c}\left[(x_0 + d)(x_0 + d - c) - x_0(x_0 - c)\right] \\
&+ \frac{ac}{(b - c)^2}\left[(b - x_0 - d)(x_0 - c) - (b - x_0)(x_0 + d - c)\right] \\
=& \frac{a}{b - c}\left(2dx_0 + d^2 - cd\right) + \frac{ac}{(b - c)^2}\left(cd - bd\right) \\
=& \frac{ad(2x_0 + d - 2c)}{b - c}, \\
2\mathrm{D}_{PQQ_2P_2} =& \frac{a}{b - c}\left[(x_0 + d)(b - x_0 - d) - x_0(b - x_0)\right] \\
&+ \frac{ab}{(b - c)^2}\left[(x_0 + d - c)(b - x_0) - (x_0 - c)(b - x_0 - d)\right] \\
=& \frac{a}{b - c}\left(bd - d^2 - 2dx_0\right) + \frac{ab}{(b - c)^2}\left(bd - cd\right) \\
=& \frac{ad(2b - d - 2x_0)}{b - c},
\end{aligned}$$

故 $\mathrm{D}_{PQQ_1P_1} + \mathrm{D}_{PQQ_2P_2} = ad$(为定值).

推论 2.2.1 设 PQ 为一线段, 长度固定. 令它在三角形 ABC 的边 BC 所在直线上滑动, 过 P, Q 作 AB, AC 的平行线, 分别交 AC, AB 所在直线于 $P_1, Q_1; P_2, Q_2$.

(1) (1987 年, 第 28 届国际数学奥林匹克候选题) 若三角形的边 BC 与线段 PQ 端点的次序为 $BPQC$, 则 $\mathrm{a}_{PQQ_1P_1} + \mathrm{a}_{PQQ_2P_2}$ 为定值;

(2) 若三角形的边 BC 与线段 PQ 端点的次序为 $PQBC$ 或 $BCPQ$, 则 $\mathrm{a}_{PQQ_1P_1} - \mathrm{a}_{PQQ_2P_2}$ 为定值.

证明 (1) 若三角形的边 BC 与线段 PQ 端点的次序为 $BPQC$, 则两四边形 PQQ_1P_1 和 PQQ_2P_2 是同向的, 故 $\mathrm{a}_{PQQ_1P_1} + \mathrm{a}_{PQQ_2P_2} = ad$ 或 $\mathrm{a}_{PQQ_1P_1} + \mathrm{a}_{PQQ_2P_2} = -ad$. 因此 $\mathrm{a}_{PQQ_1P_1} + \mathrm{a}_{PQQ_2P_2}$ 为定值.

(2) 若三角形的边 BC 与线段 PQ 端点的次序为 $PQBC$ 或 $BCPQ$, 则两四边形 PQQ_1P_1 和 PQQ_2P_2 是反向的, 故 $\mathrm{a}_{PQQ_1P_1} - \mathrm{a}_{PQQ_2P_2} = ad$ 或 $\mathrm{a}_{PQQ_1P_1} - \mathrm{a}_{PQQ_2P_2} = -ad$. 因此 $\mathrm{a}_{PQQ_1P_1} - \mathrm{a}_{PQQ_2P_2}$ 为定值.

2.2.2 多边形有向面积公式在面积问题和数学竞赛题证明中的应用

定理 2.2.4 (喻德生, 2017) 设 $Q_1, Q_2, Q_3, Q_4; R_1, R_2$ 依次是四边形 $P_1P_2P_3P_4$ 的边 $P_1P_2, P_2P_3, P_3P_4, P_4P_1$ 和对角线 P_1P_3, P_2P_4 的中点, 且 $Q_1R_2Q_3R_1, Q_2R_2Q_4R_1$ 均为四边形, 则

$$\mathrm{D}_{Q_1R_2Q_3R_1} - \mathrm{D}_{Q_2R_2Q_4R_1} = \mathrm{D}_{P_1P_2P_3} - \mathrm{D}_{P_1P_3P_4}; \tag{2.2.7}$$

$$\mathrm{D}_{Q_1R_2Q_3R_1} + \mathrm{D}_{Q_2R_2Q_4R_1} = \mathrm{D}_{P_2P_3P_4} - \mathrm{D}_{P_1P_2P_4}. \tag{2.2.8}$$

证明 如图 2.2.5 所示. 以 P_1 为坐标原点, P_1P_2 为 x 轴建立平面直角坐标系. 设四边形顶点的坐标为 $P_1(0,0), P_2(a,0), P_3(b,c), P_4(d,f)$, 于是各边中点和对角线中点的坐标分别为

$$Q_1\left(\frac{a}{2}, 0\right), \quad Q_2\left(\frac{a+b}{2}, \frac{c}{2}\right), \quad Q_3\left(\frac{b+d}{2}, \frac{c+f}{2}\right),$$

$$Q_4\left(\frac{d}{2}, \frac{f}{2}\right); \quad R_1\left(\frac{b}{2}, \frac{c}{2}\right), \quad R_2\left(\frac{a+d}{2}, \frac{f}{2}\right).$$

根据多边形有向面积公式得

$$8\mathrm{D}_{Q_1R_2Q_3R_1} = (af - 0) + (a+d)(c+f) - (b+d)f + (b+d)c - b(c+f) + (0 - ac)$$
$$= 2(af + cd - bf);$$

$$8\mathrm{D}_{Q_2R_2Q_4R_1} = (a+b)f - (a+d)c + (a+d)f - df + dc - bf + bc - (a+b)c$$
$$= 2(af - ac);$$

$$2\mathrm{D}_{P_1P_2P_3} = ac, \quad 2\mathrm{D}_{P_1P_3P_4} = bf - cd;$$

$$2D_{P_1P_2P_4} = af, \quad 2D_{P_2P_3P_4} = ac + bf - cd - af.$$

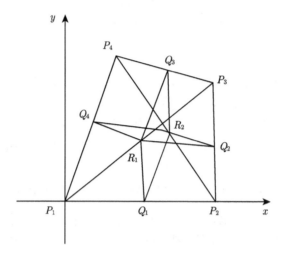

图 2.2.5

故

$$D_{Q_1R_2Q_3R_1} - D_{Q_2R_2Q_4R_1} = (af + cd - bf) - (af - ac)$$

$$= ac - (bf - cd) = D_{P_1P_2P_3} - D_{P_1P_3P_4},$$

$$D_{Q_1R_2Q_3R_1} + D_{Q_2R_2Q_4R_1} = (af + cd - bf) + (af - ac)$$

$$= af - (ac + bf - cd - af) = D_{P_1P_3P_4} - D_{P_1P_2P_4},$$

因此, 式 (6.2.7) 和 (6.2.8) 成立.

推论 2.2.2　设 $Q_1, Q_2, Q_3, Q_4; R_1, R_2$ 依次是四边形 $P_1P_2P_3P_4$ 的边 P_1P_2, P_2P_3, P_3P_4, P_4P_1 和对角线 P_1P_3, P_2P_4 的中点, 且 $Q_1R_2Q_3R_1, Q_2R_2Q_4R_1$ 均为四边形, 则

(1) $D_{Q_1R_2Q_3R_1} - D_{Q_2R_2Q_4R_1} = 0$ 的充分必要条件是 $D_{P_1P_2P_3} = D_{P_1P_3P_4}$;

(2) $D_{Q_1R_2Q_3R_1} + D_{Q_2R_2Q_4R_1} = 0$ 的充分必要条件是 $D_{P_2P_3P_4} = D_{P_1P_2P_4}$.

证明　根据定理 2.2.4, 由式 (2.2.7) 和 (2.2.8) 分别即得 (1) 和 (2) 的结论.

推论 2.2.3　设 $Q_1, Q_2, Q_3, Q_4; R_1, R_2$ 依次是四边形 $P_1P_2P_3P_4$ 的边 P_1P_2, P_2P_3, P_3P_4, P_4P_1 和对角线 P_1P_3, P_2P_4 的中点, 且 $Q_1R_2Q_3R_1, Q_2R_2Q_4R_1$ 均为四边形, 则 $a_{Q_1R_2Q_3R_1} = a_{Q_2R_2Q_4R_1}$ 的充分必要条件是四边形 $P_1P_2P_3P_4$ 的一条对角线将它分成面积相等的两部分.

证明　根据推论 2.2.2, 可得

$$a_{Q_1R_2Q_3R_1} = a_{Q_2R_2Q_4R_1}$$

$$\Leftrightarrow D_{Q_1R_2Q_3R_1} - D_{Q_2R_2Q_4R_1} = 0 (D_{Q_1R_2Q_3R_1} + D_{Q_2R_2Q_4R_1} = 0)$$

$$\Leftrightarrow D_{P_1P_2P_3} = D_{P_1P_3P_4} \quad (D_{P_2P_3P_4} = D_{P_1P_2P_4})$$

$$\Leftrightarrow a_{P_1P_2P_3} = a_{P_1P_3P_4} \quad (a_{P_1P_2P_4} = a_{P_2P_3P_4})$$

$$\Leftrightarrow 四边形 P_1P_2P_3P_4 的一条对角线将它分成面积相等的两部分.$$

注 2.2.1 特别地, 当 $P_1P_2P_3P_4$ 是凸四边形时, 推论 2.2.1 的必要性即为 1988 年第 22 届全苏联数学奥林匹克竞赛题.

定理 2.2.5 设六边形 $P_1P_2P_3P_4P_5P_6$ 的三对对顶点的连线都把其面积分成两个相等的部分, 求证: $P_1P_2P_3P_4P_5P_6$ 的三对角线 P_1P_4, P_2P_5, P_3P_6 相交于一点.

证明 如图 2.2.6 所示. 不妨设 $P_1P_2P_3P_4P_5P_6$ 是正向六边形且其顶点的坐标为 $P_i(x_i, y_i)(i = 1, 2, 3, 4, 5, 6)$, 对角线 P_2P_5, P_3P_6 的交点的坐标为 $P(x, y)$, 则由 $D_{PP_1P_2P_3P_4} = D_{PP_4P_5P_6P_1}$ 可得

$$(y_1 - y_4)x + (x_4 - x_1)y + (x_1y_4 - x_4y_1) + (D_{P_1P_2P_3P_4} - D_{P_4P_5P_6P_1}) = 0,$$

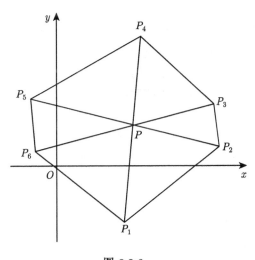

图 2.2.6

由于 P_1P_4 把六边形 $P_1P_2P_3P_4P_5P_6$ 的面积分成两个相等的部分, 所以 $D_{P_1P_2P_3P_4} = D_{P_4P_5P_6P_1}$. 于是

$$(y_1 - y_4)x + (x_4 - x_1)y + (x_1y_4 - x_4y_1) = 0,$$

这就是对角线 P_1P_4 的直线方程, 因此 P 在对角线 P_1P_4 所在的直线上, 因此 P 是三对角线 P_1P_4, P_2P_5, P_3P_6 的交点.

2.3   有向面积公式在共线定理证明中的应用

因为直线段的面积恒等于零, 所以其上任意点构成的构成的图形 (多边形的特殊情形) 为零. 因此, 利用多边形有向面积公式可以讨论三个或三个以上的点的共线性. 本节主要讨论有向面积在共线定理证明中的应用. 首先, 介绍平面上 $n(n \geqslant 3)$ 个点共线的充要条件; 其次, 论述平面上多点共线充要条件的应用, 主要通过得出一些问题中多边形有向面积之间的关系式, 并根据多点共线的充要条件证明一些数学竞赛题等的结论.

2.3.1   平面上多点共线的充要条件

定义 2.3.1   若 n 个点 $P_1, P_2, \cdots, P_n$ $(n \geqslant 3)$ 同在一直线上, 则称 $P_1, P_2, \cdots, P_n$ $(n \geqslant 3)$ 共线.

定理 2.3.1   三点 P_1, P_2, P_3 共线的充分必要条件是 $D_{P_1P_2P_3} = 0$.

证明 必要性   若 P_1, P_2, P_3 共线, 显然 $a_{P_1P_2P_3} = 0$, 从而 $D_{P_1P_2P_3} = 0$.

充分性   用反证法. 设 $D_{P_1P_2P_3} = 0$. 若 P_1, P_2, P_3 不共线, 于是 $a_{P_1P_2P_3} \neq 0$, 所以 $D_{P_1P_2P_3} \neq 0$, 这与已知条件 $D_{P_1P_2P_3} = 0$ 矛盾.

定理 2.3.2   平面上 n 个点 $P_1, P_2, \cdots, P_n$ $(n \geqslant 3)$ 共线的充分必要条件是 $D_{P_iP_{i+1}P_{i+2}} = 0 (i = 1, 2, \cdots, n-2)$ 或对固定的 i, j, $D_{P_iP_jP_k} = 0$ $(k \neq i, j)$.

证明 必要性   若 $P_1, P_2, \cdots, P_n$ 共线, 显然对任意的 $i = 1, 2, \cdots, n-2$, 都有 $a_{P_iP_{i+1}P_{i+2}} = 0$, 从而 $D_{P_iP_{i+1}P_{i+2}} = 0$(或对固定的 i, j, 都有 $D_{P_iP_jP_k} = 0$ $(k \neq i, j)$).

充分性   若对任意的 $i = 1, 2, \cdots, n-2$, 都有 $D_{P_iP_{i+1}P_{i+2}} = 0$(或对固定的 i, j, 都有 $D_{P_iP_jP_k} = 0$ $(k \neq i, j)$), 则 $P_1, P_2, P_3; P_2, P_3, P_4; \cdots; P_{n-2}, P_{n-1}, P_n$(或对任意的 $k \neq i, j, P_i, P_j, P_k$) 均三点共线, 从而 $P_1, P_2, \cdots, P_n$ $(n \geqslant 3)$ 共线.

注 2.3.1   对平面上任意的 n 点 $P_1, P_2, \cdots, P_n$, 有 $D_{P_1P_2 \cdots P_n} = 0$, 并不能得出 $P_1, P_2, \cdots, P_n$ 共线.

如图 2.3.1 所示. 四点的坐标为 $A(-1, 1), B(1, 1), C(-1, 1), D(1, -1)$, 易得

$$D_{ABCD} = (-1) \cdot 1 - 1 \cdot 1 + 1 \cdot 1 - 1 \cdot (-1) + (-1) \cdot (-1) - 1 \cdot 1 + 1 \cdot 1 - (-1) \cdot (-1) = 0,$$

但显然 A, B, C, D 四点不共线.

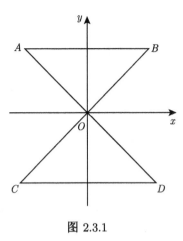

图 2.3.1

2.3.2   平面上多点共线充要条件的应用

定理 2.3.3   设 AD, BE, CF 分别为三角形 ABC 三边上的高. 自 D 分别作 AB, BE, CF, CA 的垂线, 垂足分别为 K, L, M, N. 求证 K, L, M, N 四点共线.

证明   如图 2.3.2 所示. 以 D 点为坐标原点, DC, DA 分别为 x 轴、y 轴建立平面直角坐标系. 设三角形顶点的坐标分别为 $A(0, a), B(b, 0), C(c, 0)$, 于是求得 AC, DN, CF, DM 的方程分别为

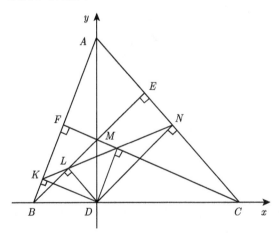

图 2.3.2

$$\frac{x}{c} + \frac{y}{a} = 1, \tag{2.3.1}$$

$$y = \frac{c}{a}x, \tag{2.3.2}$$

$$\frac{x}{b} + \frac{y}{a} = 0, \tag{2.3.3}$$

$$y = \frac{b}{a}(x - c). \tag{2.3.4}$$

式 (2.3.1) 和 (2.3.2)、(2.3.3) 和 (2.3.4) 分别联立, 求得 AC 和 DN、CF 和 DM 交点的坐标

$$N\left(\frac{a^2c}{a^2 + c^2}, \frac{ac^2}{a^2 + c^2}\right), \quad M\left(\frac{b^2c}{a^2 + b^2}, -\frac{abc}{a^2 + b^2}\right).$$

类似地, 可以求得 AB 和 DK、BE 和 DL 交点的坐标

$$K\left(\frac{a^2b}{a^2 + b^2}, \frac{ab^2}{a^2 + b^2}\right), \quad L\left(\frac{bc^2}{a^2 + c^2}, -\frac{abc}{a^2 + c^2}\right).$$

于是

$$
\begin{aligned}
\mathrm{D}_{NKM} &= \frac{1}{2(a^2 + b^2)^2(a^2 + c^2)}
\begin{vmatrix}
a^2c & ac^2 & a^2 + c^2 \\
a^2b & ab^2 & a^2 + b^2 \\
b^2c & -abc & a^2 + b^2
\end{vmatrix} \\
&= \frac{1}{2(a^2 + b^2)^2(a^2 + c^2)}\left[(a^2 + c^2)\begin{vmatrix} a^2b & ab^2 \\ b^2c & -abc \end{vmatrix}\right. \\
&\quad \left. -(a^2 + b^2)\begin{vmatrix} a^2c & ac^2 \\ b^2c & -abc \end{vmatrix} + (a^2 + b^2)\begin{vmatrix} a^2c & ac^2 \\ a^2b & ab^2 \end{vmatrix}\right] \\
&= \frac{-(a^2 + c^2)abc + (a^2 + bc)abc^2 + (b - c)a^3bc}{2(a^2 + b^2)(a^2 + c^2)} = 0.
\end{aligned}
$$

类似地,

$$
\mathrm{D}_{NKL} = \frac{1}{2(a^2 + b^2)(a^2 + c^2)^2}
\begin{vmatrix}
a^2c & ac^2 & a^2 + c^2 \\
a^2b & ab^2 & a^2 + b^2 \\
bc^2 & -abc & a^2 + c^2
\end{vmatrix} = 0,
$$

从而 K, M, N 和 K, L, N 均三点共线, 所以 K, L, M, N 四点共线.

定理 2.3.4 (第 17 届俄罗斯数学奥林匹克竞赛题的推广)　在四边形 $P_1P_2P_3P_4$ 对角线 P_1P_3, P_2P_4 上分别取两点 $M, N; S, T$, 使 $\mathrm{d}_{P_1M} = \mathrm{d}_{NP_3} = \mathrm{d}_{P_1P_3}/4; \mathrm{d}_{P_2S} = \mathrm{d}_{TP_4} = \mathrm{d}_{P_2P_4}/4$, 则 P_1P_4, P_2P_3, MT, SN 的中点 P, Q, U, V 四点共线.

证明　如图 2.3.3 所示. 设四边形 $P_1P_2P_3P_4$ 顶点的坐标为 $P_i(x_i, y_i)(i = 1, 2, 3, 4)$, 于是 $P, Q; M, N; S, T$ 的坐标依次为

$$P\left(\frac{x_1 + x_4}{2}, \frac{y_1 + y_4}{2}\right), \quad Q\left(\frac{x_2 + x_3}{2}, \frac{y_2 + y_3}{2}\right); \quad M\left(\frac{3x_1 + x_3}{4}, \frac{3y_1 + y_3}{4}\right),$$

$$N\left(\frac{x_1+3x_3}{4},\frac{y_1+3y_3}{4}\right); \quad S\left(\frac{3x_2+x_4}{4},\frac{3y_2+y_4}{4}\right), \quad T\left(\frac{x_2+3x_4}{4},\frac{y_1+3y_4}{4}\right).$$

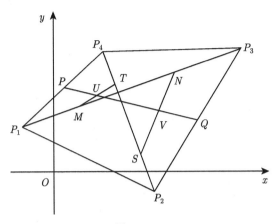

图 2.3.3

因此 U,V 的坐标为

$$U\left(\frac{3x_1+x_2+x_3+3x_4}{8},\frac{3y_1+y_2+y_3+3y_4}{8}\right),$$

$$V\left(\frac{x_1+3x_2+3x_3+x_4}{8},\frac{y_1+3y_2+3y_3+y_4}{8}\right).$$

故

$$\mathrm{D}_{PUQ}=\frac{1}{64}\begin{vmatrix} x_1+x_4 & y_1+y_4 & 2 \\ 3x_1+x_2+x_3+3x_4 & 3y_1+y_2+y_3+3y_4 & 8 \\ x_2+x_3 & y_2+y_3 & 2 \end{vmatrix}$$

$$=\frac{1}{64}\begin{vmatrix} x_1+x_4 & y_1+y_4 & 2 \\ x_2+x_3 & y_2+y_3 & 2 \\ x_2+x_3 & y_2+y_3 & 2 \end{vmatrix}=0,$$

因此 P,Q,U 三点共线.

同理可证 P,Q,V 三点共线. 从而 P,Q,U,V 四点共线.

注 2.3.2 当 $P_1P_2P_3P_4$ 为凸四边形时, 即得 P_1P_4,P_2P_3 中点的连线通过 MN,ST 的中点, 这就是第 17 届俄罗斯数学奥林匹克竞赛题的结论.

定理 2.3.5 (喻德生, 2017) 设 $P_1P_2P_3P_4$ 为四边形, 点 M,N 分别为 P_1P_3,P_3P_4 的分点, 且 $\mathrm{D}_{P_1M}/\mathrm{D}_{MP_3}=\mathrm{D}_{P_3N}/\mathrm{D}_{NP_4}=\lambda$, 则

$$(1+\lambda)^2\mathrm{D}_{P_2MN}=\lambda^2\mathrm{D}_{P_2P_3P_4}-\lambda\mathrm{D}_{P_1P_2P_4}-\mathrm{D}_{P_1P_2P_3}. \tag{2.3.5}$$

证明　如图 2.3.4 所示. 设四边形 $P_1P_2P_3P_4$ 顶点的坐标为 $P_i(x_i, y_i)(i = 1, 2, 3, 4)$, 于是点 M, N 的坐标分别为 $M\left(\dfrac{x_1 + \lambda x_3}{1 + \lambda}, \dfrac{y_1 + \lambda y_3}{1 + \lambda}\right), N\left(\dfrac{x_3 + \lambda x_4}{1 + \lambda}, \dfrac{y_3 + \lambda y_4}{1 + \lambda}\right)$. 于是

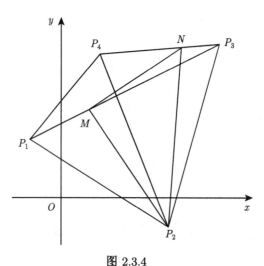

图 2.3.4

$$2(1 + \lambda)^2 \mathrm{D}_{P_2MN}$$

$$=(1 + \lambda)\left[x_2(y_1 + \lambda y_3) - (x_1 + \lambda x_3)y_2\right] + \left[(x_1 + \lambda x_3)(y_3 + \lambda y_4)\right.$$

$$\left. - (x_3 + \lambda x_4)(y_1 + \lambda y_3)\right] + (1 + \lambda)\left[(x_3 + \lambda x_4)y_2 - x_2(y_3 + \lambda y_4)\right]$$

$$=\lambda^2\left[(x_2y_3 - x_3y_2) + (x_3y_4 - x_4y_3) + (x_4y_2 - x_2y_4)\right]$$

$$- \lambda\left[(x_1y_2 - x_2y_1) + (x_2y_4 - x_4y_2) + (x_4y_1 - x_1y_4)\right]$$

$$- \left[(x_1y_2 - x_2y_1) + (x_2y_3 - x_3y_2) + (x_3y_1 - x_1y_3)\right]$$

$$=2\lambda^2 \mathrm{D}_{P_2P_3P_4} - 2\lambda \mathrm{D}_{P_1P_2P_4} - 2\mathrm{D}_{P_1P_2P_3},$$

从而式 (2.3.5) 成立.

推论 2.3.1　设 $P_1P_2P_3P_4$ 为四边形, 点 M, N 分别为 P_1P_3, P_3P_4 的分点, 且 $\mathrm{D}_{P_1M}/\mathrm{D}_{MP_3} = \mathrm{D}_{P_3N}/\mathrm{D}_{NP_4} = \lambda$. 若 $\mathrm{D}_{P_1P_2P_3} : \mathrm{D}_{P_1P_2P_4} : \mathrm{D}_{P_2P_3P_4} = 1 : 3 : 4$, 则 P_2, M, N 共线的充分必要条件是 $\lambda = 1$ 或 $\lambda = -1/4$.

证明　将 $\mathrm{D}_{P_1P_2P_3} : \mathrm{D}_{P_1P_2P_4} : \mathrm{D}_{P_2P_3P_4} = 1 : 3 : 4$ 代入式 (2.3.5), 得

$$(1 + \lambda)^2 \mathrm{D}_{P_2MN} = \mathrm{D}_{P_1P_2P_3}(4\lambda^2 - 3\lambda - 1),$$

注意到 $\mathrm{D}_{P_1P_2P_3} \neq 0$, 得

$$P_2, M, N\text{共线} \Leftrightarrow \mathrm{D}_{P_2MN} = 0 \Leftrightarrow 4\lambda^2 - 3\lambda - 1 = 0 \Leftrightarrow \lambda = 1\text{或}\lambda = -1/4.$$

推论 2.3.2 (1983 年中国数学联赛试题的推广) 设 $P_1P_2P_3P_4$ 为四边形, 点 M, N 分别在线段 P_1P_3, P_3P_4 上, 且 $\mathrm{D}_{P_1M}/\mathrm{D}_{MP_3} = \mathrm{D}_{P_3N}/\mathrm{D}_{NP_4} = \lambda$. 若 $\mathbf{a}_{P_1P_2P_3}$: $\mathbf{a}_{P_1P_2P_4}$: $\mathbf{a}_{P_2P_3P_4} = 1 : 3 : 4$, 则 P_2, M, N 共线的充分必要条件是 M, N 分别为 P_1P_3, P_3P_4 的中点.

证明 在推论 2.3.1 的证明中, 注意到三角形 $P_1P_2P_3, P_1P_2P_4, P_2P_3P_4$ 为同向三角形且 $\lambda > 0$ 即得.

注 2.3.3 推论 2.3.2 的必要条件即为 1983 年中国数学联赛试题.

定理 2.3.6 设 $P_1P_2P_3P_4P_5P_6$ 是正六边形, 点 M, N 分别是其对角线 P_1P_3, P_3P_5 所在直线的分点, 且使 $\mathrm{D}_{P_1M}/\mathrm{D}_{MP_3} = \mathrm{D}_{P_3N}/\mathrm{D}_{NP_5} = \lambda$, 证明: P_2, M, N 三点共线的充分必要条件是 $\lambda = 1/2 \pm \sqrt{3}/2$.

证明 如图 2.3.5 所示. 不妨设正六边形 $P_1P_2P_3P_4P_5P_6$ 顶点的坐标为

$$P_k\left(R\cos\frac{k-1}{3}\pi, R\sin\frac{k-1}{3}\pi\right) \quad (k = 0, 1, 2, 3, 4, 5),$$

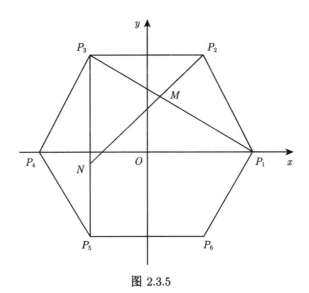

图 2.3.5

于是两对角线 P_1P_3, P_3P_5 分点的坐标分别为

$$M\left(\frac{(2-\lambda)R}{2(1+\lambda)}, \frac{\sqrt{3}\lambda R}{2(1+\lambda)}\right), \quad N\left(-\frac{R}{2}, \frac{(1-\lambda)\sqrt{3}R}{2(1+\lambda)}\right).$$

根据三角形有向面积公式得

$$8(1+\lambda)^2 D_{P_2MN}$$
$$= \sqrt{3}R^2 \left[(1+\lambda)\lambda - (1+\lambda)(2-\lambda) + (2-\lambda)(1-\lambda) \right.$$
$$\left. + \lambda(1+\lambda) - (1+\lambda)^2 - (1+\lambda)(1-\lambda) \right]$$
$$= 2(2\lambda^2 - 2\lambda - 1),$$

故 P_2, M, N 三点共线 $\Leftrightarrow D_{P_2MN} = 0 \Leftrightarrow 2\lambda^2 - 2\lambda - 1 = 0 \Leftrightarrow \lambda = 1/2 \pm \sqrt{3}/2$.

推论 2.3.3 (第 23 届国际数学奥林匹克竞赛题) 设 $P_1 P_2 P_3 P_4 P_5 P_6$ 是正六边形, 点 M, N 分别是其对角线 $P_1 P_3, P_3 P_5$ 的分点, 且使 $D_{P_1M}/D_{P_1P_3} = D_{P_3N}/D_{P_3P_5} = r$. 若 P_2, M, N 三点共线, 则 $r = 1/\sqrt{3}$.

证明 由定理 2.3.5 可得 $D_{P_1M}/D_{P_1P_3} = \lambda/(\lambda+1)$, 又由推论 2.3.3 的必要性可知 $\lambda = 1/2 \pm \sqrt{3}/2$, 于是 $r = \lambda/(\lambda+1) = (1/2 + \sqrt{3}/2)/(3/2 + \sqrt{3}/2) = 1/\sqrt{3}$.

定理 2.3.7 (喻德生, 2017) 设 $A, P, R; B, Q, S$ 分别是射线 AX, BY 上的点, 且 $D_{AP}/D_{PR} = D_{BQ}/D_{QS} = \lambda$. 若 M, N, T 分别是 AB, PQ, RS 的分点, 且 $D_{AM}/D_{MB} = k_1, D_{PN}/D_{NQ} = k_2, D_{RT}/D_{TS} = k_3$, 则

$$D_{MNT} = \frac{(k_1 - k_2)\left(D_{ARB} + k_3 D_{ASB}\right) + \lambda(k_3 - k_2)\left(D_{ARS} + k_1 D_{BRS}\right)}{(1+\lambda)(1+k_1)(1+k_2)(1+k_3)}. \quad (2.3.6)$$

证明 如图 2.3.6 所示. 以 A 为坐标原点、AX 为横轴建立平面直角坐标系. 设 $A, R; B, S$ 的坐标为 $A(0,0), R(a,0); B(b,c), S(d,e)$. 于是求得其余各点的坐标

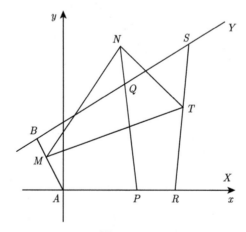

图 2.3.6

$$P\left(\frac{\lambda a}{1+\lambda}, 0\right), \quad Q\left(\frac{b+\lambda d}{1+\lambda}, \frac{c+\lambda e}{1+\lambda}\right); \quad M\left(\frac{k_1 b}{1+k_1}, \frac{k_1 c}{1+k_1}\right),$$

$$N\left(\frac{\lambda a + k_2 b + k_2 \lambda d}{(1+\lambda)(1+k_2)}, \frac{k_2 c + k_2 \lambda e}{(1+\lambda)(1+k_2)}\right), \quad T\left(\frac{a + k_3 d}{1+k_3}, \frac{k_3 e}{1+k_3}\right).$$

于是

$$2(\lambda + 1)(1+k_1)(1+k_2)(1+k_3)D_{MNT}$$

$$= \begin{vmatrix} k_1 b & k_1 c & 1+k_1 \\ \lambda a + k_2 b + k_2 \lambda d & k_2 c + k_2 \lambda e & (1+\lambda)(1+k_2) \\ a + k_3 d & k_3 e & 1+k_3 \end{vmatrix}$$

$$= \begin{vmatrix} k_1 b & k_1 c & 1+k_1 \\ b(k_2-k_1)+\lambda d(k_2-k_3) & c(k_2-k_1)+\lambda e(k_2-k_3) & k_2-k_1+\lambda(k_2-k_3) \\ a + k_3 d & k_3 e & 1+k_3 \end{vmatrix}$$

$$= (k_2 - k_1) \begin{vmatrix} k_1 b & k_1 c & 1+k_1 \\ b & c & 1 \\ a + k_3 d & k_3 e & 1+k_3 \end{vmatrix} + \lambda(k_2 - k_3) \begin{vmatrix} k_1 b & k_1 c & 1+k_1 \\ d & e & 1 \\ a + k_3 d & k_3 e & 1+k_3 \end{vmatrix}$$

$$= (k_2 - k_1) \begin{vmatrix} 0 & 0 & 1 \\ b & c & 1 \\ a + k_3 d & k_3 e & 1+k_3 \end{vmatrix} + \lambda(k_2 - k_3) \begin{vmatrix} k_1 b & k_1 c & 1+k_1 \\ d & e & 1 \\ a & 0 & 1 \end{vmatrix}$$

$$= (k_1 - k_2)\left[ac + k_3(cd - be)\right] + \lambda(k_3 - k_2)\left[ae + k_1(ae - be + cd - ac)\right].$$

又因为

$$2D_{ARB} = ac, \quad 2D_{ASB} = cd - be, \quad 2D_{ARS} = ae, \quad 2D_{RSB} = ae - be + cd - ac,$$

所以

$$2(\lambda + 1)(1+k_1)(1+k_2)(1+k_3)D_{MNT}$$

$$= 2(k_1 - k_2)(D_{ARB} + k_3 D_{ASB}) + 2(k_3 - k_2)\lambda(D_{ARS} + k_1 D_{RSB})$$

$$= 2(k_1 - k_2)D_{ARB} + 2\lambda(k_3 - k_2)D_{ARS} + 2\lambda k_1(k_3 - k_2)D_{BRS} + 2(k_1 - k_2)k_3 D_{ASB}$$

$$= 2(k_1 - k_2)(D_{ARB} + k_3 D_{ASB}) + 2\lambda(k_3 - k_2)(D_{ARS} + k_1 D_{BRS}),$$

因此, 式 (2.3.6) 成立.

推论 2.3.4 (1989 年国家数学奥林匹克竞赛集训题) 设 $A, P, R; B, Q, S$ 分别是射线 AX, BY 上的点, 且 $D_{AP}/D_{BQ} = D_{PR}/D_{BS} = \mu$. 若 M, N, T 分别是 AB, PQ, RS 的分点, 且 $D_{AM}/D_{MB} = D_{PN}/D_{NQ} = D_{RS}/D_{ST} = k$, 则三点 M, N, T 共线.

证明　如图 2.3.7 所示. 由 $D_{AP}/D_{BQ} = D_{PR}/D_{BS} = \mu$ 知, 存在 λ 使

$$D_{AP}/D_{PR} = D_{BQ}/D_{BS} = \lambda.$$

于是在式 (2.3.6) 中令 $k_1 = k_2 = k_3 = k$, 得 $D_{MNT} = 0$, 故三点 M, N, T 共线.

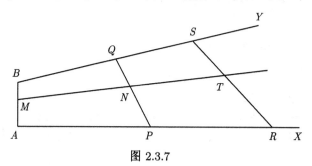

图 2.3.7

第3章 定比分点多边形有向面积公式与应用

3.1 定比分点三角形有向面积公式与应用

众所周知, Menelaus 定理是平面几何中著名的定理, 在几何证明题中具有广泛的应用, 它给出了三角形各边的分点共线的条件. 本节主要讨论定比分点三角形有向面积的关系定理与应用. 首先, 给出三角形的定比分点三角形的概念; 其次, 给出三角形的定比分点三角形有向面积公式; 最后, 根据推出三角形中分点三角形的定值定理和若干数学竞赛题等的结论, 以及著名的 Menelaus 定理及其推论.

3.1.1 定比分点三角形的概念

定义 3.1.1 设 Q_i 为三角形 $P_1P_2P_3$ 各边 P_iP_{i+1} 的定比分点, 且 $\mathrm{D}_{P_iQ_i}/\mathrm{D}_{Q_iP_{i+1}} = \lambda_i$ ($i = 1, 2, 3$), 则称 Q_i 是 P_iP_{i+1} ($i = 1, 2, 3$) 的 λ_i-分点; 由三角形 $P_1P_2P_3$ 各边 P_iP_{i+1} 的 λ_i-分点 Q_i ($i = 1, 2, 3$) 所构成的三角形 $Q_1Q_2Q_3$ 称为三角形 $P_1P_2P_3$ 的 $(\lambda_1, \lambda_2, \lambda_3)$ 定比分点三角形, 简称为定比分点三角形.

特别地, 当 $\lambda_1 = \lambda_2 = \lambda_3 = \lambda$ 时, 则称 $Q_1Q_2Q_3$ 为三角形 $P_1P_2P_3$ 的 λ-等分点三角形, 简称为等分点三角形; 而当 $\lambda = 1/2$ 时, 则称 $Q_1Q_2Q_3$ 为三角形 $P_1P_2P_3$ 的中点三角形.

为方便起见, 当 Q_1, Q_2, Q_3 共线时, 我们把 $Q_1Q_2Q_3$ 看成是定比分点三角形的特殊情形.

定义 3.1.2 四个共线点 P_1, P_2, P_3, P_4 的交比 (P_1P_2, P_3P_4) 定义为两个简比 $(P_1P_2P_3) = \mathrm{D}_{P_1P_3}/\mathrm{D}_{P_2P_3}$ 与 $(P_1P_2P_4) = \mathrm{D}_{P_1P_4}/\mathrm{D}_{P_2P_4}$ 的比, 即

$$(P_1P_2, P_3P_4) = \frac{(P_1P_2P_3)}{(P_1P_2P_4)} = \frac{\mathrm{D}_{P_1P_3}\mathrm{D}_{P_2P_4}}{\mathrm{D}_{P_2P_3}\mathrm{D}_{P_1P_4}}.$$

3.1.2 定比分点三角形有向面积公式

定理 3.1.1 (喻德生, 1999) 设 $Q_1Q_2Q_3$ 为三角形 $P_1P_2P_3$ 的 $(\lambda_1, \lambda_2, \lambda_3)$ 定比分点三角形, 则 $Q_1Q_2Q_3$ 的有向面积

$$\mathrm{D}_{Q_1Q_2Q_3} = \frac{1 + \lambda_1\lambda_2\lambda_3}{(1 + \lambda_1)(1 + \lambda_2)(1 + \lambda_3)}\mathrm{D}_{P_1P_2P_3}. \tag{3.1.1}$$

证明 如图 3.1.1 所示. 设三角形 $P_1P_2P_3$ 的顶点的坐标为 $P_i(x_i, y_i)$ ($i = 1, 2, \cdots, n$), P 点的坐标为 $P(x, y)$. 由题设得定比分点 Q_i 的坐标

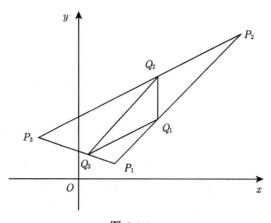

图 3.1.1

$$Q_i\left(\frac{x_i + \lambda_i x_{i+1}}{1 + \lambda_i}, \frac{y_i + \lambda_i y_{i+1}}{1 + \lambda_i}\right) \quad (i = 1,\, 2,\, 3).$$

根据三角形有向面积公式, 得

$$2(1 + \lambda_1)(1 + \lambda_2)(1 + \lambda_3)D_{Q_1 Q_2 Q_3}$$

$$= \sum_{i=1}^{3}(1 + \lambda_{i+2})\left[(x_i + \lambda_i x_{i+1})(y_{i+1} + \lambda_{i+1}y_{i+2}) - (x_{i+1} + \lambda_{i+1}x_{i+2})(y_i + \lambda_i y_{i+1})\right]$$

$$= \sum_{i=1}^{3}(1 + \lambda_{i+2})\left[(x_i y_{i+1} - x_{i+1}y_i)\right.$$
$$\left. + \lambda_{i+1}(x_i y_{i+2} - x_{i+2}y_i) + \lambda_i \lambda_{i+1}(x_{i+1}y_{i+2} - x_{i+2}y_{i+1})\right]$$

$$= \sum_{i=1}^{3}\left[(x_i y_{i+1} - x_{i+1}y_i) + \lambda_{i+2}(x_i y_{i+1} - x_{i+1}y_i)\right.$$
$$+ \lambda_{i+1}(x_i y_{i+2} - x_{i+2}y_i) + \lambda_{i+1}\lambda_{i+2}(x_i y_{i+2} - x_{i+2}y_i)$$
$$\left. + \lambda_i \lambda_{i+1}(x_{i+1}y_{i+2} - x_{i+2}y_{i+1}) + \lambda_i \lambda_{i+1}\lambda_{i+2}(x_{i+1}y_{i+2} - x_{i+2}y_{i+1})\right]$$

$$= \sum_{i=1}^{3}\left[(x_i y_{i+1} - x_{i+1}y_i) + \lambda_{i+2}(x_i y_{i+1} - x_{i+1}y_i) + \lambda_{i+2}(x_{i+1}y_i - x_i y_{i+1})\right.$$
$$\left. + \lambda_{i+2}\lambda_i(x_{i+1}y_i - x_i y_{i+1}) + \lambda_{i+2}\lambda_i(x_i y_{i+1} - x_{i+1}y_i) + \lambda_1 \lambda_2 \lambda_3(x_i y_{i+1} - x_{i+1}y_i)\right]$$

$$= (1 + \lambda_1 \lambda_2 \lambda_3)\sum_{i=1}^{3}(x_i y_{i+1} - x_{i+1}y_i)$$

$$= 2(1 + \lambda_1 \lambda_2 \lambda_3)D_{P_1 P_2 P_3},$$

因此, 式 (3.1.1) 成立.

3.1.3 定比分点三角形有向面积公式的应用

例 3.1.1 设 $P_1P_2P_3$ 是任意三角形, Q_1, Q_2, Q_3 是 P_1P_2, P_2P_3, P_3P_1 边上任意的点.

(1) 证明:

$$a_{Q_1Q_2Q_3} \geqslant \frac{1}{4} a_{P_1P_2P_3}. \tag{3.1.2}$$

(2) 证明: 三个三角形 $P_1Q_1Q_3, P_2Q_2Q_1, P_3Q_3Q_2$ 中, 至少有一个的面积小于等于三角形 $Q_1Q_2Q_3$ 的面积.

证明 (1) 当 Q_1, Q_2, Q_3 在边 P_1P_2, P_2P_3, P_3P_1 上时 $\lambda_1, \lambda_2, \lambda_3 > 0$, 于是由式 (3.1.1) 知

$$a_{Q_1Q_2Q_3} = \frac{1 + \lambda_1\lambda_2\lambda_3}{(1+\lambda_1)(1+\lambda_2)(1+\lambda_3)} a_{P_1P_2P_3}. \tag{3.1.3}$$

令 $f(\lambda_1, \lambda_2, \lambda_3) = \dfrac{1 + \lambda_1\lambda_2\lambda_3}{(1+\lambda_1)(1+\lambda_2)(1+\lambda_3)}, \lambda_1, \lambda_2, \lambda_3 > 0$, 则由

$$\begin{cases} \dfrac{\partial f}{\partial \lambda_1} = \dfrac{\lambda_2\lambda_3 - 1}{(1+\lambda_1)^2(1+\lambda_2)(1+\lambda_3)} = 0, \\[2mm] \dfrac{\partial f}{\partial \lambda_2} = \dfrac{\lambda_3\lambda_1 - 1}{(1+\lambda_1)(1+\lambda_2)^2(1+\lambda_3)} = 0, \\[2mm] \dfrac{\partial f}{\partial \lambda_3} = \dfrac{\lambda_1\lambda_2 - 1}{(1+\lambda_1)(1+\lambda_2)(1+\lambda_3)^2} = 0 \end{cases}$$

求得函数唯一的驻点 $\lambda_1 = \lambda_2 = \lambda_3 = 1$, 故由问题的实际意义知, 当 $\lambda_1 = \lambda_2 = \lambda_3 = 1$ 时, 函数的最小值为 $f(1,1,1) = 1/4$, 故由式 (3.1.3) 知式 (3.1.2) 成立.

注 3.1.1 第 34 届美国数学竞赛题是: 在距离 $d_{P_1Q_1} < d_{Q_1P_2}, d_{P_2Q_2} < d_{Q_2P_3}$, $d_{P_3Q_3} < d_{Q_3P_1}$ 的情形下证明式 (3.1.2).

(2) 用反证法. 如图 3.1.1 所示, 假设三个三角形 $P_1Q_1Q_3, P_2Q_2Q_1, P_3Q_3Q_2$ 的面积均大于三角形 $Q_1Q_2Q_3$ 的面积, 则由 (1) 可知

$$a_{Q_1Q_2Q_3} + a_{P_1Q_1Q_3} + a_{P_2Q_2Q_1} + a_{P_3Q_3Q_2} > a_{P_1P_2P_3},$$

这与 $a_{Q_1Q_2Q_3} + a_{P_1Q_1Q_3} + a_{P_2Q_2Q_1} + a_{P_3Q_3Q_2} = a_{P_1P_2P_3}$ 矛盾. 从而三个三角形 $P_1Q_1Q_3, P_2Q_2Q_1, P_3Q_3Q_2$ 中有一个小于等于三角形 $Q_1Q_2Q_3$ 的面积.

例 3.1.2 (1945 年苏联莫斯科数学奥林匹克竞赛题) 将三角形 $P_1P_2P_3$ 的三个顶点 P_1, P_2, P_3 与对边 P_2P_3, P_3P_1, P_1P_2 上的点 Q_2, Q_3, Q_1 连接起来, 证明: P_1Q_2, P_2Q_3, P_3Q_1 的中点不位于同一直线上.

证明 如图 3.1.2 所示. 设 P_1Q_2, P_2Q_3, P_3Q_1 的中点分别为 R_1, R_2, R_3, 于是它们的坐标为

$$R_i\left(\frac{(1+\lambda_{i+1})x_i + x_{i+1} + \lambda_{i+1}x_{i+2}}{2(1+\lambda_{i+1})}, \frac{(1+\lambda_{i+1})y_i + y_{i+1} + \lambda_{i+1}y_{i+2}}{2(1+\lambda_{i+1})}\right) \quad (i = 1, 2, 3).$$

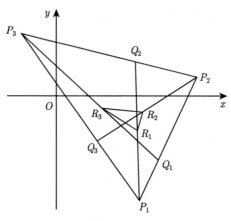

图 3.1.2

于是

$$8(1+\lambda_1)(1+\lambda_2)(1+\lambda_3)D_{R_1R_2R_3}$$

$$=\sum_{i=1}^{3}(1+\lambda_i)\left\{[(1+\lambda_{i+1})x_i+x_{i+1}+\lambda_{i+1}x_{i+2}]\left[(1+\lambda_{i+2})y_{i+1}+y_{i+2}+\lambda_{i+2}y_i\right]\right.$$

$$\left.-\left[(1+\lambda_{i+2})x_{i+1}+x_{i+2}+\lambda_{i+2}x_i\right]\left[(1+\lambda_{i+1})y_i+y_{i+1}+\lambda_{i+1}y_{i+2}\right]\right\}$$

$$=\sum_{i=1}^{3}(1+\lambda_i)\left[(1+\lambda_{i+1})(1+\lambda_{i+2})(x_iy_{i+1}-x_{i+1}y_i)\right.$$

$$+(1+\lambda_{i+1})(x_iy_{i+2}-x_{i+2}y_i)+(x_{i+1}y_{i+2}-x_{i+2}y_{i+1})+\lambda_{i+2}(x_{i+1}y_i-x_iy_{i+1})$$

$$\left.+\lambda_{i+1}(1+\lambda_{i+2})(x_{i+2}y_{i+1}-x_{i+1}y_{i+2})+\lambda_{i+1}\lambda_{i+2}(x_{i+2}y_i-x_iy_{i+2})\right]$$

$$=\sum_{i=1}^{3}(1+\lambda_i)(1+\lambda_{i+1})(1+\lambda_{i+2})(x_iy_{i+1}-x_{i+1}y_i)$$

$$+\sum_{i=1}^{3}(1+\lambda_i)(1+\lambda_{i+1})(x_iy_{i+2}-x_{i+2}y_i)$$

$$+\sum_{i=1}^{3}(1+\lambda_i)(x_{i+1}y_{i+2}-x_{i+2}y_{i+1})+\sum_{i=1}^{3}(1+\lambda_i)\lambda_{i+2}(x_{i+1}y_i-x_iy_{i+1})$$

$$+\sum_{i=1}^{3}(1+\lambda_i)\lambda_{i+1}(1+\lambda_{i+2})(x_{i+2}y_{i+1}-x_{i+1}y_{i+2})$$

$$+\sum_{i=1}^{3}(1+\lambda_i)\lambda_{i+1}\lambda_{i+2}(x_{i+2}y_i-x_iy_{i+2})$$

$$=\sum_{i=1}^{3}(1+\lambda_i)(1+\lambda_{i+1})(1+\lambda_{i+2})(x_iy_{i+1}-x_{i+1}y_i)$$

$$+ \sum_{i=1}^{3} (1 + \lambda_{i+1})(1 + \lambda_{i+2})(x_{i+1}y_i - x_iy_{i+1})$$

$$+ \sum_{i=1}^{3} (1 + \lambda_{i+2})(x_iy_{i+1} - x_{i+1}y_i)$$

$$+ \sum_{i=1}^{3} (1 + \lambda_i)\lambda_{i+2}(x_{i+1}y_i - x_iy_{i+1})$$

$$+ \sum_{i=1}^{3} \lambda_i(1 + \lambda_{i+1})(1 + \lambda_{i+2})(x_{i+1}y_i - x_iy_{i+1})$$

$$+ \sum_{i=1}^{3} (1 + \lambda_{i+1})\lambda_i\lambda_{i+2}(x_iy_{i+1} - x_{i+1}y_i)$$

$$= \sum_{i=1}^{3} (1 + \lambda_i\lambda_{i+1}\lambda_{i+2})(x_iy_{i+1} - x_{i+1}y_i)$$

$$= (1 + \lambda_1\lambda_2\lambda_3) \sum_{i=1}^{3} (x_iy_{i+1} - x_{i+1}y_i)$$

$$= 2(1 + \lambda_1\lambda_2\lambda_3)D_{P_1P_2P_3}.$$

依题设 $1 + \lambda_1\lambda_2\lambda_3 \neq 0$, 所以

$$D_{R_1R_2R_3} = \frac{1 + \lambda_1\lambda_2\lambda_3}{4(1 + \lambda_1)(1 + \lambda_2)(1 + \lambda_3)}D_{P_1P_2P_3} \neq 0,$$

于是 P_1Q_2, P_2Q_3, P_3Q_1 的中点 R_1, R_2, R_3 不位于同一直线上.

定理 3.1.2 设 $k_1k_2k_3$ 是 $\lambda_1, \lambda_2, \lambda_3$ 的任意一个排列, $Q_1Q_2Q_3$ 和 $R_1R_2R_3$ 分别三角形 $P_1P_2P_3$ 的 $(\lambda_1, \lambda_2, \lambda_3)$ 和 $(1/k_1, 1/k_2, 1/k_3)$ 的定比分点三角形, 则

$$D_{Q_1Q_2Q_3} = D_{R_1R_2R_3}, \quad a_{Q_1Q_2Q_3} = a_{R_1R_2R_3}.$$

证明 因为 $k_1k_2k_3$ 是 $\lambda_1, \lambda_2, \lambda_3$ 的一个排列, 所以

$$k_1k_2k_3 = \lambda_1\lambda_2\lambda_3, \quad (1 + k_1)(1 + k_2)(1 + k_3) = (1 + \lambda_1)(1 + \lambda_2)(1 + \lambda_3),$$

根据式 (3.1.1), 得

$$D_{R_1R_2R_3} = \frac{1 + (1/k_1)(1/k_2)(1/k_3)}{(1 + 1/k_1)(1 + 1/k_2)(1 + 1/k_3)}$$

$$= \frac{1 + k_1k_2k_3}{(1 + k_1)(1 + k_2)(1 + k_3)}D_{P_1P_2P_3}$$

$$= \frac{1 + \lambda_1\lambda_2\lambda_3}{(1 + \lambda_1)(1 + \lambda_2)(1 + \lambda_3)}D_{P_1P_2P_3} = D_{Q_1Q_2Q_3},$$

所以 $a_{Q_1Q_2Q_3} = a_{R_1R_2R_3}$.

推论 3.1.1　设 Q_1, Q_2, Q_3 和 R_1, R_2, R_3 分别都是三角形 $P_1P_2P_3$ 三边 P_1P_2, P_2P_3, P_3P_1 所在直线上的点, 且 R_1, R_2, R_3 分别与 Q_1, Q_2, Q_3 关于 P_1P_2, P_2P_3, P_3P_1 的中点对称或 $R_1Q_2//P_3P_1, R_2Q_3//P_1P_2, R_3Q_1//P_2P_3$, 则　$a_{Q_1Q_2Q_3} = a_{R_1R_2R_3}$.

证明　如图 3.1.3 和图 3.1.4 所示. 在定理 3.1.2 中分别取 $k_1 = \lambda_1, k_2 = \lambda_2, k_3 = \lambda_3$ 或 $k_1 = \lambda_2, k_2 = \lambda_3, k_3 = \lambda_1$ 即得.

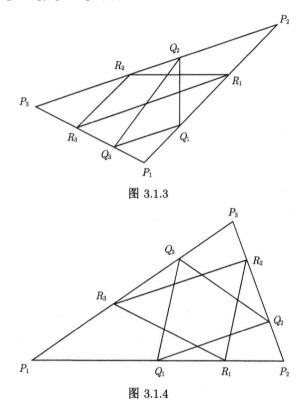

图 3.1.3

图 3.1.4

定理 3.1.3 (Menelaus 定理)　在三角形 $P_1P_2P_3$ 的三边 P_iP_{i+1} 所在直线上依次取点 Q_i ($i = 1, 2, 3$), 则 Q_1, Q_2, Q_3 共线的充分必要条件是

$$\frac{D_{P_1Q_1}}{D_{Q_1P_2}} \cdot \frac{D_{P_2Q_2}}{D_{Q_2P_3}} \cdot \frac{D_{P_3Q_3}}{D_{Q_3P_1}} = -1. \tag{3.1.4}$$

证明　如图 3.1.5 所示. 由定理 3.1.1 可知

Q_1, Q_2, Q_3共线 $\Leftrightarrow D_{Q_1Q_2Q_3} = 0 \Leftrightarrow 1 + \lambda_1\lambda_2\lambda_3 = 0 \Leftrightarrow$ 式(3.1.4)成立.

推论 3.1.2　设 Q_1, Q_2, Q_3 和 R_1, R_2, R_3 分别都是三角形 $P_1P_2P_3$ 三边 P_1P_2, P_2P_3, P_3P_1 所在直线上的点, 且 R_1, R_2, R_3 分别与 Q_1, Q_2, Q_3 关于 P_1P_2, P_2P_3, P_3P_1

的中点对称或 $R_1Q_2//P_3P_1, R_2Q_3//P_1P_2, R_3Q_1//P_2P_3$, 则 Q_1, Q_2, Q_3 三点共线的充要条件是 R_1, R_2, R_3 三点共线.

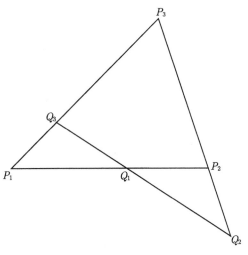

图 3.1.5

证明 由推论 3.1.1, 即得 Q_1, Q_2, Q_3 三点共线 $\Leftrightarrow \mathrm{a}_{Q_1Q_2Q_3} = 0 \Leftrightarrow \mathrm{a}_{R_1R_2R_3} = 0 \Leftrightarrow R_1, R_2, R_3$ 三点共线.

推论 3.1.3 在 n 边形 $P_1P_2\cdots P_n$ 的各边 P_iP_{i+1} 所在直线上依次取点 Q_i $(i = 1, 2, \cdots, n)$, 则 $Q_1, Q_2, \cdots, Q_n$ 共线的充分必要条件是

$$\frac{\mathrm{D}_{P_1Q_1}}{\mathrm{D}_{Q_1P_2}} \cdot \frac{\mathrm{D}_{P_2Q_2}}{\mathrm{D}_{Q_2P_3}} \cdots \cdots \frac{\mathrm{D}_{P_nQ_n}}{\mathrm{D}_{Q_nP_1}} = (-1)^n. \tag{3.1.5}$$

证明 用数学归纳法. 当 $n = 3$ 时, 由式 (3.1.4) 知结论成立. 假设 $n \leqslant k$ 时结论成立, 则当 $n = k+1$ 时, 根据引理 1.3.1, 不妨设 $P_1P_2\cdots P_{k+1}$ $(k \geqslant 3)$ 可以用其内部的对角线 P_1P_3 将它分成三角形 $P_1P_2P_3$ 和一个边数不小于 $k-2$ 且不大于 k 的多边形 $P_1P_3\cdots P_{k+1}$ 的和. 在 P_1P_3 所在直线上取一点 Q_3', 则

$$Q_1, Q_2, Q_3' \text{共线} \quad \Leftrightarrow \quad \frac{\mathrm{D}_{P_1Q_1}}{\mathrm{D}_{Q_1P_2}} \cdot \frac{\mathrm{D}_{P_2Q_2}}{\mathrm{D}_{Q_2P_3}} \cdot \frac{\mathrm{D}_{P_3Q_3'}}{\mathrm{D}_{Q_3'P_1}} = -1.$$

由归纳假设, 不管 $P_1P_3\cdots P_{k+1}$ 是 $k-2$ 边形, $k-1$ 边形, 还是 k 边形, 都有

$$Q_3', Q_3, \cdots, Q_{k+1} \text{共线} \quad \Leftrightarrow \quad \frac{\mathrm{D}_{P_1Q_3'}}{\mathrm{D}_{Q_3'P_3}} \cdot \frac{\mathrm{D}_{P_3Q_4}}{\mathrm{D}_{Q_4P_4}} \cdots \cdots \frac{\mathrm{D}_{P_{k+1}Q_{k+1}}}{\mathrm{D}_{Q_{k+1}P_1}} = (-1)^k,$$

从而

$$Q_1, Q_2, \cdots, Q_{k+1} \text{共线} \quad \Leftrightarrow \quad \frac{\mathrm{D}_{P_1Q_1}}{\mathrm{D}_{Q_1P_2}} \cdot \frac{\mathrm{D}_{P_2Q_2}}{\mathrm{D}_{Q_2P_3}} \cdots \cdots \frac{\mathrm{D}_{P_{k+1}Q_{k+1}}}{\mathrm{D}_{Q_{k+1}P_1}} = (-1)^{k+1},$$

即 $n = k+1$ 时结论也成立. 根据数学归纳法原理, 对任意的自然数 n, 式 (3.1.5) 成立.

推论 3.1.4　设 P 为三角形 $P_1P_2P_3$ 所在平面上任意一点, $Q_1Q_2Q_3$ 为 $P_1P_2P_3$ 的 $(\lambda_1, \lambda_2, \lambda_3)$ 定比分点三角形, 则

$$\sum_{i=1}^{3} \mathrm{D}_{PQ_iQ_{i+1}} = \frac{1 + \lambda_1\lambda_2\lambda_3}{(1+\lambda_1)(1+\lambda_2)(1+\lambda_3)} \mathrm{D}_{P_1P_2P_3}.$$

证明　由性质 1.2.2 及定理 3.1.1 即得.

推论 3.1.5　在三角形 $P_1P_2P_3$ 三边 P_1P_2, P_2P_3, P_3P_1 所在直线上依次分别取两点 Q_1 和 Q_1', Q_2 和 Q_2', Q_3 和 Q_3', 使交比分别为 $(P_1P_2, Q_1'Q_1) = k_1, (P_2P_3, Q_2'Q_2) = k_2, (P_3P_1, Q_3'Q_3) = k_3$, 且 $k_1k_2k_3 = 1$. 证明: Q_1', Q_2', Q_3' 共线的充分条件是 Q_1, Q_2, Q_3 共线.

证明　设 $\mathrm{D}_{P_iQ_i}/\mathrm{D}_{Q_iP_{i+1}} = \lambda_i$ $(i = 1, 2, 3)$, 于是根据交比的定义 3.1.2, 得

$$\mathrm{D}_{P_iQ_i'}/\mathrm{D}_{P_{i+1}Q_i'} = -k_i\lambda_i \quad (i = 1, 2, 3),$$

即

$$\mathrm{D}_{P_iQ_i'}/\mathrm{D}_{Q_i'P_{i+1}} = k_i\lambda_i \quad (i = 1, 2, 3).$$

由定理 3.1.1, 得

$$\mathrm{D}_{Q_1Q_2Q_3} = \frac{1 + \lambda_1\lambda_2\lambda_3}{(1+\lambda_1)(1+\lambda_2)(1+\lambda_3)} \mathrm{D}_{P_1P_2P_3},$$

$$\mathrm{D}_{Q_1'Q_2'Q_3'} = \frac{1 + \lambda_1 k_1 \cdot \lambda_2 k_2 \cdot \lambda_3 k_3}{(1+k_1\lambda_1)(1+k_2\lambda_2)(1+k_3\lambda_3)} \mathrm{D}_{P_1P_2P_3}$$

$$= \frac{1 + \lambda_1\lambda_2\lambda_3}{(1+k_1\lambda_1)(1+k_2\lambda_2)(1+k_3\lambda_3)} \mathrm{D}_{P_1P_2P_3}.$$

于是

$$\mathrm{D}_{Q_1'Q_2'Q_3'} = \frac{(1+\lambda_1)(1+\lambda_2)(1+\lambda_3)}{(1+k_1\lambda_1)(1+k_2\lambda_2)(1+k_3\lambda_3)} \mathrm{D}_{Q_1Q_2Q_3},$$

所以 Q_1', Q_2', Q_3' 共线 $\Leftrightarrow \mathrm{D}_{Q_1'Q_2'Q_3'} = 0 \Leftrightarrow \mathrm{D}_{Q_1Q_2Q_3} = 0 \Leftrightarrow Q_1, Q_2, Q_3$ 共线.

定理 3.1.4 (喻德生, 2017)　设 $Q_1Q_2Q_3$ 为三角形 $P_1P_2P_3$ 的 $(\lambda_1, \lambda_2, \lambda_3)$ 定比分点三角形, R_1, R_2, R_3 依次是 P_1, P_2, P_3 关于 Q_2, Q_3, Q_1 的对称点, 则

$$\mathrm{D}_{R_1R_2R_3} = 3\mathrm{D}_{P_1P_2P_3} + 4\mathrm{D}_{Q_1Q_2Q_3}. \tag{3.1.6}$$

证明　如图 3.1.6 所示. 设三角形 $P_1P_2P_3$ 顶点的坐标为 $P_i(x_i, y_i)(i = 1, 2, 3)$, 于是三角形 $Q_1Q_2Q_3$ 顶点的坐标为

$$Q_i\left(\frac{x_i + \lambda_i x_{i+1}}{1 + \lambda_i}, \frac{y_i + \lambda_i y_{i+1}}{1 + \lambda_i}\right) \quad (i = 1, 2, 3).$$

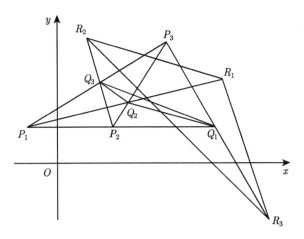

图 3.1.6

又由已知条件和中点坐标公式, 可得

$$\begin{cases} \dfrac{x_i + x_{R_i}}{2} = \dfrac{x_{i+1} + \lambda_{i+1} x_{i+2}}{1 + \lambda_{i+1}}, \\ \dfrac{y_i + y_{R_i}}{2} = \dfrac{y_{i+1} + \lambda_{i+1} y_{i+2}}{1 + \lambda_{i+1}} \end{cases} \Rightarrow \begin{cases} x_{R_i} = \dfrac{2(x_{i+1} + \lambda_{i+1} x_{i+2})}{1 + \lambda_{i+1}} - x_i, \\ y_{R_i} = \dfrac{2(y_{i+1} + \lambda_{i+1} y_{i+2})}{1 + \lambda_{i+1}} - y_i, \end{cases} (i = 1, 2, 3),$$

于是由三角形有向面积公式和式 (3.1.1), 可得

$$2(1 + \lambda_1)(1 + \lambda_2)(1 + \lambda_3) D_{R_1 R_2 R_3}$$

$$= \sum_{i=1}^{3} (1 + \lambda_i) \{ [2(x_{i+1} + \lambda_{i+1} x_{i+2}) - (1 + \lambda_{i+1}) x_i]$$

$$[2(y_{i+2} + \lambda_{i+2} y_i) - (1 + \lambda_{i+2}) y_{i+1}]$$

$$- [2(x_{i+2} + \lambda_{i+2} x_i) - (1 + \lambda_{i+2}) x_{i+1}][2(y_{i+1} + \lambda_{i+1} y_{i+2}) - (1 + \lambda_{i+1}) y_i] \}$$

$$= \sum_{i=1}^{3} (1 + \lambda_i)(1 + \lambda_{i+1})(1 + \lambda_{i+2})(x_i y_{i+1} - x_{i+1} y_i)$$

$$- 2 \sum_{i=1}^{3} (1 + \lambda_i)(1 + \lambda_{i+2}) [(x_{i+1} + \lambda_{i+1} x_{i+2}) y_{i+1} - x_{i+1}(y_{i+1} + \lambda_{i+1} y_{i+2})]$$

$$- 2 \sum_{i=1}^{3} (1 + \lambda_i)(1 + \lambda_{i+1}) [x_i(y_{i+2} + \lambda_{i+2} y_i) - (x_{i+2} + \lambda_{i+2} x_i) y_i]$$

$$+ 4 \sum_{i=1}^{3} (1 + \lambda_i) [(x_{i+1} + \lambda_{i+1} x_{i+2})(y_{i+2} + \lambda_{i+2} y_i)$$

$$- (x_{i+2} + \lambda_{i+2} x_i)(y_{i+1} + \lambda_{i+1} y_{i+2})]$$

$$=2(1+\lambda_1)(1+\lambda_2)(1+\lambda_3)D_{P_1P_2P_3}$$
$$-2\sum_{i=1}^{3}(1+\lambda_i)\lambda_{i+1}(1+\lambda_{i+2})(x_{i+2}y_{i+1}-x_{i+1}y_{i+2})$$
$$-2\sum_{i=1}^{3}(1+\lambda_i)(1+\lambda_{i+1})(x_iy_{i+2}-x_{i+2}y_i)$$
$$+4\sum_{i=1}^{3}(1+\lambda_i)[(x_{i+1}y_{i+2}-x_{i+2}y_{i+1})$$
$$+\lambda_{i+2}(x_{i+1}y_i-x_iy_{i+1})+\lambda_{i+1}\lambda_{i+2}(x_{i+2}y_i-x_iy_{i+2})]$$
$$=2(1+\lambda_1)(1+\lambda_2)(1+\lambda_3)D_{P_1P_2P_3}$$
$$-2\sum_{i=1}^{3}(1+\lambda_{i+2})\lambda_i(1+\lambda_{i+1})(x_{i+1}y_i-x_iy_{i+1})$$
$$-2\sum_{i=1}^{3}(1+\lambda_{i+1})(1+\lambda_{i+2})(x_{i+1}y_i-x_iy_{i+1})$$
$$+4\sum_{i=1}^{3}[(1+\lambda_{i+2})-(1+\lambda_i)\lambda_{i+2}+(1+\lambda_{i+1})\lambda_{i+2}\lambda_i](x_iy_{i+1}-x_{i+1}y_i)$$
$$=2(1+\lambda_1)(1+\lambda_2)(1+\lambda_3)D_{P_1P_2P_3}$$
$$+2\sum_{i=1}^{3}(1+\lambda_i)(1+\lambda_{i+1})(1+\lambda_{i+2})(x_iy_{i+1}-x_{i+1}y_i)$$
$$+4\sum_{i=1}^{3}(1+\lambda_i\lambda_{i+1}\lambda_{i+2})(x_iy_{i+1}-x_{i+1}y_i)$$
$$=6(1+\lambda_1)(1+\lambda_2)(1+\lambda_3)D_{P_1P_2P_3}+4(1+\lambda_1\lambda_2\lambda_3)\sum_{i=1}^{3}(x_iy_{i+1}-x_{i+1}y_i)$$
$$=6(1+\lambda_1)(1+\lambda_2)(1+\lambda_3)D_{P_1P_2P_3}+8(1+\lambda_1\lambda_2\lambda_3)D_{P_1P_2P_3},$$

所以

$$D_{R_1R_2R_3}=3D_{P_1P_2P_3}+\frac{4(1+\lambda_1\lambda_2\lambda_3)}{(1+\lambda_1)(1+\lambda_2)(1+\lambda_3)}D_{P_1P_2P_3},$$

故由式 (3.1.1) 知, 式 (3.1.6) 成立.

推论 3.1.6　设 $Q_1Q_2Q_3$ 为三角形 $P_1P_2P_3$ 的 $(\lambda_1,\lambda_2,\lambda_3)$ 定比分点三角形且 $\lambda_1,\lambda_2,\lambda_3$ 均非负或均非正, R_1,R_2,R_3 依次是 P_1,P_2,P_3 关于 Q_2,Q_3,Q_1 的对称点, 则

$$a_{R_1R_2R_3}=3a_{P_1P_2P_3}+4a_{Q_1Q_2Q_3}. \tag{3.1.7}$$

证明　如图 3.1.7 所示. 不妨设 $\lambda_1,\lambda_2,\lambda_3$ 均非负, 且 $P_1P_2P_3$ 为正向三角形,

则三角形 $Q_1Q_2Q_3$ 和 $R_1R_2R_3$ 均是正向的, 故由式 (3.1.6) 知式 (3.1.7) 成立.

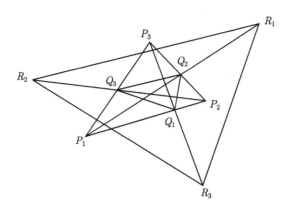

图 3.1.7

根据推论 3.1.6 可知, 不论 $\lambda_1, \lambda_2, \lambda_3$ 如何取值, 式 (3.1.7) 恒成立. 因此, 特别地, 当 $\lambda_1, \lambda_2, \lambda_3$ 均为正数时, 即得如下推论.

推论 3.1.7 在三角形 $P_1P_2P_3$ 的边 P_1P_2, P_2P_3, P_3P_1 上依次取点 Q_1, Q_2, Q_3, R_1, R_2, R_3 分别是 P_1, P_2, P_3 关于 Q_2, Q_3, Q_1 的对称点, 则 $\mathrm{a}_{R_1R_2R_3} = 3\mathrm{a}_{P_1P_2P_3} + 4\mathrm{a}_{Q_1Q_2Q_3}$.

注 3.1.2 1983 年奥地利数学奥林匹克竞赛题是这样的: "在三角形 $P_1P_2P_3$ 的边 P_1P_2, P_2P_3, P_3P_1 上依次取点 Q_1, Q_2, Q_3, 使 P_1Q_2, P_2Q_3, P_3Q_1 相交于一点, R_1, R_2, R_3 分别是 P_1, P_2, P_3 关于 Q_2, Q_3, Q_1 的对称点, 求证: $\mathrm{a}_{R_1R_2R_3} = 3\mathrm{a}_{P_1P_2P_3} + 4\mathrm{a}_{Q_1Q_2Q_3}$." 根据推论 3.1.7, 可知其中的条件 "使 P_1Q_2, P_2Q_3, P_3Q_1 相交于一点" 是多余的.

推论 3.1.8 设 $Q_1Q_2Q_3$ 为三角形 $P_1P_2P_3$ 的 $(\lambda_1, \lambda_2, \lambda_3)$ 定比分点三角形, R_1, R_2, R_3 依次是 P_1, P_2, P_3 关于 Q_2, Q_3, Q_1 的对称点, 则

(1) Q_1, Q_2, Q_3 三点共线的充分必要条件是三角形 $P_1P_2P_3$ 与 $R_1R_2R_3$ 同向且 $\mathrm{a}_{R_1R_2R_3} = 3\mathrm{a}_{P_1P_2P_3}$;

(2) R_1, R_2, R_3 三点共线的充分必要条件是三角形 $P_1P_2P_3$ 与 $Q_1Q_2Q_3$ 反向且 $4\mathrm{a}_{Q_1Q_2Q_3} = 3\mathrm{a}_{P_1P_2P_3}$.

证明 (1) 如图 3.1.8 所示. 由式 (3.1.6), 可知

$$Q_1, Q_2, Q_3 \text{三点共线} \Leftrightarrow \mathrm{D}_{Q_1Q_2Q_3} = 0 \Leftrightarrow \mathrm{D}_{R_1R_2R_3} = 3\mathrm{D}_{P_1P_2P_3},$$

即 Q_1, Q_2, Q_3 三点共线的充分必要条件是三角形 $P_1P_2P_3$ 与 $R_1R_2R_3$ 同向且 $\mathrm{a}_{R_1R_2R_3} = 3\mathrm{a}_{P_1P_2P_3}$;

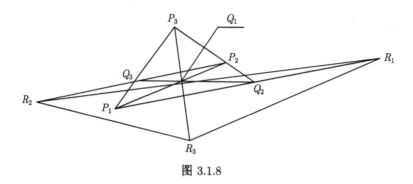

图 3.1.8

(2) 如图 3.1.9 所示. 利用式 (3.1.6), 仿 (1) 证明, 可知 (2) 中结论成立.

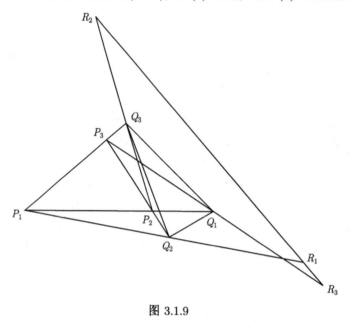

图 3.1.9

3.2   多边形定比分点多边形有向面积公式与应用

在 3.1 节的基础上, 进一步讨论定比分点多边形有向面积公式及其应用. 首先, 给出定比分点多边形 (多角形) 的基本概念; 其次, 给出定比分点四边形有向面积公式和定比分点四边形的一个性质定理, 并据此得出一个经典几何题和两道数学竞赛题的结论; 再次, 给出对角线定比分点六边形有向面积公式, 从而推广一道数学竞赛题的结论; 最后, 给出对角线定比分点四边形有向面积公式.

3.2.1 定比分点多边形 (多角形) 的基本概念

定义 3.2.1 设 Q_i 为多边形 (多角形)$P_1P_2\cdots P_n$ 各边 P_iP_{i+1} $(i=1,2,\cdots,n)$ 的定比分点, 且 $\mathrm{D}_{P_iQ_i}/\mathrm{D}_{Q_iP_{i+1}}=\lambda_i(i=1,2,\cdots,n)$, 则称 Q_i 是 P_iP_{i+1} $(i=1,2,\cdots,n)$ 的 λ_i-分点; 由 n 边形 (n 角形)$P_1P_2\cdots P_n$ 各边 P_iP_{i+1} 的 λ_i-分点 Q_i $(i=1,2,\cdots,n)$ 所构成 n 角形 $Q_1Q_2\cdots Q_n$ 称为 $P_1P_2\cdots P_n$ 的 $(\lambda_1,\lambda_2,\cdots,\lambda_n)$ 定比分点多角形, 简称为定比分点多角形.

特别地, 当 $\lambda_1=\lambda_2=\cdots=\lambda_n=\lambda$ 时, 则称 $Q_1Q_2\cdots Q_n$ 为 n 边形 (n 角形)$P_1P_2\cdots P_n$ 的 λ-等分点多角形, 简称为等分点多角形; 而当 $\lambda=1/2$ 时, 则称 $Q_1Q_2\cdots Q_n$ 为 n 边形 (n 角形)$P_1P_2\cdots P_n$ 的中点多角形 (图 3.2.1).

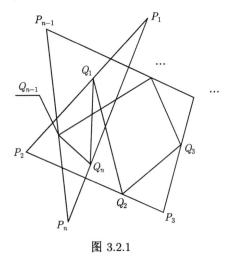

图 3.2.1

定义 3.2.2 若 n 边形 (n 角形)$P_1P_2\cdots P_n$ 各边 P_iP_{i+1} 的 λ_i-分点 Q_i $(i=1,2,\cdots,n)$ 所构成的 n 角形 $Q_1Q_2\cdots Q_n$ 为多边形, 则 $Q_1Q_2\cdots Q_n$ 称为 $P_1P_2\cdots P_n$ 的 $(\lambda_1,\lambda_2,\cdots,\lambda_n)$ 定比分点多边形.

特别地, 当 $\lambda_1=\lambda_2=\cdots=\lambda_n=\lambda$ 时, 则称 $Q_1Q_2\cdots Q_n$ 为 n 角形 $P_1P_2\cdots P_n$ 的 λ-等分点多边形, 简称为等分点多边形; 而当 $\lambda=1/2$ 时, 则称 $Q_1Q_2\cdots Q_n$ 为 n 角形 $P_1P_2\cdots P_n$ 的中点多边形.

显然, 当 $P_1P_2\cdots P_n$ 为凸多边形时, 其 λ-等分点多角形 $Q_1Q_2\cdots Q_n$ 一定是多边形, 但其 $(\lambda_1,\lambda_2,\cdots,\lambda_n)$ 定比分点多角形 $Q_1Q_2\cdots Q_n$ 未必是多边形; 而对于非凸多边形 $P_1P_2\cdots P_n$, 即使是其 λ-等分点多角形 $Q_1Q_2\cdots Q_n$ 也未必是多边形; 当 $Q_1,Q_2,\cdots,Q_n$ 中有连续三点或三点以上共线时, $Q_1Q_2\cdots Q_n$ 为边数小于 n 的定比分点多角形 (多边形); 特别地, 当 $Q_1,Q_2,\cdots,Q_n$ 共线时, $Q_1Q_2\cdots Q_n$ 为一线段. 为方便起见, 在这些情形下, 我们都把 $Q_1Q_2\cdots Q_n$ 看成是定比分点多角形 (多边

形) 的特殊情形.

此外, 对 n 边形 (n 角形)$P_1P_2\cdots P_n$ 对角线上的定比分点, 也可以作如上类似的定义, 但为简单起见, 这里不具体列出, 我们将在以后的讨论中直接应用.

3.2.2　定比分点四边形有向面积公式与应用

定理 3.2.1　设 $Q_1Q_2Q_3Q_4$ 为四边形 $P_1P_2P_3P_4$ 的 λ-等分点四边形, 则该 λ-等分点四边形的有向面积 (面积)

$$\mathrm{D}_{Q_1Q_2Q_3Q_4} = \frac{1+\lambda^2}{(1+\lambda)^2}\mathrm{D}_{P_1P_2P_3P_4} \quad \left(\mathrm{a}_{Q_1Q_2Q_3Q_4} = \frac{1+\lambda^2}{(1+\lambda)^2}\mathrm{a}_{P_1P_2P_3P_4}\right). \quad (3.2.1)$$

证明　如图 3.2.2 所示. 设四边形 $P_1P_2P_3P_4$ 的顶点的坐标为 $P_i(x_i,y_i)$ ($i = 1,2,3,4$). 由题设得分点 Q_i 的坐标

$$Q_i\left(\frac{x_i+\lambda x_{i+1}}{1+\lambda},\frac{y_i+\lambda y_{i+1}}{1+\lambda}\right) \quad (i = 1,\ 2,\ 3,\ 4).$$

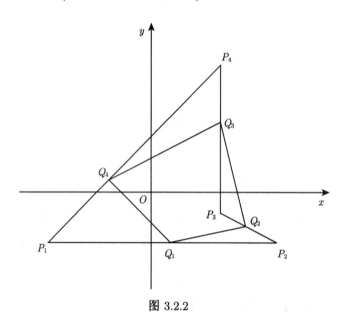

图 3.2.2

根据多边形有向面积公式, 得

$$2(1+\lambda)^2\mathrm{D}_{Q_1Q_2Q_3Q_4}$$

$$= \sum_{i=1}^{4}[(x_i+\lambda x_{i+1})(y_{i+1}+\lambda y_{i+2}) - (x_{i+1}+\lambda x_{i+2})(y_i+\lambda y_{i+1})]$$

$$= \sum_{i=1}^{4}(x_iy_{i+1}-x_{i+1}y_i) + \lambda\sum_{i=1}^{4}(x_iy_{i+2}-x_{i+2}y_i) + \lambda^2\sum_{i=1}^{4}(x_{i+1}y_{i+2}-x_{i+2}y_{i+1})$$

$$= \sum_{i=1}^{4} (x_i y_{i+1} - x_{i+1} y_i) + \lambda \sum_{i=1}^{4} (x_i y_{i+2} - x_i y_{i+2}) + \lambda^2 \sum_{i=1}^{4} (x_i y_{i+1} - x_{i+1} y_i)$$

$$= (1 + \lambda^2) \sum_{i=1}^{4} (x_i y_{i+1} - x_{i+1} y_i) = 2(1 + \lambda^2) D_{P_1 P_2 P_3 P_4},$$

因此, 式 (3.2.1) 成立.

推论 3.2.1 四边形 $P_1 P_2 P_3 P_4$ 的 λ-等分点四边形 $Q_1 Q_2 Q_3 Q_4$ 都是同向的.

证明 因为对于任意实数 λ, 都有 $(1 + \lambda^2)/(1 + \lambda)^2 > 0$, 故由式 (3.2.1) 即知推论 3.2.1 结论成立.

推论 3.2.2 设 $Q_1 Q_2 Q_3 Q_4$ 和 $R_1 R_2 R_3 R_4$ 分别是四边形 $P_1 P_2 P_3 P_4$ 的 λ-等分点四边形和 $1/\lambda$-等分点四边形, 则 $a_{Q_1 Q_2 Q_3 Q_4} = a_{R_1 R_2 R_3 R_4}$.

证明 如图 3.2.3 所示. 由定理 3.2.1 得

$$a_{R_1 R_2 R_3 R_4} = \frac{1 + (1/\lambda)^2}{(1 + 1/\lambda)^2} a_{P_1 P_2 P_3 P_4} = \frac{1 + \lambda^2}{(1 + \lambda)^2} a_{P_1 P_2 P_3 P_4} = a_{Q_1 Q_2 Q_3 Q_4}.$$

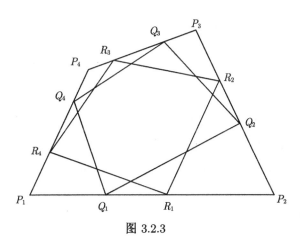

图 3.2.3

推论 3.2.3 设 P 为四边形 $P_1 P_2 P_3 P_4$ 所在平面上任意一点, $Q_1 Q_2 Q_3 Q_4$ 为四边形 $P_1 P_2 P_3 P_4$ 的 λ-等分点四边形, 则

$$\sum_{i=1}^{4} D_{P Q_i Q_{i+1}} = \frac{1 + \lambda^2}{(1 + \lambda)^2} D_{P_1 P_2 P_3 P_4}.$$

证明 由性质 1.3.2 及定理 3.2.1 即得.

定理 3.2.2 设 $Q_1 Q_2 Q_3 Q_4$ 为四边形 $P_1 P_2 P_3 P_4$ 的 λ-等分点四边形, 则

$$D_{P_1 P_2 P_3 P_4} = D_{Q_1 P_3 P_4} + D_{Q_3 P_1 P_2} = D_{Q_2 P_4 P_1} + D_{Q_4 P_2 P_4}. \tag{3.2.2}$$

证明　如图 3.2.4 所示. 设四边形 $P_1P_2P_3P_4$ 的顶点的坐标为 $P_i(x_i, y_i)$ ($i = 1, 2, 3, 4$). 由题设得分点 Q_i 的坐标

$$Q_i\left(\frac{x_i + \lambda x_{i+1}}{1+\lambda}, \frac{y_i + \lambda y_{i+1}}{1+\lambda}\right) \quad (i = 1,\ 2,\ 3,\ 4).$$

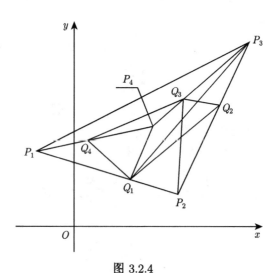

图 3.2.4

于是

$$2(1+\lambda)(\mathrm{D}_{Q_1P_3P_4} + \mathrm{D}_{Q_3P_1P_2})$$

$$= [(x_1 + \lambda x_2)y_3 - x_3(y_1 + \lambda y_2)] + (1+\lambda)(x_3y_4 - x_4y_3)$$

$$\quad + [x_4(y_1 + \lambda y_2) - (x_1 + \lambda x_2)y_4] + [(x_3 + \lambda x_4)y_1 - x_1(y_3 + \lambda y_4)]$$

$$\quad + (1+\lambda)(x_1y_2 - x_2y_1) + [x_2(y_3 + \lambda y_4) - (x_3 + \lambda x_4)y_2]$$

$$= (1+\lambda)\left[(x_1y_2 - x_2y_1) + (x_2y_3 - x_3y_2) + (x_3y_4 - x_4y_3) + (x_4y_1 - x_1y_4)\right]$$

$$= 2(1+\lambda)\mathrm{D}_{P_1P_2P_3P_4},$$

所以

$$D_{P_1P_2P_3P_4} = D_{Q_1P_3P_4} + D_{Q_3P_1P_2}.$$

同理

$$D_{P_1P_2P_3P_4} = D_{Q_2P_4P_1} + D_{Q_4P_2P_4},$$

因此式 (3.2.2) 成立.

推论 3.2.4　设 $Q_1Q_2Q_3Q_4$ 为凸四边形 $P_1P_2P_3P_4$ 的 λ-等分点四边形, 则

$$a_{P_1P_2P_3P_4} = a_{Q_1P_3P_4} + a_{Q_3P_1P_2} = a_{Q_2P_4P_1} + a_{Q_4P_2P_4}. \tag{3.2.3}$$

证明 当 $P_1P_2P_3P_4$ 为凸四边形时, 在式 (3.3.2) 中注意到四边形 $P_1P_2P_3P_4$ 和四个三角形 $Q_1P_3P_4, Q_3P_1P_2; Q_2P_4P_1, Q_4P_2P_3$ 都是同向的, 即得式 (3.3.3).

注 3.2.1 当 $\lambda > 0$, 即 $Q_1Q_2Q_3Q_4$ 为凸四边形 $P_1P_2P_3P_4$ 的 λ-等分点四边形时, 由推论 3.2.4 即得 1961 年基辅数学奥林匹克竞赛题的结论.

特别地, 当 $\lambda = 1$ 时即得如下推论.

推论 3.2.5 (1989 年第 30 届国际数学奥林匹克候选题) 设 Q_1, Q_2, Q_3, Q_4 依次是凸四边形 $P_1P_2P_3P_4$ 各边 $P_1P_2, P_2P_3, P_3P_4, P_4P_1$ 的中点, 则

$$a_{Q_1P_3P_4} + a_{Q_3P_1P_2} = a_{Q_2P_4P_1} + a_{Q_4P_2P_3} = a_{P_1P_2P_3P_4}.$$

定理 3.2.3 设 $Q_1Q_2Q_3Q_4$ 为四边形 $P_1P_2P_3P_4$ 的 λ-等分点四边形, $P_1P_2P_3P_4$ 所在平面上一点 P_0 关于 Q_1, Q_2, Q_3, Q_4 的对称点分别为 R_1, R_2, R_3, R_4, 且 $R_1R_2R_3R_4$ 为四边形, 则

$$D_{R_1R_2R_3R_4} = \frac{4(1+\lambda^2)}{(1+\lambda)^2}D_{P_1P_2P_3P_4} \quad \left(a_{R_1R_2R_3R_4} = \frac{4(1+\lambda^2)}{(1+\lambda)^2}a_{P_1P_2P_3P_4}\right). \quad (3.2.4)$$

证明 如图 3.2.5 所示. 设四边形 $P_1P_2P_3P_4$ 顶点的坐标为 $P_i(x_i, y_i)(i = 1, 2, 3, 4)$, 于是各边分点的坐标为

$$Q_i\left(\frac{x_i + \lambda x_{i+1}}{1+\lambda}, \frac{y_i + \lambda y_{i+1}}{1+\lambda}\right) \quad (i = 1, 2, 3, 4).$$

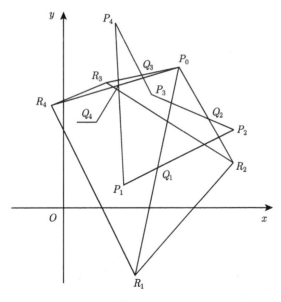

图 3.2.5

设 P_0 的坐标为 $P_0(x_0, y_0)$, 则由中点的坐标公式, 得

$$
\begin{cases}
\dfrac{x_0 + x_{R_i}}{2} = \dfrac{x_i + \lambda x_{i+1}}{1 + \lambda}, \\[3mm]
\dfrac{y_0 + y_{R_i}}{2} = \dfrac{y_i + \lambda y_{i+1}}{1 + \lambda}
\end{cases}
\Rightarrow
\begin{cases}
x_{R_i} = \dfrac{2(x_i + \lambda x_{i+1})}{1 + \lambda} - x_0, \\[3mm]
y_{R_i} = \dfrac{2(y_i + \lambda y_{i+1})}{1 + \lambda} - y_0
\end{cases}
\quad (i = 1, 2, 3),
$$

于是由四边形有向面积公式, 可得

$$
2(1 + \lambda)^2 D_{R_1 R_2 R_3 R_4}
$$

$$
= \sum_{i=1}^{4} \{ [2(x_i + \lambda x_{i+1}) - (1 + \lambda)x_0][2(y_{i+1} + \lambda y_{i+2}) - (1 + \lambda)y_0]
$$

$$
- [2(x_{i+1} + \lambda x_{i+2}) - (1 + \lambda)x_0][2(y_i + \lambda y_{i+1}) - (1 + \lambda)y_0] \}
$$

$$
= 2(1 + \lambda)x_0 \sum_{i=1}^{4} [(y_i + \lambda y_{i+1}) - (y_{i+1} + \lambda y_{i+2})]
$$

$$
+ 2(1 + \lambda)y_0 \sum_{i=1}^{4} [(x_{i+1} + \lambda x_{i+2}) - (x_i + \lambda x_{i+1})]
$$

$$
+ 4 \sum_{i=1}^{4} [(x_i + \lambda x_{i+1})(y_{i+1} + \lambda y_{i+2}) - (x_{i+1} + \lambda x_{i+2})(y_i + \lambda y_{i+1})]
$$

$$
= 2(1 + \lambda)x_0 \sum_{i=1}^{4} [(y_i + \lambda y_{i+1}) - (y_i + \lambda y_{i+1})]
$$

$$
+ 2(1 + \lambda)y_0 \sum_{i=1}^{4} [(x_i + \lambda x_{i+1}) - (x_i + \lambda x_{i+1})]
$$

$$
+ 4 \sum_{i=1}^{4} [(x_i y_{i+1} - x_{i+1}y_i) + \lambda(x_i y_{i+2} - x_{i+2}y_i) + \lambda^2(x_{i+1}y_{i+2} - x_{i+2}y_{i+1})]
$$

$$
= 4 \sum_{i=1}^{4} [(x_i y_{i+1} - x_{i+1}y_i) + \lambda(x_i y_{i+2} - x_i y_{i+2}) + \lambda^2(x_i y_{i+1} - x_{i+1}y_i)]
$$

$$
= 4(1 + \lambda^2) \sum_{i=1}^{4} (x_i y_{i+1} - x_{i+1}y_i) = 8(1 + \lambda^2) D_{P_1 P_2 P_3 P_4},
$$

因此, 式 (3.2.4) 成立.

推论 3.2.6　设 $Q_1 Q_2 Q_3 Q_4$ 为四边形 $P_1 P_2 P_3 P_4$ 的 λ-等分点四边形, $P_1 P_2 P_3 P_4$ 所在平面上一点 P_0 关于 Q_1, Q_2, Q_3, Q_4 的对称点分别为 R_1, R_2, R_3, R_4, 且 $R_1 R_2 R_3 R_4$ 为四边形, 则

$$
D_{R_1 R_2 R_3 R_4} = 4 D_{Q_1 Q_2 Q_3 Q_4} \quad (a_{R_1 R_2 R_3 R_4} = 4 a_{Q_1 Q_2 Q_3 Q_4}). \tag{3.2.5}
$$

证明 如图 3.2.6 所示. 由式 (3.2.1) 和 (3.2.4), 即得 (3.2.5).

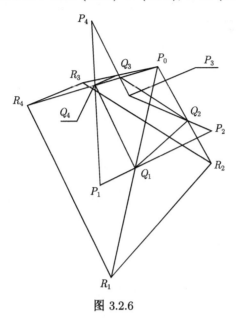

图 3.2.6

推论 3.2.7 设 $Q_1Q_2Q_3Q_4$ 为四边形 $P_1P_2P_3P_4$ 的中点四边形, $P_1P_2P_3P_4$ 所在平面上一点 P_0 关于 Q_1, Q_2, Q_3, Q_4 的对称点分别为 R_1, R_2, R_3, R_4, 且 $R_1R_2R_3R_4$ 为四边形, 则

$$D_{R_1R_2R_3R_4} = 2D_{P_1P_2P_3P_4} = 4D_{Q_1Q_2Q_3Q_4}$$

$$\left(a_{R_1R_2R_3R_4} = 2a_{P_1P_2P_3P_4} = 4a_{Q_1Q_2Q_3Q_4}\right). \tag{3.2.6}$$

证明 如图 3.2.7 所示. 令 $\lambda = 1$, 由式 (3.2.4) 和 (3.2.5) 即得 (3.2.6).

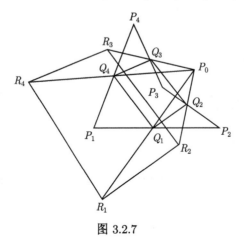

图 3.2.7

注 3.2.2　当 $Q_1Q_2Q_3Q_4$ 为凸四边形 $P_1P_2P_3P_4$ 的中点四边形, 且 P_0 在 $P_1P_2P_3P_4$ 内时, 由推论 3.2.7 即得 1963 年苏联莫斯科数学奥林匹克竞赛题: "凸四边形 $P_1P_2P_3P_4$ 的面积为 $a_{P_1P_2P_3P_4}$, 形内一点 P_0 关于四边中点的对称点分别为 R_1, R_2, R_3, R_4, 求四边形 $R_1R_2R_3R_4$ 的面积" 的结论.

3.2.3　对角线定比分点六边形有向面积公式与应用

定理 3.2.4　设 $Q_1Q_2\cdots Q_6$ 是凸六边形 $P_1P_2\cdots P_6$ 对角线 $P_iP_{i+2}(i=1,2,\cdots,6)$ 的 λ-等分点六边形, 则

$$D_{Q_1Q_2\cdots Q_6} = \frac{1-\lambda+\lambda^2}{(1+\lambda)^2}D_{P_1P_2\cdots P_6} \quad \left(a_{Q_1Q_2\cdots Q_6} = \frac{1-\lambda+\lambda^2}{(1+\lambda)^2}a_{P_1P_2\cdots P_6}\right). \quad (3.2.7)$$

证明　如图 3.2.8 所示. 设六边形 $P_1P_2\cdots P_6$ 顶点的坐标为 $P_i(x_i,y_i)(i=1,2,\cdots,6)$. 因为 Q_i 是对角线 P_iP_{i+2} 的分点, 且 $D_{P_iQ_i}/D_{Q_iP_{i+2}}=\lambda$ $(i=1,2,\cdots,6)$, 所以 $Q_1Q_2\cdots Q_6$ 顶点的坐标为

$$Q_i\left(\frac{x_i+\lambda x_{i+2}}{1+\lambda}, \frac{y_i+\lambda y_{i+2}}{1+\lambda}\right) \quad (i=1,2,\cdots,6).$$

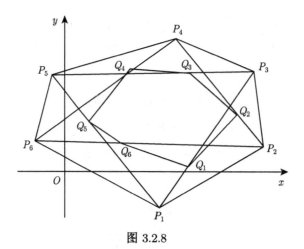

图 3.2.8

根据多边形有向面积公式得

$$2(1+\lambda)^2D_{Q_1Q_2\cdots Q_6}$$
$$= \sum_{i=1}^{6}[(x_i+\lambda x_{i+2})(y_{i+1}+\lambda y_{i+3})-(x_{i+1}+\lambda x_{i+3})(y_i+\lambda y_{i+2})]$$
$$= \sum_{i=1}^{6}[(x_iy_{i+1}-x_{i+1}y_i)+\lambda(x_iy_{i+3}-x_{i+3}y_i)+\lambda(x_{i+2}y_{i+1}-x_{i+1}y_{i+2})$$

$$+\lambda^2(x_{i+2}y_{i+3} - x_{i+3}y_{i+2})]$$

$$=\sum_{i=1}^{6}\left[(x_iy_{i+1} - x_{i+1}y_i) - \lambda(x_iy_{i+1} - x_{i+1}y_i) + \lambda^2(x_iy_{i+1} - x_{i+1}y_i)\right]$$

$$=(1 - \lambda + \lambda^2)\sum_{i=1}^{6}(x_iy_{i+1} - x_{i+1}y_i)$$

$$=2(1 - \lambda + \lambda^2)\mathrm{D}_{P_1P_2\cdots P_6},$$

又因为 $1 - \lambda + \lambda^2 > 0$, 所以式 (3.2.7) 成立.

推论 3.2.8 (1975 年第 9 届苏联数学奥林匹克竞赛题)　设 $P_1P_2\cdots P_6$ 是凸六边形, Q_i 是其对角线 P_iP_{i+2} $(i = 1, 2, \cdots, 6)$ 的中点, 则

$$\mathrm{a}_{Q_1Q_2\cdots Q_6} = \frac{1}{4}\mathrm{a}_{P_1P_2\cdots P_6}.$$

证明　因为 Q_i 是对角线 P_iP_{i+2} $(i = 1, 2, \cdots, 6)$ 的中点, 所以 $\lambda = 1$. 代入式 (3.2.4) 即得.

定理 3.2.5　设 $Q_1Q_2\cdots Q_6$ $(Q_1'Q_2'\cdots Q_6')$ 是凸六边形 $P_1P_2\cdots P_6$ 对角线 $P_iP_{i+2}(i = 1, 2, \cdots, 6)$ 的 λ-等分点六边形 ($1/\lambda$-等分点六边形), 则

$$\mathrm{D}_{Q_1'Q_2'\cdots Q_6'} = \mathrm{D}_{Q_1Q_2\cdots Q_6}\quad (\mathrm{a}_{Q_1'Q_2'\cdots Q_6'} = \mathrm{a}_{Q_1Q_2\cdots Q_6}). \tag{3.2.8}$$

证明　因为 Q_i' 是 $P_1P_2\cdots P_6$ 对角线 P_iP_{i+2} 的分点, 且 $\mathrm{D}_{P_iQ_i'}/\mathrm{D}_{Q_i'P_{i+2}} = 1/\lambda$ $(i = 1, 2, \cdots, 6)$, 故由定理 3.2.4, 可得

$$\mathrm{D}_{Q_1'Q_2'\cdots Q_6'} = \frac{1 - 1/\lambda + 1/\lambda^2}{(1 + 1/\lambda)^2}\mathrm{D}_{P_1P_2\cdots P_6} = \frac{1 - \lambda + \lambda^2}{(1 + \lambda)^2}\mathrm{D}_{P_1P_2\cdots P_6} = \mathrm{D}_{Q_1Q_2\cdots Q_6},$$

从而式 (3.2.8) 成立.

3.2.4　对角线定比分点四边形有向面积公式

定理 3.2.6　设 $Q_1Q_2Q_3Q_4$ 是四边形 $P_1P_2P_3P_4$ 对角线 $P_iP_{i+2}(i = 1, 2, 3, 4)$ 的 λ-等分点四边形, 则

$$\mathrm{D}_{Q_1Q_2Q_3Q_4} = \left(\frac{1-\lambda}{1+\lambda}\right)^2\mathrm{D}_{P_1P_2P_3P_4}\quad \left(\mathrm{a}_{Q_1Q_2Q_3Q_4} = \left(\frac{1-\lambda}{1+\lambda}\right)^2\mathrm{a}_{P_1P_2P_3P_4}\right). \tag{3.2.9}$$

证明　如图 3.2.9 所示. 设四边形 $P_1P_2P_3P_4$ 顶点的坐标为 $P_i(x_i, y_i)(i = 1, 2, 3, 4)$, 于是 $Q_1Q_2Q_3Q_4$ 顶点的坐标为 $Q_i\left(\dfrac{x_i + \lambda x_{i+2}}{1 + \lambda}, \dfrac{y_i + \lambda y_{i+2}}{1 + \lambda}\right)(i = 1, 2, 3, 4)$. 根据多边形有向面积公式得

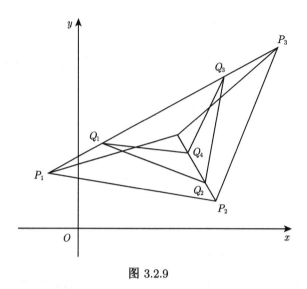

图 3.2.9

$$2(1+\lambda)^2 \mathrm{D}_{Q_1Q_2Q_3Q_4}$$

$$=\sum_{i=1}^{4}\left[(x_i+\lambda x_{i+2})(y_{i+1}+\lambda y_{i+3})-(x_{i+1}+\lambda x_{i+3})(y_i+\lambda y_{i+2})\right]$$

$$=\sum_{i=1}^{4}\left[(x_i y_{i+1}-x_{i+1}y_i)+\lambda(x_i y_{i+3}-x_{i+3}y_i)+\lambda(x_{i+2}y_{i+1}-x_{i+1}y_{i+2})\right.$$
$$\left.+\lambda^2(x_{i+2}y_{i+3}-x_{i+3}y_{i+2})\right]$$

$$=\sum_{i=1}^{4}\left[(x_i y_{i+1}-x_{i+1}y_i)-2\lambda(x_i y_{i+1}-x_{i+1}y_i)+\lambda^2(x_i y_{i+1}-x_{i+1}y_i)\right]$$

$$=(1-2\lambda+\lambda^2)\sum_{i=1}^{4}(x_i y_{i+1}-x_{i+1}y_i)$$

$$=2(1-\lambda)^2 \mathrm{D}_{P_1P_2P_3P_4},$$

因此, 式 (3.2.9) 成立.

3.3　六边形定比分点多边形有向面积公式与应用

本节主要讨论六边形中定比分点多边形有向面积公式及其应用. 首先, 给出六边形及其退化图形——五边形中三对对顶点连线中点三角形有向面积公式与应用; 其次, 给出六边形中一顶点为定比分点的边三角形有向面积公式, 并推广了一道数学竞赛题的结论.

3.3.1 六边形三对对顶点连线的中点三角形有向面积公式与应用

定理 3.3.1 (喻德生, 2017) 设 Q_1, Q_2, Q_3 分别是六边形 $P_1P_2P_3P_4P_5P_6$ 三对对顶点连线 P_1P_4, P_2P_5, P_3P_6 的中点, 则

$$\mathrm{D}_{Q_1Q_2Q_3} = \frac{1}{4}\left(\mathrm{D}_{P_1P_2P_3P_4P_5P_6} - \mathrm{D}_{P_1P_3P_5} - \mathrm{D}_{P_2P_4P_6}\right), \tag{3.3.1}$$

证明   如图 3.3.1 所示. 设六边形顶点的坐标为 $P_i(x_i, y_i)(i = 1, 2, 3, 4, 5, 6)$, 则 P_1P_4, P_2P_5, P_3P_6 中点的坐标分别为

$$Q_1\left(\frac{x_1 + x_4}{2}, \frac{y_1 + y_4}{2}\right), \quad Q_2\left(\frac{x_2 + x_5}{2}, \frac{y_2 + y_5}{2}\right), \quad Q_3\left(\frac{x_3 + x_6}{2}, \frac{y_3 + y_6}{2}\right).$$

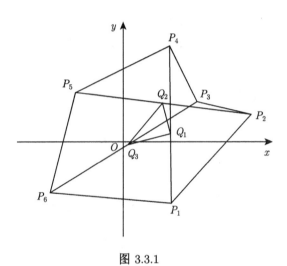

图 3.3.1

根据三角形有向面积公式, 得

$$8\mathrm{D}_{Q_1Q_2Q_3} = \sum_{i=1}^{3}\left[(x_i + x_{i+3})(y_{i+1} + y_{i+4}) - (x_{i+1} + x_{i+4})(y_i + y_{i+3})\right]$$

$$= \sum_{i=1}^{3}\left[(x_iy_{i+1} - x_{i+1}y_i) + (x_{i+3}y_{i+4} - x_{i+4}y_{i+3})\right.$$

$$\left. + (x_iy_{i+4} - x_{i+4}y_i) + (x_{i+3}y_{i+1} - x_{i+1}y_{i+3})\right]$$

$$= \sum_{i=1}^{6}(x_iy_{i+1} - x_{i+1}y_i) + \left[(x_1y_5 - x_5y_1) + (x_5y_3 - x_3y_5) + (x_3y_1 - x_1y_3)\right]$$

$$+ \left[(x_2y_6 - x_6y_2) + (x_6y_4 - x_4y_6) + (x_4y_2 - x_2y_4)\right]$$

$$= 2\left(\mathrm{D}_{P_1P_2P_3P_4P_5P_6} - \mathrm{D}_{P_1P_3P_5} - \mathrm{D}_{P_2P_4P_6}\right),$$

从而式 (3.3.1) 成立.

推论 3.3.1   六边形 $P_1P_2P_3P_4P_5P_6$ 三对对顶点的连线 P_1P_4, P_2P_5, P_3P_6 的中点共线的充分必要条件是

$$\mathrm{D}_{P_1P_2P_3P_4P_5P_6} = \mathrm{D}_{P_1P_3P_5} + \mathrm{D}_{P_2P_4P_6}. \tag{3.3.2}$$

证明   由定理 3.3.1, 得

P_1P_4, P_2P_5, P_3P_6 的中点共线 $\Leftrightarrow \mathrm{D}_{Q_1Q_2Q_3} = 0 \Leftrightarrow \mathrm{D}_{P_1P_2P_3P_4P_5P_6} = \mathrm{D}_{P_1P_3P_5} + \mathrm{D}_{P_2P_4P_6}$.

推论 3.3.2   凸六边形 $P_1P_2P_3P_4P_5P_6$ 三对对顶点的连线 P_1P_4, P_2P_5, P_3P_6 的中点共线的充分必要条件是

$$\mathrm{a}_{P_1P_2P_3P_4P_5P_6} = \mathrm{a}_{P_1P_3P_5} + \mathrm{a}_{P_2P_4P_6}.$$

证明   在凸六边形 $P_1P_2P_3P_4P_5P_6$ 中, 注意到三角形 $P_1P_3P_5, P_2P_4P_6$ 与六边形 $P_1P_2P_3P_4P_5P_6$ 同向, 故由式 (3.3.2) 即得.

定理 3.3.2 (喻德生, 2017)   设 Q_i, Q_{i+1}, Q_{i+2} 分别是五边形 $P_1P_2P_3P_4P_5$ 对角线 $P_iP_{i+3}, P_{i+1}P_{i+4}, P_{i+2}P_{i+4}$ $(i = 1, 2, \cdots, 5)$的中点, 则

$$\mathrm{D}_{Q_iQ_{i+1}Q_{i+2}} = \frac{1}{4}\left(\mathrm{D}_{P_1P_2P_3P_4P_5} - \mathrm{D}_{P_iP_{i+2}P_{i+4}} - \mathrm{D}_{P_{i+1}P_{i+3}P_{i+5}}\right), \tag{3.3.3}$$

其中 $i = 1, 2, \cdots, 5$.

证明   如图 3.3.2 所示. 将五边形 $P_1P_2P_3P_4P_5$ 看成是有一个顶点重合的六边形 $P_1P_2P_3P_4P_5P_5$, 则 P_1P_4, P_2P_5, P_3P_5 中点的坐标分别为 Q_1, Q_2, Q_3, 于是由式 (3.3.1), 可得

$$\mathrm{D}_{Q_1Q_2Q_3} = \frac{1}{4}\left(\mathrm{D}_{P_1P_2P_3P_4P_5} - \mathrm{D}_{P_1P_3P_5} - \mathrm{D}_{P_2P_4P_5}\right),$$

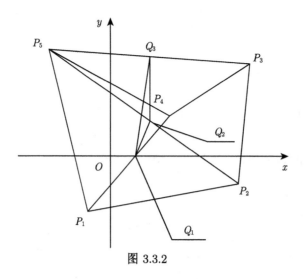

图 3.3.2

因此, $i = 1$ 时式 (3.3.3) 成立.

类似地, 可以证明 $i = 2, 3, 4, 5$ 时, 式 (3.3.3) 成立.

推论 3.3.3 设 Q_i, Q_{i+1}, Q_{i+2} 分别是五边形 $P_1P_2P_3P_4P_5$ 对角线 P_iP_{i+3}, $P_{i+1}P_{i+4}, P_{i+2}P_{i+4}$ $(i = 1, 2, \cdots, 5)$ 的中点, 则 Q_i, Q_{i+1}, Q_{i+2} 共线的充分必要条件是

$$\mathrm{D}_{P_1P_2P_3P_4P_5} = \mathrm{D}_{P_iP_{i+2}P_{i+4}} + \mathrm{D}_{P_{i+1}P_{i+3}P_{i+5}} \quad (i = 1, 2, \cdots, 5). \tag{3.3.4}$$

证明 由定理 3.3.2, 得

$$Q_i, Q_{i+1}, Q_{i+2}\text{共线} \Leftrightarrow \mathrm{D}_{Q_iQ_{i+1}Q_{i+2}} = 0 \Leftrightarrow \text{式(3.3.4)成立}.$$

推论 3.3.4 设 Q_i, Q_{i+1}, Q_{i+2} 分别是凸五边形 $P_1P_2P_3P_4P_5$ 对角线 P_iP_{i+3}, $P_{i+1}P_{i+4}, P_{i+2}P_{i+4}$ $(i = 1, 2, \cdots, 5)$ 的中点, 则 Q_i, Q_{i+1}, Q_{i+2} 共线的充分必要条件是

$$\mathrm{a}_{P_1P_2P_3P_4P_5} = \mathrm{a}_{P_iP_{i+2}P_{i+4}} + \mathrm{a}_{P_{i+1}P_{i+3}P_{i+5}} \quad (i = 1, 2, \cdots, 5).$$

证明 在凸五边形 $P_1P_2P_3P_4P_5$ 中, 注意到三角形 $P_iP_{i+2}P_{i+4}, P_{i+1}P_{i+3}P_{i+5}$ 与五边形 $P_1P_2P_3P_4P_5$ 同向, 故由式 (3.3.4) 即得.

3.3.2 六边形中一顶点为定比分点的边三角形有向面积公式与应用

定理 3.3.3 (喻德生, 2017) 设 Q_i 是六边形 $P_1P_2P_3P_4P_5P_6$ 各边 P_iP_{i+1} 的 λ-分点, 则

$$\sum_{i=1}^{6} \mathrm{D}_{P_iP_{i+1}Q_{i+3}} = \mathrm{D}_{P_1P_2P_3P_4P_5P_6} + \mathrm{D}_{P_1P_3P_5} + \mathrm{D}_{P_2P_4P_6}. \tag{3.3.5}$$

证明 如图 3.3.3 所示. 设六边形顶点的坐标为 $P_i(x_i, y_i)(i = 1, 2, 3, 4, 5, 6)$, 则各边分点的坐标为

$$Q_i\left(\frac{x_i + \lambda x_{i+1}}{1 + \lambda}, \frac{y_i + \lambda y_{i+1}}{1 + \lambda}\right)(i = 1, 2, \cdots, n).$$

于是

$$2(1 + \lambda)\sum_{i=1}^{6} \mathrm{D}_{P_iP_{i+1}Q_{i+3}}$$

$$= \sum_{i=1}^{6} \{(1 + \lambda)(x_iy_{i+1} - x_{i+1}y_i) + [x_{i+1}(y_{i+3} + \lambda y_{i+4}) - (x_{i+3} + \lambda x_{i+4})y_{i+1}]$$

$$+ [(x_{i+3} + \lambda x_{i+4})y_i - x_i(y_{i+3} + \lambda y_{i+4})]\}$$

$$=2(1+\lambda)D_{P_1P_2\cdots P_6} + \sum_{i=1}^{6} [(x_{i+1}y_{i+3} - x_{i+3}y_{i+1}) + \lambda(x_{i+1}y_{i+4} - x_{i+4}y_{i+1})$$

$$+(x_{i+3}y_i - x_iy_{i+3}) + \lambda(x_{i+4}y_i - x_iy_{i+4})]$$

$$=2(1+\lambda)D_{P_1P_2\cdots P_6} + \sum_{i=1}^{6} [(x_iy_{i+2} - x_{i+2}y_i) + \lambda(x_iy_{i+3} - x_{i+3}y_i)$$

$$+(x_{i+3}y_i - x_iy_{i+3}) + \lambda(x_iy_{i+2} - x_{i+2}y_i)]$$

$$=2(1+\lambda)D_{P_1P_2\cdots P_6} + (1+\lambda)\sum_{i=1}^{6} [(x_iy_{i+2} - x_{i+2}y_i) + (\lambda-1)\sum_{i=1}^{6} (x_iy_{i+3} - x_{i+3}y_i)$$

$$=2(1+\lambda)D_{P_1P_2\cdots P_6} + (1+\lambda) [(x_1y_3 - x_3y_1) + (x_3y_5 - x_5y_3) + (x_5y_1 - x_1y_5)]$$

$$+ (1+\lambda) [(x_2y_4 - x_4y_2) + (x_4y_6 - x_6y_4) + (x_6y_2 - x_2y_6)]$$

$$=2(1+\lambda)(D_{P_1P_2P_3P_4P_5P_6} + D_{P_1P_3P_5} + D_{P_2P_4P_6}),$$

因此, 式 (3.3.5) 成立.

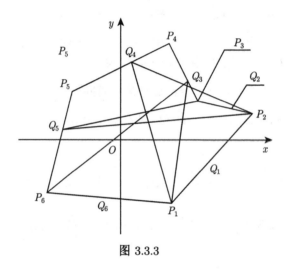

图 3.3.3

推论 3.3.5　设 Q_i 是凸六边形 $P_1P_2P_3P_4P_5P_6$ 各边 P_iP_{i+1} 的 λ-分点, 则

$$\sum_{i=1}^{6} a_{P_iP_{i+1}Q_{i+3}} = a_{P_1P_2P_3P_4P_5P_6} + a_{P_1P_3P_5} + a_{P_2P_4P_6}. \tag{3.3.6}$$

证明　因为 $P_1P_2P_3P_4P_5P_6$ 是凸六边形, 所以三角形 $P_iP_{i+1}Q_{i+3}$ ($i = 1, 2, \cdots$, 6), $P_1P_3P_5$ 和 $P_2P_4P_6$ 与 $P_1P_2P_3P_4P_5P_6$ 都是同向的, 故由式 (3.3.5) 即得式 (3.3.6).

定理 3.3.4　设 Q_i, Q_i' 分别是六边形 $P_1P_2P_3P_4P_5P_6$ 各边 P_iP_{i+1} 的 λ-分点和 $1/\lambda$-分点, 则

$$\sum_{i=1}^{6} \mathrm{D}_{P_i P_{i+1} Q_{i+2}} + \sum_{i=1}^{6} \mathrm{D}_{P_i P_{i+1} Q'_{i+2}} = 3\mathrm{D}_{P_1 P_2 P_3 P_4 P_5 P_6}. \tag{3.3.7}$$

证明 如图 3.3.4 所示. 设六边形顶点的坐标为 $P_i(x_i, y_i)(i = 1, 2, 3, 4, 5, 6)$, 则各边分点的坐标为

$$Q_i\left(\frac{x_i + \lambda x_{i+1}}{1 + \lambda}, \frac{y_i + \lambda y_{i+1}}{1 + \lambda}\right) \quad (i = 1, 2, \cdots, n).$$

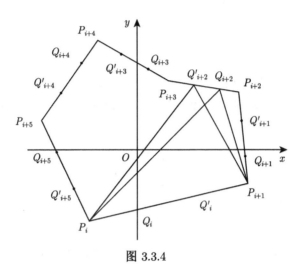

图 3.3.4

于是

$$2(1 + \lambda) \sum_{i=1}^{6} \mathrm{D}_{P_i P_{i+1} Q_{i+2}}$$

$$= \sum_{i=1}^{6} \{(1 + \lambda)(x_i y_{i+1} - x_{i+1} y_i) + [x_{i+1}(y_{i+2} + \lambda y_{i+3}) - (x_{i+2} + \lambda x_{i+3}) y_{i+1}]$$

$$+ [(x_{i+2} + \lambda x_{i+3}) y_i - x_i(y_{i+2} + \lambda y_{i+3})]\}$$

$$= 2(1 + \lambda) \mathrm{D}_{P_1 P_2 \cdots P_6} + \sum_{i=1}^{6} [(x_{i+1} y_{i+2} - x_{i+2} y_{i+1}) + \lambda(x_{i+1} y_{i+3} - x_{i+3} y_{i+1})$$

$$+ (x_{i+2} y_i - x_i y_{i+2}) + \lambda(x_{i+3} y_i - x_i y_{i+3})]$$

$$= 2(1 + \lambda) \mathrm{D}_{P_1 P_2 \cdots P_6} + \sum_{i=1}^{6} [(x_i y_{i+1} - x_{i+1} y_i) + \lambda(x_i y_{i+2} - x_{i+2} y_i)$$

$$+ (x_{i+2} y_i - x_i y_{i+2}) + \lambda(x_{i+3} y_i - x_i y_{i+3})]$$

$$= 2(2 + \lambda) \mathrm{D}_{P_1 P_2 \cdots P_6} + (\lambda - 1) \sum_{i=1}^{6} (x_i y_{i+2} - x_{i+2} y_i),$$

所以

$$\sum_{i=1}^{6} D_{P_i P_{i+1} Q_{i+2}} = \frac{2+\lambda}{1+\lambda} D_{P_1 P_2 \cdots P_6} + \frac{\lambda-1}{2(1+\lambda)} \sum_{i=1}^{6} (x_i y_{i+2} - x_{i+2} y_i), \qquad (3.3.8)$$

在式 (3.3.8) 中, 以 $1/\lambda$ 代 λ, 得

$$\begin{aligned}
\sum_{i=1}^{6} D_{P_i P_{i+1} Q'_{i+2}} &= \frac{2+1/\lambda}{1+1/\lambda} D_{P_1 P_2 \cdots P_6} + \frac{1/\lambda-1}{2(1+1/\lambda)} \sum_{i=1}^{6} (x_i y_{i+2} - x_{i+2} y_i) \\
&= \frac{2\lambda+1}{1+\lambda} D_{P_1 P_2 \cdots P_6} + \frac{1-\lambda}{2(1+\lambda)} \sum_{i=1}^{6} (x_i y_{i+2} - x_{i+2} y_i), \qquad (3.3.9)
\end{aligned}$$

式 (3.3.8)+(3.3.9), 即得式 (3.3.7).

推论 3.3.6　设 Q_i 是六边形 $P_1 P_2 \cdots P_6$ 的各边 $P_i P_{i+1}(i=1,2,\cdots,6)$ 的中点, 则

$$D_{P_1 P_2 \cdots P_6} = \frac{2}{3} \sum_{i=1}^{6} D_{P_i P_{i+1} Q_{i+2}}. \qquad (3.3.10)$$

证明　在定理 3.3.4 中, 令 $\lambda = 1$, 并注意到 $\displaystyle\sum_{i=1}^{6} D_{P_i P_{i+1} Q'_{i+2}} = \sum_{i=1}^{6} D_{P_i P_{i+1} Q_{i+2}}$, 由式 (3.3.7) 即得式 (3.3.10).

推论 3.3.7　设 Q_i 是凸六边形 $P_1 P_2 \cdots P_6$ 的各边 $P_i P_{i+1}(i=1,2,\cdots,6)$ 的中点, 则

$$a_{P_1 P_2 \cdots P_6} = \frac{2}{3} \sum_{i=1}^{6} a_{P_i P_{i+1} Q_{i+2}}. \qquad (3.3.11)$$

证明　因为 $P_1 P_2 \cdots P_6$ 是凸六边形, 所以 $D_{P_1 P_2 \cdots P_6}, D_{P_i P_{i+1} Q_{i+2}}(i=1,2,\cdots, 6)$ 都是同向的, 故由式 (3.3.10) 即得式 (3.3.11).

注 3.3.1　1996 年世界城市国际数学联赛题为: "设 Q_i 是凸六边形 $P_1 P_2 \cdots P_6$ 的各边 $P_i P_{i+1}$ 的中点, 试用 $a_{P_i P_{i+1} Q_{i+2}}(i=1,2,\cdots,6)$ 表示 $a_{P_1 P_2 \cdots P_6}$."

第4章　定比分点线三角形有向面积的定值定理与应用

4.1　多边形定比分点线三角形有向面积的定值定理与应用

完全四边形的 Newton 线定理 (Gauss 定理) 是四边形中重要的结论, 本节主要讨论四边形 (完全四边形) 定比分点线三角形有向面积的定值定理及其应用. 首先, 给出四边形边三角形和对角线定比分点线三角形有向面积的定值定理与应用; 其次, 给出完全四边形对角线定比分点线三角形有向面积的几个公式, 从而推出著名的 Newton 线定理等结论; 再次, 给出三角形中点线三角形中有向面积的定值定理与应用. 我们发现, 用有向面积的观点来看, Newton 线定理具有深刻的背景.

4.1.1　定比分点线三角形的概念

定义 4.1.1　设 Q_i 是 n 边形 (n 角形)$P_1P_2\cdots P_n$ 各边 P_iP_{i+1} $(i = 1, 2, \cdots, n)$ 的定比分点, 则称以其中任意两分点 $Q_i, Q_j(i, j = 1, 2, \cdots, n, i \neq j)$ 之间的连线为一边、$P_1P_2\cdots P_n$ 所在平面上任意一点 P 为一顶点的三角形 PQ_iQ_j 为 n 边形 (n 角形) 的定比分点线三角形; 特别地, 当 Q_i, Q_j 为 n 边形 (n 角形)$P_1P_2\cdots P_n$ 边 $P_iP_{i+1}, P_jP_{j+1}(i = 1, 2, \cdots, n)$ 的中点时, 则称三角形 PQ_iQ_j 为 n 边形 (n 角形) 的中点线三角形或中位线三角形.

为方便起见, 当 P 在 Q_iQ_j 所在直线上时, 我们把任意点 P 与 Q_iQ_j 组成的线段, 看成是定比分点线三角形的特殊情形.

显然, 三角形的分点三角形是三角形的分点三角形的特殊情形.

此外, 对 n 边形 (n 角形)$P_1P_2\cdots P_n$ 对角线上的定比分点, 也可以作如上类似的定义, 但为简单起见, 这里不具体列出, 我们将在以后的讨论中直接应用.

定义 4.1.2　两两相交且没有三线共点的四条直线及它们的六个交点所构成的图形, 叫做完全四边形.

4.1.2　四边形边三角形和对角线定比分点线三角形有向面积的定值定理与应用

定理 4.1.1 (喻德生, 2011)　设 P 是四边形 $P_1P_2P_3P_4$ 所在平面上任意一点, M_i, N_i 分别是对角线 $P_iP_{i+2}, P_{i+1}P_{i+3}$ 的分点且 $\mathrm{D}_{P_iM_i}/\mathrm{D}_{M_iP_{i+2}} = \mathrm{D}_{P_{i+1}N_i}/$

$\mathrm{D}_{N_iP_{i+3}} = \lambda_i (i=1,2)$, 则

$$\mathrm{D}_{PP_1P_2} + \lambda_1 \mathrm{D}_{PP_3P_4} - (1+\lambda_1)\mathrm{D}_{PM_1N_1} = \frac{\lambda_1}{1+\lambda_1}\mathrm{D}_{P_1P_2P_3P_4} \quad (\text{为定值}), \quad (4.1.1)$$

$$\mathrm{D}_{PP_2P_3} - \lambda_2 \mathrm{D}_{PP_1P_4} - (1+\lambda_2)\mathrm{D}_{PM_2N_2} = \frac{\lambda_2}{1+\lambda_2}\mathrm{D}_{P_1P_2P_3P_4} \quad (\text{为定值}). \quad (4.1.2)$$

证明　如图 4.1.1 所示. 设平面上任意点的坐标为 $P(x,y)$, 四边形顶点的坐标为 $P_i(x_i,y_i)(i=1,2,3,4)$, 则对角线 P_1P_3, P_2P_4 分点的坐标分别为

$$M_1\left(\frac{x_1+\lambda_1 x_3}{1+\lambda_1}, \frac{y_1+\lambda_1 y_3}{1+\lambda_1}\right), \quad N_1\left(\frac{x_2+\lambda_1 x_4}{1+\lambda_1}, \frac{y_2+\lambda_1 y_4}{1+\lambda_1}\right).$$

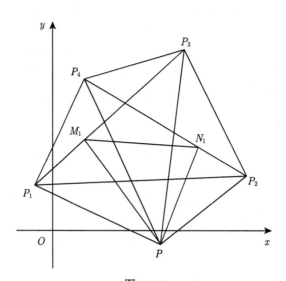

图 4.1.1

根据多边形有向面积公式, 得

$$\mathrm{D}_{PP_1P_2} = \frac{1}{2}\left[(xy_1 - x_1y) + (x_1y_2 - x_2y_1) + (x_2y - xy_2)\right], \quad (4.1.3)$$

$$\mathrm{D}_{PP_3P_4} = \frac{1}{2}\left[(xy_3 - x_3y) + (x_3y_4 - x_4y_3) + (x_4y - xy_4)\right], \quad (4.1.4)$$

$$\mathrm{D}_{PM_1N_1} = \frac{1}{2(1+\lambda_1)}\left[x(y_1+\lambda_1 y_3) - (x_1+\lambda_1 x_3)y + (x_2+\lambda_1 x_4)y - x(y_2+\lambda_1 y_4)\right]$$

$$+ \frac{1}{2(1+\lambda_1)^2}\left[(x_1+\lambda_1 x_3)(y_2+\lambda_1 y_4) - (x_2+\lambda_1 x_4)(y_1+\lambda_1 y_3)\right]$$

$$= \frac{1}{2(1+\lambda_1)} \left[(xy_1 - x_1 y) + (x_2 y - xy_2) + \lambda_1(xy_3 - x_3 y) + \lambda_1(x_4 y - xy_4) \right]$$

$$+ \frac{1}{2(1+\lambda_1)^2} \left[(x_1 y_2 - x_2 y_1) + \lambda_1(x_1 y_4 - x_4 y_1) \right.$$

$$\left. + \lambda_1(x_3 y_2 - x_2 y_3) + \lambda_1^2(x_3 y_4 - x_4 y_3) \right]. \tag{4.1.5}$$

由式 (4.1.3)~(4.1.5), 得

$$\mathrm{D}_{PP_1 P_2} + \lambda_1 \mathrm{D}_{PP_3 P_4} - (1+\lambda_1)\mathrm{D}_{PM_1 N_1}$$

$$= \frac{1}{2}(x_1 y_2 - x_2 y_1) + \frac{1}{2}\lambda_1(x_3 y_4 - x_4 y_3) - \frac{1}{2(1+\lambda_1)} \left[(x_1 y_2 - x_2 y_1) \right.$$

$$\left. + \lambda_1(x_1 y_4 - x_4 y_1) + \lambda_1(x_3 y_2 - x_2 y_3) + \lambda_1^2(x_3 y_4 - x_4 y_3) \right]$$

$$= \frac{\lambda_1}{2(1+\lambda_1)} \left[(x_1 y_2 - x_2 y_1) + (x_2 y_3 - x_3 y_2) + (x_3 y_4 - x_4 y_3) + (x_4 y_1 - x_1 y_4) \right]$$

$$= \frac{\lambda_1}{1+\lambda_1} \mathrm{D}_{P_1 P_2 P_3 P_4},$$

从而式 (4.1.1) 成立.

同理可证式 (4.1.2) 成立.

推论 4.1.1 设 M_i, N_i 分别四边形 $P_1 P_2 P_3 P_4$ 是对角线 $P_i P_{i+2}, P_{i+1} P_{i+3}$ 的分点, 且 $\mathrm{D}_{P_i M_i}/\mathrm{D}_{M_i P_{i+2}} = \mathrm{D}_{P_{i+1} N_i}/\mathrm{D}_{N_i P_{i+3}} = \lambda_i$ $(i = 1, 2)$, 则

(1) P 是 $P_1 P_2$ 所在直线上任意一点的充分必要条件是

$$\lambda_1 \mathrm{D}_{PP_3 P_4} - (1+\lambda_1)\mathrm{D}_{PM_1 N_1} = \frac{\lambda_1}{1+\lambda_1} \mathrm{D}_{P_1 P_2 P_3 P_4}; \tag{4.1.6}$$

(2) P 是 $P_3 P_4$ 所在直线上任意一点的充分必要条件是

$$\mathrm{D}_{PP_1 P_2} - (1+\lambda_1)\mathrm{D}_{PM_1 N_1} = \frac{\lambda_1}{1+\lambda_1} \mathrm{D}_{P_1 P_2 P_3 P_4};$$

(3) P 是 $M_1 N_1$ 所在直线上任意一点的充分必要条件是

$$\mathrm{D}_{PP_1 P_2} + \lambda_1 \mathrm{D}_{PP_3 P_4} = \frac{\lambda_1}{1+\lambda_1} \mathrm{D}_{P_1 P_2 P_3 P_4};$$

(4) P 是 $P_2 P_3$ 所在直线上任意一点的充分必要条件是

$$\lambda_2 \mathrm{D}_{PP_1 P_4} + (1+\lambda_2)\mathrm{D}_{PM_2 N_2} = -\frac{\lambda_2}{1+\lambda_2} \mathrm{D}_{P_1 P_2 P_3 P_4};$$

(5) P 是 $P_1 P_4$ 所在直线上任意一点的充分必要条件是

$$\mathrm{D}_{PP_2 P_3} - (1+\lambda_2)\mathrm{D}_{PM_2 N_2} = \frac{\lambda_2}{1+\lambda_2} \mathrm{D}_{P_1 P_2 P_3 P_4};$$

(6) P 是 M_2N_2 所在直线上任意一点的充分必要条件是

$$\mathrm{D}_{PP_2P_3} - \lambda_2\mathrm{D}_{PP_1P_4} = \frac{\lambda_2}{1+\lambda_2}\mathrm{D}_{P_1P_2P_3P_4}.$$

证明　(1) 根据式 (4.1.1), 易得

P 是 P_1P_2 所在直线上任意一点 $\Leftrightarrow \mathrm{D}_{PP_1P_2} = 0 \Leftrightarrow$ 式 (4.1.6) 成立.

类似地, 可以证明 (2)–(6) 中结论成立.

定理 4.1.2 (喻德生, 2000)　设 P 是四边形 $P_1P_2P_3P_4$ 所在平面上任意一点, M, N 分别是对角线 P_1P_3, P_2P_4 的中点, 则

$$\mathrm{D}_{PP_1P_2} + \mathrm{D}_{PP_3P_4} - 2\mathrm{D}_{PMN} = \frac{1}{2}\mathrm{D}_{P_1P_2P_3P_4} \quad \text{(为定值)}, \tag{4.1.7}$$

$$\mathrm{D}_{PP_2P_3} - \mathrm{D}_{PP_1P_4} + 2\mathrm{D}_{PMN} = \frac{1}{2}\mathrm{D}_{P_1P_2P_3P_4} \quad \text{(为定值)}. \tag{4.1.8}$$

证明　如图 4.1.2 所示. 在式 (4.1.1) 和 (4.1.2) 中令 $\lambda_1 = \lambda_2 = 1$, 并注意到 $M_1 = N_2 = M$, $N_1 = M_2 = N$, 即得式 (4.1.7) 和 (4.1.8).

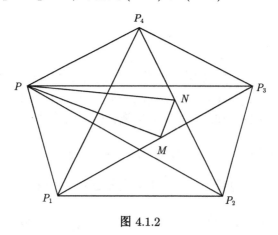

图 4.1.2

推论 4.1.2　设 M, N 分别是四边形 $P_1P_2P_3P_4$ 对角线 P_1P_3, P_2P_4 的中点, 则

(1) $Q_1(Q_3)$ 为 $P_1P_2P_3P_4$ 的边 $P_1P_2(P_3P_4)$ 所在直线上任意一点的充分必要条件是

$$\mathrm{D}_{Q_1P_3P_4} - 2\mathrm{D}_{Q_1MN} = \frac{1}{2}\mathrm{D}_{P_1P_2P_3P_4} \quad \left(\mathrm{D}_{Q_3P_1P_2} - 2\mathrm{D}_{Q_3MN} = \frac{1}{2}\mathrm{D}_{P_1P_2P_3P_4}\right);$$

(2) $Q_2(Q_4)$ 为 $P_1P_2P_3P_4$ 的边 $P_2P_3(P_4P_1)$ 所在直线上任意一点的充分必要条件是

$$\mathrm{D}_{Q_2P_4P_1} + 2\mathrm{D}_{Q_2MN} = \frac{1}{2}\mathrm{D}_{P_1P_2P_3P_4} \quad \left(\mathrm{D}_{Q_4P_2P_3} + 2\mathrm{D}_{Q_4MN} = \frac{1}{2}\mathrm{D}_{P_1P_2P_3P_4}\right).$$

证明 根据式 (4.1.7) 和 (4.1.8), 仿推论 4.1.1 可以证明.

推论 4.1.3 设 M, N 分别是四边形 $P_1P_2P_3P_4$ 对角线 P_1P_3, P_2P_4 的中点, 则

$$D_{P_1P_3P_4} - D_{P_1P_2P_3} = 4D_{P_1MN}, \tag{4.1.9}$$

$$D_{P_1P_2P_4} - D_{P_2P_3P_4} = -4D_{P_2MN}. \tag{4.1.10}$$

证明 在定理 4.1.2 中取任意点为 P_1, 得

$$D_{P_1P_3P_4} - 2D_{P_1MN} = \frac{1}{2}D_{P_1P_2P_3P_4}, \tag{4.1.11}$$

$$D_{P_1P_2P_3} + 2D_{P_1MN} = \frac{1}{2}D_{P_1P_2P_3P_4}. \tag{4.1.12}$$

式 (4.1.11)—(4.1.12), 即得式 (4.1.9).

同理, 可证式 (4.1.10) 成立.

特别地, 当 $P_1P_2P_3P_4$ 为凸四边形时, 由于三角形 $P_1P_3P_4, P_1P_2P_3, P_1P_2P_4, P_2P_3P_4$ 与四边形 $P_1P_2P_3P_4$ 都是同向的, 故有

$$|a_{P_1P_3P_4} - a_{P_1P_2P_3}| = 4a_{P_1MN}, \quad |a_{P_1P_2P_4} - a_{P_2P_3P_4}| = 4a_{P_2MN}.$$

推论 4.1.4 设 M, N 分别是四边形 $P_1P_2P_3P_4$ 对角线 P_1P_3, P_2P_4 的中点, P 是 MN 所在直线上任意一点, 则

$$D_{PP_1P_2} + D_{PP_3P_4} = D_{PP_2P_3} + D_{PP_4P_1} = \frac{1}{2}D_{P_1P_2P_3P_4}. \tag{4.1.13}$$

证明 将 $D_{PMN} = 0$ 代入式 (4.1.1) 和式 (4.1.2) 即知式 (4.1.13) 成立.

特别地, 当 $P_1P_2P_3P_4$ 为凸四边形且 P 是直线 MN 在四边形内的线段上的任意一点时, 三角形 $PP_1P_2, PP_3P_4, PP_2P_3, PP_4P_1$ 与四边形 $P_1P_2P_3P_4$ 都是同向的, 故有

$$a_{PP_1P_2} + a_{PP_3P_4} = a_{PP_2P_3} + a_{PP_4P_1} = \frac{1}{2}a_{P_1P_2P_3P_4}.$$

即凸四边形两对角线中点所在直线在四边形内的线段上的任意一点与各顶点的连线把四边形分成四个三角形, 其中两个相对的三角形的面积的和等于另两个相对的三角形的面积的和.

推论 4.1.5 四边形两对角线的中点所在直线与四边形任意一边所在直线的交点与这边的对边所成的三角形的面积等于原四边形的面积的一半.

证明　如图 4.1.3 所示. 不妨设 MN 所在直线与 P_1P_2 所在直线相交于 O 点, 由式 (4.1.7) 即得

$$\mathrm{D}_{OP_3P_4} = \frac{1}{2}\mathrm{D}_{P_1P_2P_3P_4}, \quad \mathrm{a}_{OP_3P_4} = \frac{1}{2}\mathrm{a}_{P_1P_2P_3P_4}.$$

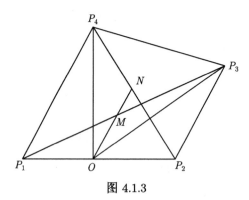

图 4.1.3

4.1.3　完全四边形对角线定比分点线三角形有向面积公式与应用

定理 4.1.3 (喻德生, 2011)　设 $P_1P_2P_3P_4$ 是完全四边形, P_1P_2 和 P_3P_4、P_2P_3 和 P_4P_1 延长线的交点分别为 U, V, M_i, N_i 分别是对角线 $P_iP_{i+2}, P_{i+1}P_{i+3}$ 的分点且 $P_iM_i/M_iP_{i+2} = P_{i+1}N_i/N_iP_{i+3} = \lambda_i (i = 1, 2)$, 则

$$\mathrm{D}_{UM_1N_1} = -\frac{\lambda_1}{(1+\lambda_1)^2}\mathrm{D}_{P_1P_2P_3P_4}, \quad \mathrm{D}_{VM_2N_2} = -\frac{\lambda_2}{(1+\lambda_2)^2}\mathrm{D}_{P_1P_2P_3P_4},$$

$$\mathrm{a}_{UM_1N_1} = \frac{|\lambda_1|}{(1+\lambda_1)^2}\mathrm{a}_{P_1P_2P_3P_4}, \quad \mathrm{a}_{VM_2N_2} = \frac{|\lambda_2|}{(1+\lambda_2)^2}\mathrm{a}_{P_1P_2P_3P_4}.$$

证明　如图 4.1.4 所示. 依题设, 定理 4.1.1 的结论对完全四边形 $P_1P_2P_3P_4$ 亦成立. 因为 P_1P_2 和 P_3P_4、P_2P_3 和 P_4P_1 延长线的交点分别为 U, V, 所以分别将 $\mathrm{D}_{UP_1P_2} = \mathrm{D}_{UP_3P_4} = 0$ 和 $\mathrm{D}_{VP_2P_3} = \mathrm{D}_{VP_4P_1} = 0$ 代入 (4.1.1) 和 (4.1.2), 即得.

推论 4.1.6　设 M, N 分别是完全四边形 $P_1P_2P_3P_4$ 对角线 P_1P_3, P_2P_4 的中点, U, V 分别是两组对边 P_1P_2 和 P_3P_4、P_2P_3 和 P_4P_1 所在直线的交点, 则

$$\mathrm{D}_{UMN} = -\mathrm{D}_{VMN} = -\frac{1}{4}\mathrm{D}_{P_1P_2P_3P_4}; \quad \mathrm{a}_{UMN} = \mathrm{a}_{VMN} = \frac{1}{4}\mathrm{a}_{P_1P_2P_3P_4}.$$

证明　在定理 4.1.3 中令 $\lambda_1 = \lambda_2 = 1$ 即得.

注 4.1.1　特别地, 当 $P_1P_2P_3P_4$ 为凸四边形时, 推论 4.1.6 的结论即为 1978 年第 10 届加拿大数学奥林匹克竞赛题.

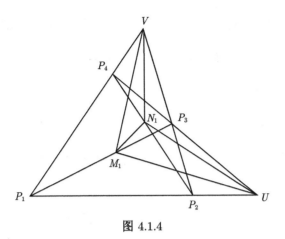

图 4.1.4

推论 4.1.7 设 M, N 分别是完全四边形 $P_1P_2P_3P_4$ 对角线 P_1P_3, P_2P_4 的中点, U, V 分别是两组对边 P_1P_2 和 P_3P_4、P_2P_3 和 P_4P_1 所在直线的交点, 则

$$d_{U-MN} = d_{V-MN}.$$

证明 由推论 4.1.6 易得.

定理 4.1.4 (喻德生, 2014) 设 $P_1P_2P_3P_4$ 是完全四边形, P_1P_2 和 P_3P_4、P_2P_3 和 P_4P_1 延长线的交点分别为 U, V. 若 M, N, W 分别为对角线 P_1P_3, P_2P_4, UV 的分点, 且 $P_1M/MP_3 = P_2N/NP_4 = \lambda$, $UW/WV = \mu$, 则

$$D_{WMN} = \frac{\lambda(\mu - 1)}{(\mu + 1)(1 + \lambda)^2} D_{P_1P_2P_3P_4}. \tag{4.1.14}$$

证明 如图 4.1.5 所示. 设对角线分点的坐标分别为 $M(X_1, Y_1), N(X_2, Y_2)$, 对

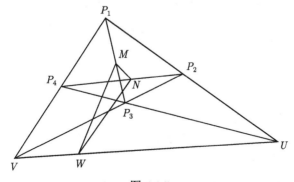

图 4.1.5

边交点的坐标分别为 $U(X_3, Y_3), V(X_4, Y_4)$. 于是 UV 的分点的坐标为

$$W\left(\frac{X_3 + \mu X_4}{1 + \mu}, \frac{Y_3 + \mu Y_4}{1 + \mu}\right).$$

由多边形有向面积公式, 得

$$2(1 + \mu)\mathrm{D}_{WMN}$$

$$= [(X_3 + \mu X_4)Y_1 - X_1(Y_3 + \mu Y_4)] + (1 + \mu)(X_1 Y_2 - X_2 Y_1)$$

$$+ [X_2(Y_3 + \mu Y_4) - (X_3 + \mu X_4)Y_2]$$

$$= [(X_3 Y_1 - X_1 Y_3) + (X_1 Y_2 - X_2 Y_1) + (X_2 Y_3 - X_3 Y_2)]$$

$$+ \mu[(X_4 Y_1 - X_1 Y_4) + (X_1 Y_2 - X_2 Y_1) + (X_2 Y_4 - X_4 Y_2)]$$

$$= 2\mathrm{D}_{UMN} + 2\mu\mathrm{D}_{VMN},$$

又由定理 4.1.3, 并注意到在 D_{UMN} 中 $M = M_1, N = N_1$, 而在 D_{VMN} 中 $M = N_2, N = M_2$, 得

$$\mathrm{D}_{UMN} = -\frac{\lambda}{(1 + \lambda)^2}\mathrm{D}_{P_1 P_2 P_3 P_4}, \quad \mathrm{D}_{VMN} = \frac{\lambda}{(1 + \lambda)^2}\mathrm{D}_{P_1 P_2 P_3 P_4},$$

所以

$$\mathrm{D}_{WMN} = -\frac{1}{1 + \mu} \cdot \frac{\lambda}{(1 + \lambda)^2}\mathrm{D}_{P_1 P_2 P_3 P_4} + \frac{\mu}{1 + \mu} \cdot \frac{\lambda}{(1 + \lambda)^2}\mathrm{D}_{P_1 P_2 P_3 P_4}$$

$$= \frac{\lambda(\mu - 1)}{(1 + \mu)(1 + \lambda)^2}\mathrm{D}_{P_1 P_2 P_3 P_4},$$

因此, 式 (4.1.14) 成立.

定理 4.1.5 (喻德生, 2011)　设 $P_1 P_2 P_3 P_4$ 是完全四边形, $P_1 P_2$ 和 $P_3 P_4$、$P_2 P_3$ 和 $P_4 P_1$ 的交点分别为 V_1, V_2, M, N 分别是对角线 $P_1 P_3, P_2 P_4$ 的中点, V 是 $V_1 V_2$ 的分点且 $V_1 V / V V_2 = \mu$, 则

$$\mathrm{D}_{VMN} = \frac{\mu - 1}{4(1 + \mu)}\mathrm{D}_{P_1 P_2 P_3 P_4}. \tag{4.1.15}$$

证明　在式 (4.1.14) 中, 令 $\lambda = 1$ 即得式 (4.1.15).

推论 4.1.8　在定理 4.1.5 中, 三角形 VMN 与四边形 $P_1 P_2 P_3 P_4$ 等积的充分必要条件是 $\lambda = -3/5 - 5/3$.

证明　由式 (4.1.15), 得 $a_{VMN} = a_{P_1 P_2 P_3 P_4} \Leftrightarrow \frac{\mu - 1}{4(1 + \mu)} = \pm 1 \Leftrightarrow \mu = -3/5$ 或 $-5/3$.

推论 4.1.9 (Gauss 定理)   对边不平行的任意四边形对角线的两个中点与端点为两组对边交点的线段的中点共线.

证明   如图 4.1.6 所示. 在式 (4.1.15) 中, 令 $\mu = 1$ 即得 $\mathrm{D}_{WMN} = 0$, 从而 W,M,N 三点共线, 即 Gauss 定理成立.

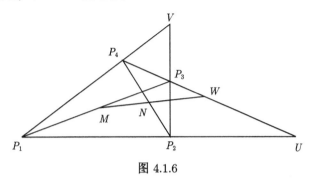

图 4.1.6

4.1.4   三角形中点线三角形有向面积的定值定理与应用

定理 4.1.6 (喻德生, 2017)   设 $Q_1Q_2Q_3$ 为 $P_1P_2P_3$ 的中点三角形, R_1, R_2, R_3 依次是 Q_1P_2, Q_1Q_2, Q_2P_3 的中点, P 为三角形 $P_1P_2P_3$ 所在平面上任意一点, 则

$$\mathrm{D}_{PQ_{i+2}R_i} + \mathrm{D}_{PQ_iR_{i+2}} - \mathrm{D}_{PP_iR_{i+1}} = 0 \quad (i = 1, 2, 3). \tag{4.1.16}$$

证明   如图 4.1.7 所示. 设三角形 $P_1P_2P_3$ 顶点的坐标为 $P_i(x_i, y_i)(i = 1, 2, 3)$, 任意点的坐标为 $P(x, y)$. 于是中点三角形 $Q_1Q_2Q_3$ 顶点及 Q_1P_2, Q_1Q_2, Q_2P_3 中点的坐标依次为

$$Q_i\left(\frac{x_i + x_{i+1}}{2}, \frac{y_i + y_{i+1}}{2}\right)(i = 1, 2, 3); \quad R_1\left(\frac{x_1 + 3x_2}{4}, \frac{y_1 + 3y_2}{4}\right),$$

$$R_2\left(\frac{x_1 + 2x_2 + x_3}{4}, \frac{y_1 + 2y_2 + y_3}{4}\right), \quad R_3\left(\frac{x_2 + 3x_3}{4}, \frac{y_2 + 3y_3}{4}\right).$$

于是

$$8\mathrm{D}_{PP_1R_2}$$

$$= 4(xy_1 - x_1y) + x_1(y_1 + 2y_2 + y_3) - (x_1 + 2x_2 + x_3)y_1$$

$$+ (x_1 + 2x_2 + x_3)y - x(y_1 + 2y_2 + y_3)$$

$$= (3y_1 - 2y_2 - y_3)x + (-3x_1 + 2x_2 + x_3)y$$

$$+ 2(x_1y_2 - x_2y_1) + (x_1y_3 - x_3y_1). \tag{4.1.17}$$

类似地, 可以求得

$$16\mathrm{D}_{PQ_1R_3} = (4y_1 + 2y_2 - 6y_3)x + (-4x_1 - 2x_2 + 6x_3)y + (x_1y_2 - x_2y_1)$$
$$+ 3(x_1y_3 - x_3y_1) + 3(x_2y_3 - x_3y_2), \tag{4.1.18}$$

$$16\mathrm{D}_{PQ_3R_1} = (2y_1 - 6y_2 + 4y_3)x + (-2x_1 + 6x_2 - 4x_3)y + 3(x_1y_2 - x_2y_1)$$
$$+ (x_3y_1 - x_1y_3) + 3(x_3y_2 - x_2y_3). \tag{4.1.19}$$

式 (4.1.18)+(4.1.19)−2×(4.1.17), 并化简即得

$$\mathrm{D}_{PQ_3R_1} + \mathrm{D}_{PQ_1R_3} - \mathrm{D}_{PP_1R_2} = 0,$$

因此, 当 $i = 1$ 时式 (4.1.16) 成立.

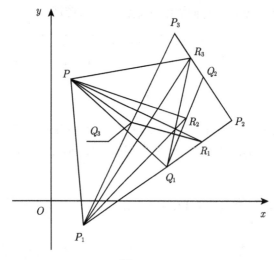

图 4.1.7

类似地, 可以证明 $i = 2, 3$ 时式 (4.1.16) 成立.

推论 4.1.10　设 $Q_1Q_2Q_3$ 为 $P_1P_2P_3$ 的中点三角形, R_1, R_2, R_3 依次是 Q_1P_2, Q_1Q_2, Q_2P_3 的中点, 则 $Q_{i+2}R_i, Q_iR_{i+2}, P_iR_{i+1}$ $(i = 1, 2, 3)$ 所在直线均相交于一点.

证明　如图 4.1.8 所示. 不妨设 Q_3R_1, Q_1R_3 的交点为 G, 将 G 代入式 (4.1.16) 得 $\mathrm{D}_{GP_1R_2} = 0$, 故 G 在 P_1R_2 所在直线上. 从而 Q_3R_1, Q_1R_3, P_1R_2 所在直线相交于一点. 因此, $i = 1$ 时, 推论 4.1.10 结论成立.

类似地, 可以证明 $i = 2, 3$ 时, 推论 4.1.10 结论成立.

注 4.1.2 当 $P_1P_2P_3$ 为正三角形时, 即为第 30 届国际数学奥林匹克候选题的第一问.

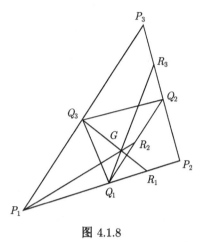

图 4.1.8

4.2 多角形定比分点线三角形有向面积的定值定理与应用

四边形是平面几何中十分有趣的图形, 关于四边形的重要结论很多, 如著名的 Gergonne 定理和梯形的施泰纳定理等, 本节主要讨论多角形定比分点线三角形有向面积的定值定理及其应用, 从而将四边形的这些结论推广到四角形的情形. 首先, 给出四角形中点线三角形有向面积的定值定理与应用, 从而推出 Gergonne 定理等结论; 其次, 给出四角形定比分点线三角形和对角线三角形有向面积的两个定值定理, 从而推出梯形的施泰纳等结论; 最后, 给出五角形对角线定比分点三角形有向面积公式与应用. 我们发现, 在前两个关于四角形的定值定理及其推论中, 四边形 (梯形) 的边和对角线的作用是等同的.

4.2.1 四角形中点线三角形有向面积的定值定理与应用

定理 4.2.1 (喻德生, 2011, 2017) 设 Q_i 是四角形 $P_1P_2P_3P_4$ 各边 $P_iP_{i+1}(i = 1,2,3,4)$ 的中点, M, N 分别是对角线 P_1P_3, P_2P_4 的中点, P, Q, R 分别是 MN, Q_1Q_3, Q_2Q_4 所在直线上的点, 且 $\mathrm{D}_{MP}/\mathrm{D}_{PN} = \lambda, \mathrm{D}_{Q_1Q}/\mathrm{D}_{QQ_3} = \mu, \mathrm{D}_{Q_2R}/\mathrm{D}_{RQ_4} = \nu$, 则

$$\mathrm{D}_{PQ_1Q_3} + \mathrm{D}_{PQ_2Q_4} = \frac{1-\lambda}{4(1+\lambda)}\left(\mathrm{D}_{P_1P_2P_3} - \mathrm{D}_{P_1P_3P_4}\right), \tag{4.2.1}$$

$$\mathrm{D}_{QQ_2Q_4} + \mathrm{D}_{QMN} = \frac{1-\mu}{4(1+\mu)}\left(\mathrm{D}_{P_1P_2P_3} - \mathrm{D}_{P_1P_2P_4}\right), \tag{4.2.2}$$

$$\mathrm{D}_{RQ_1Q_3} + \mathrm{D}_{RMN} = \frac{\nu-1}{4(1+\nu)}\left(\mathrm{D}_{P_1P_2P_4} - \mathrm{D}_{P_1P_3P_4}\right). \tag{4.2.3}$$

证明 如图 4.2.1 所示. 设 $P_1P_2P_3P_4$ 顶点的坐标为 $P_i(x_i, y_i)(i = 1, 2, 3, 4)$, 于是各边中点的坐标为

$$Q_i\left(\frac{x_i + x_{i+1}}{2}, \frac{y_i + y_{i+1}}{2}\right) \quad (i = 1, 2, 3, 4),$$

对角线中点 M, N 所在直线上定比分点的坐标为

$$P\left(\frac{(x_1 + x_3) + \lambda(x_2 + x_4)}{2(1 + \lambda)}, \frac{(y_1 + y_3) + \lambda(y_2 + y_4)}{2(1 + \lambda)}\right).$$

根据三角形有向面积公式得

$$8(1 + \lambda)D_{PQ_1Q_3}$$

$$= \{[(x_1 + x_3) + \lambda(x_2 + x_4)](y_1 + y_2) - (x_1 + x_2)[(y_1 + y_3) + \lambda(y_2 + y_4)]\}$$

$$+ (1 + \lambda)[(x_1 + x_2)(y_3 + y_4) - (x_3 + x_4)(y_1 + y_2)]$$

$$+ \{(x_3 + x_4)[(y_1 + y_3) + \lambda(y_2 + y_4)] - [(x_1 + x_3) + \lambda(x_2 + x_4)](y_3 + y_4)\}$$

$$= (1 - \lambda)[(x_1y_2 - x_2y_1) + (x_4y_3 - x_3y_4)] + (1 + \lambda)[(x_3y_2 - x_2y_3) + (x_4y_1 - x_1y_4)]$$

$$+ 2[(x_3y_1 - x_1y_3) + \lambda(x_4y_2 - x_2y_4)]$$

$$+ (1 + \lambda)[(x_1y_3 - x_3y_1) + (x_1y_4 - x_4y_1) + (x_2y_3 - x_3y_2) + (x_2y_4 - x_4y_2)]$$

$$= (1 - \lambda)[(x_1y_2 - x_2y_1) + (x_4y_3 - x_3y_4)] + 2[(x_3y_1 - x_1y_3) + \lambda(x_4y_2 - x_2y_4)]$$

$$+ (1 + \lambda)[(x_1y_3 - x_3y_1) + (x_2y_4 - x_4y_2)]. \tag{4.2.4}$$

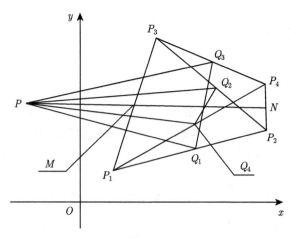

图 4.2.1

类似地,

$$8(1+\lambda)\mathrm{D}_{PQ_2Q_4}$$

$$=(1-\lambda)\left[(x_2y_3-x_3y_2)+(x_1y_4-x_4y_1)\right]+2\left[(x_4y_2-x_2y_4)+\lambda(x_1y_3-x_3y_1)\right]$$

$$+(1-\lambda)\left[(x_2y_4-x_4y_2)+(x_3y_1-x_1y_3)\right]. \tag{4.2.5}$$

式 (4.2.4)+(4.2.5) 并化简得

$$8(1+\lambda)\left(\mathrm{D}_{PQ_1Q_3}+\mathrm{D}_{PQ_2Q_4}\right)$$

$$=(1-\lambda)\left[(x_1y_2-x_2y_1)+(x_2y_3-x_3y_2)+(x_4y_3-x_3y_4)\right.$$

$$\left.+(x_1y_4-x_4y_1)+2(x_3y_1-x_1y_3)\right]$$

$$=(1-\lambda)\{[(x_1y_2-x_2y_1)+(x_2y_3-x_3y_2)+(x_3y_1-x_1y_3)]$$

$$-[(x_1y_3-x_3y_1)+(x_3y_4-x_4y_3)+(x_4y_1-x_1y_4)]\}$$

$$=2(1-\lambda)\left(\mathrm{D}_{P_1P_2P_3}-\mathrm{D}_{P_1P_3P_4}\right),$$

所以式 (4.2.1) 成立.

同理可证式 (4.2.2) 和 (4.2.3) 成立.

定理 4.2.2　设 Q_i 是四梯形 $P_1P_2P_3P_4$ 各边 $P_iP_{i+1}(i=1,2,3,4)$ 的中点, M,N 分别是对角线 P_1P_3,P_2P_4 的中点, P,Q,R 分别是 MN,Q_1Q_3,Q_2Q_4 所在直线上的点, 且 $\mathrm{D}_{MP}/\mathrm{D}_{PN}=\lambda$, $\mathrm{D}_{Q_1Q}/\mathrm{D}_{QQ_3}=\mu$, $\mathrm{D}_{Q_2R}/\mathrm{D}_{RQ_4}=\nu$.

(1) 若 $P_1P_3//P_2P_4$, 则 $\mathrm{a}_{PQ_1Q_3}=\mathrm{a}_{PQ_2Q_4}$;

(2) 若 $P_1P_2//P_3P_4$, 则 $\mathrm{a}_{QQ_2Q_4}=\mathrm{a}_{QMN}$;

(3) 若 $P_1P_2//P_3P_4$, 则 $\mathrm{a}_{RQ_1Q_3}=\mathrm{a}_{RMN}$.

证明　(1) 因为 $P_1P_3//P_2P_4$, 所以 $\mathrm{D}_{P_1P_2P_3}=\mathrm{D}_{P_1P_3P_4}$, 代入式 (4.2.1) 得 $\mathrm{D}_{PQ_1Q_3}+\mathrm{D}_{PQ_2Q_4}=0$. 移项后等式两边取绝对值即得 $\mathrm{a}_{PQ_1Q_3}=\mathrm{a}_{PQ_2Q_4}$.

类似地, 可以证明 (2)、(3) 中结论成立.

定理 4.2.3 (喻德生, 2011, 2017)　设 Q_i 是四角形 $P_1P_2P_3P_4$ 各边 $P_iP_{i+1}(i=1,2,3,4)$ 的中点, M,N 分别是对角线 P_1P_3,P_2P_4 的中点, 则 MN,Q_1Q_3,Q_2Q_4 相交于一点, 且都被该点所平分.

证明　如图 4.2.2 所示. 在式 (4.2.4) 和 (4.2.5) 中分别令 $\lambda=1$, 得

$$\mathrm{D}_{PQ_1Q_3}=\mathrm{D}_{PQ_2Q_4}=0,$$

所以此时 P 是 MN,Q_1Q_3,Q_2Q_4 的中点.

同理, 分别令 $\mu = 1, \nu = 1$, 可得 Q, R 分别是 MN, Q_1Q_3, Q_2Q_4 的中点. 因此 MN, Q_1Q_3, Q_2Q_4 的中点重合, 定理 4.2.3 结论成立.

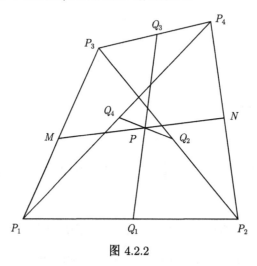

图 4.2.2

推论 4.2.1 (Gergonne 定理)　设 Q_i 是四边形 $P_1P_2P_3P_4$ 各边 $P_iP_{i+1}(i = 1, 2, 3, 4)$ 的中点, M, N 分别是对角线 P_1P_3, P_2P_4 的中点, 则 MN, Q_1Q_3, Q_2Q_4 相交于一点, 且都被该点所平分.

证明　如图 4.2.3 所示. 在定理 4.2.2 中, 当四角形 $P_1P_2P_3P_4$ 为四边形时即得.

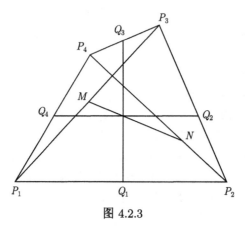

图 4.2.3

注 4.2.1　由定理 4.2.1、定理 4.2.2 和推论 4.2.1 可知, 就以上结论而言, 四边形的边和对角线的作用是相当的, 即在此意义上来说, 四边形的边就是对角线, 对角线就是边, 没有区别.

另外, 推论 4.2.1 为 1940 年基辅数学奥林匹克竞赛题.

4.2.2 四角形定比分点线三角形和对角线三角形有向面积的定值定理与应用

定理 4.2.4 (喻德生, 2011, 2017) 设 P 是四角形 $P_1P_2P_3P_4$ 所在平面上任意一点, Q_i 是边 P_iP_{i+1} $(i = 1, 2, 3, 4)$ 的 λ-分点, 则

$$D_{PP_1P_3} + \lambda D_{PP_2P_4} - (1+\lambda)D_{PQ_1Q_3}$$

$$= \frac{\lambda}{1+\lambda}\left(D_{P_1P_2P_4} - D_{P_1P_2P_3}\right) = \frac{\lambda}{1+\lambda}\left(D_{P_1P_3P_4} - D_{P_2P_3P_4}\right), \tag{4.2.6}$$

$$D_{PP_2P_4} - \lambda D_{PP_1P_3} - (1+\lambda)D_{PQ_2Q_4}$$

$$= \frac{\lambda}{1+\lambda}\left(D_{P_1P_2P_3} - D_{P_2P_3P_4}\right) = \frac{\lambda}{1+\lambda}\left(D_{P_1P_2P_4} - D_{P_1P_3P_4}\right). \tag{4.2.7}$$

证明 如图 4.2.4 所示. 设四角形 $P_1P_2P_3P_4$ 的坐标顶点为 $P_i(x_i, y_i)(i = 1, 2, 3, 4)$, 任意点的坐标为 $P(x, y)$, 则各边分点的坐标为

$$Q_i\left(\frac{x_i + \lambda x_{i+1}}{1+\lambda}, \frac{y_i + \lambda y_{i+1}}{1+\lambda}\right) \quad (i = 1, 2, 3, 4).$$

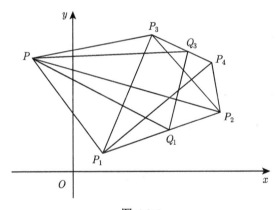

图 4.2.4

根据三角形有向面积公式, 得

$$2D_{PP_1P_3} = (xy_1 - x_1y) + (x_1y_3 - x_3y_1) + (x_3y - xy_3), \tag{4.2.8}$$

$$2D_{PP_2P_4} = (xy_2 - x_2y) + (x_2y_4 - x_4y_2) + (x_4y - xy_4), \tag{4.2.9}$$

$$2(1+\lambda)^2 D_{PQ_1Q_3}$$

$$= (1+\lambda)\left[x(y_1 + \lambda y_2) - (x_1 + \lambda x_2)y + (x_3 + \lambda x_4)y - x(y_3 + \lambda y_4)\right]$$

$$+ [(x_1 + \lambda x_2)(y_3 + \lambda y_4) - (x_3 + \lambda x_4)(y_1 + \lambda y_2)]$$

$$=(1 + \lambda) [(xy_1 - x_1y) + (x_3y - xy_3) + \lambda(xy_2 - x_2y) + \lambda(x_4y - xy_4)]$$

$$+ (x_1y_3 - x_3y_1) + \lambda(x_2y_3 - x_3y_2) + \lambda(x_1y_4 - x_4y_1)$$

$$+ \lambda^2(x_2y_4 - x_4y_2). \tag{4.2.10}$$

由式 (4.2.8)、(4.2.9) 和 (4.2.10), 得

$$2(1 + \lambda) [D_{PP_1P_3} + \lambda D_{PP_2P_4} - (1 + \lambda)D_{PQ_1Q_3}]$$

$$=(1 + \lambda)(x_1y_3 - x_3y_1) + \lambda(1 + \lambda)(x_2y_4 - x_4y_2) - [(x_1y_3 - x_3y_1)$$

$$+\lambda(x_2y_3 - x_3y_2) + \lambda(x_1y_4 - x_4y_1) + \lambda^2(x_2y_4 - x_4y_2)]$$

$$=\lambda [(x_1y_3 - x_3y_1) + (x_2y_4 - x_4y_2) + (x_3y_2 - x_2y_3) + (x_4y_1 - x_1y_4)]$$

$$=2\lambda (D_{P_1P_2P_4} - D_{P_1P_2P_3}) = 2\lambda (D_{P_1P_3P_4} - D_{P_2P_3P_4}),$$

因此, 式 (4.2.6) 成立.

类似地, 可以证明式 (4.2.7) 成立.

推论 4.2.2　设 P 是四角形 $P_1P_2P_3P_4$ 所在平面上任意一点, Q_i 是各边 P_iP_{i+1} $(i = 1, 2, 3, 4)$ 的中点, 则

$$D_{PP_1P_3} + D_{PP_2P_4} - 2D_{PQ_1Q_3}$$

$$=\frac{1}{2}(D_{P_1P_2P_4} - D_{P_1P_2P_3}) = \frac{1}{2}(D_{P_1P_3P_4} - D_{P_2P_3P_4}), \tag{4.2.11}$$

$$D_{PP_2P_4} - D_{PP_1P_3} - 2D_{PQ_2Q_4}$$

$$=\frac{1}{2}(D_{P_1P_2P_3} - D_{P_2P_3P_4}) = \frac{1}{2}(D_{P_1P_2P_4} - D_{P_1P_3P_4}). \tag{4.2.12}$$

证明　令 $\lambda = 1$, 由式 (4.2.6) 和 (4.2.7), 即得式 (4.2.11) 和 (4.2.12).

推论 4.2.3　设 $P_1P_2P_3P_4$ 是四角形, Q_1, Q_3 分别是两对边 P_1P_2, P_3P_4 的中点, E, F 分别是对角线 P_1P_3, P_2P_4 和对边 P_2P_3, P_4P_1 的交点, 则

$$a_{EQ_1Q_3} = a_{FQ_1Q_3} = \frac{1}{4}|a_{P_1P_2P_4} - a_{P_1P_2P_3}| = \frac{1}{4}|a_{P_1P_3P_4} - a_{P_2P_3P_4}|, \tag{4.2.13}$$

$$a_{EQ_2Q_4} = a_{FQ_2Q_4} = \frac{1}{4}|a_{P_1P_2P_3} - a_{P_2P_3P_4}| = \frac{1}{4}|a_{P_1P_2P_4} - a_{P_1P_3P_4}|. \tag{4.2.14}$$

证明　将 E, F 分别代入式 (4.2.11), 得

$$D_{EQ_1Q_3} = D_{FQ_1Q_3} = -\frac{1}{4}(D_{P_1P_2P_4} - D_{P_1P_2P_3}) = -\frac{1}{4}(D_{P_1P_3P_4} - D_{P_2P_3P_4}),$$

注意到三角形 $P_1P_2P_3$ 和 $P_1P_2P_4$, $P_1P_2P_4$ 和 $P_2P_3P_4$ 均是同向三角形, 上两式两边取绝对值即得式 (4.2.12).

类似地, 可以证明式 (4.2.13) 成立.

注 4.2.2　由于以上结论对四边形成立, 故由定理 4.2.3 及其推论可知, 就以上结论而言, 四边形的边和对角线的作用也是相当的, 即在此意义上说, 四边形的边就是对角线, 对角线就是边, 没有区别.

定理 4.2.5 (喻德生, 2017)　设 P 是四角梯形 $P_1P_2P_3P_4$ 所在平面上任意一点, Q_i 是边 P_iP_{i+1} $(i = 1, 2, 3, 4)$ 的 λ-分点.

(1) 若 $P_1P_2 // P_3P_4$, 则

$$D_{PP_1P_3} + \lambda D_{PP_2P_4} - (1 + \lambda)D_{PQ_1Q_3} = 0; \tag{4.2.15}$$

(2) 若 $P_1P_4 // P_2P_3$, 则

$$D_{PP_2P_4} - \lambda D_{PP_1P_3} - (1 + \lambda)D_{PQ_2Q_4} = 0. \tag{4.2.16}$$

证明　(1) 因为 $P_1P_2 // P_3P_4$, 所以 $D_{P_1P_2P_4} = D_{P_1P_2P_3}$, 代入式 (4.2.6) 即得式 (4.2.15).

类似地, 可以证明式 (4.2.16) 成立.

推论 4.2.4　设 $P_1P_2P_3P_4$ 是四角梯形, Q_i 是边 P_iP_{i+1} $(i = 1, 2, 3, 4)$ 的 λ-分点, 且 $P_1P_2 // P_3P_4(P_1P_4 // P_2P_3)$, 则

(1) P 是 P_1P_3 所在直线上任意一点的充分必要条件是

$$\lambda D_{PP_2P_4} - (1 + \lambda)D_{PQ_1Q_3} = 0 \quad (D_{PP_2P_4} - (1 + \lambda)D_{PQ_2Q_4} = 0); \tag{4.2.17}$$

(2) P 是 P_2P_4 所在直线上任意一点的充分必要条件是

$$D_{PP_1P_3} - (1 + \lambda)D_{PQ_1Q_3} = 0 \quad (\lambda D_{PP_1P_3} + (1 + \lambda)D_{PQ_2Q_4} = 0); \tag{4.2.18}$$

(3) P 是 $Q_1Q_3(Q_2Q_4)$ 所在直线上任意一点的充分必要条件是

$$D_{PP_1P_3} + \lambda D_{PP_2P_4} = 0 \quad (D_{PP_2P_4} - \lambda D_{PP_1P_3} = 0). \tag{4.2.19}$$

证明 (1) 因为 $P_1P_2//P_3P_4(P_1P_4//P_2P_3)$, 所以式 (4.2.15) 或 (4.2.16) 成立. 故由式 (4.2.15) 和 (4.2.16) 可得

P 是 P_1P_3 所在直线上任意一点 $\Leftrightarrow \mathrm{D}_{PP_1P_3} = 0 \Leftrightarrow$ 式 (4.2.17) 成立.

类似地, 可以证明式 (4.2.18) 和 (4.2.19) 成立.

推论 4.2.5 设 $P_1P_2P_3P_4$ 是四角梯形, Q_i 是边 P_iP_{i+1} $(i = 1, 2, 3, 4)$ 的 λ-分点, 且 $P_1P_2//P_3P_4(P_1P_4//P_2P_3)$.

(1) 若 P 是 P_1P_3 所在直线上任意一点, 则

$$|\lambda|\mathrm{a}_{PP_2P_4} = |1 + \lambda|\mathrm{a}_{PQ_1Q_3} \quad (\mathrm{a}_{PP_2P_4} = |1 + \lambda|\mathrm{a}_{PQ_2Q_4});$$

(2) 若 P 是 P_2P_4 所在直线上任意一点, 则

$$\mathrm{a}_{PP_1P_3} = |1 + \lambda|\mathrm{a}_{PQ_1Q_3} \quad (|\lambda|\mathrm{a}_{PP_1P_3} = |1 + \lambda|\mathrm{a}_{PQ_2Q_4});$$

(3) 若 P 是 $Q_1Q_3(Q_2Q_4)$ 所在直线上任意一点, 则

$$\mathrm{a}_{PP_1P_3} = |\lambda|\mathrm{a}_{PP_2P_4} \quad (\mathrm{a}_{PP_2P_4} = |\lambda|\mathrm{a}_{PP_1P_3}).$$

证明 由推论 4.2.4 的必要性易得.

推论 4.2.6 设 $P_1P_2P_3P_4$ 是四角梯形, Q_i 是边 P_iP_{i+1} $(i = 1, 2, 3, 4)$ 的 λ-分点, 且 $P_1P_2//P_3P_4(P_1P_4//P_2P_3)$, 若 $P_1P_3, P_2P_4, Q_1Q_3(P_1P_3, P_2P_4, Q_2Q_4)$ 所在的三条直线中有两条直线相交于一点, 则 $P_1P_3, P_2P_4, Q_1Q_3(P_1P_3, P_2P_4, Q_2Q_4)$ 所在的三条直线相交于一点.

证明 不妨设 P_1P_3, P_2P_4 所在的两条直线相交于 G, 则 $\mathrm{D}_{GP_1P_3} = \mathrm{D}_{GP_2P_4} = 0$, 当 $P_1P_2//P_3P_4(P_1P_4//P_2P_3)$ 时, 分别代入式 (4.2.15) 或 (4.2.16), 得 $\mathrm{D}_{GQ_1Q_3} = 0$ $(\mathrm{D}_{GQ_2Q_4} = 0)$, 故 G 在 $Q_1Q_3(Q_2Q_4)$ 所在直线上, 于是 $P_1P_3, P_2P_4, Q_1Q_3(P_1P_3, P_2P_4, Q_2Q_4)$ 所在的三条直线相交于一点.

定理 4.2.6 (喻德生, 2011, 2017) 设 P 是四角形 $P_1P_2P_3P_4$ 所在平面上任意一点, Q_i 是各边 $P_iP_{i+1}(i = 1, 2, 3, 4)$ 的中点, 则

$$\mathrm{D}_{PP_1P_2} - \mathrm{D}_{PP_3P_4} + 2\mathrm{D}_{PQ_2Q_4} = \frac{1}{2}(\mathrm{D}_{P_1P_2P_3} - \mathrm{D}_{P_2P_3P_4}), \tag{4.2.20}$$

$$\mathrm{D}_{PP_1P_4} + \mathrm{D}_{PP_2P_3} - 2\mathrm{D}_{PQ_1Q_3} = \frac{1}{2}(\mathrm{D}_{P_2P_3P_4} - \mathrm{D}_{P_1P_3P_4}). \tag{4.2.21}$$

证明 如图 4.2.5 所示. 以 P_1 为坐标原点, P_1P_2 为 x 轴建立平面直角坐标系. 不妨设四角形 $P_1P_2P_3P_4$ 顶点的坐标为 $P_1(0, 0), P_2(a, 0), P_3(b, c), P_4(d, e)$, 于是边 $P_1P_2, P_2P_3, P_3P_4, P_4P_1$ 中点的坐标分别为

$$Q_1\left(\frac{a}{2},0\right), \quad Q_2\left(\frac{a+b}{2},\frac{c}{2}\right), \quad Q_3\left(\frac{b+d}{2},\frac{c+e}{2}\right), \quad Q_4\left(\frac{d}{2},\frac{e}{2}\right).$$

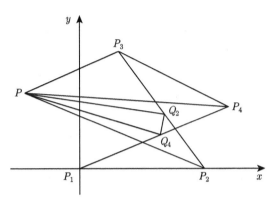

图 4.2.5

设任意点的坐标为 $P(x,y)$, 则由三角形有向面积公式, 得

$$D_{PP_1P_2} = \frac{1}{2}ay, \tag{4.2.22}$$

$$D_{PP_3P_4} = \frac{1}{2}[(c-e)x + (d-b)y + (be-dc)], \tag{4.2.23}$$

$$2D_{PQ_2Q_4} = \frac{d-a-b}{2}y + \frac{c-e}{2}x + \frac{1}{4}[(a+b)e - dc]. \tag{4.2.24}$$

式 (4.2.22)–(4.2.23)+(4.2.24) 得

$$D_{PP_1P_2} - D_{PP_3P_4} + 2D_{PQ_2Q_4} = \frac{1}{4}[(a-b)e + dc],$$

又因为

$$D_{P_1P_2P_3} = \frac{1}{2}ac, \quad D_{P_2P_3P_4} = \frac{1}{2}[(a-d)c + (b-a)e],$$

所以

$$D_{P_1P_2P_3} - D_{P_2P_3P_4} = \frac{1}{2}[(a-b)e + dc],$$

因此, 式 (4.2.20) 成立.

同理可证, 式 (4.2.21) 成立.

定理 4.2.7 (喻德生, 2011, 2017)   设 $P_1P_2P_3P_4$ 是四角梯形且 $P_1P_2 /\!/ P_3P_4$, Q_1, Q_3 分别是两对边 P_1P_2, P_3P_4 的中点, P 是梯形 $P_1P_2P_3P_4$ 所在平面上任意一点, 则

$$D_{PP_1P_3} + D_{PP_2P_4} - 2D_{PQ_1Q_3} = 0, \tag{4.2.25}$$

$$\mathrm{D}_{PP_1P_4} + \mathrm{D}_{PP_2P_3} - 2\mathrm{D}_{PQ_1Q_3} = 0. \qquad (4.2.26)$$

证明　依题设, 在式 (4.2.11) 和 (4.2.21) 中分别令 $\mathrm{D}_{P_2P_3P_4} = \mathrm{D}_{P_1P_3P_4}$ 和 $\mathrm{D}_{P_1P_2P_3} = \mathrm{D}_{P_1P_2P_4}$, 即得式 (4.2.25) 和 (4.2.26).

推论 4.2.7　设 $P_1P_2P_3P_4$ 是梯形且 $P_1P_2 /\!/ P_3P_4, Q_1, Q_3$ 分别是两对边 P_1P_2, P_3P_4 的中点.

(1) 若 P 是直线 Q_1Q_3 上任意一点, 则 $\mathrm{a}_{PP_1P_3} = \mathrm{a}_{PP_2P_4}, \mathrm{a}_{PP_1P_4} = \mathrm{a}_{PP_2P_3}$;

(2) 若 P 是直线 $P_1P_3(P_2P_4)$ 上任意一点, 则 $\mathrm{a}_{PP_2P_4} = 2\mathrm{a}_{PQ_1Q_3}(\mathrm{a}_{PP_1P_3} = 2\mathrm{a}_{PQ_1Q_3})$;

(3) 若 P 是直线 $P_1P_4(P_2P_3)$ 上任意一点, 则 $\mathrm{a}_{PP_2P_3} = 2\mathrm{a}_{PQ_1Q_3}(\mathrm{a}_{PP_1P_4} = 2\mathrm{a}_{PQ_1Q_3})$.

证明　(1) 将 $\mathrm{D}_{PQ_1Q_3} = 0$ 代入式 (4.2.25) 和 (4.2.26) 得

$$\mathrm{D}_{PP_1P_3} = -\mathrm{D}_{PP_2P_4}, \quad \mathrm{D}_{PP_1P_4} = -\mathrm{D}_{PP_2P_3},$$

等式两边取绝对值即得 $\mathrm{a}_{PP_1P_3} = \mathrm{a}_{PP_2P_4}, \mathrm{a}_{PP_1P_4} = \mathrm{a}_{PP_2P_3}$.

类似地, 可以证明 (2)、(3) 中两式成立.

推论 4.2.8　四角梯形的两对角线的交点与两腰延长线的交点的连线必平分四角梯形的上、下底.

证明　如图 4.2.6 所示. 设四角梯形 $P_1P_2P_3P_4$ 两对角线 P_1P_3, P_2P_4 和两腰 P_1P_4, P_2P_3 的交点分别为 E, F. 在式 (4.2.20) 和 (4.2.21) 中取任意点 P 分别为 E 和 F, 得

$$\mathrm{D}_{EQ_1Q_3} = 0, \quad \mathrm{D}_{FQ_1Q_3} = 0,$$

于是 E, Q_1, Q_3 和 F, Q_1, Q_3 均三点延长线, 从而 E, F, Q_1, Q_3 四点共线.

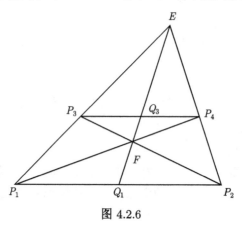

图 4.2.6

推论 4.2.9 (梯形的施泰纳定理)　梯形的两对角线的交点与两腰延长线的交点的连线必平分梯形的上、下底.

证明　如图 4.2.7 所示. 在推论 4.2.5 中, 当四角梯形 $P_1P_2P_3P_4$ 为梯形即得.

注 4.2.3　由定理 4.2.7 及其推论可知, 就以上结论而言, 梯形的边和对角线的作用是相当的, 即在此意义上来说, 梯形的边就是对角线, 对角线就是边, 不必区分.

此外, 推论 4.2.9 为 1954 年基辅数学奥林匹克竞赛题.

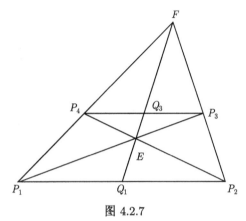

图 4.2.7

4.2.3　五角形对角线定比分点三角形有向面积公式与应用

定理 4.2.8 (喻德生, 2017)　设 Q_i, Q_{i+1}, Q_{i+2} 分别是五角形 $P_1P_2P_3P_4P_5$ 对角线 $P_iP_{i+2}, P_{i+1}P_{i+4}, P_iP_{i+3}$ 的分点, 且 $\mathrm{D}_{P_iQ_i}/\mathrm{D}_{Q_iP_{i+2}} = \mathrm{D}_{P_{i+1}Q_{i+1}}/\mathrm{D}_{Q_{i+1}P_{i+4}} = \mathrm{D}_{P_iQ_{i+2}}/\mathrm{D}_{Q_{i+2}P_{i+3}} = \lambda_i (i=1,2,3,4,5)$, 则

$$\mathrm{D}_{Q_iQ_{i+1}Q_{i+2}} = \frac{\lambda_i}{(1+\lambda_i)^2}\left(\mathrm{D}_{P_iP_{i+1}P_{i+3}} - \mathrm{D}_{P_iP_{i+1}P_{i+2}} - \lambda_i\mathrm{D}_{P_{i+2}P_{i+3}P_{i+4}}\right), \quad (4.2.27)$$

其中 $i=1,2,3,4,5$.

证明　如图 4.2.8 所示. 设五角形顶点的坐标为 $P_i(x_i,y_i)(i=1,2,3,4,5)$, 则对角线 $P_iP_{i+2}, P_{i+1}P_{i+3}, P_iP_{i+3}$ 的分点的坐标分别为

$$Q_i\left(\frac{x_i+\lambda_ix_{i+2}}{1+\lambda_i}, \frac{y_i+\lambda_iy_{i+2}}{1+\lambda_i}\right), \quad Q_{i+1}\left(\frac{x_{i+1}+\lambda_ix_{i+4}}{1+\lambda_i}, \frac{y_{i+1}+\lambda_iy_{i+4}}{1+\lambda_i}\right),$$

$$Q_{i+2}\left(\frac{x_i+\lambda_ix_{i+3}}{1+\lambda_i}, \frac{y_i+\lambda_iy_{i+3}}{1+\lambda_i}\right).$$

根据三角形有向面积公式, 得

$$2(1+\lambda_i)^2\mathrm{D}_{Q_iQ_{i+1}Q_{i+2}}$$

$$=(x_i + \lambda_i x_{i+2})(y_{i+1} + \lambda_i y_{i+4}) - (x_{i+1} + \lambda_i x_{i+4})(y_i + \lambda_i y_{i+2})$$

$$+ (x_{i+1} + \lambda_i x_{i+4})(y_i + \lambda_i y_{i+3}) - (x_i + \lambda_i x_{i+3})(y_{i+1} + \lambda_i y_{i+4})$$

$$+ (x_i + \lambda_i x_{i+3})(y_i + \lambda_i y_{i+2}) - (x_i + \lambda_i x_{i+2})(y_i + \lambda_i y_{i+3})$$

$$=(x_i y_{i+1} - x_{i+1} y_i) + \lambda_i (x_i y_{i+4} - x_{i+4} y_i)$$

$$+ \lambda_i (x_{+2} y_i - x_i y_{i+2}) + \lambda_i^2 (x_{i+2} y_{i+4} - x_{i+4} y_{i+2})$$

$$+ (x_{i+1} y_i - x_i y_{i+1}) + \lambda_i (x_{i+4} y_i - x_i y_{i+4})$$

$$+ \lambda_i (x_{i+1} y_{i+3} - x_{i+3} y_{i+1}) + \lambda_i^2 (x_{i+4} y_{i+3} - x_{i+3} y_{i+4})$$

$$+ \lambda_i (x_i y_{i+2} - x_{i+2} y_i) + \lambda_i (x_{i+3} y_i - x_i y_{i+3}) + \lambda_i^2 (x_{i+3} y_{i+2} - x_{i+2} y_{i+3})$$

$$=\lambda_i \left[(x_i y_{i+1} - x_{i+1} y_i) + (x_{i+1} y_{i+3} - x_{i+3} y_{i+1}) + (x_{i+3} y_i - x_i y_{i+3}) \right]$$

$$- \lambda_i \left[(x_i y_{i+1} - x_{i+1} y_i) + (x_{i+1} y_{i+2} - x_{i+2} y_{i+1}) + (x_{i+2} y_i - x_i y_{i+2}) \right]$$

$$- \lambda_i^2 \left[(x_{i+2} y_{i+3} - x_{i+3} y_{i+2}) + (x_{i+3} y_{i+4} - x_{i+4} y_{i+3}) + (x_{i+4} y_{i+2} - x_{i+2} y_{i+4}) \right]$$

$$=2\lambda_i \left(\mathrm{D}_{P_i P_{i+1} P_{i+3}} - \mathrm{D}_{P_i P_{i+1} P_{i+2}} - \lambda_i \mathrm{D}_{P_{i+2} P_{i+3} P_{i+4}} \right),$$

从而式 (4.2.27) 成立.

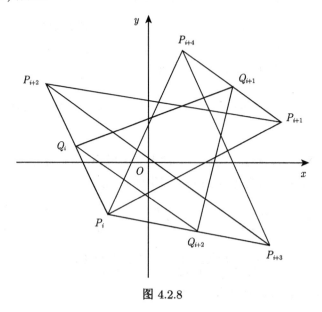

图 4.2.8

推论 4.2.10　设 Q_i, Q_{i+1}, Q_{i+2} 分别是五角形 $P_1 P_2 P_3 P_4 P_5$ 对角线 $P_i P_{i+2}$,

$P_{i+1}P_{i+4}, P_iP_{i+3}$ 的分点, 且 $D_{P_iQ_i}/D_{Q_iP_{i+2}} = D_{P_{i+1}Q_{i+1}}/D_{Q_{i+1}P_{i+4}} = D_{P_iQ_{i+2}}$ $/D_{Q_{i+2}P_{i+3}} = \lambda_i (i = 1, 2, 3, 4, 5)$, 则 Q_i, Q_{i+1}, Q_{i+2} 三点共线的充分必要条件是

$$D_{P_iP_{i+1}P_{i+3}} = D_{P_iP_{i+1}P_{i+2}} + \lambda_i D_{P_{i+2}P_{i+3}P_{i+4}} \quad (i = 1, 2, 3, 4, 5). \tag{4.2.28}$$

证明 如图 4.2.9 所示. 由定理 4.2.8, 得

$$Q_i, Q_{i+1}, Q_{i+2} \text{三点共线} \Leftrightarrow D_{Q_iQ_{i+1}Q_{i+2}} = 0 \Leftrightarrow \text{式(4.2.28)成立}.$$

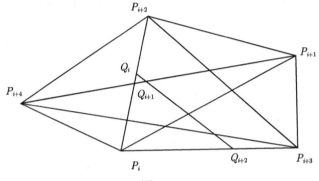

图 4.2.9

推论 4.2.11 设 Q_i, Q_{i+1}, Q_{i+2} 分别是凸五边形 $P_1P_2P_3P_4P_5$ 对角线 P_iP_{i+2}, $P_{i+1}P_{i+3}, P_iP_{i+3}$ 的分点, 且 $D_{P_iQ_i}/D_{Q_iP_{i+2}} = D_{P_{i+1}Q_{i+1}}/D_{Q_{i+1}P_{i+4}} = D_{P_iQ_{i+2}}$ $/D_{Q_{i+2}P_{i+3}} = \lambda_i (i = 1, 2, 3, 4, 5)$, 则 Q_i, Q_{i+1}, Q_{i+2} 三点共线的充分必要条件是

$$a_{P_iP_{i+1}P_{i+3}} = a_{P_iP_{i+1}P_{i+2}} + \lambda_i a_{P_{i+2}P_{i+3}P_{i+4}} \quad (i = 1, 2, 3, 4, 5). \tag{4.2.29}$$

证明 如图 4.2.10 所示. 当 $P_1P_2P_3P_4P_5$ 是凸五边形时, 注意到三角形 P_iP_{i+1}

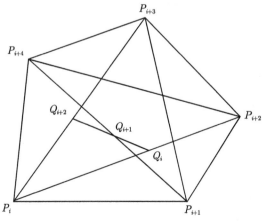

图 4.2.10

$P_{i+2}, P_{i+2}P_{i+3}P_{i+4}$ 与 $P_1P_2P_3P_4P_5$ 同向, 即得 Q_i, Q_{i+1}, Q_{i+2} 三点共线的充分必要条件是式 (4.2.29) 成立.

4.3 六角形中点线三角形有向面积的定值定理与应用

本节主要讨论六角形中点线三角形有向面积的定值定理及其应用. 首先, 给出六角形中点线三角形有向面积的定值定理; 其次, 利用该定理得出一类满足一定条件的六角形的中点线三角形有向面积的定值定理, 并据此得出一些等积、共点等结论.

4.3.1 六角形中点线三角形有向面积的定值定理

定理 4.3.1 (喻德生, 2017) 设 $Q_1Q_2\cdots Q_6$ 是六角形 $P_1P_2\cdots P_6$ 的中点六角形, P 是 $P_1P_2\cdots P_6$ 所在平面上任意一点, 则

$$D_{PQ_1Q_4} - D_{PQ_2Q_5} + D_{PQ_3Q_6} = \frac{1}{4}\left(D_{PP_2P_4P_6} - D_{PP_1P_3P_5}\right). \tag{4.3.1}$$

证明 如图 4.3.1 所示. 设六角形顶点的坐标为 $P_i(x_i, y_i)(i = 1, 2, \cdots, 6)$, 则边 P_iP_{i+1} 中点的坐标为

$$Q_i\left(\frac{x_i + x_{i+1}}{2}, \frac{y_i + y_{i+1}}{2}\right) \quad (i = 1, 2, \cdots, 6).$$

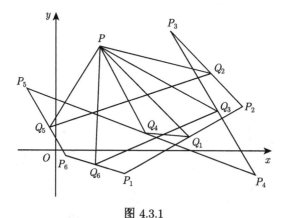

图 4.3.1

根据三角形有向面积公式, 得

$$8\sum_{i=1}^{3}(-1)^{i-1}D_{PQ_iQ_{i+3}}$$

$$=2\sum_{i=1}^{3}(-1)^{i-1}\left[x(y_i+y_{i+1})-(x_i+x_{i+1})y\right]$$

$$+\sum_{i=1}^{3}(-1)^{i-1}\left[(x_i+x_{i+1})(y_{i+3}+y_{i+4})-(x_{i+3}+x_{i+4})(y_i+y_{i+1})\right]$$

$$+2\sum_{i=1}^{3}(-1)^{i-1}\left[(x_{i+3}+x_{i+4})y-x(y_{i+3}+y_{i+4})\right]$$

$$=2x\sum_{i=1}^{3}(-1)^{i-1}\left[(y_i-y_{i+3})+(y_{i+1}-y_{i+4})\right]$$

$$+2y\sum_{i=1}^{3}(-1)^{i-1}\left[(x_{i+3}-x_i)+(x_{i+4}-x_{i+1})\right]$$

$$+\sum_{i=1}^{3}(-1)^{i-1}\left[(x_iy_{i+3}-x_{i+3}y_i)+(x_iy_{i+4}-x_{i+4}y_i)\right.$$

$$+(x_{i+1}y_{i+3}-x_{i+3}y_{i+1})+(x_{i+1}y_{i+4}-x_{i+4}y_{i+1})]$$

$$=2x\left[(y_1-y_4)+(y_2-y_5)-(y_2-y_5)-(y_3-y_6)+(y_3-y_6)+(y_4-y_1)\right]$$

$$+2y\left[(x_4-x_1)+(x_5-x_2)-(x_5-x_2)-(x_6-x_3)+(x_6-x_3)+(x_1-x_4)\right]$$

$$+\left[(x_1y_4-x_4y_1)+(x_1y_5-x_5y_1)+(x_2y_4-x_4y_2)+(x_2y_5-x_5y_2)\right]$$

$$-\left[(x_2y_5-x_5y_2)+(x_2y_6-x_6y_2)+(x_3y_5-x_5y_3)+(x_3y_6-x_6y_3)\right]$$

$$+\left[(x_3y_6-x_6y_3)+(x_3y_1-x_1y_3)+(x_4y_6-x_6y_4)+(x_4y_1-x_1y_4)\right]$$

$$=\left[(x_2y_4-x_4y_2)+(x_4y_6-x_6y_4)+(x_6y_2-x_2y_6)\right]$$

$$-\left[(x_1y_3-x_3y_1)+(x_3y_5-x_5y_3)+(x_5y_1-x_1y_5)\right]$$

$$=2\left(D_{P_2P_4P_6}-D_{P_1P_3P_5}\right),$$

因此, 式 (4.3.1) 成立.

4.3.2 六角形中点线三角形有向面积定值定理的应用

定理 4.3.2 (喻德生, 2017) 设 $Q_1Q_2\cdots Q_6$ 是六角形 $P_1P_2\cdots P_6$ 的中点六角形, P 是 $P_1P_2\cdots P_6$ 所在平面上任意一点, 则

$$D_{PQ_1Q_4}-D_{PQ_2Q_5}+D_{PQ_3Q_6}=0 \tag{4.3.2}$$

的充分必要条件是 $\mathrm{D}_{P_1P_3P_5} = \mathrm{D}_{P_2P_4P_6}$.

证明　由定理 4.3.1 即得.

推论 4.3.1　设 $Q_1Q_2\cdots Q_6$ 是凸六边形 $P_1P_2\cdots P_6$ 的中点六边形, P 是 $P_1P_2\cdots P_6$ 所在平面上任意一点, 则式 (4.3.2) 成立的充分必要条件是 $\mathrm{a}_{P_1P_3P_5} = \mathrm{a}_{P_2P_4P_6}$.

证明　因为 $P_1P_2\cdots P_6$ 是凸六边形, 所以三角形 $P_1P_3P_5, P_2P_4P_6$ 是同向的, 故

$$\mathrm{D}_{P_1P_3P_5} = \mathrm{D}_{P_2P_4P_6} \Leftrightarrow \mathrm{a}_{P_1P_3P_5} = \mathrm{a}_{P_2P_4P_6},$$

于是由定理 4.3.2 即得推论 4.3.1.

推论 4.3.2　设 $Q_1Q_2\cdots Q_6$ 是六角形 $P_1P_2\cdots P_6$ 的中点六角形, 且 $\mathrm{D}_{P_1P_3P_5} = \mathrm{D}_{P_2P_4P_6}$, P 是 $P_1P_2\cdots P_6$ 所在平面上任意一点, 则在三角形 $PQ_1Q_4, PQ_2Q_5, PQ_3Q_6$ 中, 其中一个三角形的面积等于另两个较小的三角形的面积的和.

证明　由式 (4.3.2) 即得.

推论 4.3.3　设 $Q_1Q_2\cdots Q_6$ 是六角形 $P_1P_2\cdots P_6$ 的中点六角形, 且 $\mathrm{D}_{P_1P_3P_5} = \mathrm{D}_{P_2P_4P_6}$, 则 P 是 $Q_{i+2}Q_{i+5}$ 所在直线上任意一点的充分必要条件是 $\mathrm{D}_{PQ_iQ_{i+3}} = \mathrm{D}_{PQ_{i+1}Q_{i+4}}(i = 1, 2, 3)$.

证明　由定理 4.3.2 的充分条件, 可知

$$P\text{是}Q_{i+2}Q_{i+5}\text{所在直线上任意一点} \Leftrightarrow \mathrm{D}_{PQ_{i+2}Q_{i+5}} = 0$$

$$\Leftrightarrow \mathrm{D}_{PQ_iQ_{i+3}} - \mathrm{D}_{PQ_{i+1}Q_{i+4}} = 0 \Leftrightarrow \mathrm{D}_{PQ_iQ_{i+3}} = \mathrm{D}_{PQ_{i+1}Q_{i+4}}(i = 1, 2, 3).$$

定理 4.3.3 (喻德生, 2017)　设 $Q_1Q_2\cdots Q_6$ 是六角形 $P_1P_2\cdots P_6$ 的中点六角形. 若 $\mathrm{D}_{P_1P_3P_5} = \mathrm{D}_{P_2P_4P_6}$, 则其三对对顶点的连线 Q_1Q_4, Q_2Q_5, Q_3Q_6 所在直线相交于一点或相互平行.

证明　因为 $\mathrm{D}_{P_1P_3P_5} = \mathrm{D}_{P_2P_4P_6}$, 故由定理 4.3.2 的充分性, 式 (4.3.2) 成立.

(1) 如图 4.3.2 所示. 若 Q_1Q_4, Q_2Q_5 相交于点 G, 则 $\mathrm{D}_{GQ_1Q_4} = \mathrm{D}_{GQ_2Q_5} = 0$. 代入式 (4.3.2), 得 $\mathrm{D}_{GQ_3Q_6} = 0$, 故点 G 在 Q_3Q_6 所在直线上, 从而 Q_1Q_4, Q_2Q_5, Q_3Q_6 所在直线相交于一点.

(2) 如图 4.3.3 所示. 若 Q_1Q_4, Q_2Q_5 相互平行, 即 Q_1Q_4, Q_2Q_5 相交于无穷远点 G_∞, 同样有 $\mathrm{D}_{G_\infty Q_1Q_4} = \mathrm{D}_{G_\infty Q_2Q_5} = 0$. 代入式 (4.3.2), 得 $\mathrm{D}_{G_\infty Q_3Q_6} = 0$, 故点 G_∞ 在 Q_3Q_6 所在直线上, 从而 Q_1Q_4, Q_2Q_5, Q_3Q_6 所在直线相交于无穷远点 G_∞, 即 Q_1Q_4, Q_2Q_5, Q_3Q_6 相互平行.

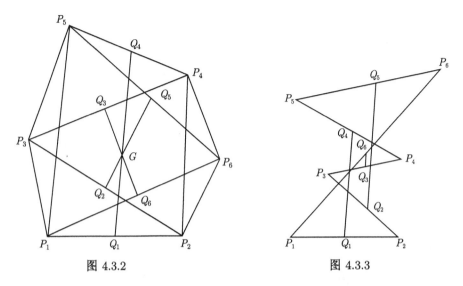

图 4.3.2   图 4.3.3

定理 4.3.4 (喻德生, 2017)　设 $Q_1Q_2\cdots Q_6$ 是六角形 $P_1P_2\cdots P_6$ 的中点六角形, 且 $P_1P_2\cdots P_6$ 的顶点 P_1,P_3,P_5 和 P_2,P_4,P_6 分别在两条直线上, P 是 $P_1P_2\cdots P_6$ 所在平面上任意一点, 则

$$\mathrm{D}_{PQ_1Q_4} - \mathrm{D}_{PQ_2Q_5} + \mathrm{D}_{PQ_3Q_6} = 0.$$

证明　因为 P_1,P_3,P_5 和 P_2,P_4,P_6 分别在两条直线上, 所以 $\mathrm{D}_{P_1P_3P_5} = \mathrm{D}_{P_2P_4P_6} = 0$, 故由定理 4.3.2 的充分性即得.

推论 4.3.4　设 $Q_1Q_2\cdots Q_6$ 是六角形 $P_1P_2\cdots P_6$ 的中点六角形, 且 $P_1P_2\cdots P_6$ 的顶点 P_1,P_3,P_5 和 P_2,P_4,P_6 分别在两条直线上, P 是 $P_1P_2\cdots P_6$ 所在平面上任意一点, 则在三角形 $PQ_1Q_4, PQ_2Q_5, PQ_3Q_6$ 中, 其中一个三角形的面积等于另两个较小的三角形的面积的和.

证明　由定理 4.3.4, 仿推论 4.3.2 证明即得.

推论 4.3.5　设 $Q_1Q_2\cdots Q_6$ 是六角形 $P_1P_2\cdots P_6$ 的中点六角形, 且 $P_1P_2\cdots P_6$ 的顶点 P_1,P_3,P_5 和 P_2,P_4,P_6 分别在两条直线上, 则 P 是 $Q_{i+2}Q_{i+5}(i=1,2,3)$ 所在直线上任意一点的充分必要条件是 $\mathrm{D}_{PQ_iQ_{i+3}} = \mathrm{D}_{PQ_{i+1}Q_{i+4}}(i=1,2,3)$.

证明　由定理 4.3.4, 仿推论 4.3.3 证明即得.

定理 4.3.5 (喻德生, 2017)　设 $Q_1Q_2\cdots Q_6$ 是六角形 $P_1P_2\cdots P_6$ 的中点六角形, 且 $P_1P_2\cdots P_6$ 的顶点 P_1,P_3,P_5 和 P_2,P_4,P_6 分别在两条直线上, 则 $Q_1Q_2\cdots Q_6$ 三对对顶点的连线 Q_1Q_4, Q_2Q_5, Q_3Q_6 所在直线相交于一点或相互平行.

证明　如图 4.3.4 和图 4.3.5 所示. 仿定理 4.3.3 证明即得.

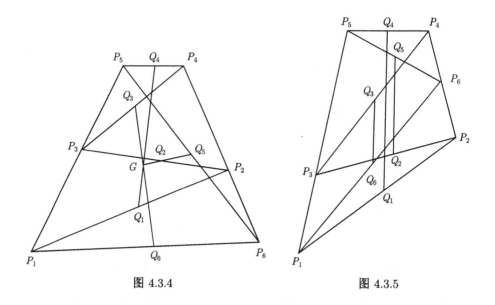

图 4.3.4　　　　　　　　　　　　　　图 4.3.5

4.4　退化六角形中点线三角形有向面积的定值定理与应用

本节主要讨论退化六角形——五角形和四角形中点线三角形有向面积的定值定理及其应用. 首先, 将五角形看成是有一个顶点重合的六角形, 应用六角形中点线三角形有向面积的定值定理得出五角形中点线三角形有向面积的定值定理, 并讨论定值定理的应用; 其次, 用类似的方法得出四角形中点线三角形有向面积的定值定理, 并讨论定值定理的应用.

4.4.1　五角形中点线三角形有向面积的定值定理与应用

定理 4.4.1 (喻德生, 2017)　设 $Q_1Q_2Q_3Q_4Q_5$ 是五角形 $P_1P_2P_3P_4P_5$ 的中点五角形, P 是 $P_1P_2P_3P_4P_5$ 所在平面上任意一点, 则

$$D_{PP_iQ_{i+2}} - D_{PQ_iQ_{i+3}} + D_{PQ_{i+1}Q_{i+4}}$$

$$= \frac{1}{4} \left(D_{P_iP_{i+2}P_{i+4}} - D_{P_iP_{i+1}P_{i+3}} \right) \quad (i = 1, 2, 3, 4, 5). \tag{4.4.1}$$

证明　如图 4.4.1 所示. 将五角形 $P_1P_2P_3P_4P_5$ 看成是有一个顶点重合的退化六角形 $P_1P_1P_2P_3P_4P_5$, 则其各边的中点分别为 $P_1, Q_1, Q_2, Q_3, Q_4, Q_5$, 即退化六角形 $P_1P_1P_2P_3P_4P_5$ 的中点六边形为 $P_1Q_1Q_2Q_3Q_4Q_5$. 于是, 由定理 4.3.1, 可得

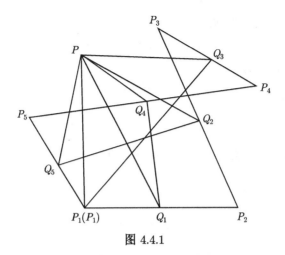

图 4.4.1

$$\mathrm{D}_{PP_1Q_3} - \mathrm{D}_{PQ_1Q_4} + \mathrm{D}_{PQ_2Q_5} = \frac{1}{4}(\mathrm{D}_{P_1P_3P_5} - \mathrm{D}_{P_1P_2P_4}),$$

因此, 当 $i=1$ 时, 式 (4.4.1) 成立.

类似地, 可以证明, 当 $i=2,3,4,5$ 时, 式 (4.4.1) 成立.

定理 4.4.2 (喻德生, 2017) 设 $Q_1Q_2Q_3Q_4Q_5$ 是五角形 $P_1P_2P_3P_4P_5$ 的中点五角形, P 是 $P_1P_2P_3P_4P_5$ 所在平面上任意一点, 则

$$\mathrm{D}_{PP_iQ_{i+2}} - \mathrm{D}_{PQ_iQ_{i+3}} + \mathrm{D}_{PQ_{i+1}Q_{i+4}} = 0 \tag{4.4.2}$$

的充分必要条件是 $\mathrm{D}_{P_iP_{i+2}P_{i+4}} = \mathrm{D}_{P_iP_{i+1}P_{i+3}}$ $(i=1,2,3,4,5)$.

证明 由定理 4.4.1 即得.

推论 4.4.1 设 $Q_1Q_2Q_3Q_4Q_5$ 是凸五边形 $P_1P_2P_3P_4P_5$ 的中点五边形, P 是 $P_1P_2P_3P_4P_5$ 所在平面上任意一点, 则式(4.4.2)成立的充分必要条件是 $\mathrm{a}_{P_iP_{i+2}P_{i+4}} = \mathrm{a}_{P_iP_{i+1}P_{i+3}}$ $(i=1,2,3,4,5)$.

证明 因为 $P_1P_2P_3P_4P_5$ 是凸五边形, 所以三角形 $P_iP_{i+2}P_{i+4}, P_iP_{i+1}P_{i+3}$ 是同向的, 故

$$\mathrm{D}_{P_iP_{i+2}P_{i+4}} = \mathrm{D}_{P_iP_{i+1}P_{i+3}} \Leftrightarrow \mathrm{a}_{P_iP_{i+2}P_{i+4}} = \mathrm{a}_{P_iP_{i+1}P_{i+3}} \quad (i=1,2,3,4,5),$$

于是由定理 4.4.2 即得推论 4.4.1.

推论 4.4.2 设 $Q_1Q_2Q_3Q_4Q_5$ 是五角形 $P_1P_2P_3P_4P_5$ 的中点五角形. 若 $\mathrm{D}_{P_iP_{i+2}P_{i+4}} = \mathrm{D}_{P_iP_{i+1}P_{i+3}}$, P 是 $P_1P_2P_3P_4P_5$ 所在平面上任意一点, 则在三角形 $PP_iQ_{i+2}, PQ_iQ_{i+3}, PQ_{i+1}Q_{i+4}$ $(i=1,2,3,4,5)$ 中, 其中一个三角形的面积等于另两个较小的三角形的面积的和.

证明　由式 (4.4.2) 即得.

推论 4.4.3　设 $Q_1Q_2Q_3Q_4Q_5$ 是五角形 $P_1P_2P_3P_4P_5$ 的中点五角形, 且 $\mathrm{D}_{P_iP_{i+2}P_{i+4}} = \mathrm{D}_{P_iP_{i+1}P_{i+3}}(i=1,2,3,4,5)$, 则

(1) P 是 P_iQ_{i+2} 所在直线上任意一点的充分必要条件是

$$\mathrm{D}_{PQ_iQ_{i+3}} = \mathrm{D}_{PQ_{i+1}Q_{i+4}} \quad (i=1,2,3,4,5).$$

(2) P 是 $Q_{i+1}Q_{i+4}$ 所在直线上任意一点的充分必要条件是

$$\mathrm{D}_{PP_iQ_{i+2}} = \mathrm{D}_{PQ_iQ_{i+3}} \quad (i=1,2,3,4,5).$$

证明　(1) 由定理 4.4.2 的充分条件, 可知

$$P\text{是}P_iQ_{i+2}(i=1,2,3,4,5)\text{所在直线上任意一点} \Leftrightarrow \mathrm{D}_{PP_iQ_{i+2}} = 0$$

$$\Leftrightarrow -\mathrm{D}_{PQ_iQ_{i+3}} + \mathrm{D}_{PQ_{i+1}Q_{i+4}} = 0 \Leftrightarrow \mathrm{D}_{PQ_iQ_{i+3}} = \mathrm{D}_{PQ_{i+1}Q_{i+4}} \quad (i=1,2,3,4,5).$$

类似地, 可以证明 (2) 中结论成立.

定理 4.4.3 (喻德生, 2017)　设 $Q_1Q_2Q_3Q_4Q_5$ 是五角形 $P_1P_2P_3P_4P_5$ 的中点五角形. 若 $\mathrm{D}_{P_iP_{i+2}P_{i+4}} = \mathrm{D}_{P_iP_{i+1}P_{i+3}}$, 则 $P_iQ_{i+2}, Q_iQ_{i+3}, Q_{i+1}Q_{i+4}(i=1,2,3,4,5)$ 所在直线相交于一点或相互平行.

证明　因为 $\mathrm{D}_{P_iP_{i+2}P_{i+4}} = \mathrm{D}_{P_iP_{i+1}P_{i+3}}(i=1,2,3,4,5)$, 故由定理 4.4.2 的充分性, 式 (4.4.2) 成立.

(1) 如图 4.4.2 所示. 若 P_1Q_3, Q_1Q_4 相交于点 G_1, 则 $\mathrm{D}_{G_1P_1Q_3} = \mathrm{D}_{G_1Q_1Q_4} = 0$. 代入式 (4.4.2), 得 $\mathrm{D}_{G_1Q_2Q_5} = 0$, 故点 G_1 在 Q_2Q_5 所在直线上, 从而 $P_1Q_3, Q_1Q_4,$ Q_2Q_5 所在直线相交于一点. 因此, 当 $i=1$ 时, 定理 4.4.3 结论成立.

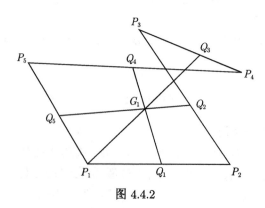

图 4.4.2

类似地, 可以证明, 当 $i = 2, 3, 4, 5$ 时, 定理 4.4.3 结论成立.

(2) 如图 4.4.3 所示. 若 P_1Q_3, Q_1Q_4 相互平行, 即 P_1Q_3, Q_1Q_4 相交于无穷远点 $G_{i\infty}$, 同样有 $D_{G_{1\infty}P_1Q_3} = D_{G_{1\infty}Q_1Q_4} = 0$. 代入式 (4.4.2), 得 $D_{G_{1\infty}Q_2Q_5} = 0$, 故点 $G_{i\infty}$ 在 Q_2Q_5 所在直线上, 从而 P_1Q_3, Q_1Q_4, Q_2Q_5 所在直线相交于无穷远点 G_∞, 即 P_1Q_3, Q_1Q_4, Q_2Q_5 相互平行.

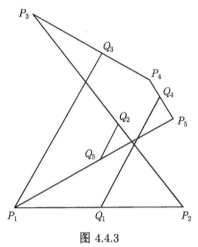

图 4.4.3

定理 4.4.4 (喻德生, 2017) 设 $Q_1Q_2Q_3Q_4Q_5$ 是五角形 $P_1P_2P_3P_4P_5$ 的中点五角形, 且 $P_1P_2P_3P_4P_5$ 的顶点 P_i, P_{i+2}, P_{i+4} 和 $P_i, P_{i+1}, P_{i+3}(i = 1, 2, 3, 4, 5)$ 分别在两条直线上, P 是 $P_1P_2 \cdots P_6$ 所在平面上任意一点, 则

$$D_{PP_iQ_{i+2}} - D_{PQ_iQ_{i+3}} + D_{PQ_{i+1}Q_{i+4}} = 0 \quad (i = 1, 2, 3, 4, 5).$$

证明 因为 P_i, P_{i+2}, P_{i+4} 和 P_i, P_{i+1}, P_{i+3} 分别在两条直线上, 所以 $D_{P_iP_{i+2}P_{i+4}} = D_{P_iP_{i+1}P_{i+3}} = 0$, 故由定理 4.4.2 的充分性即得.

推论 4.4.4 设 $Q_1Q_2Q_3Q_4Q_5$ 是五角形 $P_1P_2P_3P_4P_5$ 的中点五角形, 且 $P_1P_2P_3P_4P_5$ 的顶点 P_i, P_{i+2}, P_{i+4} 和 P_i, P_{i+1}, P_{i+3} 分别在两条直线上, P 是 $P_1P_2P_3P_4P_5$ 所在平面上任意一点, 则在三角形 $PP_iQ_{i+2}, PQ_iQ_{i+3}, PQ_{i+1}Q_{i+4}$ $(i = 1, 2, 3, 4, 5)$ 中, 其中一个三角形的面积等于另两个较小的三角形的面积的和.

证明 由定理 4.4.4, 仿推论 4.4.2 证明即得.

推论 4.4.5 设 $Q_1Q_2Q_3Q_4Q_5$ 是五角形 $P_1P_2P_3P_4P_5$ 的中点五角形, 且 $P_1P_2P_3P_4P_5$ 的顶点 P_i, P_{i+2}, P_{i+4} 和 P_i, P_{i+1}, P_{i+3} 分别在两条直线上, 则

(1) P 是 P_iQ_{i+2} 所在直线上任意一点的充分必要条件是

$$D_{PQ_iQ_{i+3}} = D_{PQ_{i+1}Q_{i+4}} \quad (i = 1, 2, 3, 4, 5);$$

(2) P 是 $Q_{i+1}Q_{i+4}$ 所在直线上任意一点的充分必要条件

$$\mathrm{D}_{PP_iQ_{i+2}} = \mathrm{D}_{PQ_iQ_{i+3}} \quad (i = 1, 2, 3, 4, 5).$$

证明　由定理 4.4.4, 仿推论 4.4.3 证明即得.

定理 4.4.5 (喻德生, 2017)　设 $Q_1Q_2Q_3Q_4Q_5$ 是五角形 $P_1P_2P_3P_4P_5$ 的中点五角形, 且 $P_1P_2P_3P_4P_5$ 的顶点 P_i, P_{i+2}, P_{i+4} 和 P_i, P_{i+1}, P_{i+3} 分别在两条直线上, 则 $P_iQ_{i+2}, Q_iQ_{i+3}, Q_{i+1}Q_{i+4}(i = 1, 2, 3, 4, 5)$ 所在直线相交于一点或相互平行.

证明　如图 4.4.4 和图 4.4.5 所示. 仿定理 4.4.3 证明即得.

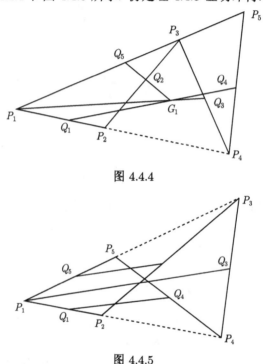

图 4.4.4

图 4.4.5

4.4.2　四角形中点线三角形有向面积的定值定理与应用

定理 4.4.6 (喻德生, 2017)　设 $Q_1Q_2Q_3Q_4$ 是四角形 $P_1P_2P_3P_4$ 的中点四角形, P 是 $P_1P_2P_3P_4$ 所在平面上任意一点, 则

$$\mathrm{D}_{PP_iQ_{i+1}} - \mathrm{D}_{PQ_iQ_{i+2}} + \mathrm{D}_{PP_{i+1}Q_{i+3}}$$
$$= \frac{1}{4}\left(\mathrm{D}_{P_iP_{i+1}P_{i+3}} - \mathrm{D}_{P_iP_{i+1}P_{i+2}}\right) \quad (i = 1, 2, 3, 4). \tag{4.4.3}$$

证明　如图 4.4.6 所示. 将四角形 $P_1P_2P_3P_4$ 看成是有两个顶点重合的退化六角形 $P_1P_1P_2P_2P_3P_4$, 则其各边的中点分别为 $P_1, Q_1, P_2, Q_2, Q_3, Q_4$, 即退化六角形

$P_1P_1P_2P_2P_3P_4$ 的中点六边形为 $P_1Q_1P_2Q_2Q_3Q_4$. 于是, 由定理 4.3.1, 可得

$$\mathrm{D}_{PP_1Q_2} - \mathrm{D}_{PQ_1Q_3} + \mathrm{D}_{PP_2Q_4} = \frac{1}{4}\left(\mathrm{D}_{P_1P_2P_4} - \mathrm{D}_{P_1P_2P_3}\right),$$

因此, 当 $i = 1$ 时, 式 (4.4.3) 成立.

类似地, 可以证明, 当 $i = 2, 3, 4$ 时, 式 (4.4.3) 成立.

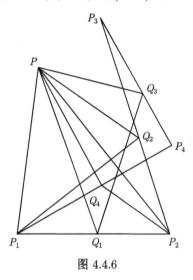

图 4.4.6

定理 4.4.7 (喻德生, 2017)　设 $Q_1Q_2Q_3Q_4$ 是四角形 $P_1P_2P_3P_4$ 的中点四角形, P 是 $P_1P_2P_3P_4$ 所在平面上任意一点, 则

$$\mathrm{D}_{PP_iQ_{i+1}} - \mathrm{D}_{PQ_iQ_{i+2}} + \mathrm{D}_{PP_{i+1}Q_{i+3}} = 0 \tag{4.4.4}$$

的充分必要条件是 $\mathrm{D}_{P_iP_{i+1}P_{i+3}} = \mathrm{D}_{P_iP_{i+1}P_{i+2}}$ $(i = 1, 2, 3, 4)$.

证明　由定理 4.4.6 即得.

推论 4.4.6　设 $Q_1Q_2Q_3Q_4$ 是凸四形 $P_1P_2P_3P_4$ 的中点四边形, P 是 $P_1P_2P_3P_4$ 所在平面上任意一点, 则式 (4.4.4) 成立的充分必要条件是 $\mathrm{a}_{P_iP_{i+1}P_{i+3}} = \mathrm{a}_{P_iP_{i+1}P_{i+2}}$ $(i = 1, 2, 3, 4)$, 即 $P_1P_2P_3P_4$ 是梯形且 $P_iP_{i+1}//P_{i+2}P_{i+3}(i = 1, 2, 3, 4)$.

证明　因为 $P_1P_2P_3P_4$ 是凸四边形, 所以三角形 $P_iP_{i+1}P_{i+2}, P_iP_{i+1}P_{i+3}$ 是同向的, 故

$$\mathrm{D}_{P_iP_{i+1}P_{i+2}} = \mathrm{D}_{P_iP_{i+1}P_{i+3}} \Leftrightarrow \mathrm{a}_{P_iP_{i+1}P_{i+2}} = \mathrm{a}_{P_iP_{i+1}P_{i+3}} \quad (i = 1, 2, 3, 4),$$

即 $P_1P_2P_3P_4$ 是梯形且 $P_iP_{i+1}//P_{i+2}P_{i+3}$, 于是由定理 4.4.7 即得推论 4.4.6.

推论 4.4.7　设 $Q_1Q_2Q_3Q_4$ 是四角形 $P_1P_2P_3P_4$ 的中点四角形, 且 $\mathrm{D}_{P_iP_{i+1}P_{i+3}}$ $= \mathrm{D}_{P_iP_{i+1}P_{i+2}}$, P 是 $P_1P_2P_3P_4$ 所在平面上任意一点, 则在三角形 PP_iQ_{i+1}, PQ_i

$Q_{i+2}, PP_{i+1}Q_{i+3}\,(i=1,2,3,4)$ 中, 其中一个三角形的面积等于另两个较小的三角形的面积的和.

证明　由定理 4.4.7, 仿推论 4.4.2 证明即得.

推论 4.4.8　设 $Q_1Q_2Q_3Q_4$ 是四角形 $P_1P_2P_3P_4$ 的中点四角形, 且 $\mathrm{D}_{P_iP_{i+1}P_{i+3}}=\mathrm{D}_{P_iP_{i+1}P_{i+2}}$, 则

(1) P 是 P_iQ_{i+1} 所在直线上任意一点的充分必要条件是

$$\mathrm{D}_{PQ_iQ_{i+2}}=\mathrm{D}_{PP_{i+1}Q_{i+3}}\quad (i=1,2,3,4);$$

(2) P 是 Q_iQ_{i+2} 所在直线上任意一点的充分必要条件是

$$\mathrm{D}_{PP_iQ_{i+1}}+\mathrm{D}_{PP_{i+1}Q_{i+3}}=0\quad (i=1,2,3,4).$$

证明　仿推论 4.4.3 的证明即得.

定理 4.4.8 (喻德生, 2017)　设 $Q_1Q_2Q_3Q_4$ 是四角形 $P_1P_2P_3P_4$ 的中点四角形. 若 $\mathrm{D}_{P_iP_{i+1}P_{i+3}}=\mathrm{D}_{P_iP_{i+1}P_{i+2}}$, 则 $P_iQ_{i+1}, Q_iQ_{i+2}, P_{i+1}Q_{i+3}(i=1,2,3,4)$ 所在直线相交于一点或相互平行.

证明　如图 4.4.7 和图 4.4.8 所示. 仿定理 4.4.3 的证明即得.

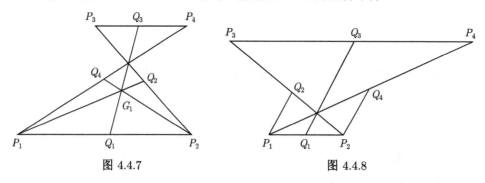

图 4.4.7　　　　　　　　　　　　图 4.4.8

4.5　十角形中点线三角形有向面积的定值定理与应用

本节主要讨论十角形中点线三角形有向面积的定值定理及其应用. 首先, 给出十角形中点线三角形有向面积的定值定理; 其次, 利用该定理得出一类满足一定条件的十角形的中点线三角形有向面积的定值定理, 并据此得出一些等积、共点等的结论.

4.5.1　十角形中点线三角形有向面积的定值定理

定理 4.5.1 (喻德生, 2017)　设 $Q_1Q_2\cdots Q_{10}$ 是十角形 $P_1P_2\cdots P_{10}$ 的中点十角形, 且 $P_1P_7P_3P_9P_5$ 和 $P_2P_8P_4P_{10}P_6$ 均为多边形, P 是 $P_1P_2\cdots P_{10}$ 所在平面上

任意一点, 则

$$\sum_{i=1}^{5} (-1)^{i-1} D_{PQ_iQ_{i+5}} = \frac{1}{4} \left(D_{P_1P_7P_3P_9P_5} + D_{P_2P_6P_{10}P_4P_8} \right). \tag{4.5.1}$$

证明 如图 4.5.1 所示. 设十角形顶点的坐标为 $P_i(x_i, y_i)(i = 1, 2, \cdots, 10)$, 则边 P_iP_{i+1} 中点的坐标为

$$Q_i \left(\frac{x_i + x_{i+1}}{2}, \frac{y_i + y_{i+1}}{2} \right) \quad (i = 1, 2, \cdots, 10).$$

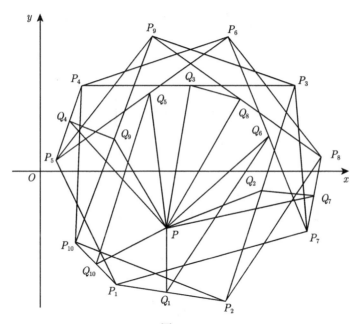

图 4.5.1

根据三角形有向面积公式, 得

$$8 \sum_{i=1}^{5} (-1)^{i-1} D_{PQ_iQ_{i+5}}$$

$$= 2 \sum_{i=1}^{5} (-1)^{i-1} \left[x(y_i + y_{i+1}) - (x_i + x_{i+1})y \right]$$

$$+ \sum_{i=1}^{5} (-1)^{i-1} \left[(x_i + x_{i+1})(y_{i+5} + y_{i+6}) \right.$$

$$\left. - (x_{i+5} + x_{i+6})(y_i + y_{i+1}) \right]$$

$$+ 2\sum_{i=1}^{5} (-1)^{i-1} \left[(x_{i+5} + x_{i+6})y - x(y_{i+6} + y_{i+6}) \right]$$

$$= 2x \sum_{i=1}^{5} (-1)^{i-1} \left[(y_i - y_{i+5}) + (y_{i+1} - y_{i+6}) \right]$$

$$+ 2y \sum_{i=1}^{5} (-1)^{i-1} \left[(x_{i+5} - x_i) + (x_{i+6} - x_{i+1}) \right]$$

$$+ \sum_{i=1}^{5} (-1)^{i-1} \left[(x_i y_{i+5} - x_{i+5} y_i) + (x_i y_{i+6} - x_{i+6} y_i) \right.$$

$$+ (x_{i+1} y_{i+5} - x_{i+5} y_{i+1}) + (x_{i+1} y_{i+6} - x_{i+6} y_{i+1}) \Big]$$

$$= 2x \left[(y_1 - y_6) + \sum_{i=2}^{5} (-1)^{i-1} (y_i - y_{i+5}) \right.$$

$$+ \sum_{i=1}^{4} (-1)^{i-1} (y_{i+1} - y_{i+6}) + (y_6 - y_1) \Big]$$

$$+ 2y \left[(x_6 - x_1) + \sum_{i=2}^{5} (-1)^{i-1} (x_{i+5} - x_i) \right.$$

$$+ \sum_{i=1}^{4} (-1)^{i-1} (x_{i+6} - x_{i+1}) + (x_1 - x_6) \Big]$$

$$+ \left[(x_1 y_6 - x_6 y_1) + \sum_{i=2}^{5} (-1)^{i-1} (x_i y_{i+5} - x_{i+5} y_i) \right]$$

$$+ \left[(x_6 y_1 - x_1 y_6) + \sum_{i=1}^{4} (-1)^{i-1} (x_{i+1} y_{i+6} - x_{i+6} y_{i+1}) \right]$$

$$+ \sum_{i=1}^{5} (-1)^{i-1} \left[(x_i y_{i+6} - x_{i+6} y_i) + (x_{i+1} y_{i+5} - x_{i+5} y_{i+1}) \right]$$

$$= \sum_{i=1}^{5} (-1)^{i-1} \left[(x_i y_{i+6} - x_{i+6} y_i) + (x_{i+1} y_{i+5} - x_{i+5} y_{i+1}) \right]$$

$$= \left[(x_1 y_7 - x_7 y_1) + (x_7 y_3 - x_3 y_7) + (x_3 y_9 - x_9 y_3) \right.$$

$$+ (x_9 y_5 - x_5 y_9) + (x_5 y_1 - x_1 y_5) \Big]$$

$$+ \left[(x_2 y_6 - x_6 y_2) + (x_6 y_{10} - x_{10} y_6) + (x_{10} y_4 - x_4 y_{10}) \right.$$

$$+(x_4y_8 - x_8y_4) + (x_8y_2 - x_2y_8)]$$

$$=2\left(D_{P_1P_7P_3P_9P_5} + D_{P_2P_6P_{10}P_4P_8}\right),$$

因此, 式 (4.5.1) 成立.

4.5.2 十角形中点线三角形有向面积定值定理的应用

定理 4.5.2 (喻德生, 2017) 设 $Q_1Q_2\cdots Q_{10}$ 是十角形 $P_1P_2\cdots P_{10}$ 的中点十角形, 且 $P_1P_7P_3P_9P_5$ 和 $P_2P_6P_{10}P_4P_8$ 均为多边形, P 是 $P_1P_2\cdots P_{10}$ 所在平面上任意一点, 则

$$\sum_{i=1}^{5}(-1)^{i-1}D_{PQ_iQ_{i+5}} = 0 \tag{4.5.2}$$

的充分必要条件是 $D_{P_1P_7P_3P_9P_5} + D_{P_2P_6P_{10}P_4P_8} = 0$.

证明 由定理 4.5.1 即得.

推论 4.5.1 设 $Q_1Q_2\cdots Q_{10}$ 是十角形 $P_1P_2\cdots P_{10}$ 的中点十角形, $P_1P_7P_3P_9P_5$ 和 $P_2P_6P_{10}P_4P_8$ 均为多边形且 $D_{P_1P_7P_3P_9P_5} + D_{P_2P_6P_{10}P_4P_8} = 0$, 则 P 是 Q_jQ_{j+5} 所在直线上任意一点的充分必要条件是

$$\sum_{i=1,i\neq j}^{5}(-1)^{i-1}D_{PQ_iQ_{i+5}} = 0 \quad (j=1,2,\cdots,5). \tag{4.5.3}$$

证明 由定理 4.5.2 的充分条件, 可知

P 是 Q_jQ_{j+5} 所在直线上任意一点 $\Leftrightarrow D_{PQ_jQ_{j+5}} = 0 \Leftrightarrow$ 式 (4.5.3) 成立.

推论 4.5.2 设 $Q_1Q_2\cdots Q_{10}$ 是十角形 $P_1P_2\cdots P_{10}$ 的中点十角形, $P_1P_7P_3P_9P_5$ 和 $P_2P_6P_{10}P_4P_8$ 均为多边形且 $D_{P_1P_7P_3P_9P_5} + D_{P_2P_6P_{10}P_4P_8} = 0$. 若 Q_jQ_{j+5}, Q_kQ_{k+5} 所在直线相交于一点 G_{jk}, 则

$$\sum_{i=1,i\neq j,k}^{5}(-1)^{i-1}D_{G_{jk}Q_iQ_{i+5}} = 0 \quad (j,k=1,2,\cdots,5; j<k). \tag{4.5.4}$$

证明 因为 G_{jk} 是 Q_jQ_{j+5} 与 Q_kQ_{k+5} 所在直线交点, 所以

$$D_{G_{jk}Q_jQ_{j+5}} = D_{G_{jk}Q_kQ_{k+5}} = 0,$$

故由定理 4.5.2 的充分条件, 可知式 (4.5.4) 成立.

推论 4.5.3 设 $Q_1Q_2\cdots Q_{10}$ 是十角形 $P_1P_2\cdots P_{10}$ 的中点十角形, $P_1P_7P_3P_9P_5$ 和 $P_2P_6P_{10}P_4P_8$ 均为多边形且 $D_{P_1P_7P_3P_9P_5} + D_{P_2P_6P_{10}P_4P_8} = 0$. 若 Q_jQ_{j+5}, Q_kQ_{k+5} 所在直线相交于一点 G_{jk}, 则在以下各组三个三角形

$$G_{jk}Q_iQ_{i+5} \quad (i,j,k=1,2,\cdots,5; i\neq j,k; j<k)$$

中, 其中一个三角形的面积等于另两个较小的三角形的面积的和.

证明　由式 (4.5.4) 即得.

推论 4.5.4　设 $Q_1Q_2\cdots Q_{10}$ 是十角形 $P_1P_2\cdots P_{10}$ 的中点十角形, $P_1P_7P_3P_9P_5$ 和 $P_2P_6P_{10}P_4P_8$ 均为多边形且 $D_{P_1P_7P_3P_9P_5}+D_{P_2P_6P_{10}P_4P_8}=0$. 若 Q_jQ_{j+5}, Q_kQ_{k+5}, Q_lQ_{l+5} 所在直线相交于一点 G_{jkl}, 则

$$D_{G_{jkl}Q_{i_1}Q_{i_1+5}} = (-1)^{i_2-i_1+1}D_{G_{jkl}Q_{i_2}Q_{i_2+5}} \quad (\mathrm{a}_{G_{jkl}Q_{i_1}Q_{i_1+5}} = \mathrm{a}_{G_{jkl}Q_{i_2}Q_{i_2+5}}), \quad (4.5.5)$$

其中 $i_1, i_2, j, k, l = 1, 2, 3, 4, 5$; $i_1 < i_2, i_1, i_2 \neq j, k, l; j < k < l$.

证明　因为 G_{jkl} 是 $Q_jQ_{j+5}, Q_kQ_{k+5}, Q_lQ_{l+5}$ 所在直线的交点, 故

$$D_{G_{jkl}Q_jQ_{j+5}} = D_{G_{jkl}Q_kQ_{k+5}} = D_{G_{jkl}Q_lQ_{l+5}} = 0,$$

故由定理 4.5.2 的充分条件, 可得

$$(-1)^{i_1-1}D_{G_{jkl}Q_{i_1}Q_{i_1+5}} + (-1)^{i_2-1}D_{G_{jkl}Q_{i_2}Q_{i_2+5}} = 0,$$

从而, 式 (4.5.5) 成立.

定理 4.5.3 (喻德生, 2017)　设 $Q_1Q_2\cdots Q_{10}$ 是十角形 $P_1P_2\cdots P_{10}$ 的中点十角形, $P_1P_7P_3P_9P_5$ 和 $P_2P_6P_{10}P_4P_8$ 均为多边形且 $D_{P_1P_7P_3P_9P_5} + D_{P_2P_6P_{10}P_4P_8} = 0$. 若 $Q_1Q_2\cdots Q_{10}$ 五对对顶点的连线 $Q_1Q_6, Q_2Q_7, Q_3Q_8, Q_4Q_9, Q_5Q_{10}$ 所在的五条直线中有四条相交于一点, 则这五条直线相交于一点.

证明　如图 4.5.2 所示. 因为 $D_{P_1P_7P_3P_9P_5} + D_{P_2P_6P_{10}P_4P_8} = 0$, 故由定理 4.5.2 的充分性, 式 (4.5.2) 成立. 不妨设 $Q_1Q_6, Q_2Q_7, Q_3Q_8, Q_4Q_9$ 相交于点 G, 则 $D_{GQ_1Q_6} = D_{GQ_2Q_7} = D_{GQ_3Q_8} = D_{GQ_4Q_9} = 0$. 代入式 (4.5.2), 得 $D_{GQ_5Q_{10}} = 0$, 故点 G 在 Q_5Q_{10} 所在直线上, 从而 $Q_1Q_6, Q_2Q_7, Q_3Q_8, Q_4Q_9, Q_5Q_{10}$ 所在直线相交于一点.

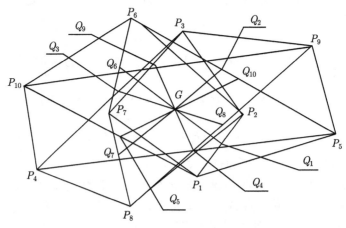

图 4.5.2

定理 4.5.4 (喻德生, 2017) 设 $Q_1Q_2\cdots Q_{10}$ 是十角形 $P_1P_2\cdots P_{10}$ 的中点十角形, 且 $P_1P_2\cdots P_{10}$ 的顶点 P_1, P_3, P_5, P_7, P_9 和 $P_2, P_4, P_6, P_8, P_{10}$ 分别在两条直线上, P 是 $P_1P_2\cdots P_{10}$ 所在平面上任意一点, 则

$$\sum_{i=1}^{5}(-1)^{i-1}\mathrm{D}_{PQ_iQ_{i+5}}=0.$$

证明 如图 4.5.3 所示. 因为 P_1, P_3, P_5, P_7, P_9 和 $P_2, P_4, P_6, P_8, P_{10}$ 分别在两条直线上, 所以

$$\mathrm{D}_{P_1P_7P_3P_9P_5}=\mathrm{D}_{P_2P_8P_6P_4P_{10}}=0,$$

故由定理 4.5.2 的充分性即得.

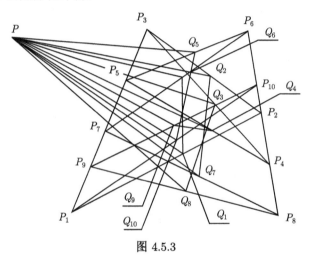

图 4.5.3

推论 4.5.5 设 $Q_1Q_2\cdots Q_{10}$ 是十角形 $P_1P_2\cdots P_{10}$ 的中点十角形, 且 $P_1P_2\cdots P_{10}$ 的顶点 P_1, P_3, P_5, P_7, P_9 和 $P_2, P_4, P_6, P_8, P_{10}$ 分别在两条直线上, 则 P 是 Q_jQ_{j+5} 所在直线上任意一点的充分必要条件是

$$\sum_{i=1,i\neq j}^{5}(-1)^{i-1}\mathrm{D}_{PQ_iQ_{i+5}}=0 \quad (j=1,2,\cdots,5).$$

证明 由定理 4.5.4, 仿推论 4.5.1 证明即得.

推论 4.5.6 设 $Q_1Q_2\cdots Q_{10}$ 是十角形 $P_1P_2\cdots P_{10}$ 的中点十角形, 且 $P_1P_2\cdots P_{10}$ 的顶点 P_1, P_3, P_5, P_7, P_9 和 $P_2, P_4, P_6, P_8, P_{10}$ 分别在两条直线上. 若 Q_jQ_{j+5} 与 Q_kQ_{k+5} 所在直线相交于一点 G_{jk}, 则

$$\sum_{i=1,i\neq j,k}^{5}(-1)^{i-1}\mathrm{D}_{G_{jk}Q_iQ_{i+5}}=0 \quad (j,k=1,2,\cdots,5;j<k).$$

证明　由定理 4.5.4, 仿推论 4.5.2 证明即得.

推论 4.5.7　设 $Q_1Q_2\cdots Q_{10}$ 是十角形 $P_1P_2\cdots P_{10}$ 的中点十角形, 且 $P_1P_2\cdots$ P_{10} 的顶点 P_1,P_3,P_5,P_7,P_9 和 P_2,P_4,P_6,P_8,P_{10} 分别在两条直线上. 若 Q_jQ_{j+5}, Q_kQ_{k+5} 所在直线相交于一点 G_{jk}, 则在以下各组三个三角形

$$G_{jk}Q_iQ_{i+5}\quad (i,j,k=1,2,\cdots,5;i\neq j,k,j<k)$$

中, 其中一个三角形的面积等于另两个较小的三角形的面积的和.

证明　由推论 4.5.6 即得.

推论 4.5.8　设 $Q_1Q_2\cdots Q_{10}$ 是十角形 $P_1P_2\cdots P_{10}$ 的中点十角形, 且 $P_1P_2\cdots$ P_{10} 的顶点 P_1,P_3,P_5,P_7,P_9 和 P_2,P_4,P_6,P_8,P_{10} 分别在两条直线上. 若 Q_jQ_{j+5}, Q_kQ_{k+5},Q_lQ_{l+5} 所在直线相交于一点 G_{jkl}, 则

$$\mathrm{D}_{G_{jkl}Q_{i_1}Q_{i_1+5}}=(-1)^{i_2-i_1+1}\mathrm{D}_{G_{jkl}Q_{i_2}Q_{i_2+5}}\quad (\mathrm{a}_{G_{jkl}Q_{i_1}Q_{i_1+5}}=\mathrm{a}_{G_{jkl}Q_{i_2}Q_{i_2+5}}),$$

其中 $i_1,i_2,j,k,l=1,2,3,4,5;i_1<i_2,i_1,i_2\neq j,k,l;j<k<l$.

证明　由定理 4.5.4, 仿推论 4.5.3 证明即得.

定理 4.5.5 (喻德生, 2017)　设 $Q_1Q_2\cdots Q_{10}$ 是十角形 $P_1P_2\cdots P_{10}$ 的中点十角形, 且 $P_1P_2\cdots P_{10}$ 的顶点 P_1,P_3,P_5,P_7,P_9 和 P_2,P_4,P_6,P_8,P_{10} 分别在两条直线上. 若 $Q_1Q_2\cdots Q_{10}$ 五对对顶点的连线 $Q_1Q_6,Q_2Q_7,Q_3Q_8,Q_4Q_9,Q_5Q_{10}$ 所在的五条直线中有四条相交于一点, 则这五条直线相交于一点.

证明　如图 4.5.4 所示. 仿定理 4.5.3 证明即得.

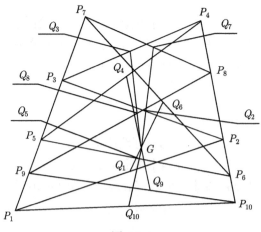

图 4.5.4

4.6 退化十角形中点线三角形有向面积的定值定理与应用

本节主要讨论退化十角形——九角形、八角形和七角形中点线三角形有向面积的定值定理及其应用. 首先, 将九角形看成是有一个顶点重合的十角形, 应用十角形中点线三角形有向面积的定值定理得出九角形中点线三角形有向面积的定值定理, 并讨论定值定理的应用; 其次, 用类似的方法得出八角形中点线三角形有向面积的定值定理, 并讨论定值定理的应用. 再次, 给出七角形中点线三角形有向面积的定值定理, 并讨论定值定理的应用.

4.6.1 九角形中点线三角形有向面积的定值定理与应用

定理 4.6.1 (喻德生, 2017) 设 $Q_1Q_2\cdots Q_9$ 是九角形 $P_1P_2\cdots P_9$ 的中点九角形, 且 $P_iP_{i+5}P_{i+1}P_{i+7}P_{i+3}$ 和 $P_iP_{i+4}P_{i+8}P_{i+2}P_{i+6}$ 均为多边形, P 是 $P_1P_2\cdots P_9$ 所在平面上任意一点, 则

$$D_{PP_iQ_{i+4}} + \sum_{j=1}^{4}(-1)^j D_{PQ_{i+j-1}Q_{i+j+4}}$$

$$=\frac{1}{4}\left(D_{P_iP_{i+5}P_{i+1}P_{i+7}P_{i+3}} + D_{P_iP_{i+4}P_{i+8}P_{i+2}P_{i+6}}\right) \quad (i=1,2,\cdots,9). \quad (4.6.1)$$

证明 如图 4.6.1 所示. 将九角形 $P_1P_2\cdots P_9$ 看成是有一个顶点重合的退

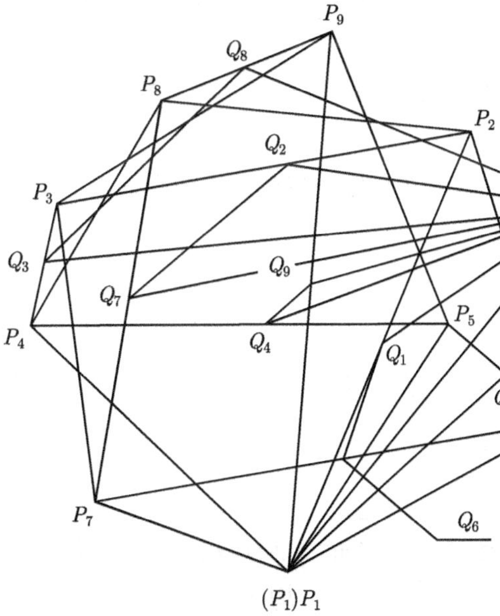

图 4.6.1

化十角形 $P_1P_1P_2\cdots P_9$, 则其各边的中点分别为 $P_1,Q_1,Q_2,\cdots,Q_9$, 即退化十角形 $P_1P_1P_2\cdots P_9$ 的中点十边形为 $P_1Q_1Q_2\cdots Q_9$. 于是, 由定理 4.5.1, 可得

$$\mathrm{D}_{PP_1Q_5} + \sum_{j=1}^{4}(-1)^j\mathrm{D}_{PQ_jQ_{j+5}} = \frac{1}{4}\left(\mathrm{D}_{P_1P_6P_2P_8P_4} + \mathrm{D}_{P_1P_5P_9P_3P_7}\right),$$

因此, 当 $i=1$ 时, 式 (4.6.1) 成立.

类似地, 可以证明, 当 $i=2,3,\cdots,9$ 时, 式 (4.6.1) 成立.

定理 4.6.2 (喻德生, 2017)　设 $Q_1Q_2\cdots Q_9$ 是九角形 $P_1P_2\cdots P_9$ 的中点九角形, 且 $P_iP_{i+5}P_{i+1}P_{i+7}P_{i+3}$ 和 $P_iP_{i+4}P_{i+8}P_{i+2}P_{i+6}$ 均为多边形, P 是 $P_1P_2\cdots P_9$ 所在平面上任意一点, 则

$$\mathrm{D}_{PP_iQ_{i+4}} + \sum_{j=1}^{4}(-1)^j\mathrm{D}_{PQ_{i+j-1}Q_{i+j+4}} = 0 \tag{4.6.2}$$

的充分必要条件是 $\mathrm{D}_{P_iP_{i+5}P_{i+1}P_{i+7}P_{i+3}} + \mathrm{D}_{P_iP_{i+4}P_{i+8}P_{i+2}P_{i+6}} = 0 (i=1,2,\cdots,9)$.

证明　由定理 4.6.1 即得.

推论 4.6.1　设 $Q_1Q_2\cdots Q_9$ 是九角形 $P_1P_2\cdots P_9$ 的中点九角形, 且 P_iP_{i+5} $P_{i+1}P_{i+7}P_{i+3}$ 和 $P_iP_{i+4}P_{i+8}P_{i+2}P_{i+6}$ 均为多边形, 且 $\mathrm{D}_{P_iP_{i+5}P_{i+1}P_{i+7}P_{i+3}} + \mathrm{D}_{P_iP_{i+4}P_{i+8}P_{i+2}P_{i+6}} = 0$, 则

(1) P 是 P_iQ_{i+4} 所在直线上任意一点的充分必要条件是

$$\sum_{j=1}^{4}(-1)^j\mathrm{D}_{PQ_{i+j-1}Q_{i+j+4}} = 0 \quad (i=1,2,\cdots,9);$$

(2) P 是 $Q_{i+k-1}Q_{i+k+4}$ 所在直线上任意一点的充分必要条件是

$$\mathrm{D}_{PP_iQ_{i+4}} + \sum_{j=1,j\neq k}^{4}(-1)^j\mathrm{D}_{PQ_{i+j-1}Q_{i+j+4}} = 0 \quad (i=1,2,\cdots,9; k=1,2,3,4).$$

证明　(1) 由定理 4.6.2 的充分条件, 可知 P 是 P_iQ_{i+4} 所在直线上任意一点 $\Leftrightarrow \mathrm{D}_{PP_iQ_{i+4}} = 0 \Leftrightarrow \sum_{j=1}^{4}(-1)^j\mathrm{D}_{PQ_{i+j-1}Q_{i+j+4}} = 0 \ (i=1,2,\cdots,9)$;

类似地, 可以证明 (2) 中结论成立.

推论 4.6.2　设 $Q_1Q_2\cdots Q_9$ 是九角形 $P_1P_2\cdots P_9$ 的中点九角形, 且 P_iP_{i+5} $P_{i+1}P_{i+7}P_{i+3}$ 和 $P_iP_{i+4}P_{i+8}P_{i+2}P_{i+6}$ 均为多边形, 且 $\mathrm{D}_{P_iP_{i+5}P_{i+1}P_{i+7}P_{i+3}} + \mathrm{D}_{P_iP_{i+4}P_{i+8}P_{i+2}P_{i+6}} = 0$, 则

(1) 若 $P_iQ_{i+4}, Q_{i+k-1}Q_{i+k+4}$ 所在直线相交于点 G_{ik}, 则

$$\sum_{j=1,j\neq k}^{4} (-1)^j \mathrm{D}_{G_{ik}Q_{i+j-1}Q_{i+j+4}} = 0$$
$$(i=1,2,\cdots,9; k=1,2,3,4);$$

(2) 若 $Q_{i+k-1}Q_{i+k+4}, Q_{i+l-1}Q_{i+l+4}$ 所在直线相交于点 H_{kl}, 则

$$\mathrm{D}_{H_{kl}P_iQ_{i+4}} + \sum_{j=1,j\neq k,l}^{4} (-1)^j \mathrm{D}_{H_{kl}Q_{i+j-1}Q_{i+j+4}} = 0$$
$$(i=1,2,\cdots,9; k,l=1,2,3,4; k<l).$$

证明 (1) 因为 G_{ik} 是 P_iQ_{i+4} 与 $Q_{i+k-1}Q_{i+k+4}$ 所在直线交点, 所以

$$\mathrm{D}_{G_{ik}Q_iQ_{i+5}} = \mathrm{D}_{G_{ik}Q_{i+k-1}Q_{i+k+4}} = 0,$$

故由定理 4.6.2 的充分条件, 即得

$$\sum_{j=1,j\neq k}^{4} (-1)^j \mathrm{D}_{PQ_{i+j-1}Q_{i+j+4}} = 0 \quad (i=1,2,\cdots,9; k=1,2,3,4).$$

类似地, 可以证明 (2) 中结论成立.

推论 4.6.3 设 $Q_1Q_2\cdots Q_9$ 是九角形 $P_1P_2\cdots P_9$ 的中点九角形, 且 $P_iP_{i+5}P_{i+1}P_{i+7}P_{i+3}$ 和 $P_iP_{i+4}P_{i+8}P_{i+2}P_{i+6}$ 均为多边形, 且 $\mathrm{D}_{P_iP_{i+5}P_{i+1}P_{i+7}P_{i+3}} + \mathrm{D}_{P_iP_{i+4}P_{i+8}P_{i+2}P_{i+6}} = 0(i=1,2,\cdots,9)$, 则

(1) 若 $P_iQ_{i+4}, Q_{i+k-1}Q_{i+k+4}$ 所在直线相交于点 G_{ik}, 则在下列每组三个三角形

$$G_{ik}Q_{i+j-1}Q_{i+j+4} \quad (i=1,2,\cdots,9; k=1,2,3,4; j\neq k)$$

中, 其中一个三角形的面积等于另两个较小的三角形的面积的和;

(2) 若 $Q_{i+k-1}Q_{i+k+4}, Q_{i+l-1}Q_{i+l+4}$ 所在直线相交于点 H_{kl}, 则在下列每组三个三角形

$$H_{kl}P_iQ_{i+4}, H_{kl}Q_{i+j-1}Q_{i+j+4} \quad (i=1,2,\cdots,9; k,l=1,2,3,4; j\neq k,l)$$

中, 其中一个三角形的面积等于另两个较小的三角形的面积的和.

证明 由推论 4.6.2 即得.

推论 4.6.4　设 $Q_1Q_2\cdots Q_9$ 是九角形 $P_1P_2\cdots P_9$ 的中点九角形, 且 P_iP_{i+5} $P_{i+1}P_{i+7}P_{i+3}$ 和 $P_iP_{i+4}P_{i+8}P_{i+2}P_{i+6}$ 均为多边形, 且 $\mathrm{D}_{P_iP_{i+5}P_{i+1}P_{i+7}P_{i+3}}+$ $\mathrm{D}_{P_iP_{i+4}P_{i+8}P_{i+2}P_{i+6}}=0(i=1,2,\cdots,9)$, 则

(1) 若 $P_iQ_{i+4},Q_{i+k-1}Q_{i+k+4},Q_{l+k-1}Q_{l+k+4}$ 所在直线相交于点 G_{ikl}, 则

$$\mathrm{D}_{G_{ikl}Q_{i+j_1-1}Q_{i+j_1+4}}+\mathrm{D}_{G_{ikl}Q_{i+j_2-1}Q_{i+j_2+4}}$$

$$=0\quad(\mathrm{a}_{G_{ikl}Q_{i+j_1-1}Q_{i+j_1+4}}=\mathrm{a}_{G_{ikl}Q_{i+j_2-1}Q_{i+j_2+4}}),$$

其中 $i=1,2,\cdots,9;j_1,j_2,k,l=1,2,3,4;j_1,j_2\neq k,l;k<l,j_1<j_2;$

(2) 若 $Q_{i+k-1}Q_{i+k+4},Q_{i+l-1}Q_{i+l+4},Q_{i+r-1}Q_{i+r+4}$ 所在直线相交于点 H_{klr}, 则

$$\mathrm{D}_{H_{klr}P_iQ_{i+4}}+(-1)^j\mathrm{D}_{H_{klr}Q_{i+j-1}Q_{i+j+4}}=0\quad(\mathrm{a}_{H_{klr}P_iQ_{i+4}}=\mathrm{a}_{H_{klr}Q_{i+j-1}Q_{i+j+4}}),$$

其中 $i=1,2,\cdots,9;j,k,l,r=1,2,3,4;j\neq k,l,r;k<l<r.$

证明　(1) 因为 G_{ikl} 是 $P_iQ_{i+4},Q_{i+k-1}Q_{i+k+4},Q_{l+k-1}Q_{l+k+4}$ 所在直线交点, 所以

$$\mathrm{D}_{G_{ikl}Q_iQ_{i+5}}=\mathrm{D}_{G_{ikl}Q_{i+k-1}Q_{i+k+4}}=\mathrm{D}_{G_{ikl}Q_{i+l-1}Q_{i+l+4}}=0,$$

故由定理 4.6.2 的充分条件, 即得

$$\sum_{j=1,j\neq k,l}^{4}(-1)^j\mathrm{D}_{PQ_{i+j-1}Q_{i+j+4}}=0\quad(i=1,2,\cdots,9;k,l=1,2,3,4;k<l),$$

从而 (1) 中结论成立.

类似地, 可以证明 (2) 中结论成立.

定理 4.6.3 (喻德生, 2017)　设 $Q_1Q_2\cdots Q_9$ 是九角形 $P_1P_2\cdots P_9$ 的中点九角形, $P_iP_{i+5}P_{i+1}P_{i+7}P_{i+3}$ 和 $P_iP_{i+4}P_{i+8}P_{i+2}P_{i+6}$ 均为多边形, 且 $\mathrm{D}_{P_iP_{i+5}P_{i+1}P_{i+7}P_{i+3}}+$ $\mathrm{D}_{P_iP_{i+4}P_{i+8}P_{i+2}P_{i+6}}=0(i=1,2,\cdots,9)$. 若 $P_iQ_{i+4},Q_iQ_{i+5},Q_{i+1}Q_{i+6},Q_{i+2}Q_{i+7}$, $Q_{i+3}Q_{i+8}(i=1,2,\cdots,9)$ 所在的五条直线中有四条相交于一点, 则这五条直线相交于一点.

证明　如图 4.6.2 所示. 因为 $P_iP_{i+5}P_{i+1}P_{i+7}P_{i+3}$ 和 $P_iP_{i+4}P_{i+8}P_{i+2}P_{i+6}$ 均为多边形, 且 $\mathrm{D}_{P_iP_{i+5}P_{i+1}P_{i+7}P_{i+3}}+\mathrm{D}_{P_iP_{i+4}P_{i+8}P_{i+2}P_{i+6}}=0(i=1,2,\cdots,9)$, 故由定理 4.6.2 的充分性知, 式 (4.6.2) 成立.

当 $i=1$ 时, 不妨设 $P_1Q_5,Q_1Q_6,Q_2Q_7,Q_3Q_8$ 相交于点 G_1, 则

$$\mathrm{D}_{G_1P_1Q_5}=\mathrm{D}_{G_1Q_1Q_6}=\mathrm{D}_{G_1Q_2Q_7}=\mathrm{D}_{G_1Q_3Q_8}=0.$$

代入式 (4.6.2), 得 $D_{G_1Q_4Q_9} = 0$, 故点 G_1 在 Q_4Q_9 所在直线上, 从而 $P_1Q_5, Q_1Q_6,$ Q_2Q_7, Q_3Q_8, Q_4Q_9 所在直线相交于一点. 因此, 当 $i = 1$ 时, 定理 4.6.3 结论成立.

类似地, 可以证明, 当 $i = 2, 3, \cdots, 9$ 时, 定理 4.6.3 结论成立.

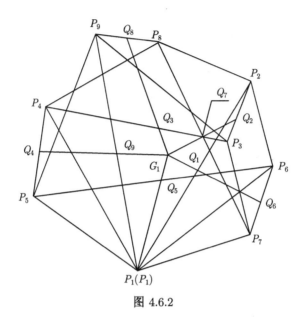

图 4.6.2

定理 4.6.4 (喻德生, 2017) 设 $Q_1Q_2 \cdots Q_9$ 是九角形 $P_1P_2 \cdots P_9$ 的中点九角形, 且 $P_1P_2 \cdots P_9$ 的顶点 $P_i, P_{i+5}, P_{i+1}, P_{i+7}, P_{i+3}$ 和 $P_i, P_{i+2}, P_{i+4}P_{i+6}, P_{i+8}(i = 1, 2, \cdots, 9)$ 分别在两条直线上, P 是 $P_1P_2 \cdots P_9$ 所在平面上任意一点, 则

$$D_{PP_iQ_{i+4}} + \sum_{j=1}^{4}(-1)^j D_{PQ_{i+j-1}Q_{i+j+4}} = 0 \quad (i = 1, 2, \cdots, 9).$$

证明 因为 $P_i, P_{i+5}, P_{i+1}, P_{i+7}, P_{i+3}$ 和 $P_i, P_{i+2}, P_{i+4}P_{i+6}, P_{i+8}(i = 1, 2, \cdots, 9)$ 分别在两条直线上, 所以 $D_{P_iP_{i+5}P_{i+1}P_{i+7}P_{i+3}} + D_{P_iP_{i+4}P_{i+8}P_{i+2}P_{i+6}} = 0(i = 1, 2, \cdots, 9)$, 故由定理 4.5.2 的充分性即得.

推论 4.6.5 设 $Q_1Q_2 \cdots Q_9$ 是九角形 $P_1P_2 \cdots P_9$ 的中点九角形, 且 $P_1P_2 \cdots P_9$ 的顶点 $P_i, P_{i+5}, P_{i+1}, P_{i+7}, P_{i+3}$ 和 $P_i, P_{i+2}, P_{i+4}, P_{i+6}, P_{i+8}(i = 1, 2, \cdots, 9)$ 分别在两条直线上, 则

(1) P 是 $P_iQ_{i+4}(i = 1, 2, \cdots, 9)$ 所在直线上任意一点的充分必要条件是

$$\sum_{j=1}^{4}(-1)^j D_{PQ_{i+j-1}Q_{i+j+4}} = 0 \quad (i = 1, 2, \cdots, 9);$$

(2) P 是 $Q_{i+k-1}Q_{i+k+4}$ 所在直线上任意一点的充分必要条件是

$$D_{PP_iQ_{i+4}} + \sum_{j=1, j\neq k}^{4} (-1)^j D_{PQ_{i+j-1}Q_{i+j+4}} = 0 \quad (i = 1, 2, \cdots, 9; k = 1, 2, 3, 4).$$

证明　由定理 4.6.4, 仿推论 4.6.1 证明即得.

推论 4.6.6　设 $Q_1Q_2\cdots Q_9$ 是九角形 $P_1P_2\cdots P_9$ 的中点九角形, 且 $P_1P_2\cdots P_9$ 的顶点 $P_i, P_{i+5}, P_{i+1}, P_{i+7}, P_{i+3}$ 和 $P_i, P_{i+2}, P_{i+4}P_{i+6}, P_{i+8}(i = 1, 2, \cdots, 9)$ 分别在两条直线上, 则

(1) 若 $P_iQ_{i+4}, Q_{i+k-1}Q_{i+k+4}$ 所在直线相交于点 G_{ik}, 则

$$\sum_{j=1, j\neq k}^{4} (-1)^j D_{G_{ik}Q_{i+j-1}Q_{i+j+4}} = 0 \quad (i = 1, 2, \cdots, 9; k = 1, 2, 3, 4);$$

(2) 若 $Q_{i+k-1}Q_{i+k+4}, Q_{i+l-1}Q_{i+l+4}$ 所在直线相交于点 H_{kl}, 则

$$D_{H_{kl}P_iQ_{i+4}} + \sum_{j=1, j\neq k,l}^{4} (-1)^j D_{H_{kl}Q_{i+j-1}Q_{i+j+4}} = 0$$

$$(i = 1, 2, \cdots, 9; k, l = 1, 2, 3, 4, k < l).$$

证明　利用定理 4.6.4, 仿推论 4.6.2 证明即得.

推论 4.6.7　设 $Q_1Q_2\cdots Q_9$ 是九角形 $P_1P_2\cdots P_9$ 的中点九角形, 且 $P_1P_2\cdots P_9$ 的顶点 $P_i, P_{i+5}, P_{i+1}, P_{i+7}, P_{i+3}$ 和 $P_i, P_{i+2}, P_{i+4}P_{i+6}, P_{i+8}(i = 1, 2, \cdots, 9)$ 分别在两条直线上, 则

(1) 若 $P_iQ_{i+4}, Q_{i+k-1}Q_{i+k+4}$ 所在直线相交于点 G_{ik}, 则在下列每组三个三角形

$$G_{ik}Q_{i+j-1}Q_{i+j+4} \quad (i = 1, 2, \cdots, 9; j, k = 1, 2, 3, 4; j \neq k)$$

中, 其中一个三角形的面积等于另两个较小的三角形的面积的和;

(2) 若 $Q_{i+k-1}Q_{i+k+4}, Q_{i+l-1}Q_{i+l+4}$ 所在直线相交于点 H_{kl}, 则在下列每组三个三角形

$$H_{kl}P_iQ_{i+4}, H_{kl}Q_{i+j-1}Q_{i+j+4} \quad (i = 1, 2, \cdots, 9; k, l = 1, 2, 3, 4; j \neq k, l, k < l)$$

中, 其中一个三角形的面积等于另两个较小的三角形的面积的和.

证明　由推论 4.6.6 即得.

推论 4.6.8　设 $Q_1Q_2\cdots Q_9$ 是九角形 $P_1P_2\cdots P_9$ 的中点九角形, 且 $P_1P_2\cdots P_9$ 的顶点 $P_i, P_{i+5}, P_{i+1}, P_{i+7}, P_{i+3}$ 和 $P_i, P_{i+2}, P_{i+4}P_{i+6}, P_{i+8}(i = 1, 2, \cdots, 9)$ 分别在两条直线上.

(1) 若 $P_iQ_{i+4}, Q_{i+k-1}Q_{i+k+4}, Q_{l+k-1}Q_{l+k+4}$ 所在直线相交于点 G_{ikl}, 则

$$\mathrm{D}_{G_{ikl}Q_{i+j_1-1}Q_{i+j_1+4}} + \mathrm{D}_{G_{ikl}Q_{i+j_2-1}Q_{i+j_2+4}}$$

$$=0 \quad (\mathrm{a}_{G_{ikl}Q_{i+j_1-1}Q_{i+j_1+4}} = \mathrm{a}_{G_{ikl}Q_{i+j_2-1}Q_{i+j_2+4}}),$$

其中 $i = 1, 2, \cdots, 9; j_1, j_2, k, l = 1, 2, 3, 4; j_1, j_2 \neq k, l; k < l, j_1 < j_2.$

(2) 若 $Q_{i+k-1}Q_{i+k+4}, Q_{i+l-1}Q_{i+l+4}, Q_{i+r-1}Q_{i+r+4}$ 所在直线相交于点 H_{klr}, 则

$$\mathrm{D}_{H_{klr}P_iQ_{i+4}} + (-1)^j\mathrm{D}_{H_{klr}Q_{i+j-1}Q_{i+j+4}} = 0 \quad (\mathrm{a}_{H_{klr}P_iQ_{i+4}} = \mathrm{a}_{H_{klr}Q_{i+j-1}Q_{i+j+4}}),$$

其中 $i = 1, 2, \cdots, 9; j, k, l, r = 1, 2, 3, 4; j \neq k, l, r; k < l < r.$

证明 利用定理 4.6.4, 仿推论 4.6.4 证明即得.

定理 4.6.5 (喻德生, 2017) 设 $Q_1Q_2 \cdots Q_9$ 是九角形 $P_1P_2 \cdots P_9$ 的中点九角形, 且 $P_1P_2 \cdots P_9$ 的顶点 $P_i, P_{i+5}, P_{i+1}, P_{i+7}, P_{i+3}$ 和 $P_i, P_{i+2}, P_{i+4}P_{i+6}, P_{i+8}(i = 1, 2, \cdots, 9)$ 分别在两条直线上. 若 $P_iQ_{i+4}, Q_iQ_{i+5}, Q_{i+1}Q_{i+6}, Q_{i+2}Q_{i+7}, Q_{i+3}Q_{i+8}$ $(i = 1, 2, \cdots, 9)$ 所在的五条直线中有四条相交于一点, 则这五条直线相交于一点.

证明 如图 4.6.3 所示. 仿定理 4.6.3 证明即得.

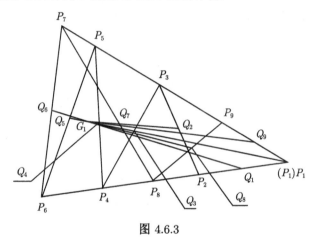

图 4.6.3

4.6.2 八角形中点线三角形有向面积的定值定理与应用

定理 4.6.6 (喻德生, 2017) 设 $Q_1Q_2 \cdots Q_8$ 是八角形 $P_1P_2 \cdots P_8$ 的中点八角形, 且 $P_iP_{i+4}P_{i+1}P_{i+6}P_{i+2}$ 和 $P_iP_{i+3}P_{i+7}P_{i+1}P_{i+5}$ 均为多边形, P 是 $P_1P_2 \cdots P_8$ 所在平面上任意一点, 则

$$\mathrm{D}_{PP_iQ_{i+3}} - \mathrm{D}_{PQ_iQ_{i+4}} + \mathrm{D}_{PP_{i+1}Q_{i+5}} - \mathrm{D}_{PQ_{i+1}Q_{i+6}} + \mathrm{D}_{PQ_{i+2}Q_{i+7}}$$

$$=\frac{1}{4}\left(\mathrm{D}_{P_iP_{i+4}P_{i+1}P_{i+6}P_{i+2}} + \mathrm{D}_{P_iP_{i+3}P_{i+7}P_{i+1}P_{i+5}}\right) \quad (i = 1, 2, \cdots, 8). \quad (4.6.3)$$

证明　如图 4.6.4 所示. 将八角形 $P_1P_2\cdots P_8$ 看成是有两个顶点重合的退化十角形 $P_1P_1P_2P_2P_3P_4\cdots P_8$, 则其各边的中点分别为 $P_1,Q_1,P_2,Q_2,Q_3,\cdots,Q_8$, 即退化十角形 $P_1P_1P_2P_2P_3P_4P_5P_6P_7P_8$ 的中点十边形为 $P_1Q_1P_2Q_2Q_3\cdots Q_8$. 于是, 由定理 4.5.1, 可得

$$\mathrm{D}_{PP_1Q_4} - \mathrm{D}_{PQ_1Q_5} + \mathrm{D}_{PP_2Q_6} - \mathrm{D}_{PQ_2Q_7} + \mathrm{D}_{PQ_3Q_8}$$

$$=\frac{1}{4}\left(\mathrm{D}_{P_1P_5P_2P_7P_3} + \mathrm{D}_{P_1P_6P_4P_2P_8}\right),$$

因此, 当 $i=1$ 时, 式 (4.6.3) 成立.

类似地, 可以证明, 当 $i=2,3,\cdots,8$ 时, 式 (4.6.3) 成立.

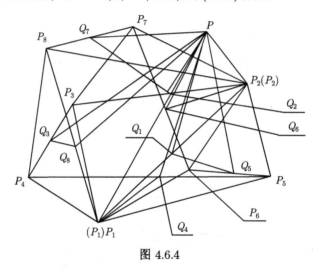

图 4.6.4

定理 4.6.7 (喻德生, 2017)　设 $Q_1Q_2\cdots Q_8$ 是八角形 $P_1P_2\cdots P_8$ 的中点八角形, 且 $P_iP_{i+4}P_{i+1}P_{i+6}P_{i+2}$ 和 $P_iP_{i+3}P_{i+7}P_{i+1}P_{i+5}$ 均为多边形, P 是 $P_1P_2\cdots P_8$ 所在平面上任意一点, 则

$$\mathrm{D}_{PP_iQ_{i+3}} - \mathrm{D}_{PQ_iQ_{i+4}} + \mathrm{D}_{PP_{i+1}Q_{i+5}} - \mathrm{D}_{PQ_{i+1}Q_{i+6}} + \mathrm{D}_{PQ_{i+2}Q_{i+7}} = 0 \qquad (4.6.4)$$

的充分必要条件是 $\mathrm{D}_{P_iP_{i+4}P_{i+1}P_{i+6}P_{i+2}} + \mathrm{D}_{P_iP_{i+3}P_{i+7}P_{i+1}P_{i+5}} = 0(i=1,2,\cdots,8)$.

证明　由定理 4.6.6 即得.

根据定理 4.6.7, 仿推论 4.6.1—推论 4.6.4 的证明, 可得如下推论:

推论 4.6.9　设 $Q_1Q_2\cdots Q_8$ 是八角形 $P_1P_2\cdots P_8$ 的中点八角形, $P_iP_{i+4}P_{i+1}P_{i+6}P_{i+2}$ 和 $P_iP_{i+3}P_{i+7}P_{i+1}P_{i+5}$ 均为多边形, 且 $\mathrm{D}_{P_iP_{i+4}P_{i+1}P_{i+6}P_{i+2}} + \mathrm{D}_{P_iP_{i+3}P_{i+7}P_{i+1}P_{i+5}} = 0(i=1,2,\cdots,8)$, 则

(1) P 是 P_iQ_{i+3} 所在直线上任意一点的充分必要条件是

$$D_{PQ_iQ_{i+4}} - D_{PP_{i+1}Q_{i+5}} + D_{PQ_{i+1}Q_{i+6}} - D_{PQ_{i+2}Q_{i+7}} = 0 \quad (i = 1, 2, \cdots, 8);$$

(2) P 是 $P_{i+1}Q_{i+5}$ 所在直线上任意一点的充分必要条件是

$$D_{PP_iQ_{i+3}} - D_{PQ_iQ_{i+4}} - D_{PQ_{i+1}Q_{i+6}} + D_{PQ_{i+2}Q_{i+7}} = 0 \quad (i = 1, 2, \cdots, 8);$$

(3) P 是 Q_iQ_{i+4} 所在直线上任意一点的充分必要条件是

$$D_{PP_iQ_{i+3}} + D_{PP_{i+1}Q_{i+5}} - D_{PQ_{i+1}Q_{i+6}} + D_{PQ_{i+2}Q_{i+7}} = 0 \quad (i = 1, 2, \cdots, 8);$$

(4) P 是 $Q_{i+2}Q_{i+7}$ 所在直线上任意一点的充分必要条件是

$$D_{PP_iQ_{i+3}} - D_{PQ_iQ_{i+4}} + D_{PP_{i+1}Q_{i+5}} - D_{PQ_{i+1}Q_{i+6}} = 0 \quad (i = 1, 2, \cdots, 8).$$

推论 4.6.10 设 $Q_1Q_2 \cdots Q_8$ 是八角形 $P_1P_2 \cdots P_8$ 的中点八角形, P_iP_{i+4} $P_{i+1}P_{i+6}P_{i+2}$ 和 $P_iP_{i+3}P_{i+7}P_{i+1}P_{i+5}$ 均为多边形, 且 $D_{P_iP_{i+4}P_{i+1}P_{i+6}P_{i+2}} + D_{P_iP_{i+3}P_{i+7}P_{i+1}P_{i+5}} = 0 (i = 1, 2, \cdots, 8)$.

(1) 若 P_iQ_{i+3}, Q_iQ_{i+4} 所在直线相交于 G_i 点, 则

$$D_{G_iP_{i+1}Q_{i+5}} - D_{G_iQ_{i+1}Q_{i+6}} + D_{G_iQ_{i+2}Q_{i+7}} = 0 \quad (i = 1, 2, \cdots, 8);$$

(2) 若 $P_{i+1}Q_{i+5}, Q_iQ_{i+4}$ 所在直线相交于 H_i 点, 则

$$D_{H_iP_iQ_{i+3}} - D_{H_iQ_{i+1}Q_{i+6}} + D_{H_iQ_{i+2}Q_{i+7}} = 0 \quad (i = 1, 2, \cdots, 8);$$

(3) 若 $P_iQ_{i+3}, P_{i+1}Q_{i+5}$ 所在直线相交于 $G_{i(i+1)}$ 点, 则

$$D_{G_{i(i+1)}Q_iQ_{i+4}} + D_{G_{i(i+1)}Q_{i+1}Q_{i+6}} - D_{G_{i(i+1)}Q_{i+2}Q_{i+7}} = 0 \quad (i = 1, 2, \cdots, 8);$$

(4) 若 $Q_iQ_{i+4}, Q_{i+1}Q_{i+6}$ 所在直线相交于 $H_{i(i+1)}$ 点, 则

$$D_{H_{i(i+1)}P_iQ_{i+3}} + D_{H_{i(i+1)}P_{i+1}Q_{i+5}} + D_{H_{i(i+1)}Q_{i+2}Q_{i+7}} = 0 \quad (i = 1, 2, \cdots, 8).$$

推论 4.6.11 设 $Q_1Q_2 \cdots Q_8$ 是八角形 $P_1P_2 \cdots P_8$ 的中点八角形, P_iP_{i+4} $P_{i+1}P_{i+6}P_{i+2}$ 和 $P_iP_{i+3}P_{i+7}P_{i+1}P_{i+5}$ 均为多边形, 且 $D_{P_iP_{i+4}P_{i+1}P_{i+6}P_{i+2}} + D_{P_iP_{i+3}P_{i+7}P_{i+1}P_{i+5}} = 0 (i = 1, 2, \cdots, 8)$.

(1) 若 P_iQ_{i+3}, Q_iQ_{i+4} 所在直线相交于 G_i 点, 则在下列各组三个三角形

$$G_iP_{i+1}Q_{i+5}, \quad G_iQ_{i+1}Q_{i+6}, \quad G_iQ_{i+2}Q_{i+7} \quad (i = 1, 2, \cdots, 8)$$

中, 其中一个三角形的面积等于另两个较小的三角形面积的和;

(2) 若 $P_{i+1}Q_{i+5}, Q_iQ_{i+4}$ 所在直线相交于 H_i 点, 则在下列各组三个三角形

$$H_iP_iQ_{i+3}, \quad H_iQ_{i+1}Q_{i+6}, \quad H_iQ_{i+2}Q_{i+7} \quad (i = 1, 2, \cdots, 8)$$

中, 其中一个三角形的面积等于另两个较小的三角形面积的和;

(3) 若 $P_iQ_{i+3}, P_{i+1}Q_{i+5}$ 所在直线相交于 $G_{i(i+1)}$ 点, 则在下列各组三个三角形

$$G_{i(i+1)}Q_iQ_{i+4}, \quad G_{i(i+1)}Q_{i+1}Q_{i+6}, \quad G_{i(i+1)}Q_{i+2}Q_{i+7} \quad (i = 1, 2, \cdots, 8)$$

中, 其中一个三角形的面积等于另两个较小的三角形面积的和;

(4) 若 $Q_iQ_{i+4}, Q_{i+1}Q_{i+6}$ 所在直线相交于 $H_{i(i+1)}$ 点, 则在下列各组三个三角形

$$H_{i(i+1)}P_iQ_{i+3}, \quad H_{i(i+1)}P_{i+1}Q_{i+5}, \quad H_{i(i+1)}Q_{i+2}Q_{i+7} \quad (i = 1, 2, \cdots, 8)$$

中, 其中一个三角形的面积等于另两个较小的三角形面积的和.

推论 4.6.12　设 $Q_1Q_2\cdots Q_8$ 是八角形 $P_1P_2\cdots P_8$ 的中点八角形, $P_iP_{i+4}P_{i+1}P_{i+6}P_{i+2}$ 和 $P_iP_{i+3}P_{i+7}P_{i+1}P_{i+5}$ 均为多边形, 且 $D_{P_iP_{i+4}P_{i+1}P_{i+6}P_{i+2}} + D_{P_iP_{i+3}P_{i+7}P_{i+1}P_{i+5}} = 0 (i = 1, 2, \cdots, 8)$.

(1) 若 $P_iQ_{i+3}, Q_iQ_{i+4}, Q_{i+1}Q_{i+6}$ 所在直线相交于 K_i 点, 则

$$D_{K_iP_{i+1}Q_{i+5}} + D_{K_iQ_{i+2}Q_{i+7}}$$
$$= 0 \quad (\mathrm{a}_{K_iP_{i+1}Q_{i+5}} = \mathrm{a}_{K_iQ_{i+2}Q_{i+7}}) \quad (i = 1, 2, \cdots, 8);$$

(2) 若 $P_{i+1}Q_{i+5}, Q_iQ_{i+4}, Q_{i+1}Q_{i+6}$ 所在直线相交于 L_{i+1} 点, 则

$$D_{L_{i+1}P_iQ_{i+3}} + D_{L_{i+1}Q_{i+2}Q_{i+7}}$$
$$= 0 \quad (\mathrm{a}_{L_{i+1}P_iQ_{i+3}} = \mathrm{a}_{L_{i+1}Q_{i+2}Q_{i+7}}) \quad (i = 1, 2, \cdots, 8);$$

(3) 若 $P_iQ_{i+3}, P_{i+1}Q_{i+5}, Q_iQ_{i+4}$ 所在直线相交于 $K_{i(i+1)}$ 点, 则

$$D_{K_{i(i+1)}Q_{i+1}Q_{i+6}} - D_{K_{i(i+1)}Q_{i+2}Q_{i+7}}$$
$$= 0 \quad (\mathrm{a}_{K_{i(i+1)}Q_{i+1}Q_{i+6}} = \mathrm{a}_{K_{i(i+1)}Q_{i+2}Q_{i+7}}) \quad (i = 1, 2, \cdots, 8);$$

(4) 若 $Q_iQ_{i+4}, Q_{i+1}Q_{i+6}, Q_{i+2}Q_{i+7}$ 所在直线相交于 $L_{i(i+1)(i+2)}$ 点, 则

$$D_{L_{i(i+1)(i+2)}P_iQ_{i+3}} + D_{L_{i(i+1)(i+2)}P_{i+1}Q_{i+5}}$$

$$=0 \quad (\mathrm{a}_{L_{i(i+1)(i+2)}P_iQ_{i+3}} = \mathrm{a}_{L_{i(i+1)(i+2)}P_{i+1}Q_{i+5}}) \quad (i = 1, 2, \cdots, 8).$$

定理 4.6.8 (喻德生, 2017) 设 $Q_1Q_2\cdots Q_8$ 是八角形 $P_1P_2\cdots P_8$ 的中点八角形, $P_iP_{i+4}P_{i+1}P_{i+6}P_{i+2}$ 和 $P_iP_{i+3}P_{i+7}P_{i+1}P_{i+5}$ 均为多边形, 且 $\mathrm{D}_{P_iP_{i+4}P_{i+1}P_{i+6}P_{i+2}} + \mathrm{D}_{P_iP_{i+3}P_{i+7}P_{i+1}P_{i+5}} = 0(i = 1, 2, \cdots, 8)$, 若 $P_iQ_{i+3}, Q_iQ_{i+4}, P_{i+1}Q_{i+5}, Q_{i+1}Q_{i+6}, Q_{i+2}Q_{i+7}(i = 1, 2, \cdots, 8)$ 所在的五条直线中有四条相交于一点, 则这五条直线相交于一点.

证明 如图 4.6.5 所示. 因为 $\mathrm{D}_{P_iP_{i+4}P_{i+1}P_{i+6}P_{i+2}} + \mathrm{D}_{P_iP_{i+3}P_{i+7}P_{i+1}P_{i+5}} = 0(i = 1, 2, \cdots, 8)$, 故由定理 4.6.7 的充分性, 式 (4.6.4) 成立.

当 $i = 1$ 时, 不妨设 $P_1Q_4, Q_1Q_5, P_2Q_6, Q_2Q_7$ 相交于点 G_1, 则

$$\mathrm{D}_{G_1P_1Q_4} = \mathrm{D}_{G_1Q_1Q_5} = \mathrm{D}_{G_1P_2Q_6} = \mathrm{D}_{G_1Q_2Q_7} = 0.$$

代入式 (4.6.4), 得 $\mathrm{D}_{G_1Q_3Q_8} = 0$, 故点 G_1 在 Q_3Q_8 所在直线上, 从而 $P_1Q_4, Q_1Q_5, P_2Q_6, Q_2Q_7, Q_3Q_8$ 所在直线相交于一点. 因此, 当 $i = 1$ 时, 定理 4.6.8 结论成立.

类似地, 可以证明, 当 $i = 2, 3, \cdots, 8$ 时, 定理 4.6.8 结论成立.

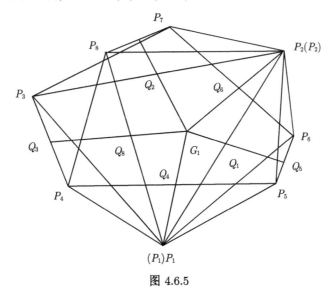

图 4.6.5

4.6.3 七角形中点线三角形有向面积的定值定理与应用

定理 4.6.9 (喻德生, 2017) 设 $Q_1Q_2\cdots Q_7$ 是七角形 $P_1P_2\cdots P_7$ 的中点七角形, 且 $P_iP_{i+3}P_{i+1}P_{i+5}P_{i+2}$ 和 $P_iP_{i+2}P_{i+6}P_{i+1}P_{i+4}$ 均为多边形, P 是 $P_1P_2\cdots P_7$ 所在平面上任意一点, 则

$$\mathrm{D}_{PP_iQ_{i+2}} - \mathrm{D}_{PQ_iQ_{i+3}} + \mathrm{D}_{PP_{i+1}Q_{i+4}} - \mathrm{D}_{PQ_{i+1}Q_{i+5}} + \mathrm{D}_{PP_{i+2}Q_{i+6}}$$

$$=\frac{1}{4}\left(\mathrm{D}_{P_iP_{i+3}P_{i+1}P_{i+5}P_{i+2}}+\mathrm{D}_{P_iP_{i+2}P_{i+6}P_{i+1}P_{i+4}}\right)\quad(i=1,2,\cdots,7).\quad(4.6.5)$$

证明　如图 4.6.6 所示. 将七角形 $P_1P_2\cdots P_7$ 看成是有三个顶点重合的退化十角形 $P_1P_1P_2P_2P_3P_3P_4P_5P_6P_7$, 则其各边的中点分别为 $P_1,Q_1,P_2,Q_2,P_3,Q_3,Q_4,$ Q_5,Q_6,Q_7, 即退化十角形 $P_1P_2P_3P_4P_5P_6P_7P_8P_9P_{10}$ 的中点十边形为 $P_1Q_1P_2Q_2P_3$ $Q_3Q_4\cdots Q_8$. 于是, 由定理 4.5.1, 可得

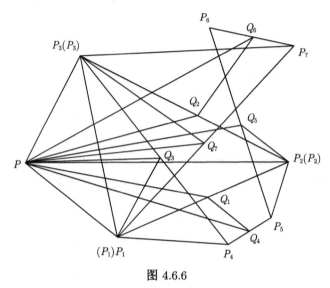

图 4.6.6

$$\mathrm{D}_{PP_1Q_3}-\mathrm{D}_{PQ_1Q_4}+\mathrm{D}_{PP_2Q_5}-\mathrm{D}_{PQ_2Q_6}+\mathrm{D}_{PP_3Q_7}$$
$$=\frac{1}{4}(\mathrm{D}_{P_1P_4P_2P_6P_3}+\mathrm{D}_{P_1P_3P_7P_2P_5}),$$

因此, 当 $i=1$ 时, 式 (4.6.5) 成立.

类似地, 可以证明, 当 $i=2,3,\cdots,7$ 时, 式 (4.6.5) 成立.

定理 4.6.10 (喻德生, 2017)　设 $Q_1Q_2\cdots Q_7$ 是七角形 $P_1P_2\cdots P_7$ 的中点七角形, 且 $P_iP_{i+3}P_{i+1}P_{i+5}P_{i+2}$ 和 $P_iP_{i+2}P_{i+6}P_{i+1}P_{i+4}$ 均为多边形, P 是 $P_1P_2\cdots P_7$ 所在平面上任意一点, 则

$$\mathrm{D}_{PP_iQ_{i+2}}-\mathrm{D}_{PQ_iQ_{i+3}}+\mathrm{D}_{PP_{i+1}Q_{i+4}}-\mathrm{D}_{PQ_{i+1}Q_{i+5}}+\mathrm{D}_{PP_{i+2}Q_{i+6}}=0\quad(4.6.6)$$

的充分必要条件是 $\mathrm{D}_{P_iP_{i+3}P_{i+1}P_{i+5}P_{i+2}}+\mathrm{D}_{P_iP_{i+2}P_{i+6}P_{i+1}P_{i+4}}=0(i=1,2,\cdots,7)$.

证明　由定理 4.6.9 即得.

根据定理 4.6.10, 仿推论 4.6.1—推论 4.6.4 的证明, 可得如下推论:

推论 4.6.13　设 $Q_1Q_2\cdots Q_7$ 是七角形 $P_1P_2\cdots P_7$ 的中点七角形, P_iP_{i+3}

$P_{i+1}P_{i+5}P_{i+2}$ 和 $P_iP_{i+2}P_{i+6}P_{i+1}P_{i+4}$ 均为多边形, 且 $D_{P_iP_{i+3}P_{i+1}P_{i+5}P_{i+2}}+$ $D_{P_iP_{i+2}P_{i+6}P_{i+1}P_{i+4}}=0(i=1,2,\cdots,7)$, 则

(1) P 是 $P_iQ_{i+2}(i=1,2,\cdots,7)$ 所在直线上任意一点的充分必要条件是

$$D_{PQ_iQ_{i+3}}-D_{PP_{i+1}Q_{i+4}}+D_{PQ_{i+1}Q_{i+5}}-D_{PP_{i+2}Q_{i+6}}=0 \quad (i=1,2,\cdots,7);$$

(2) P 是 $Q_iQ_{i+3}(i=1,2,\cdots,7)$ 所在直线上任意一点的充分必要条件是

$$D_{PP_iQ_{i+2}}+D_{PP_{i+1}Q_{i+4}}-D_{PQ_{i+1}Q_{i+5}}+D_{PP_{i+2}Q_{i+6}}=0 \quad (i=1,2,\cdots,7).$$

还有类似的结论, 请读者列出.

推论 4.6.14 设 $Q_1Q_2\cdots Q_7$ 是七角形 $P_1P_2\cdots P_7$ 的中点七角形, P_iP_{i+3} $P_{i+1}P_{i+5}P_{i+2}$ 和 $P_iP_{i+2}P_{i+6}P_{i+1}P_{i+4}$ 均为多边形, 且 $D_{P_iP_{i+3}P_{i+1}P_{i+5}P_{i+2}}+$ $D_{P_iP_{i+2}P_{i+6}P_{i+1}P_{i+4}}=0(i=1,2,\cdots,7)$.

(1) 若 P_iQ_{i+2},Q_iQ_{i+3} 所在直线分别相交于点 G_i, 则

$$D_{G_iP_{i+1}Q_{i+4}}-D_{G_iQ_{i+1}Q_{i+5}}+D_{G_iP_{i+2}Q_{i+6}}=0 \quad (i=1,2,\cdots,7);$$

(2) 若 $P_iQ_{i+2},P_{i+1}Q_{i+4}$ 所在直线相交于点 $H_{i(i+1)}$, 则

$$D_{H_{i(i+1)}Q_iQ_{i+3}}+D_{H_{i(i+1)}Q_{i+1}Q_{i+5}}-D_{H_{i(i+1)}P_{i+2}Q_{i+6}}=0 \quad (i=1,2,\cdots,7);$$

(3) 若 $Q_iQ_{i+3},Q_{i+1}Q_{i+5}$ 所在直线相交于点 $L_{i(i+1)}$, 则

$$D_{L_{i(i+1)}P_iQ_{i+2}}+D_{L_{i(i+1)}P_{i+1}Q_{i+4}}+D_{L_{i(i+1)}P_{i+2}Q_{i+6}}=0 \quad (i=1,2,\cdots,7).$$

还有类似的结论, 请读者列出.

推论 4.6.15 设 $Q_1Q_2\cdots Q_7$ 是七角形 $P_1P_2\cdots P_7$ 的中点七角形, P_iP_{i+3} $P_{i+1}P_{i+5}P_{i+2}$ 和 $P_iP_{i+2}P_{i+6}P_{i+1}P_{i+4}$ 均为多边形, 且 $D_{P_iP_{i+3}P_{i+1}P_{i+5}P_{i+2}}+$ $D_{P_iP_{i+2}P_{i+6}P_{i+1}P_{i+4}}=0(i=1,2,\cdots,7)$.

(1) 若 P_iQ_{i+2},Q_iQ_{i+3} 所在直线分别相交于点 G_i, 则在以下的各组三个三角形

$$G_iP_{i+1}Q_{i+4},G_iQ_{i+1}Q_{i+5},G_iP_{i+2}Q_{i+6} \quad (i=1,2,\cdots,7)$$

中, 其中一个三角形的面积等于其余两个较小的三角形的面积的和;

(2) 若 $P_iQ_{i+2},P_{i+1}Q_{i+4}$ 所在直线相交于点 $H_{i(i+1)}$, 则在以下的各组三个三角形

$$H_{i(i+1)}Q_iQ_{i+3},H_{i(i+1)}Q_{i+1}Q_{i+5},H_{i(i+1)}P_{i+2}Q_{i+6} \quad (i=1,2,\cdots,7)$$

中, 其中一个三角形的面积等于其余两个较小的三角形的面积的和;

(3) 若 $Q_iQ_{i+3}, Q_{i+1}Q_{i+5}$ 所在直线相交于点 $L_{i(i+1)}$, 则在以下的各组三个三角形

$$L_{i(i+1)}P_iQ_{i+2}, L_{i(i+1)}P_{i+1}Q_{i+4}, L_{i(i+1)}P_{i+2}Q_{i+6} \quad (i=1,2,\cdots,7)$$

中, 其中一个三角形的面积等于其余两个较小的三角形的面积的和;

还有类似的结论, 请读者列出.

推论 4.6.16　设 $Q_1Q_2\cdots Q_7$ 是七角形 $P_1P_2\cdots P_7$ 的中点七角形, $P_iP_{i+3}P_{i+1}P_{i+5}P_{i+2}$ 和 $P_iP_{i+2}P_{i+6}P_{i+1}P_{i+4}$ 均为多边形, 且 $D_{P_iP_{i+3}P_{i+1}P_{i+5}P_{i+2}} + D_{P_iP_{i+2}P_{i+6}P_{i+1}P_{i+4}} = 0(i=1,2,\cdots,7)$.

(1) 若 $P_iQ_{i+2}, Q_iQ_{i+3}, Q_{i+1}Q_{i+5}$ 所在直线分别相交于点 $S_{i(i+1)}$, 则

$$D_{S_{i(i+1)}P_{i+1}Q_{i+4}} + D_{S_{i(i+1)}P_{i+2}Q_{i+6}}$$

$$=0 \quad (a_{S_{i(i+1)}P_{i+1}Q_{i+4}} = a_{S_{i(i+1)}P_{i+2}Q_{i+6}}) \quad (i=1,2,\cdots,7);$$

(2) 若 $P_iQ_{i+2}, P_{i+1}Q_{i+4}, Q_iQ_{i+3}$ 所在直线相交于点 $T_{i(i+1)}$, 则

$$D_{T_{i(i+1)}Q_{i+1}Q_{i+5}} - D_{T_{i(i+1)}P_{i+2}Q_{i+6}}$$

$$=0 \quad (a_{T_{i(i+1)}Q_{i+1}Q_{i+5}} = a_{T_{i(i+1)}P_{i+2}Q_{i+6}}) \quad (i=1,2,\cdots,7).$$

还有类似的结论, 请读者列出.

定理 4.6.11 (喻德生, 2017)　设 $Q_1Q_2\cdots Q_7$ 是七角形 $P_1P_2\cdots P_7$ 的中点七角形, $P_iP_{i+3}P_{i+1}P_{i+5}P_{i+2}$ 和 $P_iP_{i+4}P_{i+2}P_{i+1}P_{i+6}$ 均为多边形, 且 $D_{P_iP_{i+3}P_{i+1}P_{i+5}P_{i+2}} + D_{P_iP_{i+2}P_{i+6}P_{i+1}P_{i+4}} = 0(i=1,2,\cdots,7)$. 若 $P_iQ_{i+2}, Q_iQ_{i+3}, P_{i+1}Q_{i+4}, Q_{i+1}Q_{i+5}, Q_{i+2}Q_{i+6}(i=1,2,\cdots,7)$ 所在的五条直线中有四条相交于一点, 则这五条直线相交于一点.

证明　因为 $D_{P_iP_{i+3}P_{i+1}P_{i+5}P_{i+2}} + D_{P_iP_{i+2}P_{i+6}P_{i+1}P_{i+4}} = 0(i=1,2,\cdots,7)$, 故由定理 4.6.10 的充分性, 式 (4.6.6) 成立.

如图 4.6.7 所示. 若 $P_1Q_3, Q_1Q_4, P_2Q_5, Q_2Q_6$ 相交于点 G_1, 则 $D_{G_1P_1Q_3} = D_{G_1Q_1Q_4} = D_{G_1P_2Q_5} = D_{G_1Q_2Q_6} = 0$. 代入式 (4.6.6), 得 $D_{G_1P_3Q_7} = 0$, 故点 G_1 在 P_3Q_7 所在直线上, 从而 $P_1Q_3, Q_1Q_4, P_2Q_5, Q_2Q_6, P_3Q_7$ 所在直线相交于一点. 因此, 当 $i=1$ 时, 定理 4.6.11 结论成立.

类似地, 可以证明, 当 $i=2,3,\cdots,7$ 时, 定理 4.6.11 结论成立.

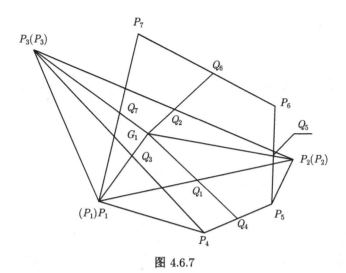

图 4.6.7

注 4.6.1 仿 4.3 和 4.4、4.5 和 4.6 的论述, 还可以类似地对十四角形及其退化十一至十三角形、十八角形及其退化十五至十七角形等中类似的问题进行讨论, 得出类似的结论.

第5章 平行多边形分点线三角形有向面积的定值定理与应用

5.1 平行六边形中点线三角形有向面积的定值定理与应用

本节主要研究平行六边形中点线三角形有向面积的定值定理与应用. 首先, 给出平行 $2n$ 边形的概念; 其次, 给出平行六边形中点线三角形有向面积的定值定理; 再次, 利用该定理得出平行六边形中的等积定理和共点定理; 最后, 给出平行六边形的一个性质定理与应用, 并推出一道数学奥林匹克竞赛题的结论.

5.1.1 平行 $2n$ 边形的概念

定义 5.1.1 设 $2n$ 边形 $P_1P_2\cdots P_{2n}$ 的各组对边均相互平行, 即 $P_1P_2//P_{n+1}P_{n+2}, P_2P_3//P_{n+2}P_{n+3}, \cdots, P_nP_n+1//P_{2n}P_1$, 则称 $P_1P_2\cdots P_{2n}$ 为平行 $2n$ 边形 (图 5.1.1).

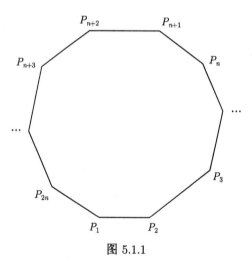

图 5.1.1

显然, 当 $n = 2$ 时, 平行 $2n$ 边形就是所谓的 "平行四边形". 因此, 平行 $2n$ 边形是平行四边形的推广.

然而, 平行四边形也是一组对边相互平行且相等的四边形, 因此平行四边形的两组对边分别平行且相等. 但对一般的平行 $2n$ 边形而言, 它的每组对边相互平行但不一定相等, 这是一般的平行 $2n$ 边形与平行四边形的根本区别. 可见, 平行 $2n$ 边形只是平行四边形在一定意义上的推广.

定义 5.1.2 设 $2n$ 边形 $P_1P_2\cdots P_{2n}$ 的各组对边平行且相等, 即 $P_1P_2 \underset{=}{/\!/} P_{n+1}P_{n+2}, P_2P_3 \underset{=}{/\!/} P_{n+2}P_{n+3}, \cdots, P_nP_{n+1} \underset{=}{/\!/} P_{2n}P_1$, 则称 $P_1P_2\cdots P_{2n}$ 为平行等对边 $2n$ 边形.

平行等对边 $2n$ 边形具有平行四边形各组对边相互平行且相等的性质, 是平行四边形完全意义上的推广.

显然, 圆内接 (外切) 正 $2n$ 边形都是平行等对边 $2n$ 边形. 当然, 也有更一般的非圆内接 (外切) 正 $2n$ 边形的平行等对边 $2n$ 边形 (图 5.1.2).

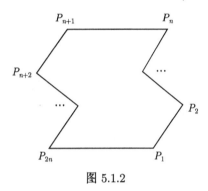

图 5.1.2

5.1.2 平行六边形中点线三角形有向面积的定值定理

定理 5.1.1 (喻德生, 2017) 设 $Q_1, Q_2, \cdots, Q_6$ 是平行六边形 $P_1P_2\cdots P_6$ 各边 $P_1P_2, P_2P_3, \cdots, P_5P_6, P_6P_1$ 的中点, P 是 $P_1P_2\cdots P_6$ 所在平面上任意一点, 则

$$\mathrm{D}_{PQ_1Q_4} - \mathrm{D}_{PQ_2Q_5} + \mathrm{D}_{PQ_3Q_6} = 0. \tag{5.1.1}$$

证明 如图 5.1.3 所示. 以 P_1 为坐标原点, P_1P_2 所在直线为 x 轴建立平面直角坐标系. 设 $P_1P_2\cdots P_6$ 顶点的坐标为 $P_1(0,0), P_2(a,0), P_3(b,c), P_4(d,e), P_5(f,e)$, $P_6(x_6, y_6)$, 于是 $P_1P_2\cdots P_6$ 各边中点的坐标为

$$Q_1\left(\frac{a}{2}, 0\right), \quad Q_2\left(\frac{a+b}{2}, \frac{c}{2}\right), \quad Q_3\left(\frac{b+d}{2}, \frac{c+e}{2}\right),$$

$$Q_4\left(\frac{d+f}{2}, e\right), \quad Q_5\left(\frac{f+x_6}{2}, \frac{e+y_6}{2}\right), \quad Q_6\left(\frac{x_6}{2}, \frac{y_6}{2}\right).$$

由于

$$k_{P_5P_6} = k_{P_2P_3} = \frac{c}{b-a}, \quad k_{P_1P_6} = k_{P_3P_4} = \frac{e-c}{d-b},$$

所以直线 P_5P_6 和 P_1P_6 的方程分别为

$$y - e = \frac{c}{b-a}(x-f), \quad y = \frac{e-c}{d-b}x.$$

两方程联立, 得

$$\frac{e-c}{d-b}x_6 - e = \frac{c}{b-a}(x_6 - f),$$

解得

$$x_6 = \frac{(d-b)(be-ae-cf)}{ac-ae+be-cd},$$

于是

$$y_6 = \frac{e-c}{d-b}x_6 = \frac{(c-e)(ae+cf-be)}{ac-ae+be-cd}.$$

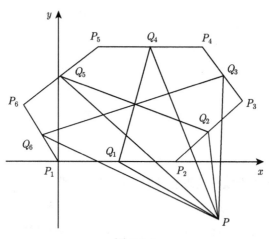

图 5.1.3

设任意点的坐标为 $P(x, y)$, 则由三角形有向面积公式, 得

$$
\begin{aligned}
4\mathrm{D}_{PQ_1Q_4} =& (0 - ay) + (ae - 0) + (d+f)y - 2ex \\
=& -2ex + (d+f-a)y + ae,
\end{aligned}
\tag{5.1.2}
$$

$$
\begin{aligned}
8\mathrm{D}_{PQ_2Q_5} =& 2cx - 2(a+b)y + (a+b)(e+y_6) - c(f+x_6) \\
& + 2(f+x_6)y - 2(e+y_6)x \\
=& 2(c-e-y_6)x + 2(f+x_6-a-b)y + ae + be \\
& - cf - cx_6 + (a+b)y_6,
\end{aligned}
\tag{5.1.3}
$$

$$8\mathrm{D}_{PQ_3Q_6} = 2(c+e)x - 2(b+d)y + (b+d)y_6 - (c+e)x_6 + 2x_6y - 2y_6x$$

$$=2(c+e-y_6)x + 2(x_6-b-d)y - (c+e)x_6 + (b+d)y_6. \tag{5.1.4}$$

$2\times$ 式 (5.1.2)-(8.1.3)+(8.1.4), 得

$$8(\mathrm{D}_{PQ_1Q_4} - \mathrm{D}_{PQ_2Q_5} + \mathrm{D}_{PQ_3Q_6})$$

$$= [-4e - 2(c-e-y_6) + 2(c+e-y_6)]\, x$$

$$+ [2(d+f-a) - 2(f+x_6-a-b)$$

$$+ 2(x_6-b-d)]\, y + 2ae - ae - be + cf$$

$$- (a+b)y_6 + cx_6 - (c+e)x_6 + (b+d)y_6$$

$$= ae - be + cf - ex_6 + (d-a)y_6$$

$$= (ae - be + cf)\left[1 + \frac{e(d-b) + (d-a)(c-e)}{ac - ae + be - cd}\right]$$

$$= (ae - be + cf)\,\frac{ac - ae + be - cd + de - be + cd - de - ac + ae}{ac - ae + be - cd}$$

$$= 0,$$

故式 (5.1.1) 成立.

5.1.3 平行六边形中点线三角形有向面积定值定理的应用

根据式 (5.1.1), 可以得到平行六边形如下的定理 5.1.2—定理 5.1.4, 这些定理都是定理 5.1.1 的推论.

定理 5.1.2 设 $Q_1, Q_2, \cdots, Q_6$ 是平行六边形 $P_1P_2\cdots P_6$ 各边 $P_1P_2, P_2P_3, \cdots,$ P_6P_1 的中点, P 是 $P_1P_2\cdots P_6$ 所在平面上任意一点, 则在 P 与其三组对边中点所构成的三个中点线三角形 $PQ_1Q_4, PQ_2Q_5, PQ_3Q_6$ 中, 其中一个三角形的面积等于另两个较小的三角形面积的和.

证明 在式 (5.1.1) 中注意到 $\mathrm{D}_{PQ_1Q_4}, \mathrm{D}_{PQ_2Q_5}, \mathrm{D}_{PQ_3Q_6}$ 的符号相同, 或 $\mathrm{D}_{PQ_2Q_5}$ 与 $\mathrm{D}_{PQ_1Q_4}, \mathrm{D}_{PQ_3Q_6}$ 中一个的符号相同、与另一个的符号相反即得.

定理 5.1.3 设 $Q_1, Q_2, \cdots, Q_6$ 是平行六边形 $P_1P_2\cdots P_6$ 各边 $P_1P_2, P_2P_3, \cdots,$ P_6P_1 的中点, 则 P 是 $Q_{i+2}Q_{i+5}$ 所在直线上任意一点的充分必要条件是

$$\mathrm{D}_{PQ_iQ_{i+3}} - \mathrm{D}_{PQ_{i+1}Q_{i+4}} = 0 \quad (i = 1, 2, 3). \tag{5.1.5}$$

证明 根据式 (5.1.1), 可得

P 是 $Q_{i+2}Q_{i+5}$ 所在直线上任意一点 $\Leftrightarrow \mathrm{D}_{PQ_{i+2}Q_{i+5}} = 0 \Leftrightarrow$ 式 (5.1.5) 成立.

推论 5.1.1　设 $Q_1, Q_2, \cdots, Q_6$ 是平行六边形 $P_1P_2 \cdots P_6$ 各边 $P_1P_2, P_2P_3, \cdots,$ P_6P_1 的中点, P 是 $Q_{i+2}Q_{i+5}$ 所在直线上任意一点, 则

$$a_{PQ_iQ_{i+3}} = a_{PQ_{i+1}Q_{i+4}} \quad (i = 1, 2, 3).$$

证明　根据定理 5.1.3 的必要性, 式 (5.1.5) 移项后等式两边取绝对值即得.

定理 5.1.4 (喻德生, 2017)　设 $Q_1, Q_2, \cdots, Q_6$ 是平行六边形 $P_1P_2 \cdots P_6$ 各边 $P_1P_2, P_2P_3, \cdots, P_6P_1$ 的中点, 则 Q_1Q_4, Q_2Q_5, Q_3Q_6 所在的三条直线相交于一点.

证明　如图 5.1.4 所示. 不妨设 Q_1Q_4, Q_2Q_5 所在直线相交于 G 点, 则 $\mathrm{D}_{GQ_1Q_4}$ $= \mathrm{D}_{GQ_2Q_5} = 0$. 代入式 (5.1.1) 得 $\mathrm{D}_{PQ_3Q_6} = 0$, 故点 G 在 Q_3Q_6 所在直线上, 从而 Q_1Q_4, Q_2Q_5, Q_3Q_6 所在的三条直线相交于一点.

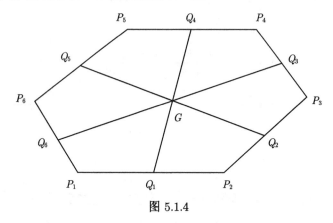

图 5.1.4

5.1.4　平行六边形的性质定理与应用

定理 5.1.5 (喻德生, 2017)　设 $P_1P_2 \cdots P_6$ 是平行六边形, 则

$$\mathrm{D}_{P_1P_3P_5} = \mathrm{D}_{P_2P_4P_6} \quad (a_{P_1P_3P_5} = a_{P_2P_4P_6}). \tag{5.1.6}$$

证明　如前图 5.1.3 所示. 以 P_1 为坐标原点, P_1P_2 所在直线为 x 轴建立平面直角坐标系. 设 $P_1P_2 \cdots P_6$ 顶点的坐标为 $P_1(0,0), P_2(a,0), P_3(b,c), P_4(d,e), P_5(f,e),$ $P_6(x_6, y_6)$, 于是由三角形有向面积公式, 得

$$2\mathrm{D}_{P_1P_3P_5} = be - cf,$$

$$2\mathrm{D}_{P_2P_4P_6} = (ae - 0) + (dy_6 - ex_6) + (0 - ay_6) = ae + dy_6 - ex_6 - ay_6.$$

又由定理 5.1.1 的证明, 可得

$$x_6 = \frac{(d-b)(be-ae-cf)}{ac-ae+be-cd}, \quad y_6 = \frac{(c-e)(ae+cf-be)}{ac-ae+be-cd},$$

所以

$$dy_6 - ex_6 - ay_6 = \frac{ae + cf - be}{ac - ae + be - cd}[d(c-e) + e(d-b) - a(c-e)] = be - ae - cf,$$

故

$$2D_{P_2P_4P_6} = ae + dy_6 - ex_6 - ay_6 = ae + be - ae - cf = be - cf = 2D_{P_1P_3P_5},$$

因此, 式 (5.1.6) 成立.

推论 5.1.2 设 $P_1P_2\cdots P_6$ 是平行六边形, 则三角形 $P_1P_3P_5$ 和 $P_2P_4P_6$ 是同向三角形.

证明 由式 (5.1.6) 即得.

特别地, 当 $P_1P_2\cdots P_6$ 是凸平行六边形时, 由定理 5.1.5 即得

推论 5.1.3 (1958 年匈牙利数学奥林匹克竞赛题) 设凸六边形 $ABCDEF$ 的对边 $AB//DE, BC//EF, CD//FA$, 则 $a_{ACE} = a_{BDF}$.

注 5.1.1 因为平行六边形是六角形的特殊情形, 故由定理 5.1.5 及定理 4.3.2 的充分性, 亦可得出定理 5.1.1 的结论.

5.2 退化平行六边形中点线三角形有向面积的定值定理与应用

本节主要研究退化平行六边形——一类五边形、平行四边形和三角形中点线三角形有向面积的定值定理与应用. 首先, 给出一类五边形中点线三角形有向面积的定值定理, 并用两种方法给出定理的证明; 其次, 给出平行四边形中点线三角形有向面积的定值定理, 并将其看成是有两对顶点重合的平行六边形, 应用定理 5.1.1 给出定理的证明; 再次, 给出三角形中线三角形有向面积的定值定理, 并将其看成是有三对顶点重合的平行六边形, 应用定理 5.1.1 给出定理的证明. 同时, 还讨论了以上三个定值定理的一些应用.

5.2.1 一类五边形中点线三角形有向面积的定值定理与应用

定理 5.2.1 (喻德生, 2017) 设在五边形 $P_1P_2P_3P_4P_5$ 中, $P_2P_3//P_4P_5, P_3P_4//P_5P_1, Q_1, Q_2, Q_3, Q_4, Q_5$ 依次是各边 $P_1P_2, P_2P_3, P_3P_4, P_4P_5, P_5P_1$ 的中点, P 是 $P_1P_2P_3P_4P_5$ 所在平面上任意一点, 则

$$D_{PQ_1P_4} - D_{PQ_2Q_4} + D_{PQ_3Q_5} = 0. \tag{5.2.1}$$

证明 下面将用两种方法给出该定理的证明. 一是运用与定理 5.1.1 的证明类似的解析法, 直接给出证明; 二是将该类五边形看成是有一个顶点重合的平行六边形, 运用定理 5.1.1 的结论, 间接地给出证明.

方法 1 如图 5.2.1 所示. 以 P_1 为坐标原点, P_1P_2 所在直线为 x 轴建立平面直角坐标系. 设五边形顶点的坐标为 $P_1(0,0), P_2(a,0), P_3(b,c), P_4(d,e), P_5(x_5,y_5)$, 于是各边中点的坐标为

$$Q_1\left(\frac{a}{2},0\right), \quad Q_2\left(\frac{a+b}{2},\frac{c}{2}\right), \quad Q_3\left(\frac{b+d}{2},\frac{c+e}{2}\right),$$

$$Q_4\left(\frac{d+x_5}{2},\frac{e+y_5}{2}\right), \quad Q_5\left(\frac{x_5}{2},\frac{y_5}{2}\right).$$

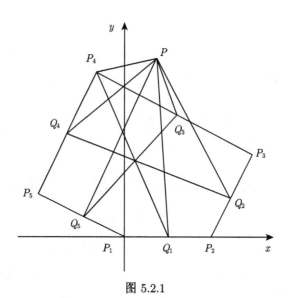

图 5.2.1

由

$$k_{P_4P_5}=k_{P_2P_3}=\frac{c}{b-a}, \quad k_{P_5P_1}=k_{P_3P_4}=\frac{e-c}{d-b}$$

可得直线 P_4P_5, P_5P_1 的方程分别为

$$y=e+\frac{c}{b-a}(x-d), \tag{5.2.2}$$

$$y=\frac{e-c}{d-b}x. \tag{5.2.3}$$

式 (5.2.2) 和 (5.2.3) 联立, 得

$$\frac{e-c}{d-b}x_5=e+\frac{c}{b-a}(x_5-d) \Rightarrow x_5=\frac{(b-d)(ae+cd-be)}{ac+be-ae-cd},$$

于是

$$y_5=\frac{c-e}{b-d}x_5=\frac{(c-e)(ae+cd-be)}{ac+be-ae-cd}.$$

设任意点的坐标为 $P(x, y)$, 则由三角形有向面积公式, 得

$$
\begin{aligned}
4\mathrm{D}_{PQ_1P_4} =& 2(dy - ex) + (ae - 0) + (0 - ay) \\
=& -2ex + (2d - a)y + ae, \tag{5.2.4}
\end{aligned}
$$

$$
\begin{aligned}
8\mathrm{D}_{PQ_2Q_4} =& 2\left[cx - (a + b)y\right] + \left[(a + b)(e + y_5) - (d + x_5)c\right] \\
& + 2\left[(d + x_5)y - (e + y_5)x\right] \\
=& 2(c - e - y_5)x + 2(d + x_5 - a - b)y + ae \\
& + be - cd + (a + b)y_5 - cx_5, \tag{5.2.5}
\end{aligned}
$$

$$
\begin{aligned}
8\mathrm{D}_{PQ_3Q_5} =& 2\left[(c + e)x - (b + d)y\right] + \left[(b + d)y_5 - (c + e)x_5\right] \\
& + 2(x_5y - y_5x) \\
=& 2(c + e - y_5)x + 2(x_5 - b - d)y + (b + d)y_5 - (c + e)x_5. \tag{5.2.6}
\end{aligned}
$$

于是 $2\times$ 式 $(5.2.4) - (5.2.5) + (5.2.6)$, 得

$$
\begin{aligned}
& 8(\mathrm{D}_{PQ_1P_4} - \mathrm{D}_{PQ_2Q_4} + \mathrm{D}_{PQ_3Q_5}) \\
=& 2(-2e - c + e + y_5 + c + e - y_5)x + 2(2d - a - d - x_5 + a + b + x_5 - b - d)y \\
& + 2ae - ae - be + cd - (a + b)y_5 + cx_5 + (b + d)y_5 - (c + e)x_5 \\
=& ae + cd - be + (d - a)y_5 - ex_5 \\
=& (ae + cd - be)\left[1 + \frac{(d - a)(c - e) - e(b - d)}{ac + be - ae - cd}\right] \\
=& (ae + cd - be)\frac{ac + be - ae - cd + cd - de - ac + ae - be + de}{ac + be - ae - cd} \\
=& 0,
\end{aligned}
$$

从而式 $(5.2.1)$ 成立.

方法 2 如图 5.2.2 所示. 将 $P_1P_2P_3P_4P_5$ 看成是有一个顶点重合的六边形 $P_1P_2P_3P_4P_4P_5$, 并把点看成是线段的特殊情形, 则 $P_1P_2 /\!/ P_4P_4, P_2P_3 /\!/ P_4P_5, P_3P_4 /\!/ P_5P_1$, 且其各边的中点依次为 $Q_1, Q_2, Q_3, P_4, Q_4, Q_5$, 故由定理 5.1.1, 即得式 $(5.2.1)$.

根据式 $(5.2.1)$, 可以得到如下的定理 5.2.2—定理 5.2.4, 这些定理都是定理 5.2.1 的推论.

定理 5.2.2 设在五边形 $P_1P_2P_3P_4P_5$ 中, $P_2P_3 /\!/ P_4P_5, P_3P_4 /\!/ P_5P_1, Q_1, Q_2, Q_3, Q_4, Q_5$ 依次是各边 $P_1P_2, P_2P_3, P_3P_4, P_4P_5, P_5P_1$ 的中点, P 是 $P_1P_2P_3P_4P_5$ 所

在平面上任意一点, 则在三角形 $PQ_1P_4, PQ_2Q_4, PQ_3Q_5$ 中, 其中一个三角形的面积等于另两个较小的三角形的面积的和.

证明　由式 (5.2.1) 即得.

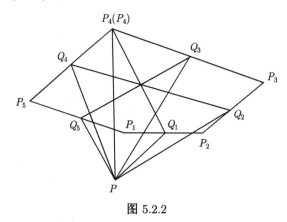

图 5.2.2

定理 5.2.3　设在五边形 $P_1P_2P_3P_4P_5$ 中, $P_2P_3//P_4P_5, P_3P_4//P_5P_1, Q_1, Q_2,$ Q_3, Q_4, Q_5 依次是各边 $P_1P_2, P_2P_3, P_3P_4, P_4P_5, P_5P_1$ 的中点, 则

(1) P 是 Q_1P_4 所在直线上任意一点的充分必要条件是 $\mathrm{D}_{PQ_2Q_4} = \mathrm{D}_{PQ_3Q_5}$;

(2) P 是 Q_2Q_4 所在直线上任意一点的充分必要条件是 $\mathrm{D}_{PQ_1P_4} = -\mathrm{D}_{PQ_3Q_5}$;

(3) P 是 Q_3Q_5 所在直线上任意一点的充分必要条件是 $\mathrm{D}_{PQ_1P_4} = \mathrm{D}_{PQ_2Q_4}$.

证明　(1) 根据式 (5.2.1) 可得, P 是 Q_1P_4 所在直线上任意一点 $\Leftrightarrow \mathrm{D}_{PQ_1P_4} = 0 \Leftrightarrow \mathrm{D}_{PQ_2Q_4} = \mathrm{D}_{PQ_3Q_5}$.

类似地, 可以证明 (2)、(3) 中结论成立.

推论 5.2.1　设在五边形 $P_1P_2P_3P_4P_5$ 中, $P_2P_3//P_4P_5, P_3P_4//P_5P_1, Q_1, Q_2,$ Q_3, Q_4, Q_5 依次是各边 $P_1P_2, P_2P_3, P_3P_4, P_4P_5, P_5P_1$ 的中点.

(1) 若 P 是 Q_1P_4 所在直线上任意一点, 则 $\mathrm{a}_{PQ_2Q_4} = \mathrm{a}_{PQ_3Q_5}$;

(2) 若 P 是 Q_2Q_4 所在直线上任意一点, 则 $\mathrm{a}_{PQ_1P_4} = \mathrm{a}_{PQ_3Q_5}$;

(3) 若 P 是 Q_3Q_5 所在直线上任意一点, 则 $\mathrm{a}_{PQ_1P_4} = \mathrm{a}_{PQ_2Q_4}$.

证明　(1) 根据定理 5.2.3 的必要性, 在等式 $\mathrm{D}_{PQ_2Q_4} = \mathrm{D}_{PQ_3Q_5}$ 两边取绝对值即得.

类似地, 可以证明 (2)、(3) 中结论成立.

定理 5.2.4 (喻德生, 2017)　设在五边形 $P_1P_2P_3P_4P_5$ 中, $P_2P_3//P_4P_5, P_3P_4//$ $P_5P_1, Q_1, Q_2, Q_3, Q_4, Q_5$ 依次是各边 $P_1P_2, P_2P_3, P_3P_4, P_4P_5, P_5P_1$ 的中点, 则 Q_1 P_4, Q_2Q_4, Q_3Q_5 所在的三条直线相交于一点.

证明　如图 5.2.3 所示. 不妨设 Q_1P_4, Q_2Q_4 所在的两条直线相交于点 G, 则 $\mathrm{D}_{GQ_1P_4} = \mathrm{D}_{GQ_2Q_4} = 0$. 代入式 (5.2.1) 得 $\mathrm{D}_{GQ_3Q_5} = 0$, 于是 G 在直线 Q_3Q_5 上. 故

Q_1P_4, Q_2Q_4, Q_3Q_5 所在的三条直线相交于一点.

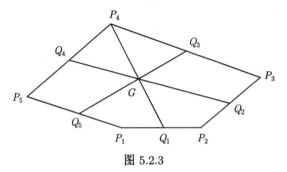

图 5.2.3

5.2.2 平行四边形中点线三角形有向面积的定值定理与应用

定理 5.2.5 (喻德生, 2017) 设 $P_1P_2P_3P_4$ 是平行四边形, Q_1, Q_2, Q_3, Q_4 分别是边 $P_1P_2, P_2P_3, P_3P_4, P_4P_1$ 的中点, P 是 $P_1P_2P_3P_4$ 所在平面上任意一点, 则

$$\mathrm{D}_{PQ_1Q_3} - \mathrm{D}_{PP_1P_3} - \mathrm{D}_{PQ_2Q_4} = 0, \tag{5.2.7}$$

$$\mathrm{D}_{PQ_1Q_3} - \mathrm{D}_{PP_2P_4} + \mathrm{D}_{PQ_2Q_4} = 0. \tag{5.2.8}$$

证明 如图 5.2.4 所示. 将平行四边形 $P_1P_2P_3P_4$ 看成是有两个顶点重合的六边形 $P_1P_1P_2P_3P_3P_4$, 并把点看成是线段的特殊情形, 则有 $P_1P_1//P_3P_3$, $P_1P_2//P_3P_4$, $P_2P_3//P_4P_1$, 且其各边 $P_1P_1, P_1P_3, P_2P_2, P_3P_3, P_3P_4, P_4P_1$ 的中点依次为 P_1, Q_1, Q_2, P_3, Q_3, Q_4, 故由定理 5.1.1, 得

$$\mathrm{D}_{PP_1P_3} - \mathrm{D}_{PQ_1Q_3} + \mathrm{D}_{PQ_2Q_4} = 0,$$

从而式 (5.2.7) 成立.

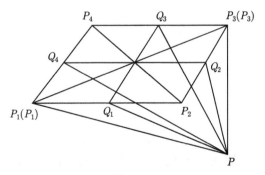

图 5.2.4

类似地, 将平行四边形 $P_1P_2P_3P_4$ 看成是有两个顶点重合的六边形 $P_1P_2P_2P_3$ P_4P_4, 并把点看成是线段的特殊情形, 可以证明式 (5.2.8) 成立.

根据式 (5.2.7) 和 (5.2.8), 可以得到如下的定理 5.2.6—定理 5.2.8, 这三个定理都是定理 5.2.5 的推论.

定理 5.2.6　设 $P_1P_2P_3P_4$ 是平行四边形, Q_1, Q_2, Q_3, Q_4 依次是各边 P_1P_2, P_2P_3, P_3P_4, P_4P_1 的中点, P 是 $P_1P_2P_3P_4$ 所在平面上任意一点, 则在两组三个三角形 $PP_1P_3, PQ_1Q_3, PQ_2Q_4(PP_2P_4, PQ_1Q_3, PQ_2Q_4)$ 中, 均有其中一个三角形的面积等于另两个较小的三角形面积的和.

证明　在式 (5.2.7) 和 (5.2.8) 中, 注意三角形 $PP_1P_3, PQ_1Q_3, PQ_2Q_4(PP_2P_4,$ $PQ_1Q_3, PQ_2Q_4)$ 中, 三角形 $PP_2P_4(PQ_1Q_3)$ 的有向面积和三角形 PQ_1Q_3, PQ_2Q_4 (PP_2P_4, PQ_2Q_4) 的有向面积的符号相同或与其中一个三角形的有向面积的符号相同、另一个三角形有向面积的符号相反即得.

定理 5.2.7　设 $P_1P_2P_3P_4$ 是平行四边形, Q_1, Q_2, Q_3, Q_4 分别是边 P_1P_2, P_2 P_3, P_3P_4, P_4P_1 的中点, 则

(1) P 是 $P_1P_3(P_2P_4)$ 所在直线上任意一点的充分必要条件是

$$\mathrm{D}_{PQ_1Q_3} = \mathrm{D}_{PQ_2Q_4} \quad (\mathrm{D}_{PQ_1Q_3} = -\mathrm{D}_{PQ_2Q_4});$$

(2) P 是 Q_1Q_3 所在直线上任意一点的充分必要条件是

$$\mathrm{D}_{PP_1P_3} = -\mathrm{D}_{PQ_2Q_4} \quad (\mathrm{D}_{PP_2P_4} = \mathrm{D}_{PQ_2Q_4});$$

(3) P 是 Q_2Q_4 所在直线上任意一点的充分必要条件是

$$\mathrm{D}_{PP_1P_3} = \mathrm{D}_{PQ_1Q_3} \quad (\mathrm{D}_{PP_2P_4} = \mathrm{D}_{PQ_1Q_3}).$$

证明　(1) 根据式 (5.2.7) 和 (5.2.8), 可得 P 是 $P_1P_3(P_2P_4)$ 所在直线上任意一点 $\Leftrightarrow \mathrm{D}_{PP_1P_3} = 0(\mathrm{D}_{PP_2P_4} = 0) \Leftrightarrow \mathrm{D}_{PQ_1Q_3} - \mathrm{D}_{PQ_2Q_4} = 0(\mathrm{D}_{PQ_1Q_3} + \mathrm{D}_{PQ_2Q_4} = 0) \Leftrightarrow$ $\mathrm{D}_{PQ_1Q_3} = \mathrm{D}_{PQ_2Q_4}(\mathrm{D}_{PQ_1Q_3} = -\mathrm{D}_{PQ_2Q_4});$

类似地, 可以证明 (2)、(3) 中结论成立.

推论 5.2.2　设 $P_1P_2P_3P_4$ 是平行四边形, Q_1, Q_2, Q_3, Q_4 分别是边 $P_1P_2, P_2P_3,$ P_3P_4, P_4P_1 的中点.

(1) 若 P 是 $P_1P_3(P_2P_4)$ 所在直线上任意一点, 则 $\mathrm{a}_{PQ_1Q_3} = \mathrm{a}_{PQ_2Q_4};$

(2) 若 P 是 Q_1Q_3 所在直线上任意一点, 则 $\mathrm{a}_{PP_1P_3} = \mathrm{a}_{PP_2P_4} = \mathrm{a}_{PQ_2Q_4};$

(3) 若 P 是 Q_2Q_4 所在直线上任意一点, 则 $\mathrm{a}_{PP_1P_3} = \mathrm{a}_{PP_2P_4} = \mathrm{a}_{PQ_1Q_3}.$

证明　(1) 根据定理 5.2.7 的必要性, 在等式 $\mathrm{D}_{PQ_1Q_3} = \mathrm{D}_{PQ_2Q_4}(\mathrm{D}_{PQ_1Q_3} = -\mathrm{D}_{PQ_2Q_4})$ 两边取绝对值即得.

类似地, 可以证明 (2)、(3) 中结论成立.

定理 5.2.8 设 $P_1P_2P_3P_4$ 是平行四边形, Q_1, Q_2, Q_3, Q_4 分别是边 $P_1P_2, P_2P_3, P_3P_4, P_4P_1$ 的中点, P 是 $P_1P_2P_3P_4$ 所在平面上任意一点, 则

$$2\mathrm{D}_{PQ_1Q_3} - \mathrm{D}_{PP_1P_3} - \mathrm{D}_{PP_2P_4} = 0, \tag{5.2.9}$$

$$2\mathrm{D}_{PQ_2Q_4} + \mathrm{D}_{PP_1P_3} - \mathrm{D}_{PP_2P_4} = 0. \tag{5.2.10}$$

证明 式 (5.2.7)+(5.2.8) 即得式 (5.2.9); 式 (5.2.8)−(5.2.7) 即得式 (5.2.10).

定理 5.2.9 设 $P_1P_2P_3P_4$ 是平行四边形, Q_1, Q_2, Q_3, Q_4 分别是边 $P_1P_2, P_2P_3, P_3P_4, P_4P_1$ 的中点, 则

(1) P 是 P_1P_3 所在直线上任意一点的充分必要条件是

$$2\mathrm{D}_{PQ_1Q_3} = \mathrm{D}_{PP_2P_4} \quad (2\mathrm{D}_{PQ_2Q_4} = \mathrm{D}_{PP_2P_4});$$

(2) P 是 P_2P_4 所在直线上任意一点的充分必要条件是

$$2\mathrm{D}_{PQ_1Q_3} = \mathrm{D}_{PP_1P_3} \quad (2\mathrm{D}_{PQ_2Q_4} = -\mathrm{D}_{PP_1P_3});$$

(3) P 是 $Q_1Q_3(Q_2Q_4)$ 所在直线上任意一点的充分必要条件是

$$\mathrm{D}_{PP_1P_3} = -\mathrm{D}_{PP_2P_4} \quad (\mathrm{D}_{PP_1P_3} = \mathrm{D}_{PP_2P_4}).$$

证明 (1) 根据式 (5.2.9) 和 (5.2.10), 可得 P 是 P_1P_3 所在直线上任意一点 $\Leftrightarrow \mathrm{D}_{PP_1P_3} = 0 \Leftrightarrow 2\mathrm{D}_{PQ_1Q_3} - \mathrm{D}_{PP_2P_4} = 0\ (2\mathrm{D}_{PQ_2Q_4} - \mathrm{D}_{PP_2P_4} = 0) \Leftrightarrow 2\mathrm{D}_{PQ_1Q_3} = \mathrm{D}_{PP_2P_4}$ $(2\mathrm{D}_{PQ_2Q_4} = \mathrm{D}_{PP_2P_4})$.

类似地, 可以证明 (2)、(3) 中结论成立.

推论 5.2.3 设 $P_1P_2P_3P_4$ 是平行四边形, Q_1, Q_2, Q_3, Q_4 分别是边 $P_1P_2, P_2P_3, P_3P_4, P_4P_1$ 的中点.

(1) 若 P 是 P_1P_3 所在直线上任意一点, 则 $2\mathrm{a}_{PQ_1Q_3} = 2\mathrm{a}_{PQ_2Q_4} = \mathrm{a}_{PP_2P_4}$;

(2) 若 P 是 P_2P_4 所在直线上任意一点, 则 $2\mathrm{a}_{PQ_1Q_3} = 2\mathrm{a}_{PQ_2Q_4} = \mathrm{a}_{PP_1P_3}$;

(3) 若 P 是 $Q_1Q_3(Q_2Q_4)$ 所在直线上任意一点, 则 $\mathrm{a}_{PP_1P_3} = \mathrm{a}_{PP_2P_4}$.

证明 (1) 根据定理 5.2.9 的必要性, 在等式 $2\mathrm{D}_{PQ_1Q_3} = \mathrm{D}_{PP_2P_4}(2\mathrm{D}_{PQ_2Q_4} = \mathrm{D}_{PP_2P_4})$ 两边取绝对值即得.

类似地, 可以证明 (2)、(3) 中结论成立.

定理 5.2.10 设 $P_1P_2P_3P_4$ 是平行四边形, Q_1, Q_2, Q_3, Q_4 分别是边 $P_1P_2, P_2P_3, P_3P_4, P_4P_1$ 的中点, 则 $P_1P_3, P_2P_4, Q_1Q_3, Q_2Q_4$ 四线共点, 且相互平分.

证明 设 Q_1Q_3, Q_2Q_4 的交点为 O, 则 $\mathrm{D}_{OQ_1Q_3} = \mathrm{D}_{OQ_2Q_4} = 0$, 分别代入式 (5.2.7) 和 (5.2.8) 得 $\mathrm{D}_{OP_1P_3} = 0, \mathrm{D}_{OP_2P_4} = 0$, 因此 O 在 P_1P_3, P_2P_4 上且 O 为对角线 P_1P_3, P_2P_4 的交点, 从而 $P_1P_3, P_2P_4, Q_1Q_3, Q_2Q_4$ 四线共点, 且相互平分.

5.2.3　三角形中线三角形有向面积的定值定理与应用

定理 5.2.11 (喻德生, 1999)　设 Q_1, Q_2, Q_3 依次是三角形 $P_1P_2P_3$ 各边 P_1P_2, P_2P_3, P_3P_1 的中点, P 是三角形所在平面上任意一点, 则

$$D_{PP_1Q_2} + D_{PP_2Q_3} + D_{PP_3Q_1} = 0. \tag{5.2.11}$$

证明　如图 5.2.5 所示. 将三角形 $P_1P_2P_3$ 看成是有三对顶点重合的六边形 $P_1P_1P_2P_2P_3P_3$, 则 $P_1P_1//P_2P_3$, $P_1P_2//P_3P_3$, $P_2P_2//P_3P_1$, 且其各边 P_1P_1, P_1P_2, P_2 $P_2, P_2P_3, P_3P_3, P_3P_1$ 的中点依次为 $P_1, Q_1, P_2, Q_2, P_3, Q_3$, 故由定理 5.1.1 可得

$$D_{PP_1Q_2} - D_{PQ_1P_3} + D_{PP_2Q_3} = 0,$$

从而式 (5.2.11) 成立.

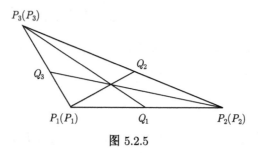

图 5.2.5

定理 5.2.12　设 Q_1, Q_2, Q_3 依次是三角形 $P_1P_2P_3$ 各边 P_1P_2, P_2P_3, P_3P_1 的中点, P 是三角形所在平面上任意一点, 则三个三角形 $PP_1Q_2, PP_2Q_3, PP_3Q_1$ 中, 其中一个三角形的面积等于另两个较小的三角形面积的和.

证明　在式 (5.2.3) 中, 注意到三角形 $PP_1Q_2, PP_2Q_3, PP_3Q_1$ 有向面积, 其中一个的符号与另两个的符号相反即得.

定理 5.2.13　设 Q_1, Q_2, Q_3 依次是三角形 $P_1P_2P_3$ 各边 P_1P_2, P_2P_3, P_3P_1 的中点, 则 P 是 $P_{i+2}Q_i(i = 1, 2, 3)$ 所在直线上任意一点的充分必要条件是

$$D_{PP_iQ_{i+1}} + D_{PP_{i+1}Q_{i+2}} = 0 \quad (i = 1, 2, 3). \tag{5.2.12}$$

证明　根据式 (5.2.11), 可得 P 是 $P_{i+2}Q_i(i = 1, 2, 3)$ 所在直线上任意一点 $\Leftrightarrow D_{PP_{i+2}Q_i} = 0 \Leftrightarrow$ 式 (5.2.12) 成立.

定理 5.2.14　设 Q_1, Q_2, Q_3 依次是三角形 $P_1P_2P_3$ 各边 P_1P_2, P_2P_3, P_3P_1 的中点, 则三角形的三条中线 P_1Q_2, P_2Q_3, P_3Q_1 共点.

证明　如图 5.2.5 所示. 将三角形 $P_1P_2P_3$ 看成是有三对顶点重合的平行六边形 $P_1P_1P_2P_2P_3P_3$, 根据定理 5.1.4 即得.

5.3 正多边形和菱形分点线三角形有向面积的
定值定理与应用

本节主要研究正多边形和菱形分点线三角形有向面积的定值定理与应用. 首先, 给出正 $2n$ 边形分点线三角形有向面积的定值定理; 其次, 利用该定理得出正 $2n$ 边形分点线三角形有向面积类似于圆锥曲线外切 $2n$ 边形对顶点三角形有向面积的一个结论; 再次, 给出菱形分点线三角形有向面积的一个定值定理并讨论定值定理的一些应用.

5.3.1 正 $2n$ 边形分点线三角形有向面积的定值定理

定理 5.3.1 (喻德生, 2017) 设 $P_1P_2\cdots P_{2n}$ 为正 $2n$ 边形, $Q_1, Q_2, \cdots, Q_{2n}$ 依次是边 $P_1P_2, P_2P_3, \cdots, P_{2n}P_1$ 的 λ-分点, P 是 $P_1P_2\cdots P_{2n}$ 所在平面上任意一点, 则

$$(1+\lambda)\mathrm{D}_{PQ_iQ_{i+n}} - \mathrm{D}_{PP_iP_{i+n}} - \lambda\mathrm{D}_{PP_{i+1}P_{i+n+1}} = 0. \tag{5.3.1}$$

证明 如图 5.3.1 所示. 不妨设 $P_1P_2\cdots P_{2n}$ 顶点的坐标为 $P_i(a\cos\alpha_i, a\sin\alpha_i)$ $(i = 1, 2, \cdots, 2n)$, 其中 $\alpha_i = \dfrac{i-1}{n}\pi$. 于是 $P_1P_2\cdots P_{2n}$ 各边中点的坐标为

$$Q_i\left(\frac{a(\cos\alpha_i + \lambda\cos\alpha_{i+1})}{1+\lambda}, \frac{a(\sin\alpha_i + \lambda\sin\alpha_{i+1})}{1+\lambda}\right) \quad (i = 1, 2, \cdots, 2n).$$

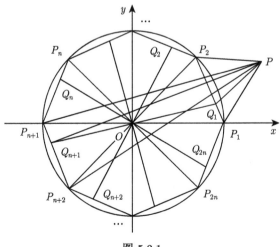

图 5.3.1

设任意点的坐标为 $P(x, y)$, 则由三角形有向面积公式, 得

$$2(1 + \lambda)\mathrm{D}_{PQ_iQ_{i+n}}$$

$$=a\left[x(\sin\alpha_i + \lambda\sin\alpha_{i+1}) - (\cos\alpha_i + \lambda\cos\alpha_{i+1})y\right]$$

$$+ \frac{a^2}{1 + \lambda}\left[(\cos\alpha_i + \lambda\cos\alpha_{i+1})(\sin\alpha_{i+n} + \lambda\sin\alpha_{i+n+1})\right.$$

$$-(\cos\alpha_{i+n} + \lambda\cos\alpha_{i+n+1})(\sin\alpha_i + \lambda\sin\alpha_{i+1})]$$

$$+ a\left[(\cos\alpha_{i+n} + \lambda\cos\alpha_{i+n+1})y - x\,(\sin\alpha_{i+n} + \lambda\sin\alpha_{i+n+1})\right]$$

$$=ax\left[(\sin\alpha_i - \sin\alpha_{i+n}) + \lambda(\sin\alpha_{i+1} - \sin\alpha_{i+n+1})\right]$$

$$+ ay\left[(\cos\alpha_{i+n} - \cos\alpha_i)+(\cos\alpha_{i+n+1} - \cos\alpha_{i+1})\right]$$

$$+ \frac{a^2}{1 + \lambda}\left[\sin(\alpha_{i+n} - \alpha_i) + \lambda\sin(\alpha_{i+n+1} - \alpha_i)\right.$$

$$+\lambda\sin(\alpha_{i+n} - \alpha_{i+1}) + \lambda^2\sin(\alpha_{i+n+1} - \alpha_{i+1})].$$

因为

$$\sin\alpha_i - \sin\alpha_{i+n} = \sin\frac{i-1}{n}\pi - \sin\frac{i+n-1}{n}\pi = 2\sin\frac{i-1}{n}\pi,$$

$$\sin\alpha_{i+1} - \sin\alpha_{i+n+1} = \sin\frac{i}{n}\pi - \sin\frac{i+n}{n}\pi = 2\sin\frac{i}{n}\pi,$$

$$\cos\alpha_{i+n} - \cos\alpha_i = \cos\frac{i+n-1}{n}\pi - \cos\frac{i-1}{n}\pi = -2\cos\frac{i-1}{n}\pi,$$

$$\cos\alpha_{i+n+1} - \cos\alpha_{i+1} = \cos\frac{i+n}{n}\pi - \cos\frac{i}{n}\pi = -2\cos\frac{i}{n}\pi,$$

$$\sin(\alpha_{i+n} - \alpha_i) = \sin\left(\frac{i+n-1}{n}\pi - \frac{i-1}{n}\pi\right) = \sin\pi = 0,$$

$$\sin(\alpha_{i+n+1} - \alpha_i) = \sin\left(\frac{i+n}{n}\pi - \frac{i-1}{n}\pi\right) = -\sin\frac{\pi}{n},$$

$$\sin(\alpha_{i+n} - \alpha_{i+1}) = \sin\left(\frac{i+n-1}{n}\pi - \frac{i}{n}\pi\right) = \sin\frac{\pi}{n},$$

$$\sin(\alpha_{i+n+1} - \alpha_{i+1}) = \sin\left(\frac{i+n}{n}\pi - \frac{i}{n}\pi\right) = \sin\pi = 0,$$

所以

$$2(1 + \lambda)\mathrm{D}_{PQ_iQ_{i+n}}$$

$$=2ax\left(\sin\frac{i-1}{n}\pi+\lambda\sin\frac{i}{n}\pi\right)-2ay\left(\cos\frac{i-1}{n}\pi+\lambda\cos\frac{i}{n}\pi\right); \qquad (5.3.2)$$

又因为

$$2\mathrm{D}_{PP_iP_{i+n}}=a(x\sin\alpha_i-y\cos\alpha_i)+a(y\cos\alpha_{i+n}-x\sin\alpha_{i+n})$$

$$+a^2(\cos\alpha_i\sin\alpha_{i+n}-\cos\alpha_{i+n}\sin\alpha_i)$$

$$=ax(\sin\alpha_i-\sin\alpha_{i+n})+ay(\cos\alpha_{i+n}-\cos\alpha_i)+a^2\sin(\alpha_{i+n}-\alpha_i)$$

$$=2ax\sin\frac{i-1}{n}\pi-2ay\cos\frac{i-1}{n}\pi, \qquad (5.3.3)$$

同理

$$2\mathrm{D}_{PP_{i+1}P_{i+n+1}}=2ax\sin\frac{i}{n}\pi-2ay\cos\frac{i}{n}\pi. \qquad (5.3.4)$$

式 (5.3.2)–(5.3.3)–$\lambda\times$(5.3.4), 即得式 (5.3.1).

5.3.2 正 $2n$ 边形分点线三角形有向面积定值定理的应用

定理 5.3.2 设 $P_1P_2\cdots P_{2n}$ 为正 $2n$ 边形, $Q_1,Q_2,\cdots,Q_{2n}$ 依次是边 P_1P_2, $P_2P_3,\cdots,P_{2n}P_1$ 的 λ–分点, 则

(1) P 是 Q_iQ_{i+n} 所在直线上任意一点的充分必要条件是

$$\mathrm{D}_{PP_iP_{i+n}}+\lambda\mathrm{D}_{PP_{i+1}P_{i+n+1}}=0 \quad (i=1,2,\cdots,n);$$

(2) P 是 P_iP_{i+n} 所在直线上任意一点的充分必要条件是

$$(1+\lambda)\mathrm{D}_{PQ_iQ_{i+n}}-\lambda\mathrm{D}_{PP_{i+1}P_{i+n+1}}=0 \quad (i=1,2,\cdots,n);$$

(3) P 是 $P_{i+1}P_{i+n+1}$ 所在直线上任意一点的充分必要条件是

$$(1+\lambda)\mathrm{D}_{PQ_iQ_{i+n}}-\mathrm{D}_{PP_iP_{i+n}}=0 \quad (i=1,2,\cdots,n).$$

证明 (1) 根据式 (5.3.1), 可知

P 是 Q_iQ_{i+n} 所在直线上任意一点 $\Leftrightarrow \mathrm{D}_{PQ_iQ_{i+n}}=0 \Leftrightarrow \mathrm{D}_{PP_iP_{i+n}}+\lambda\mathrm{D}_{PP_{i+1}P_{i+n+1}}$
$=0$.

类似地, 可以证明 (2) 和 (3) 中结论成立.

推论 5.3.1 设 $P_1P_2\cdots P_{2n}$ 为正 $2n$ 边形, $Q_1,Q_2,\cdots,Q_{2n}$ 依次是边 P_1P_2, P_2
$P_3,\cdots,P_{2n}P_1$ 的 λ–分点.

(1) 若 P 是 Q_iQ_{i+n} 所在直线上任意一点, 则

$$\mathrm{a}_{PP_iP_{i+n}}=|\lambda|\mathrm{a}_{PP_{i+1}P_{i+n+1}} \quad (i=1,2,\cdots,n);$$

(2) 若 P 是 P_iP_{i+n} 所在直线上任意一点, 则

$$|1+\lambda|\mathrm{a}_{PQ_iQ_{i+n}} = |\lambda|\mathrm{a}_{PP_{i+1}P_{i+n+1}} \quad (i=1,2,\cdots,n);$$

(3) 若 P 是 $P_{i+1}P_{i+n+1}$ 所在直线上任意一点, 则

$$\mathrm{a}_{PP_iP_{i+n}} = |1+\lambda|\mathrm{a}_{PQ_iQ_{i+n}} \quad (i=1,2,\cdots,n).$$

证明   (1) 根据定理 5.3.2 的必要性, 可知 $\mathrm{D}_{PP_iP_{i+n}} + \lambda\mathrm{D}_{PP_{i+1}P_{i+n+1}} = 0$, 移项后等式两边取绝对值即得 $\mathrm{a}_{PP_iP_{i+n}} = |\lambda|\mathrm{a}_{PP_{i+1}P_{i+n+1}}(i=1,2,\cdots,n)$.

类似地, 可以证明 (2) 和 (3) 中结论成立.

定理 5.3.3   设 $P_1P_2\cdots P_{2n}$ 为正 $2n$ 边形, $Q_1,Q_2,\cdots,Q_{2n}$ 依次是边 $P_1P_2, P_2P_3,\cdots,P_{2n}P_1$ 的 $\lambda-$ 分点, 则线段 $Q_iQ_{i+n}, P_iP_{i+n}, P_{i+1}P_{i+n+1}(i=1,2,\cdots,n)$ 相交于一点, 且相互平分.

证明   如图 5.3.2 所示. 显然 $P_iP_{i+n}, P_{i+1}P_{i+n+1}(i=1,2,\cdots,n)$ 相交于正 $2n$ 边形 $P_1P_2\cdots P_{2n}$ 的中心 O, 且相互平分, 于是 $\mathrm{D}_{OP_iP_{i+n}} = \mathrm{D}_{OP_{i+1}P_{i+n+1}} = 0$, 代入式 (5.3.1) 得 $\mathrm{D}_{OQ_iQ_{i+n}} = 0$, 因此 O 在 $Q_iQ_{i+n}(i=1,2,\cdots,n)$ 上, 且由 $\triangle OP_iQ_i \cong \triangle OP_{i+n}Q_{i+n}$ 可知 Q_iQ_{i+n} 被 O 平分. 因此, 线段 $Q_iQ_{i+n}, P_iP_{i+n}, P_{i+1}P_{i+n+1}(i=1,2,\cdots,n)$ 相交于一点, 且相互平分.

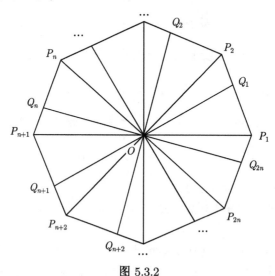

图 5.3.2

定理 5.3.4 (喻德生, 2017)   设 $P_1P_2\cdots P_{2n}$ 为正 $2n$ 边形, $Q_1,Q_2,\cdots,Q_{2n}$ 依次是边 $P_1P_2, P_2P_3,\cdots,P_{2n}P_1$ 的中点, P 是 $P_1P_2\cdots P_{2n-1}P_{2n}$ 所在平面上任意一点, 则

(1) 当 n 为奇数时,

$$\sum_{i=1}^{n}(-1)^{i-1}D_{PQ_iQ_{i+n}} = 0;$$ (5.3.5)

(2) 当 n 为偶数时,

$$\sum_{i=1}^{n}(-1)^{i-1}D_{PQ_iQ_{i+n}} = D_{PP_1P_{n+1}}.$$ (5.3.6)

证明 根据式 (5.3.1), 可得

$$2D_{PQ_iQ_{i+n}} = D_{PP_iP_{i+n}} + D_{PP_{i+1}P_{i+n+1}}.$$

于是

$$2\sum_{i=1}^{n}(-1)^{i-1}D_{PQ_iQ_{i+n}}$$

$$= \sum_{i=1}^{n}(-1)^{i-1}D_{PP_iP_{i+n}} + \sum_{i=1}^{n}(-1)^{i-1}D_{PP_{i+1}P_{i+n+1}}$$

$$= D_{PP_1P_{n+1}} + \sum_{i=2}^{n}(-1)^{i-1}D_{PP_iP_{i+n}}$$

$$+ \sum_{i=1}^{n-1}(-1)^{i-1}D_{PP_{i+1}P_{i+n+1}} + (-1)^{n-1}D_{PP_{n+1}P_{2n+1}}$$

$$= [1 + (-1)^n]D_{PP_1P_{n+1}},$$

故当 n 为奇数时, 式 (5.3.5) 成立; 当 n 为偶数时, 式 (5.3.6) 成立.

定理 5.3.5 (喻德生, 1999) 设 $P_1P_2\cdots P_{2n}P_{2n+1}$ 为正 $2n+1$ 边形, $Q_1, Q_2, \cdots,$ Q_{2n}, Q_{2n+1} 依次是边 $P_1P_2, P_2P_3, \cdots, P_{2n}P_{2n+1}, P_{2n+1}P_1$ 的中点, P 是 $P_1P_2\cdots$ $P_{2n}P_{2n+1}$ 所在平面上任意一点, 则

$$\sum_{i=1}^{2n+1}D_{PP_iQ_{i+n}} = 0.$$ (5.3.7)

证明 如图 5.3.3 所示. 将 $P_1P_2\cdots P_{2n}P_{2n+1}$ 看成是有 $2n+1$ 对顶点重合的 $4n+2$ 边形 $P_1P_1P_2P_2\cdots P_nP_nP_{n+1}P_{n+1}\cdots P_{2n}P_{2n}P_{2n+1}P_{2n+1}$, 则

$$P_1P_1//P_{n+1}P_{n+2}, P_1P_2//P_{n+2}P_{n+2}, P_2P_2//P_{n+2}P_{n+3}, \cdots,$$

$$P_nP_{n+1}//P_{2n+1}P_{2n+1}, P_{n+1}P_{n+1}//P_{2n+1}P_1,$$

且其各边

$$P_1P_1, P_1P_2, P_2P_2, P_2P_3, P_3P_3, \cdots, P_{2n}P_{2n}, P_{2n}P_{2n+1}, P_{2n+1}P_{2n+1}, P_{2n+1}P_1$$

的中点依次为

$$P_1, Q_1, P_2, Q_2, P_3, Q_3, \cdots, P_n, Q_n, P_{n+1}, Q_{n+1}, \cdots, P_{2n}, Q_{2n}, P_{2n+1}, Q_{2n+1},$$

注意到 $2n+1$ 为奇数, 故由式 (5.3.5), 可得

$$\mathrm{D}_{PP_1Q_{n+1}} - \mathrm{D}_{PQ_1P_{n+2}} + \mathrm{D}_{PP_2Q_{n+2}} - \mathrm{D}_{PQ_2P_{n+3}} + \cdots$$

$$+ \mathrm{D}_{PP_{n+1}Q_{2n+1}} - \mathrm{D}_{PQ_nP_{2n+1}} = 0,$$

即式 (5.3.7) 成立.

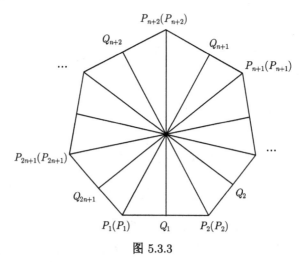

图 5.3.3

5.3.3 菱形分点线三角形有向面积的定值定理与应用

定理 5.3.6 (喻德生, 2017) 设 Q_1, Q_2, Q_3, Q_4 依次是菱形 $P_1P_2P_3P_4$ 各边 $P_1P_2, P_2P_3, P_3P_4, P_4P_1$ 的 λ-分点, P 是 $P_1P_2P_3P_4$ 所在平面上任意一点, 则

$$\mathrm{D}_{PP_1P_3} - (1+\lambda)\mathrm{D}_{PQ_1Q_3} + \lambda\mathrm{D}_{PP_2P_4} = 0, \tag{5.3.8}$$

$$\lambda\mathrm{D}_{PP_1P_3} + (1+\lambda)\mathrm{D}_{PQ_2Q_4} - \mathrm{D}_{PP_2P_4} = 0. \tag{5.3.9}$$

证明 如图 5.3.4 所示. 以菱形的两对角线 $P_1P_3(P_2P_4)$ 所在直线为 $x(y)$ 轴, 建立平面直角坐标系. 设 $P_1P_2P_3P_4$ 顶点的坐标为 $P_1(-a, 0), P_2(0, -b), P_3(a, 0), P_4(0, b)$

$(a, b > 0)$, 于是各边 λ-分点的坐标为

$$Q_1 \left(-\frac{a}{1+\lambda}, -\frac{\lambda b}{1+\lambda} \right), \quad Q_2 \left(\frac{\lambda a}{1+\lambda}, -\frac{b}{1+\lambda} \right),$$

$$Q_3 \left(\frac{a}{1+\lambda}, \frac{\lambda b}{1+\lambda} \right), \quad Q_4 \left(-\frac{\lambda a}{1+\lambda}, \frac{b}{1+\lambda} \right).$$

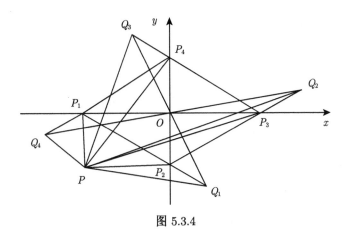

图 5.3.4

设任意点的坐标为 $P(x, y)$, 则由三角形有向面积公式, 得

$$2(1+\lambda)\mathrm{D}_{PQ_1Q_3} = (-\lambda bx + ay) + \frac{1}{1+\lambda}(-\lambda ab + \lambda ab) + (ay - \lambda bx)$$
$$= -2\lambda bx + 2ay, \tag{5.3.10}$$

$$2(1+\lambda)\mathrm{D}_{PQ_2Q_4} = (-bx - \lambda ay) + \frac{1}{1+\lambda}(\lambda ab - \lambda ab) + (-\lambda ay - bx)$$
$$= -2bx - 2\lambda ay, \tag{5.3.11}$$

$$2\mathrm{D}_{PP_1P_3} = (0 + ay) + (0 - 0) + (ay - 0) = 2ay, \tag{5.3.12}$$

$$2\mathrm{D}_{PP_2P_4} = (-bx - 0) + (0 - 0) + (0 - bx) = -2bx, \tag{5.3.13}$$

式 (5.3.12)−(5.3.10)+λ×(5.3.13), 并化简即得式 (5.3.8); 式 (5.3.11)+λ×(5.3.12)−(5.3.13), 并化简即得式 (5.3.9).

推论 5.3.2   设 Q_1, Q_2, Q_3, Q_4 依次是菱形 $P_1P_2P_3P_4$ 各边 $P_1P_2, P_2P_3, P_3P_4,$ P_4P_1 的 λ-分点, P 是 $P_1P_2P_3P_4$ 所在平面上任意一点, 则

$$(1+\lambda)(\mathrm{D}_{PQ_1Q_3} + \mathrm{D}_{PQ_2Q_4} - \mathrm{D}_{PP_2P_4}) + (\lambda - 1)\mathrm{D}_{PP_1P_3} = 0, \tag{5.3.14}$$

$$(1+\lambda)(\mathrm{D}_{PQ_1Q_3} - \mathrm{D}_{PQ_2Q_4} - \mathrm{D}_{PP_1P_3}) + (1 - \lambda)\mathrm{D}_{PP_2P_4} = 0. \tag{5.3.15}$$

证明　式 (5.3.9)–(5.3.8) 即得 (5.3.14), 式 (5.3.9)+(5.3.8) 并化简即得 (5.3.15).

定理 5.3.7　设 Q_1, Q_2, Q_3, Q_4 依次是菱形 $P_1P_2P_3P_4$ 各边 $P_1P_2, P_2P_3, P_3P_4,$ P_4P_1 的 λ-分点, 则

(1) P 是 P_1P_3 所在直线上任意一点的充分必要条件是

$$(1 + \lambda)\mathrm{D}_{PQ_1Q_3} = \lambda\mathrm{D}_{PP_2P_4} \quad ((1 + \lambda)\mathrm{D}_{PQ_2Q_4} = \mathrm{D}_{PP_2P_4});$$

(2) P 是 P_2P_4 所在直线上任意一点的充分必要条件是

$$\mathrm{D}_{PP_1P_3} = (1 + \lambda)\mathrm{D}_{PQ_1Q_3} \quad ((1 + \lambda)\mathrm{D}_{PQ_2Q_4} = -\lambda\mathrm{D}_{PP_1P_3});$$

(3) P 是 $Q_1Q_3(Q_2Q_4)$ 所在直线上任意一点的充分必要条件是

$$\mathrm{D}_{PP_1P_3} + \lambda\mathrm{D}_{PP_2P_4} = 0 \quad (\lambda\mathrm{D}_{PP_1P_3} - \mathrm{D}_{PP_2P_4} = 0).$$

证明　(1) 根据式 (5.3.8) 和 (5.3.9), 可得

P 是 P_1P_3 所在直线上任意一点 $\Leftrightarrow \mathrm{D}_{PP_1P_3} = 0$

$$\Leftrightarrow -(1 + \lambda)\mathrm{D}_{PQ_1Q_3} + \lambda\mathrm{D}_{PP_2P_4} = 0 \quad ((1 + \lambda)\mathrm{D}_{PQ_2Q_4} - \mathrm{D}_{PP_2P_4} = 0)$$

$$\Leftrightarrow (1 + \lambda)\mathrm{D}_{PQ_1Q_3} = \lambda\mathrm{D}_{PP_2P_4} \quad ((1 + \lambda)\mathrm{D}_{PQ_2Q_4} = \mathrm{D}_{PP_2P_4});$$

类似地, 可以证明 (2)、(3) 中结论成立.

推论 5.3.3　设 Q_1, Q_2, Q_3, Q_4 依次是菱形 $P_1P_2P_3P_4$ 各边 $P_1P_2, P_2P_3, P_3P_4,$ P_4P_1 的 λ-分点.

(1) 若 P 是 P_1P_3 所在直线上任意一点, 则

$$|\lambda|\mathrm{a}_{PP_2P_4} = |1 + \lambda|\mathrm{a}_{PQ_1Q_3}, \quad \mathrm{a}_{PP_2P_4} = |1 + \lambda|\mathrm{a}_{PQ_2Q_4};$$

(2) 若 P 是 P_2P_4 所在直线上任意一点, 则

$$\mathrm{a}_{PP_1P_3} = |1 + \lambda|\mathrm{a}_{PQ_1Q_3}, \quad |\lambda|\mathrm{a}_{PP_1P_3} = |1 + \lambda|\mathrm{a}_{PQ_2Q_4};$$

(3) 若 P 是 $Q_1Q_3(Q_2Q_4)$ 所在直线上任意一点, 则

$$\mathrm{a}_{PP_1P_3} = |\lambda|\mathrm{a}_{PP_2P_4} \quad (\mathrm{a}_{PP_2P_4} = |\lambda|\mathrm{a}_{PP_1P_3}).$$

证明　(1) 根据定理 5.3.7 的必要性, 在等式

$$(1 + \lambda)\mathrm{D}_{PQ_1Q_3} = \lambda\mathrm{D}_{PP_2P_4} \quad ((1 + \lambda)\mathrm{D}_{PQ_2Q_4} = \mathrm{D}_{PP_2P_4})$$

两边分别取绝对值, 即得

$$|\lambda| a_{PP_2P_4} = |1 + \lambda| a_{PQ_1Q_3}, \quad a_{PP_2P_4} = |1 + \lambda| a_{PQ_2Q_4}.$$

类似地, 可以证明 (2)、(3) 中结论成立.

定理 5.3.8 设 Q_1, Q_2, Q_3, Q_4 依次是菱形 $P_1P_2P_3P_4$ 各边 $P_1P_2, P_2P_3, P_3P_4,$ P_4P_1 的 λ–分点, 则 $P_1P_3, P_2P_4, Q_1Q_3, Q_2Q_4$ 四线共点, 且相互平分.

证明 如图 5.3.5 所示. 设 P_1P_3, P_2P_4 的交点为 O, 则 $\mathrm{D}_{OP_1P_3} = \mathrm{D}_{OP_2P_4} = 0$, 分别代入式 (5.3.8) 和 (5.3.9) 得 $\mathrm{D}_{OQ_1Q_3} = 0, \mathrm{D}_{OQ_2Q_4} = 0$, 因此 O 在 Q_1Q_3, Q_2Q_4 上且 O 为对角线 P_1P_3, P_2P_4 的交点, 从而 $P_1P_3, P_2P_4, Q_1Q_3, Q_2Q_4$ 四线共点, 且相互平分.

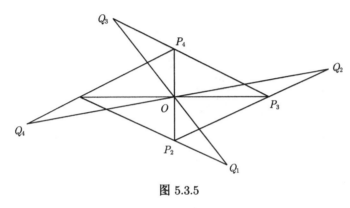

图 5.3.5

5.4 平行 $4n$ 边形中点线三角形有向面积的定值定理与应用

本节主要研究平行 $4n$ 边形有向面积的定值定理与应用. 首先, 给出平行 $4n$ 边形中点线三角形有向面积的定值定理; 其次, 利用该定值定理得出平行 $4n$ 边形中的等积定理和共点定理, 从而推广了 5.2.1 中有关平行四边形的结论; 再次, 给出一类 $4n-1$ 边形中点线三角形有向面积的定值定理与应用, 从而推广了 5.2.1 的有关三角形的结果.

5.4.1 平行 $4n$ 边形中点线三角形有向面积的定值定理

定理 5.4.1 (喻德生, 2017) 设 $Q_1, Q_2, \cdots, Q_{4n}$ 是平行 $4n$ 边形 $P_1P_2 \cdots P_{4n}$ 各边 $P_1P_2, P_2P_3, \cdots, P_{4n}P_1$ 的中点, P 是 $P_1P_2 \cdots P_{4n}$ 所在平面上任意一点, 则

$$\sum_{i=1}^{2n} (-1)^{i+j} \mathrm{D}_{PQ_{i+j-1}Q_{i+j+2n-1}} = \mathrm{D}_{PP_jP_{j+2n}} \quad (j = 1, 2, \cdots, 2n). \tag{5.4.1}$$

证明　如图 5.4.1 所示. 设 $P_1P_2\cdots P_{4n}$ 顶点的坐标为 $P_i(x_i,y_i)(i=1,2,\cdots,4n)$, 于是 $P_1P_2\cdots P_{4n}$ 各边 $P_1P_2,P_2P_3,\cdots,P_{4n}P_1$ 中点的坐标为

$$Q_i\left(\frac{x_i+x_{i+1}}{2},\frac{y_i+y_{i+1}}{2}\right)\quad(i=1,2,\cdots,4n).$$

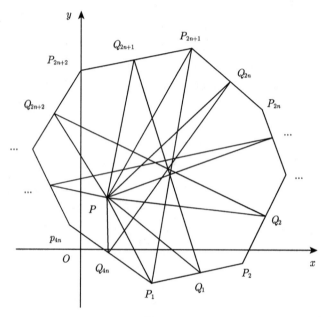

图 5.4.1

因为 $P_iP_{i+1}/\!/P_{i+2n}P_{i+2n+1}$, 所以 $k_{P_iP_{i+1}}=k_{P_{i+2n}P_{i+2n+1}}$, 即

$$\mathrm{Prj}_x\mathrm{D}_{P_iP_{i+1}}\mathrm{Prj}_y\mathrm{D}_{P_{i+2n}P_{i+2n+1}}-\mathrm{Prj}_x\mathrm{D}_{P_{i+2n}P_{i+2n+1}}\mathrm{Prj}_y\mathrm{D}_{P_iP_{i+1}}=0,$$

即

$$(x_{i+1}-x_i)(y_{i+2n+1}-y_{i+2n})-(x_{i+2n+1}-x_{i+2n})(y_{i+1}-y_i)=0,$$

$$(x_iy_{i+2n+1}-x_{i+2n+1}y_i)+(x_{i+1}y_{i+2n}-x_{i+2n}y_{i+1})$$

$$=(x_{i+1}y_{i+2n+1}-x_{i+2n+1}y_{i+1})+(x_iy_{i+2n}-x_{i+2n}y_i). \tag{5.4.2}$$

设任意点的坐标为 $P(x,y)$, 于是由三角形有向面积公式及式 (5.4.2), 得

$$\sum_{i=1}^{2n}(-1)^{i-1}\mathrm{D}_{PQ_iQ_{i+2n}}$$

$$=\frac{1}{4}\sum_{i=1}^{2n}(-1)^{i-1}\left[x(y_i+y_{i+1})-(x_i+x_{i+1})y\right]$$

$$+\frac{1}{8}\sum_{i=1}^{2n}(-1)^{i-1}\left[(x_i+x_{i+1})(y_{i+2n}+y_{i+2n+1})\right.$$

$$-(x_{i+2n}+x_{i+2n+1})(y_i+y_{i+1})]$$

$$+\frac{1}{4}\sum_{i=1}^{2n}(-1)^{i-1}\left[(x_{i+2n}+x_{i+2n+1})y-x(y_{i+2n}+y_{i+2n+1})\right]$$

$$=\frac{x}{4}\sum_{i=1}^{2n}(-1)^{i-1}\left[(y_i-y_{i+2n})+(y_{i+1}-y_{i+2n+1})\right]$$

$$+\frac{y}{4}\sum_{i=1}^{2n}(-1)^{i-1}\left[(x_{i+2n}-x_i)+(x_{i+2n+1}-x_{i+1})\right]$$

$$+\frac{1}{8}\sum_{i=1}^{2n}(-1)^{i-1}\left[(x_iy_{i+2n}-x_{i+2n}y_i)+(x_{i+1}y_{i+2n+1}-x_{i+2n+1}y_{i+1})\right.$$

$$+(x_iy_{i+2n+1}-x_{i+2n+1}y_i)+(x_{i+1}y_{i+2n}-x_{i+2n}y_{i+1})]$$

$$=\frac{x}{4}\sum_{i=1}^{2n}(-1)^{i-1}\left[(y_i-y_{i+2n})+(y_{i+1}-y_{i+2n+1})\right]$$

$$+\frac{y}{4}\sum_{i=1}^{2n}(-1)^{i-1}\left[(x_{i+2n}-x_i)+(x_{i+2n+1}-x_{i+1})\right]$$

$$+\frac{1}{4}\sum_{i=1}^{2n}(-1)^{i-1}\left[(x_iy_{i+2n}-x_{i+2n}y_i)+(x_{i+1}y_{i+2n+1}-x_{i+2n+1}y_{i+1})\right]$$

$$=\frac{x}{4}\left[(y_1-y_{2n+1})+\sum_{i=2}^{2n}(-1)^{i-1}(y_i-y_{i+2n})\right.$$

$$+\sum_{i=1}^{2n-1}(-1)^{i-1}(y_{i+1}-y_{i+2n+1})-(y_{2n+1}-y_1)\right]$$

$$+\frac{y}{4}\left[(x_{2n+1}-x_1)+\sum_{i=2}^{2n}(-1)^{i-1}(x_{i+2n}-x_i)\right.$$

$$+\sum_{i=1}^{2n-1}(-1)^{i-1}(x_{i+2n+1}-x_{i+1})-(x_1-x_{2n+1})\right]$$

$$+ \frac{1}{4} \left[(x_1 y_{2n+1} - x_{2n+1} y_1) + \sum_{i=2}^{2n} (-1)^{i-1} (x_i y_{i+2n} - x_{i+2n} y_i) \right.$$

$$\left. + \sum_{i=1}^{2n-1} (-1)^{i-1} (x_{i+1} y_{i+2n+1} - x_{i+2n+1} y_{i+1}) - (x_{2n+1} y_1 - x_1 y_{2n+1}) \right]$$

$$= \frac{1}{2} [x(y_1 - y_{2n+1}) + y(x_{2n+1} - x_1) + (x_1 y_{2n+1} - x_{2n+1} y_1)],$$

又

$$D_{PP_1 P_{2n+1}} = \frac{1}{2} [(xy_1 - x_1 y) + (x_1 y_{2n+1} - x_{2n+1} y_1) + (x_{2n+1} y - xy_{2n+1})]$$

$$= \frac{1}{2} [x(y_1 - y_{2n+1}) + y(x_{2n+1} - x_1) + (x_1 y_{2n+1} - x_{2n+1} y_1)],$$

因此, 当 $j = 1$ 时, 式 (5.4.1) 成立.

类似地, 可以证明, 当 $j = 2, 3, \cdots, 2n$ 时, 式 (5.4.1) 成立.

注 5.4.1　特别地, 当 $n = 1$ 时, 即得定理 5.2.5. 因此, 定理 5.4.1 是定理 5.2.5 的推广.

5.4.2　平行 $4n$ 边形中点线三角形有向面积定值定理的应用

根据式 (5.4.1), 可以得到平行 $4n$ 边形如下的定理 5.4.2—定理 5.4.4 等结论, 这些结论都是定理 5.4.1 的推论.

定理 5.4.2　设 $Q_1, Q_2, \cdots, Q_{4n}$ 是平行 $4n$ 边形 $P_1 P_2 \cdots P_{4n}$ 各边 $P_1 P_2, P_2 P_3, \cdots, P_{4n} P_1$ 的中点, 则

(1) P 是 $P_j P_{j+2n}$ 所在直线上任意一点的充分必要条件是

$$\sum_{i=1}^{2n} (-1)^{i+j} D_{PQ_{i+j-1} Q_{i+j+2n-1}} = 0 \quad (j = 1, 2, \cdots, 2n); \tag{5.4.3}$$

(2) P 是 $Q_{k+j-1} Q_{k+j+2n-1}$ 所在直线上任意一点的充分必要条件是

$$\sum_{i=1, i \neq k}^{2n} (-1)^{i+j} D_{PQ_{i+j-1} Q_{i+j+2n-1}} = D_{PP_j P_{j+2n}} \quad (j, k = 1, 2, \cdots, 2n). \tag{5.4.4}$$

证明　(1) 根据式 (5.4.1), 可得 P 是 $P_k P_{k+2n}$ 所在直线上任意一点 $\Leftrightarrow$ $D_{PP_k P_{k+2n}} = 0 \Leftrightarrow$ 式 (5.4.3) 成立.

类似地, 利用式 (5.4.1), 可以证明式 (5.4.4) 成立.

注 5.4.2　特别地, 当 $n = 1$ 时, 即得定理 5.2.7. 因此, 定理 5.4.2 是定理 5.2.7 的推广.

定理 5.4.3 设 $Q_1, Q_2, \cdots, Q_{4n}$ 是平行 $4n$ 边形 $P_1 P_2 \cdots P_{4n}$ 各边 $P_1 P_2, P_2$ $P_3, \cdots, P_{4n} P_1$ 的中点.

(1) 若 G_{jk} 是 $P_j P_{j+2n}$ 和 $Q_{k+j-1} Q_{k+j+2n-1}$ 所在直线的交点, 则

$$\sum_{i=1, i \neq k}^{2n} (-1)^{i+j} \mathrm{D}_{G_{jk} Q_{i+j-1} Q_{i+j+2n-1}} = 0 \quad (j, k = 1, 2, \cdots, 2n); \tag{5.4.5}$$

(2) 若 H_{kl} 是 $Q_{k+j-1} Q_{k+j+2n-1}$ 与 $Q_{l+j-1} Q_{l+j+2n-1}$ 所在直线的交点, 则

$$\sum_{i=1, i \neq k, l}^{2n} (-1)^{i+j} \mathrm{D}_{H_{kl} Q_{i+j-1} Q_{i+j+2n-1}} = \mathrm{D}_{H_j P_j P_{j+2n}}, \tag{5.4.6}$$

其中 $j, k, l = 1, 2, \cdots, 2n; k < l$.

证明 (1) G_{jk} 是 $P_j P_{j+2n}$ 和 $Q_{k+j-1} Q_{k+j+2n-1}$ 所在直线的交点, 所以 $\mathrm{D}_{G_{jk} P_j P_{j+2n}} = \mathrm{D}_{G_{jk} Q_{k+j-1} Q_{k+j+2n-1}} = 0$, 代入式 (5.4.1) 即得式 (5.4.5).

类似地, 可以证明式 (5.4.6) 成立.

推论 5.4.1 设 $Q_1, Q_2, \cdots, Q_8$ 是平行八边形 $P_1 P_2 \cdots P_8$ 各边 $P_1 P_2, P_2 P_3, \cdots$, $P_8 P_1$ 的中点.

(1) 若 G_{jk} 是 $P_j P_{j+4}$ 和 $Q_{k+j-1} Q_{k+j+3}$ 所在直线的交点, 则对每个确定的 $1 \leqslant j \leqslant 4$, 在三个三角形

$$G_{jk} Q_{i+j-1} Q_{i+j+3} \quad (i, k = 1, 2, 3, 4; i \neq k)$$

中, 其中一个三角形的面积等于另两个较小的三角形的面积的和;

(2) 若 H_{kl} 是 $Q_{k+j-1} Q_{k+j+3}$ 与 $Q_{l+j-1} Q_{l+j+3}$ 所在直线的交点, 则对每个确定的 $1 \leqslant j \leqslant 4$, 在三个三角形

$$H_{kl} P_j P_{j+4}, H_{kl} Q_{i+j-1} Q_{i+j+3} \quad (i, k, l = 1, 2, 3, 4; i \neq k, l; k < l)$$

中, 其中一个三角形的面积等于另两个较小的三角形的面积的和.

证明 (1) 图 5.4.2, 是 $j = k = 1$ 时的情形. 因为 $P_1 P_2 \cdots P_8$ 是八边形, 所以 $n = 2$, 代入式 (5.4.5) 得

$$\sum_{i=1, i \neq k}^{4} (-1)^{i+j} \mathrm{D}_{G_{jk} Q_{i+j-1} Q_{i+j+3}} = 0 \quad (j, k = 1, 2, 3, 4),$$

因此, 在上式中的三个三角形 $G_{jk} Q_{i+j-1} Q_{i+j+3} (i, k = 1, 2, 3, 4; i \neq k)$ 中, 其中一个三角形的面积等于另两个较小的三角形的面积的和.

类似地, 由式 (5.4.6), 可以证明 (2) 中结论成立.

定理 5.4.4　设 $Q_1, Q_2, \cdots, Q_{4n}$ 是平行 $4n$ 边形 $P_1 P_2 \cdots P_{4n}$ 各边 $P_1 P_2, P_2$ $P_3, \cdots, P_{4n} P_1$ 的中点.

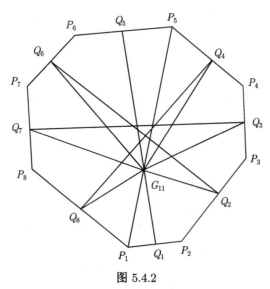

图 5.4.2

(1) 若 K_{jkl} 是 $P_j P_{j+2n}, Q_{k+j-1} Q_{k+j+2n-1}$ 和 $Q_{l+j-1} Q_{l+j+2n-1}$ 所在直线的交点, 则

$$\sum_{i=1, i \neq k,l}^{2n} (-1)^{i+j} D_{K_{jkl} Q_{i+j-1} Q_{i+j+2n-1}} = 0 \quad (j, k, l = 1, 2, \cdots, 2n; k < l); \quad (5.4.7)$$

(2) 若 L_{klm} 是 $Q_{k+j-1} Q_{k+j+2n-1}, Q_{l+j-1} Q_{l+j+2n-1}$ 和 $Q_{m+j-1} Q_{m+j+2n-1}$ 所在直线的交点, 则

$$\sum_{i=1, i \neq k,l,m}^{2n} (-1)^{i+j} D_{L_{klm} Q_{i+j-1} Q_{i+j+2n-1}} = D_{L_{klm} P_j P_{j+2n}}, \quad (5.4.8)$$

其中 $j, k, l, m = 1, 2, \cdots, 2n; k < l < m$.

证明　(1) 因为 K_{jkl} 是 $P_j P_{j+2n}, Q_{k+j-1} Q_{k+j+2n-1}$ 和 $Q_{l+j-1} Q_{l+j+2n-1}$ 所在直线的交点, 所以

$$D_{K_{jkl} P_j P_{j+2n}} = D_{K_{jkl} Q_{k+j-1} Q_{k+j+2n-1}} = D_{K_{jkl} Q_{l+j-1} Q_{l+j+2n-1}} = 0,$$

代入式 (5.4.1) 即得式 (5.4.7).

类似地, 可以证明式 (5.4.8) 成立.

推论 5.4.2　设 $Q_1, Q_2, \cdots, Q_8$ 是平行八边形 $P_1 P_2 \cdots P_8$ 各边 $P_1 P_2, P_2 P_3, \cdots,$ $P_8 P_1$ 的中点.

(1) 若 K_{jkl} 是 $P_j P_{j+4}, Q_{k+j-1} Q_{k+j+3}$ 和 $Q_{l+j-1} Q_{l+j+3}$ $(j, k, l = 1, 2, 3, 4; k < l)$ 所在直线的交点, 则对每个确定的 $1 \leqslant j \leqslant 4$, 三角形 $K_{jkl} Q_{i_1+j-1} Q_{i_1+j+3}$ 和 $K_{jkl} Q_{i_2+j-1}$

$Q_{i_2+j+3}(i_1, i_2 = 1, 2, 3, 4; i_1, i_2 \neq k, l)$ 的面积相等, 即

$$\mathrm{a}_{K_{jkl} Q_{i_1+j-1} Q_{i_1+j+3}} = \mathrm{a}_{K_{jkl} Q_{i_2+j-1} Q_{i_2+j+3}};$$

(2) 若 L_{klm} 是 $Q_{k+j-1} Q_{k+j+3}, Q_{l+j-1} Q_{l+j+3}$ 与 $Q_{m+j-1} Q_{m+j+3}(k, l, m = 1, 2, 3, 4; k < l < m)$ 所在直线的交点, 则对每个确定的 $1 \leqslant j \leqslant 4$, 三角形 $L_{klm} P_j P_{j+4}$ 和 $L_{klm} Q_{i+j-1} Q_{i+j+3}(i = 1, 2, 3, 4; i \neq k, l, m)$ 的面积相等, 即

$$\mathrm{a}_{L_{klm} P_j P_{j+4}} = \mathrm{a}_{L_{klm} Q_{i+j-1} Q_{i+j+3}}.$$

证明 (1) 图 5.4.3 是 $j = k = 1, l = 4$ 时的情形. 因为 $P_1 P_2 \cdots P_8$ 是八边形, 所以 $n = 2$, 代入式 (5.4.7) 得

$$\sum_{i=1, i \neq k, l}^{4} (-1)^{i+j} \mathrm{D}_{K_{jkl} Q_{i+j-1} Q_{i+j+3}} = 0 \quad (j, k, l = 1, 2, 3, 4; k < l),$$

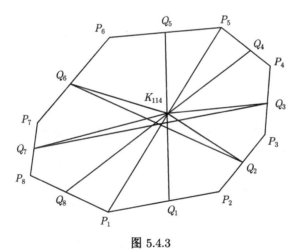

图 5.4.3

将 $i = i_1, i_2$ 代入, 再移项后等式两边取绝对值, 即得

$$\mathrm{a}_{K_{jkl} Q_{i_1+j-1} Q_{i_1+j+3}} = \mathrm{a}_{K_{jkl} Q_{i_2+j-1} Q_{i_2+j+3}}.$$

类似地, 由式 (5.4.6), 可以证明 (2) 中结论成立.

定理 5.4.5 (喻德生, 2017) 设 $Q_1, Q_2, \cdots, Q_{4n}$ 是平行 $4n$ 边形 $P_1 P_2 \cdots P_{4n}$ 各边 $P_1 P_2, P_2 P_3, \cdots, P_{4n} P_1$ 的中点. 若 $Q_1 Q_{2n+1}, Q_2 Q_{2n+2}, \cdots, Q_{2n} Q_{4n}, P_j P_{j+2n}(j =$

$1, 2, \cdots, 2n)$ 所在的 $2n+1$ 直线中有 $2n$ 条相交于一点, 则这 $2n+1$ 条直线相交于一点.

证明　图 5.4.4 是 $j=1$ 时的情形. 不妨设 $Q_1 Q_{2n+1}, Q_2 Q_{2n+2}, \cdots, Q_{2n} Q_{4n}$ 所在的直线相交于 G_j 点, 则 $\mathrm{D}_{G_j Q_1 Q_{2n+1}} = \mathrm{D}_{G_j Q_2 Q_{2n+2}} = \cdots = \mathrm{D}_{G_j Q_{2n} Q_{4n}} = 0$. 代入式 (5.4.1) 得 $\mathrm{D}_{G_j P_j P_{j+2n}} = 0$, 故点 G_j 在 $P_j P_{j+2n}$ 所在直线上, 从而 $Q_1 Q_{2n+1}, Q_2 Q_{2n+2}, \cdots, Q_{2n} Q_{4n}, P_j P_{j+2n} (j = 1, 2, \cdots, 2n)$ 所在的直线相交于一点.

注 5.4.3　特别地, 当 $n=1$ 时, 注意到在平行四边形 $P_1 P_2 P_3 P_4$ 中 $Q_1 Q_4, Q_2 Q_5, P_1 P_3$ 和 $Q_1 Q_4, Q_2 Q_5, P_2 P_4$ 所在的三条直线中, 其中任何两条都相交于一点且相互平分, 即得定理 5.2.10. 因此, 定理 5.4.4 是定理 5.2.10 的推广.

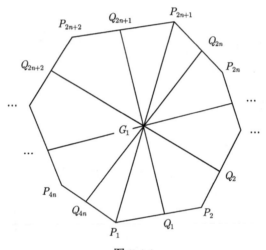

图 5.4.4

5.4.3　一类 $4n-1$ 边形中点线三角形有向面积的定值定理与应用

定理 5.4.6 (喻德生, 2017)　设在 $4n-1$ 边形 $P_1 P_2 \cdots P_{4n-1}$ 中, $P_2 P_3 /\!/ P_{2n+1} P_{2n+2}, P_3 P_4 /\!/ P_{2n+2} P_{2n+3}, \cdots, P_{2n} P_{2n+1} /\!/ P_{4n-1} P_1; Q_1, Q_2, \cdots, Q_{4n-1}$ 依次是各边 $P_1 P_2, P_2 P_3, \cdots, P_{4n-1} P_1$ 的中点, P 是 $P_1 P_2 \cdots P_{4n-1}$ 所在平面上任意一点, 则

$$\mathrm{D}_{PQ_1 P_{2n+1}} + \sum_{i=2}^{2n} (-1)^{i-1} \mathrm{D}_{PQ_i Q_{i+2n-1}} = \mathrm{D}_{PP_1 P_{2n+1}}, \tag{5.4.9}$$

$$\mathrm{D}_{PP_{2n+1} Q_1} + \sum_{i=1, i \neq 2n-j+2}^{2n} (-1)^{i+j} \mathrm{D}_{PQ_{i+j-1} Q_{i+j+2n-2}} = \mathrm{D}_{PP_j P_{j+2n-1}}, \tag{5.4.10}$$

其中 $j = 2, 3, \cdots, 2n$.

证明　如图 5.4.5 所示. 将 $P_1 P_2 \cdots P_{4n-1}$ 看成是有一个顶点重合的 $4n$ 边形

$$P_1 P_2 \cdots P_{2n} P_{2n+1} P_{2n+1} P_{2n+2} \cdots P_{4n-2} P_{4n-1},$$

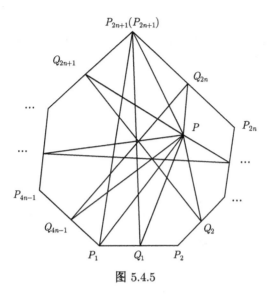

图 5.4.5

于是 $P_1P_2\cdots P_{2n}P_{2n+1}P_{2n+1}P_{2n+2}\cdots P_{4n-2}P_{4n-1}$ 各边中点为

$$Q_1, Q_2, \cdots, Q_{2n}, P_{2n+1}, Q_{2n+1}, Q_{2n+2}, \cdots, Q_{4n-1},$$

且

$$P_1P_2/\!/P_{2n+1}P_{2n+1}, P_2P_3/\!/P_{2n+1}P_{2n+2}, P_3P_4/\!/P_{2n+2}P_{2n+3}, \cdots, P_{2n}P_{2n+1}/\!/P_{4n-1}P_1,$$

故由定理 5.4.1, 当 $j=1$ 时即得式 (5.4.9); 而当 $j=2,3,\cdots,2n$ 时, 得

$$\sum_{i=1, i\neq 2n-j+2}^{2n} (-1)^{i+j} \mathrm{D}_{PQ_{i+j-1}Q_{i+j+2n-2}} + (-1)^{2n-j+2+j} \mathrm{D}_{PP_{2n+1}Q_1} = \mathrm{D}_{PP_jP_{j+2n-1}},$$

因此, 式 (5.4.10) 成立.

定理 5.4.7 设在 $4n-1$ 边形 $P_1P_2\cdots P_{4n-1}$ 中, $P_2P_3/\!/P_{2n+1}P_{2n+2}, P_3P_4/\!/$ $P_{2n+2}P_{2n+3}, \cdots, P_{2n}P_{2n+1}/\!/P_{4n-1}P_1; Q_1, Q_2, \cdots, Q_{4n-1}$ 依次是各边 $P_1P_2, P_2P_3, \cdots,$ $P_{4n-1}P_1$ 的中点, 则

(1) P 是 P_1P_{2n+1} 所在直线上任意一点的充分必要条件是

$$\mathrm{D}_{PQ_1P_{2n+1}} + \sum_{i=2}^{2n} (-1)^{i-1} \mathrm{D}_{PQ_iQ_{i+2n-1}} = 0; \tag{5.4.11}$$

(2) P 是 Q_1P_{2n+1} 所在直线上任意一点的充分必要条件是

$$\sum_{i=2}^{2n} (-1)^{i-1} \mathrm{D}_{PQ_iQ_{i+2n-1}} = \mathrm{D}_{PP_1P_{2n+1}}, \tag{5.4.12}$$

$$\sum_{i=1,i\neq 2n-j+2}^{2n}(-1)^{i+j}D_{PQ_{i+j-1}Q_{i+j+2n-2}}=D_{PP_jP_{j+2n-1}}\quad(j=2,3,\cdots,2n);\ (5.4.13)$$

(3) P 是 $Q_{k+j-1}Q_{k+j+2n-2}(k=2,3,\cdots,2n)$ 所在直线上任意一点的充分必要条件是

$$D_{PP_{2n+1}Q_1}+\sum_{i=1,i\neq 2n-j+2,k}^{2n}(-1)^{i+j}D_{PQ_{i+j-1}Q_{i+j+2n-2}}=D_{PP_jP_{j+2n-1}},\quad(5.4.14)$$

其中 $j=2,3,\cdots,2n$.

证明　利用式 (5.4.7) 和 (5.4.8), 仿定理 5.4.2 证明即得.

推论 5.4.3　设在 $4n-1$ 边形 $P_1P_2\cdots P_{4n-1}$ 中, $P_2P_3//P_{2n+1}P_{2n+2},P_3P_4//$ $P_{2n+2}P_{2n+3},\cdots,P_{2n}P_{2n+1}//P_{4n-1}P_1;Q_1,Q_2,\cdots,Q_{4n-1}$依次是各边$P_1P_2,P_2P_3,\cdots,$ $P_{4n-1}P_1$ 的中点, 则

$$\sum_{i=2}^{2n}(-1)^{i-1}D_{P_{2n+1}Q_iQ_{i+2n-1}}=0.\quad(5.4.15)$$

证明　将 P_{2n+1} 代入式 (5.4.11) 即得.

推论 5.4.4　设在七边形 $P_1P_2\cdots P_7$ 中, $P_2P_3//P_5P_6,P_3P_4//P_6P_7,P_4P_5//P_7P_1;$ $Q_1,Q_2,\cdots,Q_7$ 依次是各边 $P_1P_2,P_2P_3,\cdots,P_7P_1$ 的中点, 则在三角形 $P_5Q_2Q_5,P_5$ $Q_3Q_6,P_5Q_4Q_7$ 中, 其中一个三角形的面积等于另两个较小的三角形的面积的和.

证明　在式 (5.4.15) 中令 $n=2$ 即得.

定理 5.4.8　设在 $4n-1$ 边形 $P_1P_2\cdots P_{4n-1}$ 中, $P_2P_3//P_{2n+1}P_{2n+2},P_3P_4//$ $P_{2n+2}P_{2n+3},\cdots,P_{2n}P_{2n+1}//P_{4n-1}P_1;Q_1,Q_2,\cdots,Q_{4n-1}$依次是各边$P_1P_2,P_2P_3,\cdots,$ $P_{4n-1}P_1$ 的中点.

(1) 若 G_j 是 $Q_1P_{2n+1},Q_jQ_{j+2n-1}$ 所在直线的交点, 则

$$\sum_{i=2,i\neq j}^{2n}(-1)^{i-1}D_{G_jQ_iQ_{i+2n-1}}=D_{G_jP_1P_{2n+1}}\quad(j=2,3,\cdots,2n);\quad(5.4.16)$$

(2) 若 H_j 是 $P_1P_{2n+1},Q_jQ_{j+2n-1}$ 所在直线的交点, 则

$$D_{H_jQ_1P_{2n+1}}+\sum_{i=2,i\neq j}^{2n}(-1)^{i-1}D_{H_jQ_iQ_{i+2n-1}}=0\quad(j=2,3,\cdots,2n);\quad(5.4.17)$$

(3) 若 S_k 是 $P_{2n+1}Q_1,Q_{k+j-1}Q_{k+j+2n-2}$ 所在直线的交点, 则

$$\sum_{i=2,i\neq 2n-j+2,k}^{2n}(-1)^{i+j}D_{S_kQ_{i+j-1}Q_{i+j+2n-2}}=D_{S_kP_jP_{j+2n-1}}\quad(j,k=2,3,\cdots,2n);$$

$$(5.4.18)$$

(4) 若 T_{kl} 是 $Q_{k+j-1}Q_{k+j+2n-2}, Q_{l+j-1}Q_{l+j+2n-2}$ 所在直线的交点, 则

$$D_{T_{jk}P_{2n+1}Q_1} + \sum_{i=2, i\neq 2n-j+2, k, l}^{2n} (-1)^{i+j} D_{T_{kl}Q_{i+j-1}Q_{i+j+2n-2}} = D_{T_{kl}P_j P_{j+2n-1}}, \quad (5.4.19)$$

其中 $j, k, l = 2, 3, \cdots, 2n; k < l$.

证明 (1) 如图 5.4.6 所示. 因为 G_j 是 $Q_1 P_{2n+1}$ 和 $Q_j Q_{j+2n-1}(j = 2, 3, \cdots, 2n)$ 所在直线的交点, 所以 $D_{G_j Q_1 P_{2n+1}} = D_{G_j Q_j Q_{j+2n-1}} = 0$, 代入式 (5.4.9) 即得式 (5.4.16).

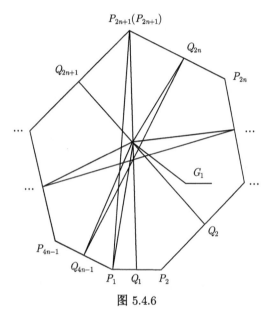

图 5.4.6

类似地, 可以证明式 (5.4.17)—(5.4.19) 成立.

定理 5.4.9 设在 $4n - 1$ 边形 $P_1 P_2 \cdots P_{4n-1}$ 中, $P_2 P_3 // P_{2n+1} P_{2n+2}, P_3 P_4 // P_{2n+2} P_{2n+3}, \cdots, P_{2n} P_{2n+1} // P_{4n-1} P_1; Q_1, Q_2, \cdots, Q_{4n-1}$ 依次是各边 $P_1 P_2, P_2 P_3, \cdots, P_{4n-1} P_1$ 的中点.

(1) 若 K_{jk} 是 $Q_1 P_{2n+1}, Q_j Q_{j+2n-1}$ 和 $Q_k Q_{k+2n-1}$ 所在直线的交点, 则

$$\sum_{i=2, i\neq j, k}^{2n-1} (-1)^{i-1} D_{K_{jk}Q_i Q_{i+2n-1}} = D_{K_{jk}P_1 P_{2n+1}} \quad (j, k = 2, 3, \cdots, 2n, j < k); \quad (5.4.20)$$

(2) 若 L_{jk} 是 $P_1 P_{2n+1}, Q_j Q_{j+2n-1}$ 和 $Q_k Q_{k+2n-1}$ 所在直线的交点, 则

$$D_{L_{jk}Q_1 P_{2n+1}} + \sum_{i=2, i\neq j, k}^{2n} (-1)^{i-1} D_{L_{jk}Q_i Q_{i+2n-1}} = 0 \quad (j, k = 2, 3, \cdots, 2n; j < k);$$

$$(5.4.21)$$

(3) 若 S_{kl} 是 $P_{2n+1}Q_1, Q_{k+j-1}Q_{k+j+2n-2}$ 和 $Q_{l+j-1}Q_{l+j+2n-2}$ 所在直线的交点, 则

$$\sum_{i=2,i\neq 2n-j+2,k,l}^{2n} (-1)^{i-1}D_{S_{kl}Q_iQ_{i+2n-2}} = D_{S_{kl}P_jP_{j+2n-1}}, \tag{5.4.22}$$

其中 $j,k,l = 2,3,\cdots,2n; k < l$;

(4) 若 T_{klm} 是 $Q_{k+j-1}Q_{k+j+2n-2}, Q_{l+j-1}Q_{l+j+2n-2}$ 和 $Q_{m+j-1}Q_{m+j+2n-2}$ 所在直线的交点, 则

$$D_{T_{klm}P_{2n+1}Q_1} + \sum_{i=2,i\neq 2n-j+2,k,l,m}^{2n} (-1)^{i-1}D_{T_{klm}Q_iQ_{i+2n-2}} = D_{T_{klm}P_jP_{j+2n-1}}, \tag{5.4.23}$$

其中 $j,k,l,m = 2,3,\cdots,2n; k < l < m; n > 2$.

证明　(1) 因为 K_{jk} 是 $Q_1P_{2n+1}, Q_jQ_{j+2n-1}$ 和 Q_kQ_{k+2n-1} 所在直线的交点, 所以

$$D_{K_{jk}Q_1P_{2n+1}} = D_{K_{jk}Q_jQ_{j+2n-1}} = D_{K_{jk}Q_kQ_{k+2n-1}} = 0,$$

代入式 (5.4.11) 即得式 (5.4.20).

类似地, 可以证明式 (5.4.21)—(5.4.23) 成立.

推论 5.4.5　设在七边形 $P_1P_2\cdots P_7$ 中, $P_2P_3//P_5P_6, P_3P_4//P_6P_7, P_4P_5//P_7P_1; Q_1, Q_2, \cdots, Q_7$ 依次是各边 $P_1P_2, P_2P_3, \cdots, P_7P_1$ 的中点.

(1) 若 K_{jk} 是 Q_1P_5, Q_jQ_{j+3} 和 Q_kQ_{k+3} 所在直线的交点, 则

$$a_{K_{jk}Q_iQ_{i+3}} = a_{K_{jk}P_1P_5} \quad (i,j,k = 2,3,4; i\neq j,k; j < k);$$

(2) 若 L_{jk} 是 P_1P_5, Q_jQ_{j+3} 和 Q_kQ_{k+3} 所在直线的交点, 则

$$a_{L_{jk}Q_1P_5} = a_{L_{jk}Q_iQ_{i+3}} \quad (i,j,k = 2,3,4; i\neq j,k; j < k);$$

(3) 若 S_{kl} 是 $P_5Q_1, Q_{k+j-1}Q_{k+j+2}$ 和 $Q_{l+j-1}Q_{l+j+2}$ 所在直线的交点, 则

$$a_{S_{kl}Q_iQ_{i+3}} = a_{S_{kl}P_jP_{j+2n-1}} \quad (i,j,k,l = 2,3,4; i\neq k,l; k < l).$$

证明　(1) 图 5.4.7 是 $k = 2, l = 3$ 的情形. 因为 $P_1P_2\cdots P_7$ 是七边形, 所以 $n = 2$, 代入式 (5.4.20) 得

$$(-1)^{i-1}D_{K_{jk}Q_iQ_{i+3}} = D_{K_{jk}P_1P_4} \quad (i,j,k = 2,3,4; i\neq j,k; j < k),$$

等式两边取绝对值, 即得 $a_{K_{jk}Q_iQ_{i+3}} = a_{K_{jk}P_1P_5}$ $(i,j,k = 2,3,4; i\neq j,k; j < k)$.

类似地, 可以证明 (2) 和 (3) 中结论成立.

推论 5.4.6 设在七边形 $P_1P_2\cdots P_7$ 中, $P_2P_3//P_5P_6, P_3P_4//P_6P_7, P_4P_5//P_7P_1$; $Q_1, Q_2, \cdots, Q_7$ 依次是各边 $P_1P_2, P_2P_3, \cdots, P_7P_1$ 的中点, 则 Q_2Q_5, Q_3Q_6 和 Q_4Q_7 所在直线不共点, 即 $n=2$ 时, 式 (5.2.23) 不成立.

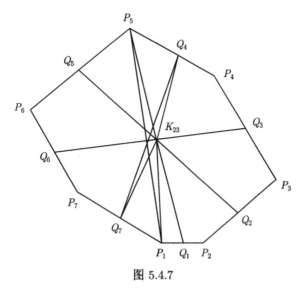

图 5.4.7

证明 反证法 假设 M 是 Q_2Q_5, Q_3Q_6 和 Q_4Q_7 所在直线的交点, 将 M 及 $n=2, j=2$ 代入式 (5.2.23), 可得 $a_{MP_5Q_1} = a_{MP_2P_5}$; 而另一方面, 由于 Q_1 是 P_1P_2 的中点, 显然有 $a_{MP_5Q_1} \neq a_{MP_2P_5}$, 矛盾. 因此, Q_2Q_5, Q_3Q_6 和 Q_4Q_7 所在直线不共点.

5.5 平行 $4n+2$ 边形中点线三角形有向面积的定值定理与应用

本节主要研究平行 $4n+2$ 边形有向面积的定值定理与应用. 首先, 给出平行 $4n+2$ 边形中点线三角形有向面积的定值定理, 从而推广了定理 5.1.1 和定理 5.3.4(1) 的结论; 其次, 利用该定值定理得出平行 $4n+2$ 边形中的等积定理和共点定理, 从而推广了定理 5.1.3 和定理 5.1.4 的结论; 再次, 给出一类 $4n+1$ 边形中点线三角形有向面积的定值定理及其应用, 从而推广了 5.2.1 中有关一类五边形的结论.

5.5.1 平行 $4n+2$ 边形中点线三角形有向面积的定值定理

定理 5.5.1 (喻德生, 2017) 设 $Q_1, Q_2, \cdots, Q_{4n+2}$ 是平行 $4n+2$ 边形 $P_1P_2\cdots$ P_{4n+2} 各边 $P_1P_2, P_2P_3, \cdots, P_{4n+2}P_1$ 的中点, P 是 $P_1P_2\cdots P_{4n+2}$ 所在平面上任意

一点, 则

$$\sum_{i=1}^{2n+1} (-1)^{i-1} \mathrm{D}_{PQ_iQ_{i+2n+1}} = 0. \tag{5.5.1}$$

证明　如图 5.5.1 所示. 设 $P_1P_2\cdots P_{4n+2}$ 顶点的坐标为 $P_i(x_i, y_i)(i = 1, 2, \cdots, 4n+2)$, 于是 $P_1P_2\cdots P_{4n+2}$ 各边中点的坐标为

$$Q_i\left(\frac{x_i + x_{i+1}}{2}, \frac{y_i + y_{i+1}}{2}\right) \quad (i = 1, 2, \cdots, 4n+2).$$

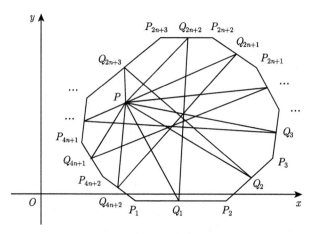

图 5.5.1

因为 $P_{i+1}P_{i+2}//P_{i+2n+1}P_{i+2n+2}$, 所以 $k_{P_iP_{i+1}} = k_{P_{i+2n+1}P_{i+2n+2}}$, 即

$$\mathrm{Prj}_x\mathrm{D}_{P_iP_{i+1}}\mathrm{Prj}_y\mathrm{D}_{P_{i+2n+1}P_{i+2n+2}} - \mathrm{Prj}_x\mathrm{D}_{P_{i+2n+1}P_{i+2n+2}}\mathrm{Prj}_y\mathrm{D}_{P_iP_{i+1}} = 0,$$

即

$$(x_{i+1} - x_i)(y_{i+2n+2} - y_{i+2n+1}) - (x_{i+2n+2} - x_{i+2n+1})(y_{i+1} - y_i) = 0,$$

$$(x_iy_{i+2n+2} - x_{i+2n+2}y_i) + (x_{i+1}y_{i+2n+1} - x_{i+2n+1}y_{i+1})$$

$$= (x_iy_{i+2n+1} - x_{i+2n+1}y_i) + (x_{i+1}y_{i+2n+2} - x_{i+2n+2}y_{i+1}). \tag{5.5.2}$$

设任意点的坐标为 $P(x, y)$, 于是由三角形有向面积公式及式 (5.5.2), 得

$$\sum_{i=1}^{2n+1} (-1)^{i-1} \mathrm{D}_{PQ_iQ_{i+2n+1}}$$

$$= \frac{1}{4} \sum_{i=1}^{2n+1} (-1)^{i-1} [x(y_i + y_{i+1}) - (x_i + x_{i+1})y]$$

$$+ \frac{1}{8} \sum_{i=1}^{2n+1} (-1)^{i-1} [(x_i + x_{i+1})(y_{i+2n+1} + y_{i+2n+2})$$

$$- (x_{i+2n+1} + x_{i+2n+2})(y_i + y_{i+1})]$$

$$+ \frac{1}{4} \sum_{i=1}^{2n+1} (-1)^{i-1} [(x_{i+2n+1} + x_{i+2n+2})y - x(y_{i+2n+1} + y_{i+2n+2})]$$

$$= \frac{x}{4} \sum_{i=1}^{2n+1} (-1)^{i-1} [(y_i - y_{i+2n+1}) + (y_{i+1} - y_{i+2n+2})]$$

$$+ \frac{y}{4} \sum_{i=1}^{2n+1} (-1)^{i-1} [(x_{i+2n+1} - x_i) + (x_{i+2n+2} - x_{i+1})]$$

$$+ \frac{1}{8} \sum_{i=1}^{2n+1} (-1)^{i-1} [(x_i y_{i+2n+1} - x_{i+2n+1} y_i) + (x_{i+1} y_{i+2n+2} - x_{i+2n+2} y_{i+1})$$

$$+ (x_i y_{i+2n+2} - x_{i+2n+2} y_i) + (x_{i+1} y_{i+2n+1} - x_{i+2n+1} y_{i+1})]$$

$$= \frac{x}{4} \sum_{i=1}^{2n+1} (-1)^{i-1} [(y_i - y_{i+2n+1}) + (y_{i+1} - y_{i+2n+2})]$$

$$+ \frac{y}{4} \sum_{i=1}^{2n+1} (-1)^{i-1} [(x_{i+2n+1} - x_i) + (x_{i+2n+2} - x_{i+1})]$$

$$+ \frac{1}{4} \sum_{i=1}^{2n+1} (-1)^{i-1} [(x_i y_{i+2n+1} - x_{i+2n+1} y_i) + (x_{i+1} y_{i+2n+2} - x_{i+2n+2} y_{i+1})]$$

$$= \frac{x}{4} \left[(y_1 - y_{2n+2}) + \sum_{i=2}^{2n+1} (-1)^{i-1} (y_i - y_{i+2n+1}) \right.$$

$$\left. + \sum_{i=1}^{2n} (-1)^{i-1} (y_{i+1} - y_{i+2n+2}) + (y_{2n+2} - y_1) \right]$$

$$+ \frac{y}{4} \left[(x_{2n+2} - x_1) + \sum_{i=2}^{2n+1} (-1)^{i-1} (x_{i+2n+1} - x_i) \right.$$

$$\left. + \sum_{i=1}^{2n} (-1)^{i-1} (x_{i+2n+2} - x_{i+1}) + (x_1 - x_{2n+2}) \right]$$

$$+ \frac{1}{4} \left[(x_1 y_{2n+2} - x_{2n+2} y_1) + \sum_{i=2}^{2n+1} (-1)^{i-1} (x_i y_{i+2n+1} - x_{i+2n+1} y_i) \right.$$

$$+ \sum_{i=1}^{2n}(-1)^{i-1}(x_{i+1}y_{i+2n+2} - x_{i+2n+2}y_{i+1}) + (x_{2n+2}y_1 - x_1y_{2n+2})\Bigg]$$

$$=0,$$

因此, 式 (5.5.1) 成立.

注 5.5.1　特别地, 当 $n = 1$ 时, 即得定理 5.1.1; 当 $n = 1$ 且 $P_1P_2\cdots P_{4n+2}$ 为正多边形时, 即得定理 5.3.4(1). 因此, 定理 5.5.1 是定理 5.1.1 和定理 5.3.4(1) 的推广.

5.5.2　平行 $4n+2$ 边形中点线三角形有向面积定值定理的应用

根据式 (5.5.1), 可以得到如下的定理 5.5.2—定理 5.5.4 等结论, 这些结论都是定理 5.5.1 的推论.

定理 5.5.2 (喻德生, 2017)　设 $Q_1, Q_2, \cdots, Q_{4n+2}$ 是平行 $4n + 2$ 边形 $P_1P_2\cdots P_{4n+2}$ 各边 $P_1P_2, P_2P_3, \cdots, P_{4n+2}P_1$ 的中点, 则 P 是 Q_jQ_{j+2n+1} 所在直线上任意一点的充分必要条件是

$$\sum_{i=1, i\neq j}^{2n+1}(-1)^{i-1}\mathrm{D}_{PQ_iQ_{i+2n+1}} = 0 \ (j = 1, 2, \cdots, 2n+1). \tag{5.5.3}$$

证明　根据式 (5.5.1), 可得 P 是 $Q_jQ_{j+2n+1}(j = 1, 2, \cdots, 2n+1)$ 所在直线上任意一点 $\Leftrightarrow \mathrm{D}_{PQ_jQ_{j+2n+1}} = 0 \Leftrightarrow$ 式 (5.5.3) 成立.

注 5.5.2　特别地, 当 $n = 1$ 时, 即得定理 5.1.3. 因此, 定理 5.5.2 是定理 5.1.3 的推广.

定理 5.5.3　设 $Q_1, Q_2, \cdots, Q_{4n+2}$ 是平行 $4n + 2$ 边形 $P_1P_2\cdots P_{4n+2}$ 各边 $P_1P_2, P_2P_3, \cdots, P_{4n+2}P_1$ 的中点. 若 G_{jk} 是 $Q_jQ_{j+2n+1}, Q_kQ_{k+2n+1}$ 所在直线的交点, 则

$$\sum_{i=1, i\neq j,k}^{2n+1}(-1)^{i-1}\mathrm{D}_{G_{jk}Q_iQ_{i+2n+1}} = 0 \quad (j, k = 1, 2, \cdots, 2n+1, j < k). \tag{5.5.4}$$

证明　因为 G_{jk} 是 $Q_jQ_{j+2n+1}, Q_kQ_{k+2n+1}$ 所在直线的交点, 所以

$$\mathrm{D}_{G_{jk}Q_jQ_{j+2n+1}} = \mathrm{D}_{G_{jk}Q_kQ_{k+2n+1}} = 0,$$

代入式 (5.5.1), 即得式 (5.5.4).

推论 5.5.1　设 $Q_1, Q_2, \cdots, Q_{10}$ 是平行十边形 $P_1P_2\cdots P_{10}$ 各边 $P_1P_2, P_2P_3, \cdots, P_{10}P_1$ 的中点. 若 G_{jk} 是 $Q_jQ_{j+2n+1}, Q_kQ_{k+2n+1}$ 所在直线的交点, 则在三个三角形

$$G_{jk}Q_iQ_{i+5} \quad (i, j, k = 1, 2, \cdots, 5; i \neq j, k; j < k)$$

中, 其中一个三角形的面积等于其余两个较小的三角形面积的和.

证明 在式 (5.5.4) 中, 令 $n=2$, 得

$$\sum_{i=1,i\neq j,k}^{5} (-1)^{i-1} D_{G_{jk}Q_iQ_{i+2n+1}} = 0 \ (j,k=1,2,\cdots,5, j<k),$$

因此, 推论 5.5.1 结论成立.

定理 5.5.4 设 $Q_1, Q_2, \cdots, Q_{4n+2}$ 是平行 $4n+2(n>1)$ 边形 $P_1P_2\cdots P_{4n+2}$ 各边 $P_1P_2, P_2P_3, \cdots, P_{4n+2}P_1$ 的中点. 若 H_{jkl} 是 $Q_jQ_{j+2n+1}, Q_kQ_{k+2n+1}, Q_lQ_{l+2n+1}$ 所在直线的交点, 则

$$\sum_{i=1,i\neq j,k,l}^{2n+1} (-1)^{i-1} D_{H_{jkl}Q_iQ_{i+2n+1}} = 0, \tag{5.5.5}$$

其中 $j,k,l=1,2,\cdots,2n+1; j<k<l$.

证明 仿定理 5.5.3 证明, 即得.

推论 5.5.2 设 $Q_1, Q_2, \cdots, Q_{10}$ 是平行十边形 $P_1P_2\cdots P_{10}$ 各边 $P_1P_2, P_2P_3, \cdots, P_{10}P_1$ 的中点. 若 H_{jkl} 是 $Q_jQ_{j+2n+1}, Q_kQ_{k+2n+1}, Q_lQ_{l+2n+1}(j,k,l=1,2,\cdots,5; j<k<l)$ 所在直线的交点, 则

$$a_{H_{jkl}Q_{i_1}Q_{i_1+2n+1}} = a_{H_{jkl}Q_{i_2}Q_{i_2+2n+1}} \quad (1\leqslant i_1\leqslant i_2\leqslant 5; i_1,i_2\neq j,k,l). \tag{5.5.6}$$

证明 在式 (5.5.5) 中, 令 $n=2$ 并将 $i=i_1,i_2$ 代入, 得

$$(-1)^{i_1-1} D_{H_{jkl}Q_{i_1}Q_{i_1+2n+1}} + (-1)^{i_2-1} D_{H_{jkl}Q_{i_2}Q_{i_2+2n+1}} = 0,$$

上式移项后等式两边取绝对值, 即得式 (5.5.6).

定理 5.5.5 (喻德生, 2017) 设 $Q_1, Q_2, \cdots, Q_{4n+2}$ 是平行 $4n+2$ 边形 $P_1P_2\cdots P_{4n+2}$ 各边 $P_1P_2, P_2P_3, \cdots, P_{4n+2}P_1$ 的中点. 若 $Q_1Q_{2n+2}, Q_2Q_{2n+3}, \cdots, Q_{2n+1}Q_{4n+2}$ 所在的 $2n+1$ 条直线中有 $2n$ 条直线相交于一点, 则这 $2n+1$ 条直线相交于一点.

证明 如图 5.5.2 所示. 不妨设 $Q_1Q_{2n+2}, Q_2Q_{2n+3}, \cdots, Q_{2n}Q_{4n+1}$ 所在直线相交于 G 点, 则

$D_{GQ_1Q_{2n+2}} = D_{GQ_2Q_{2n+3}} = \cdots = D_{GQ_{2n}Q_{4n+1}} = 0.$ 代入式 (5.5.1) 得 $D_{GQ_{2n+1}Q_{4n+2}} = 0$, 故点 G 在 $Q_{2n+1}Q_{4n+2}$ 所在直线上, 从而 $Q_1Q_{2n+2}, Q_2Q_{2n+3}, \cdots, Q_{2n+1}Q_{4n+2}$ 所在直线相交于一点.

注 5.5.3 特别地, 当 $n=1$ 时, 注意到在平行六边形 $P_1P_2\cdots P_6$ 三对对边中点的连线 Q_1Q_4, Q_2Q_5, Q_3Q_6 所在的三条直线中, 其中任何两条都相交于一点, 即得定理 5.1.4. 因此, 定理 5.5.2 是定理 5.1.4 的推广.

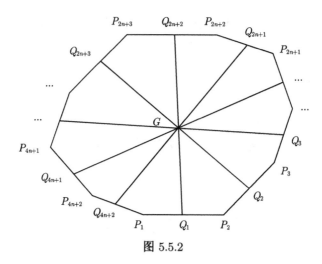

图 5.5.2

5.5.3　一类 $4n+1$ 边形中点线三角形有向面积的定值定理与应用

定理 5.5.6 (喻德生, 2017)　设在 $4n+1$ 边形 $P_1P_2\cdots P_{4n+1}$ 中, $P_2P_3//$ $P_{2n+2}P_{2n+3}, P_3P_4//P_{2n+3}P_{2n+4}, \cdots, P_{2n+1}P_{2n+2}//P_{4n+1}P_1; Q_1, Q_2, \cdots, Q_{4n+1}$ 依次是各边 $P_1P_2, P_2P_3, \cdots, P_{4n+1}P_1$ 的中点, P 是 $P_1P_2\cdots P_{4n+1}$ 所在平面上任意一点, 则

$$\mathrm{D}_{PQ_1P_{2n+2}} + \sum_{i=2}^{2n+1} (-1)^{i-1}\mathrm{D}_{PQ_iQ_{i+2n}} = 0. \tag{5.5.7}$$

证明　如图 5.5.3 所示. 将 $P_1P_2\cdots P_{4n+1}$ 看成是有一个顶点重合的 $4n+2$ 边形

$$P_1P_2\cdots P_{2n+1}P_{2n+2}P_{2n+2}P_{2n+3}\cdots P_{4n}P_{4n+1},$$

于是 $P_1P_2\cdots P_{2n+1}P_{2n+2}P_{2n+2}P_{2n+3}\cdots P_{4n}P_{4n+1}$ 各边的中点为

$$Q_1, Q_2, \cdots, Q_{2n+1}, P_{2n+2}, Q_{2n+2}, Q_{2n+3}, \cdots, Q_{4n+1},$$

且

$$P_1P_2//P_{2n+2}P_{2n+2}, P_2P_3//P_{2n+2}P_{2n+3},$$

$$P_3P_4//P_{2n+3}P_{2n+4}, \cdots, P_{2n+1}P_{2n+2}//P_{4n+1}P_1,$$

故由定理 5.5.1, 即得式 (5.5.7).

注 5.5.4　特别地, 当 $n=1$ 时, 即得定理 5.2.1. 因此, 定理 5.5.4 是定理 5.2.1 的推广.

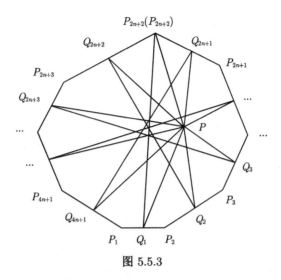

图 5.5.3

定理 5.5.7 设在 $4n+1$ 边形 $P_1P_2\cdots P_{4n+1}$ 中, $P_2P_3//P_{2n+2}P_{2n+3}, P_3P_4//$
$P_{2n+3}P_{2n+4},\cdots,P_{2n+1}P_{2n+2}//P_{4n+1}P_1;Q_1,Q_2,\cdots,Q_{4n+1}$ 依次是各边 P_1P_2,P_2
$P_3,\cdots,P_{4n+1}P_1$ 的中点, 则

(1) P 是 Q_1P_{2n+2} 所在直线上任意一点的充分必要条件是

$$\sum_{i=2}^{2n+1}(-1)^{i-1}\mathrm{D}_{PQ_iQ_{i+2n}}=0;$$

(2) P 是 Q_jQ_{j+2n} 所在直线上任意一点的充分必要条件是

$$\mathrm{D}_{PQ_1P_{2n+2}}+\sum_{i=2,i\neq j}^{2n+1}(-1)^{i-1}\mathrm{D}_{PQ_iQ_{i+2n}}=0 \quad (j=2,3,\cdots,2n+1).$$

证明 利用式 (5.5.7), 仿定理 5.5.2 证明即得.

注 5.5.5 特别地, 当 $n=1$ 时, 即得定理 5.2.3. 因此, 定理 5.5.5 是定理 5.2.3
的推广.

定理 5.5.8 设在 $4n+1$ 边形 $P_1P_2\cdots P_{4n+1}$ 中, $P_2P_3//P_{2n+2}P_{2n+3}, P_3P_4//$
$P_{2n+3}P_{2n+4},\cdots,P_{2n+1}P_{2n+2}//P_{4n+1}P_1;Q_1,Q_2,\cdots,Q_{4n+1}$ 依次是各边 P_1P_2,P_2
$P_3,\cdots,P_{4n+1}P_1$ 的中点.

(1) 若 G_j 是 Q_1P_{2n+2},Q_jQ_{j+2n} 所在直线的交点, 则

$$\sum_{i=2,i\neq j}^{2n+1}(-1)^{i-1}\mathrm{D}_{G_jQ_iQ_{i+2n}}=0 \quad (j=2,3,\cdots,2n+1); \tag{5.5.8}$$

(2) H_{jk} 是 $Q_j Q_{j+2n}, Q_k Q_{k+2n}$ 所在直线的交点, 则

$$D_{H_{jk}Q_1 P_{2n+2}} + \sum_{i=2, i \neq j,k}^{2n+1} (-1)^{i-1} D_{H_{jk} Q_i Q_{i+2n}} = 0, \tag{5.5.9}$$

其中 $j, k = 2, \cdots, 2n+1; j < k$.

证明　利用式 (5.5.7), 仿定理 5.5.3 证明即得.

推论 5.5.3　设在九边形 $P_1 P_2 \cdots P_9$ 中, $P_2 P_3 // P_6 P_7, P_3 P_4 // P_7 P_8, P_4 P_5 // P_8 P_9, P_5 P_6 // P_9 P_1, Q_1, Q_2, \cdots, Q_9$ 依次是各边 $P_1 P_2, P_2 P_3, \cdots, P_9 P_1$ 的中点.

(1) 若 G_j 是 $Q_1 P_6, Q_j Q_{j+4}$ 所在直线的交点, 则在三个三角形

$$G_j Q_i Q_{i+4} \quad (i, j = 2, 3, 4, 5; i \neq j)$$

中, 其中一个三角形的面积等于其余两个较小的三角形面积的和;

(2) H_{jk} 是 $Q_j Q_{j+2n}, Q_k Q_{k+2n}$ 所在直线的交点, 则在三个三角形

$$D_{H_{jk}Q_1 P_{2n+2}}, G_j Q_i Q_{i+4} \quad (i, j, k = 2, 3, 4, 5; i \neq j, k; j < k)$$

中, 其中一个三角形的面积等于其余两个较小的三角形面积的和.

证明　利用式 (5.5.8) 和 (5.5.9), 仿推论 5.5.1 证明即得.

定理 5.5.9　设在 $4n+1$ 边形 $P_1 P_2 \cdots P_{4n+1}$ 中, $P_2 P_3 // P_{2n+2} P_{2n+3}, P_3 P_4 // P_{2n+3} P_{2n+4}, \cdots, P_{2n+1} P_{2n+2} // P_{4n+1} P_1; Q_1, Q_2, \cdots, Q_{4n+1}$ 依次是各边 $P_1 P_2, P_2 P_3, \cdots, P_{4n+1} P_1$ 的中点.

(1) 若 G_{jk} 是 $Q_1 P_{2n+2}, Q_j Q_{j+2n}, Q_k Q_{k+2n}$ 所在直线的交点, 则

$$\sum_{i=2, i \neq j,k}^{2n+1} (-1)^{i-1} D_{G_{jk} Q_i Q_{i+2n}} = 0 \quad (j, k = 2, 3, \cdots, 2n+1; j < k); \tag{5.5.10}$$

(2) H_{jkl} 是 $Q_j Q_{j+2n}, Q_k Q_{k+2n}, Q_l Q_{l+2n}$ 所在直线的交点, 则

$$D_{H_{jkl}Q_1 P_{2n+2}} + \sum_{i=2, i \neq j,k,l}^{2n+1} (-1)^{i-1} D_{H_{jkl} Q_i Q_{i+2n}} = 0, \tag{5.5.11}$$

其中 $j, k, l = 2, 3, \cdots, 2n+1; j < k < l$.

证明　利用式 (5.5.7), 仿定理 5.5.3 证明即得.

推论 5.5.4　设在九边形 $P_1 P_2 \cdots P_9$ 中, $P_2 P_3 // P_6 P_7, P_3 P_4 // P_7 P_8, P_4 P_5 // P_8 P_9, P_5 P_6 // P_9 P_1; Q_1, Q_2, \cdots, Q_9$ 依次是各边 $P_1 P_2, P_2 P_3, \cdots, P_9 P_1$ 的中点.

(1) 若 G_{jk} 是 $Q_1 P_6, Q_j Q_{j+4}, Q_k Q_{k+4}(j, k = 2, 3, 4, 5; j < k)$ 所在直线的交点, 则

$$a_{G_{jkl}Q_{i_1}Q_{i_1+4}} = a_{G_{jkl}Q_{i_2}Q_{i_2+4}} \quad (2 \leqslant i_1 \leqslant i_2 \leqslant 5; i_1, i_2 \neq j, k);$$

(2) H_{jkl} 是 $Q_jQ_{j+4}, Q_kQ_{k+4}, Q_lQ_{l+4}(j, k, l = 2, 3, 4, 5; j < k < l)$ 所在直线的交点, 则

$$\mathrm{a}_{H_{jkl}Q_1P_6} = \mathrm{a}_{H_{jkl}Q_iQ_{i+4}} \quad (2 \leqslant i \leqslant 5; i \neq j, k, l).$$

证明 利用式 (5.5.10) 和 (5.5.11), 仿推论 5.5.2 证明即得.

定理 5.5.10 (喻德生, 2017) 设在 $4n+1$ 边形 $P_1P_2\cdots P_{4n+1}$ 中, $P_2P_3//P_{2n+2}$ $P_{2n+3}, P_3P_4//P_{2n+3}P_{2n+4}, \cdots, P_{2n+1}P_{2n+2}//P_{4n+1}P_1; Q_1, Q_2, \cdots, Q_{4n+1}$ 依次是各边 $P_1P_2, P_2P_3, \cdots, P_{4n+1}P_1$ 的中点. 若 $Q_1P_{2n+2}, Q_2Q_{2n+2}, Q_3Q_{2n+3}, \cdots, Q_{2n+1}Q_{4n+1}$ 所在的 $2n+1$ 条直线中有 $2n$ 条相交于一点, 则这 $2n+1$ 条直线相交于一点.

证明 如图 5.5.4 所示. 不妨设 $Q_2Q_{2n+2}, Q_3Q_{2n+3}, \cdots, Q_{2n+1}Q_{4n+1}$ 所在直线相交于 G 点, 则 $\mathrm{D}_{GQ_2Q_{2n+2}} = \mathrm{D}_{GQ_3Q_{2n+3}} = \cdots = \mathrm{D}_{GQ_{2n+1}Q_{4n+1}} = 0$. 代入式 (5.5.7) 得 $\mathrm{D}_{GQ_1P_{2n+2}} = 0$, 故点 G 在 Q_1P_{2n+2} 所在直线上, 从而 $Q_1P_{2n+2}, Q_2Q_{2n+2}, Q_3$ $Q_{2n+3}, \cdots, Q_{2n+1}Q_{4n+1}$ 所在的 $2n+1$ 条直线相交于一点.

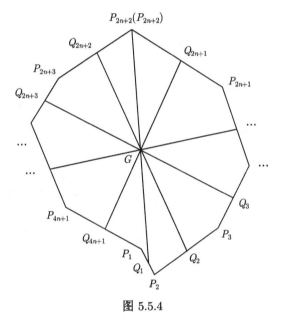

图 5.5.4

注 5.5.6 特别地, 当 $n = 1$ 时, 即得定理 5.2.4. 因此, 定理 5.5.6 是定理 5.2.4 的推广.

第6章　顶分点线三角形有向面积的定值定理与应用

6.1　三角形顶分点线三角形有向面积的定值定理与应用

我们知道, 三角形的三条中线相交于一点, 这个结论至少会让初学者觉得非常奇妙. 其实, 这种偶然性的背后, 具有深刻的必然性. 本节用有向面积的思想方法来考察有关的问题. 首先, 给出三角形顶分点线三角形的概念; 其次, 给出三角形顶分点线三角形有向面积的定值定理; 再次, 根据该定理得出三角形中线三角形有向面积的定值定理等结论, 从而揭示这些定值定理与 Pappus 重心定理、中线定理等已知结论之间的关系.

6.1.1　三角形顶分点线三角形的概念

定义 6.1.1　设 $P_1P_2P_3$ 为三角形, Q_i 是 P_iP_{i+1} $(i = 1, 2, 3)$ 的 λ_i-分点, 则称三角形的顶点 P_{i+2} 与其对边 P_iP_{i+1} 分点 Q_i 间的连线 $P_{i+2}Q_i$ 为 $P_1P_2P_3$ 的 λ_i-顶分点线 (简称顶分点线), 以三角形所在平面上一点 P 与其 λ_i-顶分点线 $P_{i+2}Q_i$ 所构成的的三角形 $PP_{i+2}Q_i$ 为 $P_1P_2P_3$ 的 λ_i-顶分点线三角形 (简称顶分点线三角形).

显然, 三角形 $P_1P_2P_3$ 的 1/2-顶分点线 $P_{i+2}Q_i(i = 1, 2, 3)$ 即 $P_1P_2P_3$ 的中线, 以三角形所在平面上一点 P 与其中线 $P_{i+2}Q_i$ 所构成的顶分点线三角形 $PP_{i+2}Q_i$ 亦称为 $P_1P_2P_3$ 的中线三角形.

特别地, 为方便起见, 当 P 在顶分点线 $P_{i+2}Q_i$ 所在直线上时, 我们把 P 与 $P_{i+2}Q_i$ 所构成的线段 $PP_{i+2}Q_i$ 看成是顶分点线三角形的特殊情形.

一般地, 过三角形所在平面上一点, 可以作三角形的三个顶分点线三角形 (图 6.1.1).

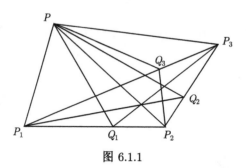

图 6.1.1

6.1.2 三角形顶分点线三角形有向面积的定值定理

定理 6.1.1 (喻德生, 1999) 设 Q_i 为三角形 $P_1P_2P_3$ 各边 P_iP_{i+1} 的点 q/p-分点, 且 $p+q=1$ $(i=1,2,3)$, P 是 $P_1P_2P_3$ 所在平面上任意一点, 则

$$\mathrm{D}_{PP_1Q_2} + \mathrm{D}_{PP_2Q_3} + \mathrm{D}_{PP_3Q_1} = (p-q)\mathrm{D}_{P_1P_2P_3}. \tag{6.1.1}$$

证明 如图 6.1.2 所示. 设三角形 $P_1P_2P_3$ 的顶点的坐标为 $P_i(x_i, y_i)$ $(i = 1, 2, 3)$, 任意点的坐标为 $P(x, y)$, 则由题设得各边分点的坐标 $Q_i(px_i + qx_{i+1}, py_i + qy_{i+1})$ $(i = 1, 2, 3)$. 于是

$$\sum_{i=1}^{3} \mathrm{D}_{PP_iQ_{i+1}}$$

$$= \frac{1}{2}\sum_{i=1}^{3}\{(xy_i - x_iy) + [x_i(py_{i+1} + qy_{i+2}) - (px_{i+1} + qx_{i+2})y_i]$$

$$+ [(px_{i+1} + qx_{i+2})y - x(py_{i+1} + qy_{i+2})]\}$$

$$= \frac{1}{2}\sum_{i=1}^{3}(xy_i - x_iy) + \frac{1}{2}p\sum_{i=1}^{3}(x_iy_{i+1} - x_{i+1}y_i) + \frac{1}{2}q\sum_{i=1}^{3}(x_iy_{i+2} - x_{i+2}y_i)$$

$$+ \frac{1}{2}p\sum_{i=1}^{3}(x_{i+1}y - xy_{i+1}) + \frac{1}{2}q\sum_{i=1}^{3}(x_{i+2}y - xy_{i+2})$$

$$= \frac{1}{2}\sum_{i=1}^{3}(xy_i - x_iy) + \frac{1}{2}p\sum_{i=1}^{3}(x_iy_{i+1} - x_{i+1}y_i) + \frac{1}{2}q\sum_{i=1}^{3}(x_{i+1}y_i - x_{i+1}y_i)$$

$$+ \frac{1}{2}p\sum_{i=1}^{3}(x_iy - xy_i) + \frac{1}{2}q\sum_{i=1}^{3}(x_iy - xy_i)$$

$$= \frac{1}{2}(p-q)\sum_{i=1}^{3}(x_iy_{i+1} - x_{i+1}y_i) = (p-q)\mathrm{D}_{P_1P_2P_3}.$$

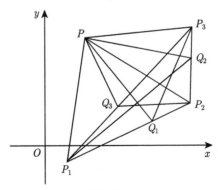

图 6.1.2

注 6.1.1 定理 6.1.1 的几何意义是: 三角形 $P_1P_2P_3$ 关于一点 P 的三个 λ-分点线三角形的有向面积之和恒为定值.

6.1.3 三角形顶分点线三角形有向面积定值定理的应用

根据式 (6.1.1), 可以得到如下的定理 6.1.2—定理 6.1.5 及其推论.

定理 6.1.2 (喻德生, 1999) 设 Q_i 为三角形 $P_1P_2P_3$ 各边 P_iP_{i+1} 的点 q/p-分点, 且 $p + q = 1$ $(i = 1, 2, 3)$, P 是 $P_1P_2P_3$ 所在平面上任意一点, 则

$$\mathrm{D}_{PP_1Q_2} + \mathrm{D}_{PP_2Q_3} + \mathrm{D}_{PP_3Q_1} = 0 \tag{6.1.2}$$

的充分必要条件是 Q_1, Q_2, Q_3 依次是各边 P_1P_2, P_2P_3, P_3P_1 中点.

证明 必要性 若式 (6.1.2) 成立, 则由定理 6.1.1 可知 $(p - q)\mathrm{D}_{P_1P_2P_3} = 0$. 因为 $\mathrm{D}_{P_1P_2P_3} \neq 0$, 所以 $p - q = 0$, 即 $p = q$, 因此 Q_1, Q_2, Q_3 依次是各边 P_1P_2, P_2P_3, P_3P_1 中点.

充分性 若 Q_1, Q_2, Q_3 依次是三角形 $P_1P_2P_3$ 各边 P_1P_2, P_2P_3, P_3P_1 中点, 则 $p = q$, 故由式 (6.1.1) 可知式 (6.1.2) 成立.

推论 6.1.1 设 Q_i 为三角形 $P_1P_2P_3$ 各边 $P_iP_{i+1}(i = 1, 2, 3)$ 的中点, P 是三角形 $P_1P_2P_3$ 所在平面上任意一点, 则在以 P 为顶点的三个中线三角形 PP_1Q_2, PP_2Q_3, PP_3Q_1 中, 其中一个三角形的面积等于另两个较小的三角形的面积的和.

证明 因为 Q_i 为三角形 $P_1P_2P_3$ 各边 $P_iP_{i+1}(i = 1, 2, 3)$ 的中点, 故由定理 6.1.2 可知, 式 (6.1.2) 成立, 注意到该式一个中线三角形的有向面积与另两个较小的中线三角形的有向面积异号即得.

推论 6.1.2 设 Q_i 为三角形 $P_1P_2P_3$ 各边 $P_iP_{i+1}(i = 1, 2, 3)$ 的中点, 则 P 是 $P_{i+2}Q_i$ 所在直线上任意一点的充分必要条件是

$$\mathrm{D}_{PP_iQ_{i+1}} + \mathrm{D}_{PP_{i+1}Q_{i+2}} = 0 \quad (i = 1, 2, 3). \tag{6.1.3}$$

证明 由式 (6.1.2), 可得

P 是 $P_{i+2}Q_i$ 所在直线上任意一点 $\Leftrightarrow \mathrm{D}_{PP_{i+2}Q_i} = 0 \Leftrightarrow$ 式 (6.1.3) 成立.

推论 6.1.3 设 Q_i 为三角形 $P_1P_2P_3$ 各边 $P_iP_{i+1}(i = 1, 2, 3)$ 的中点, 若 P 是 $P_{i+2}Q_i$ 所在直线上任意一点, 则

$$\mathrm{a}_{PP_iQ_{i+1}} = \mathrm{a}_{PP_{i+1}Q_{i+2}} \quad (i = 1, 2, 3).$$

证明 根据推论 6.1.2 的必要性, 将式 (6.1.3) 左边中的一项移到等式的右边后, 等式两边取绝对值即得.

定理 6.1.3 (中线定理) 设 Q_i 为三角形 $P_1P_2P_3$ 各边 P_iP_{i+1} 的中点, 则 $P_1P_2P_3$ 的三条中线 P_1Q_2, P_2Q_3, P_3Q_1 相交于一点.

证明　如图 6.1.3 所示. 显然, P_1Q_2, P_2Q_3 的交点于一点 G, 所以 $\mathrm{D}_{GP_1Q_2} = \mathrm{D}_{GP_2Q_3} = 0$. 代入式 (6.1.2) 得, $\mathrm{D}_{GP_3Q_1} = 0$, 所以 G 在直线 P_3Q_1 上. 因此, $P_1P_2P_3$ 的三条中线 P_1Q_2, P_2Q_3, P_3Q_1 相交于一点.

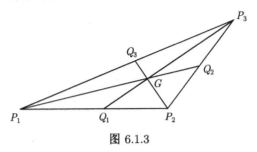

图 6.1.3

注 6.1.2　三角形 $P_1P_2P_3$ 的三条中线 P_1Q_2, P_2Q_3, P_3Q_1 的交点, 称为三角形的重心.

定理 6.1.4　设 P 为三角形 $P_1P_2P_3$ 所在平面上任意一点, $Q_1Q_2Q_3$ 为三角形 $P_1P_2P_3$ 的 $(\lambda_1, \lambda_2, \lambda_3)$ 分点三角形, M_i, N_i 分别是边 P_iP_{i+1}, $Q_iQ_{i+1}\,(i=1,2,3)$ 所在直线上的点, 且

$$\mathrm{D}_{P_1M_1}/\mathrm{D}_{M_1P_2} = \mathrm{D}_{P_2M_2}/\mathrm{D}_{M_2P_3} = \mathrm{D}_{P_3M_3}/\mathrm{D}_{M_3P_1} = \mathrm{D}_{Q_1N_1}/\mathrm{D}_{N_1Q_2}$$
$$= \mathrm{D}_{Q_2N_2}/\mathrm{D}_{N_2Q_3} = \mathrm{D}_{Q_3N_3}/\mathrm{D}_{N_3Q_1},$$

则

$$\sum_{i=1}^{3}\mathrm{D}_{PP_iM_{i+1}} = \frac{1+\lambda_1\lambda_2\lambda_3}{(1+\lambda_1)(1+\lambda_2)(1+\lambda_3)}\sum_{i=1}^{3}\mathrm{D}_{PQ_iN_{i+1}}. \tag{6.1.4}$$

证明　不妨设 $\mathrm{D}_{P_1M_1}/\mathrm{D}_{M_1P_2} = \mathrm{D}_{P_2M_2}/\mathrm{D}_{M_2P_3} = \mathrm{D}_{P_3M_3}/\mathrm{D}_{M_3P_1} = \mathrm{D}_{Q_1N_1}/\mathrm{D}_{N_1Q_2} = \mathrm{D}_{Q_2N_2}/\mathrm{D}_{N_2Q_3} = \mathrm{D}_{Q_3N_3}/\mathrm{D}_{N_3Q_1} = q/p, p+q=1$. 于是由式定理 6.1.1, 可得

$$\sum_{i=1}^{3}\mathrm{D}_{PP_iM_{i+1}} = (p-q)\mathrm{D}_{P_1P_2P_3}, \quad \sum_{i=1}^{3}\mathrm{D}_{PQ_iN_{i+1}} = (p-q)\mathrm{D}_{Q_1Q_2Q_3}.$$

又根据定理 3.1.1, 有

$$\mathrm{D}_{Q_1Q_2Q_3} = \frac{1+\lambda_1\lambda_2\lambda_3}{(1+\lambda_1)(1+\lambda_2)(1+\lambda_3)}\mathrm{D}_{P_1P_2P_3},$$

所以

$$(p-q)\mathrm{D}_{Q_1Q_2Q_3} = \frac{1+\lambda_1\lambda_2\lambda_3}{(1+\lambda_1)(1+\lambda_2)(1+\lambda_3)}(p-q)\mathrm{D}_{P_1P_2P_3},$$

因此, 式 (6.1.4) 成立.

定理 6.1.5　设 $Q_1Q_2Q_3$ 为三角形 $P_1P_2P_3$ 的 λ-分点三角形. 若 $Q_1Q_2Q_3$ 不是退化的三角形, 则 G 为三角 $Q_1Q_2Q_3$ 重心的充要条件是 G 为三角形 $P_1P_2P_3$ 的重心.

证明　如图 6.1.4 所示. 因为 Q_1, Q_2, Q_3 是三角形 $P_1P_2P_3$ 各边 P_1P_2, P_2P_3, P_3P_1 的 λ-分点, 故定理 6.1.2 也成立. 又设 M_i, N_i 分别是边 P_iP_{i+1}, Q_iQ_{i+1} $(i = 1, 2, 3)$ 所在直线上的点, 且

$$\mathrm{D}_{P_1M_1}/\mathrm{D}_{M_1P_2} = \mathrm{D}_{P_2M_2}/\mathrm{D}_{M_2P_3} = \mathrm{D}_{P_3M_3}/\mathrm{D}_{M_3P_1} = \mathrm{D}_{Q_1N_1}/\mathrm{D}_{N_1Q_2}$$
$$= \mathrm{D}_{Q_2N_2}/\mathrm{D}_{N_2Q_3} = \mathrm{D}_{Q_3N_3}/\mathrm{D}_{N_3Q_1},$$

故由式 (6.1.3) 可得

$$\sum_{i=1}^{3}\mathrm{D}_{PP_iM_{i+1}} = \frac{1+\lambda^3}{(1+\lambda)^3}\sum_{i=1}^{3}\mathrm{D}_{PQ_iN_{i+1}}.$$

因为 $Q_1Q_2Q_3$ 不是退化的三角形, 所以 $\lambda^3 + 1 \neq 0$. 故由上式得

G 为三角形 $Q_1Q_2Q_3$ 重心 $\Leftrightarrow Q_1N_2, Q_2N_3, Q_3N_1$ 是三角形 $Q_1Q_2Q_3$ 的三条中线

$$\Leftrightarrow \sum_{i=1}^{3}\mathrm{D}_{PQ_iN_{i+1}} = 0 \Leftrightarrow \sum_{i=1}^{3}\mathrm{D}_{PP_iM_{i+1}} = 0$$

$\Leftrightarrow P_1M_2, P_2M_3, P_3M_1$ 是三角形 $P_1P_2P_3$ 的三条中线

$\Leftrightarrow G$ 为三角形 $P_1P_2P_3$ 的重心.

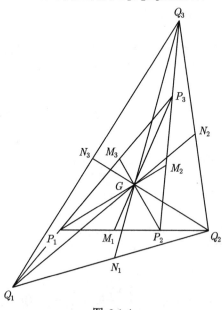

图 6.1.4

推论 6.1.4 (Pappus 重心定理) 设 Q_1, Q_2, Q_3 分别为三角形 $P_1P_2P_3$ 的边 P_1P_2, P_2P_3, P_3P_1 上的点, 且 $D_{P_1Q_1}/D_{Q_1P_2} = D_{P_2Q_2}/D_{Q_2P_3} = D_{P_3Q_3}/D_{Q_3P_1}$, 则三角形 $Q_1Q_2Q_3$ 和三角形 $P_1P_2P_3$ 具有相同的重心.

证明 在定理 6.1.5 中令 $\lambda_1 = \lambda_2 = \lambda_3 = \lambda > 0$, 即得.

6.2 多边形顶分点线三角形有向面积的定值定理与应用

本节主要讨论把三角形顶分点线三角形的有关的概念与结论推广到多边形的情形. 首先, 给出多边形 (多角形) 顶分点线三角形的概念; 其次, 给出 n 边形顶分点线三角形有向面积的定值定理, 从而把三角形顶分点线三角形有向面积的定值定理等结论推广到 n 边形的情形; 再次, 给出四边形顶分点线三角形有向面积的定值定理, 并讨论定理的一些应用.

6.2.1 多边形 (多角形) 顶分点线三角形的概念

定义 6.2.1 设 $P_1P_2 \cdots P_n$ 为 n 边形 (n 角形), Q_i 为 $P_1P_2 \cdots P_n$ 的边 P_iP_{i+1} ($i = 1, 2, \cdots, n$) 所在直线上的点, 且 $D_{P_1Q_1}/D_{Q_1P_2} = D_{P_2Q_2}/D_{Q_2P_3} = \cdots = D_{P_nQ_n}/D_{Q_nP_1} = \lambda$, 则称 $P_1P_2 \cdots P_n$ 的顶点 P_i 与该顶点不相邻的分点 Q_{i+j} 之间的连线 P_iQ_{i+j} ($j = 1, 2, \cdots, n-1$) 为 n 边形 (n 角形)$P_1P_2 \cdots P_n$ 的一条 λ-顶分点线以 λ-顶分点线为一边的三角形为 n 边形 (n 角形)$P_1P_2 \cdots P_n$ 的一个 λ-顶分点线三角形 (简称顶分点线三角形).

特别地, 当 $\lambda = 1/2$ 时, n 边形 (n 角形)$P_1P_2 \cdots P_n$ 的 1/2-顶分点线称为 n 边形 (n 角形)$P_1P_2 \cdots P_n$ 的中线, 以中线为一边的三角形称为 n 角形 (n 边形)$P_1P_2 \cdots P_n$ 的中线三角形.

一般地, 过 n 边形 (n 角形)$P_1P_2 \cdots P_n$ 的一个顶点可以作 $n-2$ 条 λ-分点线, 因此 n 边形 (n 角形) 共有 $n(n-2)$ 条 λ-分点线, n 边形 (n 角形) 关于一点共有 $n(n-2)$ 个 λ-分点线三角形 (图 6.2.1).

6.2.2 n 边形顶分点线三角形有向面积的定值定理与应用

定理 6.2.1 (喻德生, 1999) 设 P 为 n 边形 $P_1P_2 \cdots P_n$ 所在平面上任意一点, Q_i 为边 P_iP_{i+1} 所在直线上的点, 且 $D_{P_iQ_i}/D_{Q_iP_{i+1}} = q/p, p+q = 1$ ($i = 1, 2, \cdots, n$), 则

$$\sum_{i=1}^{n} \sum_{j=1}^{n-2} D_{PP_iQ_{i+j}} = (p-q)D_{P_1P_2 \cdots P_n} \tag{6.2.1}$$

其中 $P_{n+j} = P_j, Q_{n+j} = Q_j$, 以下类同.

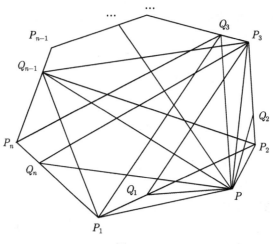

图 6.2.1

证明　设 n 边形 $P_1P_2\cdots P_n$ 的顶点的坐标为 $P_i(x_i, y_i)$ $(i = 1, 2, \cdots, n)$, P 点的坐标为 $P(x, y)$. 由题设得分点 Q_i 的坐标 $Q_i(px_i + qx_{i+1}, py_i + qy_{i+1})$ $(i = 1, 2, \cdots, n)$, 于是

$$\sum_{i=1}^{n}\mathrm{D}_{PP_iQ_{i+j}}$$

$$=\frac{1}{2}\sum_{i=1}^{n}\{(xy_i - x_iy) + [x_i(py_{i+j} + qy_{i+j+1}) - (px_{i+j} + qx_{i+j+1})y_i]$$

$$+[p(x_{i+j} + qx_{i+j+1})y - x(py_{i+j} + qy_{i+j+1})]\}$$

$$=\frac{1}{2}\sum_{i=1}^{n}(xy_i - x_iy) + \frac{1}{2}p\sum_{i=1}^{n}(x_iy_{i+j} - x_{i+j}y_i) + \frac{1}{2}q\sum_{i=1}^{n}(x_iy_{i+j+1} - x_{i+j+1}y_i)$$

$$+\frac{1}{2}p\sum_{i=1}^{n}(x_{i+j}y - xy_{i+j}) + \frac{1}{2}q\sum_{i=1}^{n}(x_{i+j+1}y - xy_{i+j+1})$$

$$=\frac{1}{2}p\sum_{i=1}^{n}(x_iy_{i+j} - x_{i+j}y_i) + \frac{1}{2}q\sum_{i=1}^{n}(x_iy_{i+j+1} - x_{i+j+1}y_i), \qquad (6.2.2)$$

其中 $j = 1, 2, \cdots, n - 2$. 故

$$\sum_{i=1}^{n}\sum_{j=1}^{n-2}\mathrm{D}_{PP_iQ_{i+j}}$$

$$=\frac{1}{2}p\sum_{i=1}^{n}\sum_{j=1}^{n-2}(x_iy_{i+j} - x_{i+j}y_i) + \frac{1}{2}q\sum_{i=1}^{n}\sum_{j=1}^{n-2}(x_iy_{i+j+1} - x_{i+j+1}y_i)$$

$$= \frac{1}{2}p\sum_{i=1}^{n}(x_iy_{i+j} - x_{i+j}y_i) + \frac{1}{2}(p+q)\sum_{i=1}^{n}(x_iy_{i+2} - x_{i+2}y_i) + \cdots$$

$$+ \frac{1}{2}(p+q)\sum_{i=1}^{n}(x_iy_{i+n-2} - x_{i+n-2}y_i) + \frac{1}{2}q\sum_{i=1}^{n}(x_iy_{i+n-1} - x_{i+n-1}y_i)$$

$$= \frac{1}{2}(p-q)\sum_{i=1}^{n}(x_iy_{i+1} - x_{i+1}y_i) = (p-q)\mathrm{D}_{P_1P_2\cdots P_n}.$$

注 6.2.1 定理 6.2.1 的几何意义是: n 边形 $P_1P_2\cdots P_n$ 关于一点 P 的 $n(n-2)$ 个 λ-分点线三角形的有向面积之和恒为定值.

推论 6.2.1 设 P 为三角形 $P_1P_2P_3$ 所在平面上任意一点, Q_i 为边 P_iP_{i+1} 所在直线上的点, 且 $\mathrm{D}_{P_iQ_i}/\mathrm{D}_{Q_iP_{i+1}} = q/p, p+q = 1$ $(i = 1,2,3)$, 则

$$\sum_{i=1}^{3}\mathrm{D}_{PP_iQ_{i+1}} = (p-q)\mathrm{D}_{P_1P_2P_3}.$$

证明 在定理 6.2.1 中取 $n = 3$ 即得.

推论 6.2.2 设 P 为 n 边形 $P_1P_2\cdots P_n$ 所在平面上任意一点, Q_i 为边 P_iP_{i+1} $(i = 1,2,\cdots,n)$ 的中点, 则在以 P 为顶点的所有 $n(n-2)$ 个中线三角形 PP_iQ_{i+j} $(1\leqslant i \leqslant n, 1\leqslant j \leqslant n-2)$ 中, 其中正向三角形的面积的和等于反向三角形的面积的和.

证明 在定理 6.2.1 中令 $p = q$, 即得

$$\sum_{i=1}^{n}\sum_{j=1}^{n-2}\mathrm{D}_{PP_iQ_{i+j}} = 0.$$

由于正向三角形的有向面积等于三角形本身的面积, 反向三角形的有向面积等于三角形本身面积的负值, 因此上式说明推论 6.2.2 结论成立.

定理 6.2.2 (喻德生, 1999) 设 P 为 n 边形 $P_1P_2\cdots P_n$ 所在平面上任意一点, Q_i, R_i 分别为边 P_iP_{i+1} 所在直线上的点, 且 $\mathrm{D}_{P_iQ_i}/\mathrm{D}_{Q_iP_{i+1}} = q/p, \mathrm{D}_{P_iR_i}/\mathrm{D}_{R_iP_{i+1}} = p/q, p+q = 1$ $(i = 1,2,\cdots,n)$, 则

$$\sum_{i=1}^{n}\sum_{j=1}^{n-2}\mathrm{D}_{PP_iQ_{i+j}} + \sum_{i=1}^{n}\sum_{j=1}^{n-2}\mathrm{D}_{PP_iR_{i+j}} = 0. \tag{6.2.3}$$

证明 对 n 边形 $P_1P_2\cdots P_n$ 各边的分点 $R_i(i = 1,2,\cdots,n)$ 应用定理 6.2.1, 得

$$\sum_{i=1}^{n}\sum_{j=1}^{n-2}\mathrm{D}_{PP_iR_{i+j}} = (q-p)\mathrm{D}_{P_1P_2\cdots P_n}, \tag{6.2.4}$$

式 (6.2.1)+(6.2.4), 即得式 (6.2.3).

6.2.3　四边形顶分点线三角形有向面积的定值定理与应用

定理 6.2.3 (喻德生, 1999)　设 P 为四边形 $P_1P_2P_3P_4$ 所在平面上任意一点, Q_i 为边 P_iP_{i+1} 所在直线上的点, 且 $\mathrm{D}_{P_iQ_i}/\mathrm{D}_{Q_iP_{i+1}} = q/p, p+q = 1$ ($i = 1, 2, 3, 4$), 则

$$\sum_{i=1}^{4} \mathrm{D}_{PP_iQ_{i+1}} = p\mathrm{D}_{P_1P_2P_3P_4}. \tag{6.2.5}$$

证明　在式 (6.2.3) 中, 令 $n = 4, j = 1$ 得

$$\sum_{i=1}^{4} \mathrm{D}_{PP_iQ_{i+1}}$$

$$= \frac{1}{2}p\sum_{i=1}^{4}(x_iy_{i+1} - x_{i+1}y_i) + \frac{1}{2}q\sum_{i=1}^{4}(x_iy_{i+2} - x_{i+2}y_i)$$

$$= p\mathrm{D}_{P_1P_2P_3P_4} + \frac{1}{2}q\sum_{i=1}^{4}(x_iy_{i+2} - x_iy_{i+2})$$

$$= p\mathrm{D}_{P_1P_2P_3P_4},$$

因此, 式 (6.2.5) 成立.

推论 6.2.3　设 P 为四边形 $P_1P_2P_3P_4$ 所在平面上任意一点, Q_i 为边 P_iP_{i+1} ($i = 1, 2, 3, 4$) 的中点, 则

$$\sum_{i=1}^{4} \mathrm{D}_{PP_iQ_{i+1}} = \frac{1}{2}\mathrm{D}_{P_1P_2P_3P_4}.$$

证明　因为 Q_i 为边 P_iP_{i+1} ($i = 1, 2, 3, 4$) 的中点, 所以 $p = 1/2$. 代入式 (6.2.3), 即得.

定理 6.2.4　设 P 为四边形 $P_1P_2P_3P_4$ 所在平面上任意一点, Q_i, R_i 分别为边 P_iP_{i+1} 所在直线上的点, 且 $\mathrm{D}_{P_iQ_i}/\mathrm{D}_{Q_iP_{i+1}} = q/p, \mathrm{D}_{P_iR_i}/\mathrm{D}_{R_iP_{i+1}} = p/q, p+q = 1$ ($i = 1, 2, 3, 4$), 则

$$\sum_{i=1}^{4} \mathrm{D}_{PP_iQ_{i+1}} + \sum_{i=1}^{4} \mathrm{D}_{PP_iR_{i+1}} = \mathrm{D}_{P_1P_2P_3P_4}. \tag{6.2.6}$$

证明　对四边形 $P_1P_2P_3P_4$ 各边的分点 $R_i(i = 1, 2, 3, 4)$ 应用定理 6.2.3, 得

$$\sum_{i=1}^{4} \mathrm{D}_{PP_iR_{i+1}} = q\mathrm{D}_{P_1P_2P_3P_4}, \tag{6.2.7}$$

式 (6.2.5)+(6.2.7), 并注意到 $p+q = 1$, 即得式 (6.2.6).

6.3 多角形中线三角形有向面积的定值定理与应用

本节主要讨论把三角形中线三角形有关的结论推广到多角形的情形. 首先, 给出 $2n+1$ 角形中线三角形有向面积的定值定理, 从而把三角形中线定理推广到 $2n+1$ 角形的情形; 其次, 给出 n 角形中线三角形有向面积的定值定理, 从而把 $2n+1$ 角形中线定理推广到 n 角形的情形.

6.3.1 $2n+1$ 角形中线三角形有向面积的定值定理与应用

定理 6.3.1 (喻德生, 1999, 2017) 设 Q_i 为 $2n+1$ 角形 $P_1P_2\cdots P_{2n+1}$ 各边 $P_iP_{i+1}(i=1,2,\cdots,2n+1)$ 的中点, P 是 $P_1P_2\cdots P_{2n+1}$ 所在平面上任意一点, 则

$$\mathrm{D}_{PP_1Q_{n+1}} + \mathrm{D}_{PP_2Q_{n+2}} + \cdots + \mathrm{D}_{PP_{2n+1}Q_n} = 0. \tag{6.3.1}$$

证明 如图 6.3.1 所示. 设 $2n+1$ 角形 $P_1P_2\cdots P_{2n+1}$ 顶点的坐标为 $P_i(x_i,y_i)$ $(i=1,2,\cdots,2n+1)$, 任意点的坐标为 $P(x,y)$, 则由题设得各边中点 Q_i 的坐标

$$Q_i\left(\frac{x_i+x_{i+1}}{2}, \frac{y_i+y_{i+1}}{2}\right) \quad (i=1,2,\cdots,2n+1).$$

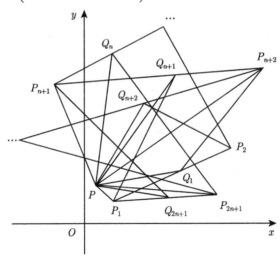

图 6.3.1

于是

$$\sum_{i=1}^{2n+1} \mathrm{D}_{PP_iQ_{i+n}}$$

$$= \frac{1}{4}\sum_{i=1}^{2n+1}\left\{2(xy_i - x_iy) + [x_i(y_{i+n} + y_{i+n+1}) - (x_{i+n} + x_{i+n+1})y_i]\right.$$

$$+ [(x_{i+n} + x_{i+n+1})y - x(y_{i+n} + y_{i+n+1})]$$

$$= \frac{1}{2} \sum_{i=1}^{2n+1} (xy_i - x_i y) + \frac{1}{4} \sum_{i=1}^{2n+1} (x_i y_{i+n} - x_{i+n} y_i) + \frac{1}{4} \sum_{i=1}^{2n+1} (x_i y_{i+n+1} - x_{i+n+1} y_i)$$

$$+ \frac{1}{4} \sum_{i=1}^{2n+1} (x_{i+n} y - x y_{i+n}) + \frac{1}{4} \sum_{i=1}^{2n+1} (x_{i+n+1} y - x y_{i+n+1})$$

$$= \frac{1}{2} \sum_{i=1}^{2n+1} (xy_i - x_i y) + \frac{1}{4} \sum_{i=1}^{2n+1} (x_i y_{i+n} - x_{i+n} y_i) + \frac{1}{4} \sum_{i=1}^{2n+1} (x_{i+n} y_i - x_i y_{i+n})$$

$$+ \frac{1}{4} \sum_{i=1}^{2n+1} (x_i y - x y_i) + \frac{1}{4} \sum_{i=1}^{2n+1} (x_i y - x y_i)$$

$$= 0.$$

推论 6.3.1　设 Q_i 为 $2n+1$ 角形 $P_1 P_2 \cdots P_{2n+1}$ 各边 $P_i P_{i+1}$ 的中点, P 是 $P_1 P_2 \cdots P_{2n+1}$ 所在平面上任意一点, 则在以 P 为顶点的 $2n+1$ 个中线三角形 $PP_i Q_{i+n}$ $(i = 1, 2, \cdots, 2n+1)$ 中, 其中正向三角形的面积的和等于反向三角形的面积的和.

证明　由于正向三角形的有向面积等于三角形本身的面积, 反向三角形的有向面积等于三角形本身面积的负值, 故由式 (6.3.1) 即得.

推论 6.3.2　设 Q_i 为 $2n+1$ 角形 $P_1 P_2 \cdots P_{2n+1}$ 各边 $P_i P_{i+1}(i = 1, 2, \cdots, 2n+1)$ 的中点, 则 P 是 $P_j Q_{j+n}$ 所在直线上任意一点, 则

$$\sum_{i=1, i \neq j}^{2n+1} \mathrm{D}_{PP_i Q_{i+n}} = 0 \quad (j = 1, 2, \cdots, 2n+1). \tag{6.3.2}$$

证明　根据式 (6.3.1) 可得

P 是 $P_j Q_{j+n}$ 所在直线上任意一点 $\Leftrightarrow \mathrm{D}_{PP_j Q_{j+n}} = 0 \Leftrightarrow$ 式 (6.3.2) 成立.

推论 6.3.3　设 Q_i 为 $2n+1$ 角形 $P_1 P_2 \cdots P_{2n+1}$ 各边 $P_i P_{i+1}(i = 1, 2, \cdots, 2n+1)$ 的中点. 若 G_{jk} 是 $P_j Q_{j+n}, P_k Q_{k+n}$ 所在直线的交点, 则

$$\sum_{i=1, i \neq j, k}^{2n+1} \mathrm{D}_{G_{jk} P_i Q_{i+n}} = 0 \quad (j, k = 1, 2, \cdots, 2n+1; j < k). \tag{6.3.3}$$

证明　因为 G_{jk} 是 $P_j Q_{j+n}, P_k Q_{k+n}$ 所在直线的交点, 所以 $\mathrm{D}_{PP_j Q_{j+n}} = \mathrm{D}_{PP_k Q_{k+n}} = 0$, 代入式 (6.3.1) 即得式 (6.3.3).

推论 6.3.4　设 Q_i 为 $2n+1$ 角形 $P_1 P_2 \cdots P_{2n+1}$ 各边 $P_i P_{i+1}(i = 1, 2, \cdots, 2n+1)$ 的中点. 若 G_{jkl} 是 $P_j Q_{j+n}, P_k Q_{k+n}$ 和 $P_l Q_{l+n}$ 所在直线的交点, 则

$$\sum_{i=1, i \neq j, k, l}^{2n+1} \mathrm{D}_{G_{jk} P_i Q_{i+n}} = 0 \quad (j, k, l = 1, 2, \cdots, 2n+1; j < k < l). \tag{6.3.4}$$

证明 利用式 (6.3.1), 仿定理 6.3.3 的证明, 可知式 (6.3.4) 成立.

注 6.3.1 特别地, 当 $n = 1$ 时, 由定理 6.3.1 和推论 6.3.1—6.3.4 即得定理 6.1.2 和推论 6.1.1—6.1.3. 因此, 定理 6.3.1 和推论 6.3.1—6.3.4 分别是定理 6.1.2 和推论 6.1.1—6.1.3 在 $2n + 1$ 角形 $P_1P_2 \cdots P_{2n+1}$ 中的推广.

推论 6.3.5 设 Q_i 为五角形 $P_1P_2 \cdots P_5$ 各边 $P_iP_{i+1}(i = 1, 2, \cdots, 5)$ 的中点. 若 G_{jk} 是 P_jQ_{j+n}, P_kQ_{k+n} 所在直线的交点, 则对每对确定的 $1 \leqslant j < k \leqslant 5$, 在三个三角形

$$G_{jk}P_iQ_{i+n} \quad (i = 1, 2, \cdots, 5; i \neq j, k)$$

中, 其中一个三角形的面积等于另两个较小的三角形的面积的和.

证明 在式 (6.3.3) 中令 $n = 2$, 得

$$\sum_{i=1, i \neq j, k}^{5} \mathrm{D}_{G_{jk}P_iQ_{i+2}} = 0 \quad (j, k = 1, 2, \cdots, 5; j < k),$$

因此, 推论 6.3.5 结论成立.

推论 6.3.6 设 Q_i 为五角形 $P_1P_2 \cdots P_5$ 各边 $P_iP_{i+1}(i = 1, 2, \cdots, 5)$ 的中点. 若 G_{jkl} 是 P_jQ_{j+n}, P_kQ_{k+n} 和 P_lQ_{l+n} 所在直线的交点, 则对每组确定的 $1 \leqslant j < k < l \leqslant 5$, 有

$$\mathrm{a}_{G_{jk}P_{i_1}Q_{i_1+n}} = \mathrm{a}_{G_{jk}P_{i_2}Q_{i_2+n}} \quad (1 \leqslant i_1 < i_2 \leqslant 5; i_i, i_2 \neq j, k, l).$$

证明 在式 (6.3.4) 中令 $n = 2$, 得

$$\sum_{i=1, i \neq j, k, l}^{5} \mathrm{D}_{G_{jk}P_iQ_{i+n}} = 0 \quad (j, k, l = 1, 2, \cdots, 5; j < k < l),$$

因此, 推论 6.3.6 成立.

定理 6.3.2 (喻德生, 1999, 2017) 在多角形 $P_1P_2 \cdots P_{2n+1}$ 的中线 P_1Q_{n+1}, $P_2Q_{n+2}, \cdots, P_{2n+1}Q_n$ 所在的 $2n + 1$ 条直线中, 如果其中有 $2n$ 条直线相交于一点, 则这 $2n + 1$ 条直线相交于一点.

证明 如图 6.3.2 所示. 不妨设 $P_1Q_{n+1}, P_2Q_{n+2}, \cdots, P_{2n}Q_{n-1}(Q_0 = Q_{2n+1})$ 所在的 $2n$ 直线相交于 G 点, 由定理 6.3.1 得

$$\mathrm{D}_{GP_{2n+1}Q_n} = 0,$$

故 G 在 $P_{2n+1}Q_n$ 所在直线上. 从而 $P_1Q_{n+1}, P_2Q_{n+2}, \cdots, P_{2n+1}Q_n$ 所在的 $2n + 1$ 条直线相交于一点.

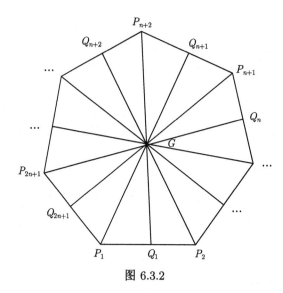

图 6.3.2

推论 6.3.7 (中线定理)　三角形的三条中线相交于一点.

证明　注意到三角形的任意两条中线相交于一点, 由定理 6.3.2 即得.

6.3.2　n 角形中线三角形有向面积的定值定理与应用

定理 6.3.3 (喻德生, 1999, 2017)　设 Q_i 为 n 角形 $P_1 P_2 \cdots P_n$ 各边 $P_i P_{i+1} (i = 1, 2, \cdots n)$ 的中点, P 是 $P_1 P_2 \cdots P_n$ 所在平面上任意一点, 则

$$\sum_{i=1}^{n} \sum_{j=1}^{n-2} \mathrm{D}_{PP_i Q_{i+j}} = 0. \tag{6.3.5}$$

证明　设 n 边形 $P_1 P_2 \cdots P_n$ 的顶点的坐标为 $P_i(x_i, y_i)$ $(i = 1, 2, \cdots, n)$, P 点的坐标为 $P(x, y)$, 则各边中点 Q_i 的坐标

$$Q_i \left(\frac{x_i + x_{i+1}}{2}, \frac{y_i + y_{i+1}}{2} \right) \quad (i = 1, 2, \cdots, n).$$

于是

$$\sum_{i=1}^{n} \mathrm{D}_{PP_i Q_{i+j}}$$

$$= \frac{1}{4} \sum_{i=1}^{n} \{ 2(xy_i - x_i y) + [x_i(y_{i+j} + y_{i+j+1}) - (x_{i+j} + x_{i+j+1}) y_i]$$

$$+ [(x_{i+j} + x_{i+j+1}) y - x(y_{i+j} + y_{i+j+1})] \}$$

$$= \frac{1}{2} \sum_{i=1}^{n} (xy_i - x_i y) + \frac{1}{4} \sum_{i=1}^{n} (x_i y_{i+j} - x_{i+j} y_i) + \frac{1}{4} \sum_{i=1}^{n} (x_i y_{i+j+1} - x_{i+j+1} y_i)$$

$$+ \frac{1}{4} \sum_{i=1}^{n} \left(x_{i+j} y - x y_{i+j} \right) + \frac{1}{4} \sum_{i=1}^{n} \left(x_{i+j+1} y - x y_{i+j+1} \right)$$

$$= \frac{1}{4} \sum_{i=1}^{n} \left(x_i y_{i+j} - x_{i+j} y_i \right) + \frac{1}{4} \sum_{i=1}^{n} \left(x_i y_{i+j+1} - x_{i+j+1} y_i \right), \tag{6.3.6}$$

其中 $j = 1, 2, \cdots, n-2$. 故

$$\sum_{i=1}^{n} \sum_{j=1}^{n-2} \mathrm{D}_{P P_i Q_{i+j}}$$

$$= \frac{1}{4} \sum_{i=1}^{n} \sum_{j=1}^{n-2} \left(x_i y_{i+j} - x_{i+j} y_i \right) + \frac{1}{4} \sum_{i=1}^{n} \sum_{j=1}^{n-2} \left(x_i y_{i+j+1} - x_{i+j+1} y_i \right)$$

$$= \frac{1}{4} \sum_{i=1}^{n} \left(x_i y_{i+j} - x_{i+j} y_i \right) + \frac{1}{2} \sum_{i=1}^{n} \left(x_i y_{i+2} - x_{i+2} y_i \right) + \cdots$$

$$+ \frac{1}{2} \sum_{i=1}^{n} \left(x_i y_{i+n-2} - x_{i+n-2} y_i \right) + \frac{1}{4} \sum_{i=1}^{n} \left(x_i y_{i+n-1} - x_{i+n-1} y_i \right)$$

$$= 0.$$

推论 6.3.8 设 P 为 n 边形 $P_1 P_2 \cdots P_n$ 所在平面上任意一点, Q_i 为边 $P_i P_{i+1}$ $(i = 1, 2, \cdots, n)$ 的中点, 则在以 P 为顶点的所有 $n(n-2)$ 个中线三角形 $P P_i Q_{i+j}$ ($1 \leqslant i \leqslant n, 1 \leqslant j \leqslant n-2$) 中, 其中正向三角形的面积的和等于反向三角形的面积的和.

证明 由于正向三角形的有向面积等于三角形本身的面积, 反向三角形的有向面积等于三角形本身面积的负值, 故由式 (6.3.5) 即知推论 6.3.8 结论成立.

注 6.3.2 特别地, 当 $n = 1$ 时, 由定理 6.3.3 和推论 6.3.8, 也可以得到定理 6.1.2 和推论 6.1.1. 因此, 定理 6.3.3 和推论 6.3.8 分别是定理 6.1.1 和推论 6.1.1 在 n 角形 $P_1 P_2 \cdots P_n$ 中的推广.

引理 6.3.1 设 n 边形 $P_1 P_2 \cdots P_n$ 的顶点的坐标为 $P_i(x_i, y_i)$ $(i = 1, 2, \cdots, n)$, 则

$$\sum_{i=1}^{n} \left(x_i y_{i+j} - x_{i+j} y_i \right) + \sum_{i=1}^{n} \left(x_i y_{i+n-j} - x_{i+n-j} y_i \right) = 0, \tag{6.3.7}$$

其中 $j = 1, 2, \cdots, \left[\dfrac{n-1}{2} \right]$.

证明 对固定的 j, $\displaystyle\sum_{i=1}^{n} \left(x_i y_{i+j} - x_{i+j} y_i \right)$ 是 n 边形 $P_1 P_2 \cdots P_n$ 中所有相隔 $j - 1$ 个顶点的 n 对顶点 P_i, P_{i+j} $(i = 1, 2, \cdots, n)$ 的纵、横坐标依次交叉相乘的差的和. 因此

$$\sum_{i=1}^{n} \left(x_i y_{i+j} - x_{i+j} y_i \right) = \sum_{i=1}^{n} \left(x_{i+j} y_{n+i-j+j} - x_{n+i-j+j} y_{i+j} \right)$$

$$= \sum_{i=1}^{n} (x_{i+j}y_{n+i} - x_{n+i}y_{i+j}) = \sum_{i=1}^{n} (x_{i+j}y_j - x_j y_{i+j}) \quad \left(j = 1, 2, \cdots, \left[\frac{n}{2}\right]\right)$$

从而式 (6.3.7) 成立.

特别地, 当 $n = 2k$ 时, $j = \left[\dfrac{n}{2}\right] = k$, 由式 (6.3.7) 得

$$\sum_{i=1}^{2k} (x_i y_{i+k} - x_{i+k} y_i) = 0.$$

定理 6.3.4　设 P 为 n 角形 $P_1 P_2 \cdots P_n$ 所在平面上任意一点, Q_i 为边 $P_i P_{i+1}$ $(i = 1, 2, \cdots, n)$ 的中点, 则

$$\sum_{i=1}^{n} \mathrm{D}_{PP_i Q_{i+j}} + \sum_{i=1}^{n} \mathrm{D}_{PP_i Q_{i+n-j-1}} = 0 \quad \left(j = 1, 2, \cdots, \left[\frac{n-1}{2}\right]\right). \tag{6.3.8}$$

证明　由式 (6.3.6) 可知, 对 $j = 1, 2, \cdots, \left[\dfrac{n-1}{2}\right]$, 均有

$$\sum_{i=1}^{n} \mathrm{D}_{PP_i Q_{i+j}} = \frac{1}{4} \sum_{i=1}^{n} (x_i y_{i+j} - x_{i+j} y_i) + \frac{1}{4} \sum_{i=1}^{n} (x_i y_{i+j+1} - x_{i+j+1} y_i),$$

$$\sum_{i=1}^{n} \mathrm{D}_{PP_i Q_{i+n-j-1}} = \frac{1}{4} \sum_{i=1}^{n} (x_i y_{i+n-j-1} - x_{i+n-j-1} y_i) + \frac{1}{4} \sum_{i=1}^{n} (x_i y_{i+n-j} - x_{i+n-j} y_i).$$

于是

$$\sum_{i=1}^{n} \mathrm{D}_{PP_i Q_{i+j}} + \sum_{i=1}^{n} \mathrm{D}_{PP_i Q_{i+n-j-1}}$$

$$= \frac{1}{4} \sum_{i=1}^{n} (x_i y_{i+j} - x_{i+j} y_i) + \frac{1}{4} \sum_{i=1}^{n} (x_i y_{i+n-j} - x_{i+n-j} y_i)$$

$$+ \frac{1}{4} \sum_{i=1}^{n} (x_i y_{i+j+1} - x_{i+j+1} y_i) + \frac{1}{4} \sum_{i=1}^{n} (x_i y_{i+n-j-1} - x_{i+n-j-1} y_i)$$

$$= 0 \quad \left(j = 1, 2, \cdots, \left[\frac{n-1}{2}\right]\right),$$

因此, 式 (6.3.8) 成立.

注 6.3.3　当 $n = 2k+1, j = \left[\dfrac{n-1}{2}\right] = k$ 时, 式 (6.3.8) 中的两个和式相同. 故有

$$\sum_{i=1}^{2k+1} \mathrm{D}_{PP_i Q_{i+k}} = 0,$$

即式 (6.3.1) 成立, 因此定理 6.3.4 也是定理 6.3.1 的推广.

6.4 多角形顶分点线三角形有向面积的定值定理与应用

本节主要把三角形顶分点线三角形有关的结论推广到多角形的情形. 首先, 给出四角形顶分点线三角形有向面积公式, 并据此推出一道数学竞赛题的结论; 其次, 给出六角形顶分点线三角形有向面积的定值定理与应用; 再次, 给出十角形分点线三角形有向面积的定值定理与应用.

6.4.1 四角形顶分点线三角形有向面积公式与应用

定理 6.4.1 设 Q_i 是四角形 $P_1P_2P_3P_4$ 的边 P_iP_{i+1} 所在直线上一点, 且 $D_{P_iQ_i}/D_{Q_iP_{i+1}} = \lambda_i$ $(i = 1, 2, 3, 4)$, 则

$$D_{P_iP_{i+1}Q_{i+2}} = \frac{D_{P_iP_{i+1}P_{i+2}} + \lambda_{i+2}D_{P_iP_{i+1}P_{i+3}}}{1 + \lambda_{i+2}} \quad (i = 1, 2, 3, 4). \tag{6.4.1}$$

证明 如图 6.4.1 所示. 设四角形顶点的坐标为 $P_i(x_i, y_i)$, 则各边所在直线分点的坐标为

$$Q_i\left(\frac{x_i + \lambda_i x_{i+1}}{1 + \lambda_i}, \frac{y_i + \lambda_i y_{i+1}}{1 + \lambda_i}\right) \quad (i = 1, 2, 3, 4).$$

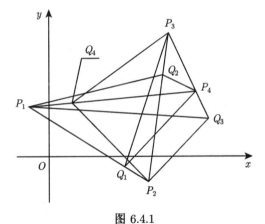

图 6.4.1

于是

$$(1 + \lambda_{i+2})D_{P_iP_{i+1}Q_{i+2}}$$
$$= \frac{1}{2}[(1 + \lambda_{i+2})(x_iy_{i+1} - x_{i+1}y_i) + x_{i+1}(y_{i+2} + \lambda_{i+2}y_{i+3}) - (x_{i+2} + \lambda_{i+2}x_{i+3})y_{i+1}]$$
$$\quad + \frac{1}{2}[(x_{i+2} + \lambda_{i+2}x_{i+3})y_i - x_i(y_{i+2} + \lambda_{i+2}y_{i+3})]$$
$$= \frac{1}{2}[(x_iy_{i+1} - x_{i+1}y_i) + (x_{i+1}y_{i+2} - x_{i+2}y_{i+1}) + (x_{i+2}y_i - x_iy_{i+2})]$$

$$+ \frac{1}{2}\lambda_{i+2}[(x_iy_{i+1} - x_{i+1}y_i) + (x_{i+1}y_{i+3} - x_{i+3}y_{i+1}) + (x_{i+3}y_i - x_iy_{i+3})]$$

$$= D_{P_iP_{i+1}P_{i+2}} + \lambda_{i+2}D_{P_iP_{i+1}P_{i+3}},$$

因此, 式 (6.4.1) 成立.

推论 6.4.1　设 Q_i 是四角形 $P_1P_2P_3P_4$ 各边 P_iP_{i+1} ($i = 1, 2, 3, 4$) 的中点, 则

$$D_{P_iP_{i+1}Q_{i+2}} = \frac{D_{P_iP_{i+1}P_{i+2}} + D_{P_iP_{i+1}P_{i+3}}}{2} \quad (i = 1, 2, 3, 4). \tag{6.4.2}$$

证明　在定理 6.4.1 中, 令 $\lambda_1 = \lambda_2 = \lambda_3 = \lambda_4 = 1$ 即得.

推论 6.4.2　设 Q_i 是凸四边形 $P_1P_2P_3P_4$ 的边 P_iP_{i+1} 所在直线上一点, $D_{P_iQ_i}/D_{Q_iP_{i+1}} = \lambda_i$ 且 λ_i 同号 ($i = 1, 2, 3, 4$), 则

$$a_{P_iP_{i+1}Q_{i+2}} = \frac{a_{P_iP_{i+1}P_{i+3}} + \lambda_{i+2}a_{P_iP_{i+1}P_{i+2}}}{1 + \lambda_{i+2}} \quad (i = 1, 2, 3, 4).$$

证明　依题设, 在式 (6.4.1) 中注意到三角形 $P_iP_{i+1}Q_{i+2}, P_iP_{i+1}P_{i+3}, P_iP_{i+1}P_{i+2}$ 为同向三角形即得.

6.4.2　六角形顶分点线三角形有向面积的定值定理与应用

定理 6.4.2 (喻德生, 2017)　设 P 为六角形 $P_1P_2 \cdots P_6$ 所在平面上任意一点, Q_i 为边 P_iP_{i+1} 所在直线上的点, 且 $D_{P_iQ_i}/D_{Q_iP_{i+1}} = q/p, p + q = 1$ ($i = 1, 2, \cdots, 6$), 则

$$\sum_{i=1}^{6} D_{PP_iQ_{i+2}} = p\left(D_{P_1P_3P_5} + D_{P_2P_4P_6}\right). \tag{6.4.3}$$

证明　如图 6.4.2 所示. 设六角形 $P_1P_2 \cdots P_6$ 的顶点的坐标为 $P_i(x_i, y_i)$ ($i = 1, 2, \cdots, 6$), P 点的坐标为 $P(x, y)$. 由题设得分点 Q_i 的坐标 $Q_i(px_i + qx_{i+1}, py_i + qy_{i+1})$ ($i = 1, 2, \cdots, 6$), 于是由三角形有向面积公式, 得

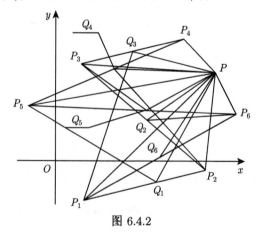

图 6.4.2

$$\sum_{i=1}^{6} D_{PP_iQ_{i+2}}$$

$$= \frac{1}{2} \sum_{i=1}^{6} \{(xy_i - x_iy) + [x_i(py_{i+2} + qy_{i+3}) - (px_{i+2} + qx_{i+3})y_i]$$

$$+ [p(x_{i+2} + qx_{i+3})y - x(py_{i+2} + qy_{i+3})]\}$$

$$= \frac{1}{2} \sum_{i=1}^{6} (xy_i - x_iy) + \frac{1}{2}p \sum_{i=1}^{6} (x_iy_{i+2} - x_{i+2}y_i) + \frac{1}{2}q \sum_{i=1}^{6} (x_iy_{i+3} - x_{i+3}y_i)$$

$$+ \frac{1}{2}p \sum_{i=1}^{6} (x_{i+2}y - xy_{i+2}) + \frac{1}{2}q \sum_{i=1}^{6} (x_{i+3}y - xy_{i+3})$$

$$= \frac{1}{2}p \sum_{i=1}^{6} (x_iy_{i+2} - x_{i+2}y_i) + \frac{1}{2}q \sum_{i=1}^{6} (x_iy_{i+3} - x_{i+3}y_i),$$

$$= \frac{1}{2}p \left[(x_1y_3 - x_3y_1) + (x_3y_5 - x_5y_3) + (x_5y_1 - x_1y_5)\right]$$

$$+ \frac{1}{2}p \left[(x_2y_4 - x_4y_2) + (x_4y_6 - x_6y_4) + (x_6y_1 - x_1y_6)\right]$$

$$+ \frac{1}{2}q \sum_{i=1}^{6} (x_iy_{i+3} - x_iy_{i+3})$$

$$= pD_{P_1P_3P_5} + pD_{P_2P_4P_6},$$

因此, 式 (6.4.3) 成立.

推论 6.4.3 设 P 为六角形 $P_1P_2 \cdots P_6$ 所在平面上任意一点, Q_i 为边 P_iP_{i+1} $(i = 1, 2, \cdots, 6)$ 的中点, 则

$$\sum_{i=1}^{6} D_{PP_iQ_{i+2}} = \frac{1}{2} \left(D_{P_1P_3P_5} + D_{P_2P_4P_6}\right).$$

证明 因为 Q_i 为边 P_iP_{i+1} $(i = 1, 2, \cdots, 6)$ 的中点, 所以 $p = 1/2$. 代入式 (6.4.3) 即得.

定理 6.4.3 设 P 为六角形 $P_1P_2 \cdots P_6$ 所在平面上任意一点, Q_i, R_i 分别为边 P_iP_{i+1} 所在直线上的点, 且 $D_{P_iQ_i}/D_{Q_iP_{i+1}} = q/p, D_{P_iR_i}/D_{R_iP_{i+1}} = p/q, p + q = 1$ $(i = 1, 2, \cdots, 6)$, 则

$$\sum_{i=1}^{6} D_{PP_iQ_{i+2}} + \sum_{i=1}^{6} D_{PP_iR_{i+2}} = D_{P_1P_3P_5} + D_{P_2P_4P_6}. \tag{6.4.4}$$

证明 对六角形 $P_1P_2 \cdots P_6$ 各边的分点 $R_i(i = 1, 2, \cdots, 6)$ 应用定理 6.3.2, 得

$$\sum_{i=1}^{6} D_{PP_iQ_{i+2}} = q\left(D_{P_1P_3P_5} + D_{P_2P_4P_6}\right), \tag{6.4.5}$$

式 (6.4.3)+(6.4.5), 并注意到 $p + q = 1$, 即得式 (6.4.4).

定理 6.4.4 (喻德生, 2017)　设 P 为六角形 $P_1P_2 \cdots P_6$ 所在平面上任意一点, Q_i 为边 P_iP_{i+1} 所在直线上的点, 且 $\mathrm{D}_{P_iQ_i}/\mathrm{D}_{Q_iP_{i+1}} = q/p, p + q = 1(i = 1, 2, \cdots, 6)$. 若 $P_1P_3P_5$ 和 $P_2P_4P_6$ 为面积相等的反向三角形, 即 $\mathrm{D}_{P_1P_3P_5} + \mathrm{D}_{P_2P_4P_6} = 0$, 则

$$\sum_{i=1}^{6} \mathrm{D}_{PP_iQ_{i+2}} = 0. \tag{6.4.6}$$

证明　如图 6.4.3 所示. 因为 $\mathrm{D}_{P_1P_3P_5} + \mathrm{D}_{P_2P_4P_6} = 0$, 故将其代入式 (6.4.3) 即得.

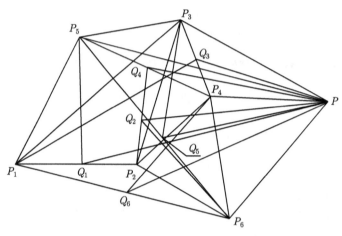

图 6.4.3

推论 6.4.4　设 P 为六角形 $P_1P_2 \cdots P_6$ 所在平面上任意一点, Q_i 为边 P_iP_{i+1} 所在直线上的点, 且 $\mathrm{D}_{P_iQ_i}/\mathrm{D}_{Q_iP_{i+1}} = q/p, p + q = 1(i = 1, 2, \cdots, 6)$. 若 $P_1P_3P_5$ 和 $P_2P_4P_6$ 为面积相等的反向三角形, 即 $\mathrm{D}_{P_1P_3P_5} = -\mathrm{D}_{P_2P_4P_6}$, 则在三角形 $PP_1Q_3, PP_2Q_4, PP_3Q_5, PP_4Q_6, PP_5Q_1, PP_6Q_2$ 中, 正向三角形的面积的和等于反向三角形面积的和.

证明　由式 (6.4.6) 即得.

定理 6.4.5 (喻德生, 2017)　设 P 为六角形 $P_1P_2 \cdots P_6$ 所在平面上任意一点, Q_i 为边 P_iP_{i+1} 所在直线上的点, 且 $\mathrm{D}_{P_iQ_i}/\mathrm{D}_{Q_iP_{i+1}} = q/p, p + q = 1(i = 1, 2, \cdots, 6)$. 若 P_1, P_3, P_5 和 P_2, P_4, P_6 分别在两直线上, 则式 (6.4.6) 成立.

证明　如图 6.4.4 所示. 因为 P_1, P_3, P_5 和 P_2, P_4, P_6 分别在两直线上, 即 $\mathrm{D}_{P_1P_3P_5} = \mathrm{D}_{P_2P_4P_6} = 0$, 所以 $\mathrm{D}_{P_1P_3P_5} + \mathrm{D}_{P_2P_4P_6} = 0$, 故将其代入式 (6.4.3) 即得.

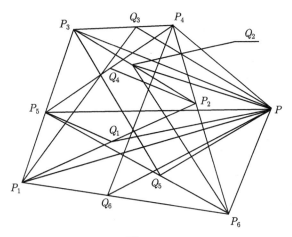

图 6.4.4

推论 6.4.5 设 P 为六角形 $P_1P_2\cdots P_6$ 所在平面上任意一点，Q_i 为边 P_iP_{i+1} 所在直线上的点，且 $\mathrm{D}_{P_iQ_i}/\mathrm{D}_{Q_iP_{i+1}} = q/p, p+q = 1(i = 1, 2, \cdots, 6)$. 若 P_1, P_3, P_5 和 P_2, P_4, P_6 分别在两直线上，则在三角形 $PP_1Q_3, PP_2Q_4, PP_3Q_5, PP_4Q_6, PP_5Q_1,$ PP_6Q_2 中，正向三角形的面积的和等于反向三角形面积的和.

证明 如图 6.4.4 所示. 由式 (6.4.6) 即得.

6.4.3 十角形顶分点线三角形有向面积的定值定理与应用

定理 6.4.6 (喻德生, 2017) 设 P 为十角形 $P_1P_2\cdots P_{10}$ 所在平面上任意一点，Q_i 为边 P_iP_{i+1} 所在直线上的点，且 $\mathrm{D}_{P_iQ_i}/\mathrm{D}_{Q_iP_{i+1}} = q/p, p+q = 1(i = 1, 2, \cdots, 10)$，且 $P_1P_7P_3P_9P_5, P_2P_8P_4P_{10}P_6$ 均为五边形，则

$$\sum_{i=1}^{10}\mathrm{D}_{PP_iQ_{i+5}} = q\left(\mathrm{D}_{P_1P_7P_3P_9P_5} + \mathrm{D}_{P_2P_8P_4P_{10}P_6}\right). \tag{6.4.7}$$

证明 设十角形 $P_1P_2\cdots P_{10}$ 的顶点的坐标为 $P_i(x_i, y_i)$ $(i = 1, 2, \cdots, 10)$，P 点的坐标为 $P(x, y)$. 由题设得分点 Q_i 的坐标 $Q_i(px_i + qx_{i+1}, py_i + qy_{i+1})$ $(i = 1, 2, \cdots, 10)$，于是

$$\sum_{i=1}^{10}\mathrm{D}_{PP_iQ_{i+5}}$$
$$=\frac{1}{2}\sum_{i=1}^{10}\{(xy_i - x_iy) + [x_i(py_{i+5} + qy_{i+6}) - (px_{i+5} + qx_{i+6})y_i]$$
$$+[p(x_{i+5} + qx_{i+6})y - x(py_{i+5} + qy_{i+6})]\}$$
$$=\frac{1}{2}\sum_{i=1}^{10}(xy_i - x_iy) + \frac{1}{2}p\sum_{i=1}^{10}(x_iy_{i+5} - x_{i+5}y_i) + \frac{1}{2}q\sum_{i=1}^{10}(x_iy_{i+6} - x_{i+6}y_i)$$

$$+ \frac{1}{2}p \sum_{i=1}^{10}(x_{i+5}y - xy_{i+5}) + \frac{1}{2}q \sum_{i=1}^{10}(x_{i+6}y - xy_{i+6})$$

$$= \frac{1}{2}p \sum_{i=1}^{10}(x_iy_{i+5} - x_iy_{i+5}) + \frac{1}{2}q \sum_{i=1}^{10}(x_iy_{i+6} - x_{i+6}y_i),$$

$$= \frac{1}{2}q\left[(x_1y_7 - x_7y_1) + (x_7y_3 - x_3y_7) + (x_3y_9 - x_9y_3) + (x_9y_5 - x_5y_9)\right.$$

$$\left. + (x_5y_1 - x_1y_5)\right] + \frac{1}{2}q\left[(x_2y_8 - x_8y_2) + (x_8y_4 - x_4y_8) + (x_4y_{10} - x_{10}y_4)\right.$$

$$\left. + (x_{10}y_6 - x_6y_{10}) + (x_6y_2 - x_2y_6)\right]$$

$$= q\mathrm{D}_{P_1P_7P_3P_9P_5} + q\mathrm{D}_{P_2P_8P_4P_{10}P_6},$$

因此, 式 (6.4.7) 成立.

推论 6.4.6　设 P 为十角形 $P_1P_2 \cdots P_6$ 所在平面上任意一点, Q_i 为边 P_iP_{i+1} $(i = 1, 2, \cdots, 6)$ 的中点, 则

$$\sum_{i=1}^{10} \mathrm{D}_{PP_iQ_{i+5}} = \frac{1}{2}\left(\mathrm{D}_{P_1P_7P_3P_9P_5} + \mathrm{D}_{P_2P_8P_4P_{10}P_6}\right).$$

证明　因为 Q_i 为边 $P_1P_2 \cdots P_{10}$ 的中点, 所以 $q = 1/2$. 代入式 (6.4.7) 即得.

定理 6.4.7　设 P 为十角形 $P_1P_2 \cdots P_{10}$ 所在平面上任意一点, Q_i, R_i 为边 P_iP_{i+1} 所在直线上的点, $\mathrm{D}_{P_iQ_i}/\mathrm{D}_{Q_iP_{i+1}} = q/p, \mathrm{D}_{P_iR_i}/\mathrm{D}_{R_iP_{i+1}} = p/q, p+q = 1$ $(i = 1, 2, \cdots, 10)$, 且 $P_1P_7P_3P_9P_5, P_2P_8P_4P_{10}P_6$ 均为五边形, 则

$$\sum_{i=1}^{10} \mathrm{D}_{PP_iQ_{i+5}} + \sum_{i=1}^{10} \mathrm{D}_{PP_iR_{i+5}} = \mathrm{D}_{P_1P_7P_3P_9P_5} + \mathrm{D}_{P_2P_8P_4P_{10}P_6}. \tag{6.4.8}$$

证明　对十角形 $P_1P_2 \cdots P_{10}$ 各边的分点 $R_i(i = 1, 2, \cdots, 10)$ 应用定理 6.3.6, 得

$$\sum_{i=1}^{10} \mathrm{D}_{PP_iQ_{i+5}} = p\left(\mathrm{D}_{P_1P_7P_3P_9P_5} + \mathrm{D}_{P_2P_8P_4P_{10}P_6}\right), \tag{6.4.9}$$

式 (6.4.7)+(6.4.9), 并注意到 $p + q = 1$, 即得式 (6.4.5).

定理 6.4.8 (喻德生, 2017)　设 P 为十角形 $P_1P_2 \cdots P_{10}$ 所在平面上任意一点, Q_i 为边 P_iP_{i+1} 所在直线上的点, 且 $\mathrm{D}_{P_iQ_i}/\mathrm{D}_{Q_iP_{i+1}} = q/p, p+q = 1 (i = 1, 2, \cdots, 10)$. 若 $P_1P_7P_3P_9P_5, P_2P_8P_4P_{10}P_6$ 为面积相等的反向五边形, 即 $\mathrm{D}_{P_1P_7P_3P_9P_5} + \mathrm{D}_{P_2P_8P_4P_{10}P_6} = 0$, 则

$$\sum_{i=1}^{10} \mathrm{D}_{PP_iQ_{i+5}} = 0. \tag{6.4.10}$$

证明　因为 $\mathrm{D}_{P_1P_7P_3P_9P_5} + \mathrm{D}_{P_2P_8P_4P_{10}P_6} = 0$, 故将其代入式 (6.3.7) 即得.

推论 6.4.7 设 P 为十角形 $P_1P_2\cdots P_{10}$ 所在平面上任意一点, Q_i 为边 P_iP_{i+1} 所在直线上的点, 且 $\mathrm{D}_{P_iQ_i}/\mathrm{D}_{Q_iP_{i+1}} = q/p, p+q = 1(i = 1, 2, \cdots, 10)$. 若 $P_1P_7P_3P_9P_5, P_2P_8P_4P_{10}P_6$ 为面积相等的反向五边形, 即 $\mathrm{D}_{P_1P_7P_3P_9P_5} = -\mathrm{D}_{P_2P_8P_4P_{10}P_6}$, 则在三角形

$$PP_1Q_6, PP_2Q_7, PP_3Q_8, PP_4Q_9, PP_5Q_{10}, PP_6Q_1, PP_7Q_2, PP_8Q_3, PP_9Q_4, PP_{10}Q_5$$

中, 正向三角形的面积的和等于反向三角形面积的和.

证明 由式 (6.4.10) 即得.

定理 6.4.9 (喻德生, 2017) 设 P 为十角形 $P_1P_2\cdots P_{10}$ 所在平面上任意一点, Q_i 为边 P_iP_{i+1} 所在直线上的点, 且 $\mathrm{D}_{P_iQ_i}/\mathrm{D}_{Q_iP_{i+1}} = q/p, p+q = 1(i = 1, 2, \cdots, 10)$. 若 $P_1, P_3, P_5, P_7, P_9; P_2, P_4, P_6, P_8, P_{10}$ 分别在两直线上, 则式 (6.4.10) 成立.

证明 因为 P_1, P_3, P_5, P_7, P_9 和 $P_2, P_4, P_6, P_8, P_{10}$ 分别在两直线上, 即 $\mathrm{D}_{P_1P_7P_3P_9P_5} = \mathrm{D}_{P_2P_8P_4P_{10}P_6} = 0$, 所以 $\mathrm{D}_{P_1P_7P_3P_9P_5} + \mathrm{D}_{P_2P_8P_4P_{10}P_6} = 0$, 故将其代入式 (6.4.7) 即得.

推论 6.4.8 设 P 为十角形 $P_1P_2\cdots P_{10}$ 所在平面上任意一点, Q_i 为边 P_iP_{i+1} 所在直线上的点, 且 $\mathrm{D}_{P_iQ_i}/\mathrm{D}_{Q_iP_{i+1}} = q/p, p+q = 1(i = 1, 2, \cdots, 10)$. 若 $P_1, P_3, P_5, P_7, P_9; P_2, P_4, P_6, P_8, P_{10}$ 分别在两直线上, 则在三角形

$$PP_1Q_6, \ PP_2Q_7, \ PP_3Q_8, \ PP_4Q_9, PP_5Q_{10}, \ PP_6Q_1, \ PP_7Q_2, \ PP_8Q_3,$$
$$PP_9Q_4, \ PP_{10}Q_5$$

中, 正向三角形的面积的和等于反向三角形面积的和.

证明 由式 (6.4.10) 即得.

注 6.4.1 仿定理 6.4.2 和定理 6.4.6 及其推论, 还可以类似地对十四角形、十八角形等中类似的问题进行探讨, 得出类似的结论.

第7章 角平分线三角形有向面积的定值定理与应用

7.1 三角形角平分线三角形有向面积的定值定理与应用

我们知道, 三角形三内角的平分线、三角形一内角的平分线与其余两外角的平分线均相交于一点, 这就是所谓的三角形的内角平分线定理和外角平分线定理. 本节主要用有向面积的思想方法来探讨有关问题. 首先, 给出角平分线三角形的概念; 其次, 给出三角形内角平分线三角形有向面积的定值定理与应用, 从而揭示该定理与著名的三角形内角平分线定理之间的关系; 再次, 给出三角形内外角平分线三角形有向面积的定值定理与应用, 从而揭示该定理与著名的三角形外角平分线定理之间的关系. 我们发现, 从有向量的观点来看, 这两个结论并非偶然, 它们均具有深刻的背景.

7.1.1 三角形角平分线三角形的概念与记号

定义 7.1.1 设 $P_1P_2P_3$ 为三角形, $P_{i+2}Q_i(P_{i+2}Q_i')$ 平分 $\angle P_iP_{i+2}P_{i+1}(\angle P_iP_{i+2}P_{i+1}$ 的外角), 且与边 P_iP_{i+1} (边 P_iP_{i+1} 的延长线) 相交于点 $Q_i(Q_i')(i=1,2,3)$, 则称线段 $P_{i+2}Q_i(P_{i+2}Q_i')$ 为三角形 $\angle P_iP_{i+2}P_{i+1}(\angle P_iP_{i+2}P_{i+1}$ 的外角) 的平分线, 简称为三角形的内角平分线 (外角平分线).

定义 7.1.2 设 $P_{i+2}Q_i(P_{i+2}Q_i')$ 是三角形 $P_1P_2P_3$ 内角 (外角) 的平分线, P 是 $P_1P_2P_3$ 所在平面上任意一点, 则称 P 与 $P_{i+2}Q_i(P_{i+2}Q_i')$ 所构成的三角形 $PP_{i+2}Q_i(PP_{i+2}Q_i')$ 为 $P_1P_2P_3$ 的内角平分线三角形 (外角平分线三角形)(图 7.1.1).

三角形内角平分线三角形、外角平分线三角形统称为三角形的角平分线三角形.

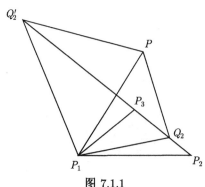

图 7.1.1

特别地, 为方便起见, 当 P 在 $P_{i+2}Q_i(P_{i+2}Q_i')$ 所在直线上时, 我们把 P 与 $P_{i+2}Q_i(P_{i+2}Q_i')$ 所构成的线段 $PP_{i+2}Q_i(PP_{i+2}Q_i')$, 看成是三角形内角平分线三角形 (外角平分线三角形) 的特殊情形.

注 7.1.1 当 $\angle P_iP_{i+2}P_{i+1}$ 外角的平分线与边 P_iP_{i+1} 平行时, $Q_i'(i=1,2,3)$ 为无穷远点. 本节有关结论中均假定 $Q_i'(i=1,2,3)$ 为有限点.

在本节中, 记 $\sigma_i = \mathrm{d}_{P_{i+1}P_{i+2}}+\mathrm{d}_{P_{i+2}P_i}, \sigma_i' = \mathrm{d}_{P_{i+1}P_{i+2}}-\mathrm{d}_{P_{i+2}P_i}; \delta_i = \mathrm{d}_{P_iP_{i+1}}\sigma_i, \delta_i'$ $= \mathrm{d}_{P_iP_{i+1}}\sigma_i'; P_{i+3}=P_i$, 于是 $\sigma_{i+3}=\sigma_i, \sigma_{i+3}'=\sigma_i'; \delta_{i+3}=\delta_i, \delta_{i+3}'=\delta_i'$.

7.1.2 三角形内角平分线三角形有向面积的定值定理与应用

定理 7.1.1 (喻德生, 2014, 2017) 设 $P_1P_2P_3$ 是三角形, P_iQ_{i+1} 是 $\angle P_{i+2}P_iP_{i+1}$ 的平分线, P 是 $P_1P_2P_3$ 所在平面上任意一点, 则

$$\delta_2 \mathrm{D}_{PP_1Q_2} + \delta_3 \mathrm{D}_{PP_2Q_3} + \delta_1 \mathrm{D}_{PP_3Q_1} = 0. \tag{7.1.1}$$

证明 如图 7.1.2 所示. 设三角形顶点的坐标为 $P_i(x_i, y_i)(i=1,2,3)$. 因为 P_iQ_{i+1} 是 $\angle P_{i+2}P_iP_{i+1}$ 的平分线, 故由三角形内角平分线的性质, 可得

$$\mathrm{D}_{P_{i+1}Q_{i+1}}/\mathrm{D}_{Q_{i+1}P_{i+2}} = \mathrm{d}_{P_iP_{i+1}}/\mathrm{d}_{P_iP_{i+2}}.$$

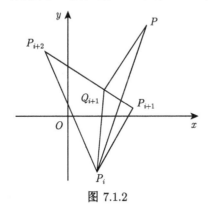

图 7.1.2

于是由定比分点定理, 求得 Q_{i+1} 的坐标分别为

$$\begin{cases} x_{Q_{i+1}} = (\mathrm{d}_{P_iP_{i+2}}x_{i+1} + \mathrm{d}_{P_iP_{i+1}}x_{i+2})/\sigma_{i+1}, \\ y_{Q_{i+1}} = (\mathrm{d}_{P_iP_{i+2}}y_{i+1} + \mathrm{d}_{P_iP_{i+1}}y_{i+2})/\sigma_{i+1} \end{cases} \quad (i=1,2,3).$$

设任意点的坐标为 $P(x, y)$, 则由三角形有向面积公式, 可得

$$2\delta_{i+1}\mathrm{D}_{PP_iQ_{i+1}}$$
$$=\mathrm{d}_{P_{i+1}P_{i+2}}\left(\mathrm{d}_{P_iP_{i+2}}+\mathrm{d}_{P_iP_{i+1}}\right)(xy_i - x_iy)$$

$$+ \mathrm{d}_{P_{i+1}P_{i+2}} \left[x_i \left(\mathrm{d}_{P_iP_{i+2}} y_{i+1} + \mathrm{d}_{P_iP_{i+1}} y_{i+2} \right) - \left(\mathrm{d}_{P_iP_{i+2}} x_{i+1} + \mathrm{d}_{P_iP_{i+1}} x_{i+2} \right) y_i \right]$$

$$+ \mathrm{d}_{P_{i+1}P_{i+2}} \left[\left(\mathrm{d}_{P_iP_{i+2}} x_{i+1} + \mathrm{d}_{P_iP_{i+1}} x_{i+2} \right) y - x \left(\mathrm{d}_{P_iP_{i+2}} y_{i+1} + \mathrm{d}_{P_iP_{i+1}} y_{i+2} \right) \right]$$

$$= x \mathrm{d}_{P_{i+1}P_{i+2}} \left[\left(\mathrm{d}_{P_iP_{i+2}} + \mathrm{d}_{P_iP_{i+1}} \right) y_i - \left(\mathrm{d}_{P_iP_{i+2}} y_{i+1} + \mathrm{d}_{P_iP_{i+1}} y_{i+2} \right) \right]$$

$$+ y \mathrm{d}_{P_{i+1}P_{i+2}} \left[\left(\mathrm{d}_{P_iP_{i+2}} x_{i+1} + \mathrm{d}_{P_iP_{i+1}} x_{i+2} \right) - x_i \left(\mathrm{d}_{P_iP_{i+2}} + \mathrm{d}_{P_iP_{i+1}} \right) \right]$$

$$+ \mathrm{d}_{P_{i+1}P_{i+2}} \left[x_i \left(\mathrm{d}_{P_iP_{i+2}} y_{i+1} + \mathrm{d}_{P_iP_{i+1}} y_{i+2} \right) - \left(\mathrm{d}_{P_iP_{i+2}} x_{i+1} + \mathrm{d}_{P_iP_{i+1}} x_{i+2} \right) y_i \right]$$

$$= x \left[\mathrm{d}_{P_{i+1}P_{i+2}} \mathrm{d}_{P_iP_{i+2}} \left(y_i - y_{i+1} \right) + \mathrm{d}_{P_iP_{i+1}} \mathrm{d}_{P_{i+1}P_{i+2}} \left(y_i - y_{i+2} \right) \right]$$

$$+ y \left[\mathrm{d}_{P_iP_{i+2}} \mathrm{d}_{P_{i+1}P_{i+2}} \left(x_{i+1} - x_i \right) + \mathrm{d}_{P_iP_{i+1}} \mathrm{d}_{P_{i+1}P_{i+2}} \left(x_{i+2} - x_i \right) \right]$$

$$+ \mathrm{d}_{P_iP_{i+2}} \mathrm{d}_{P_{i+1}P_{i+2}} \left(x_i y_{i+1} - x_{i+1} y_i \right) + \mathrm{d}_{P_iP_{i+1}} \mathrm{d}_{P_{i+1}P_{i+2}} \left(x_i y_{i+2} - x_{i+2} y_i \right),$$

$$\tag{7.1.2}$$

因为

$$\sum_{i=1}^{3} \left[\mathrm{d}_{P_{i+1}P_{i+2}} \mathrm{d}_{P_iP_{i+2}} \left(y_i - y_{i+1} \right) + \mathrm{d}_{P_iP_{i+1}} \mathrm{d}_{P_{i+1}P_{i+2}} \left(y_i - y_{i+2} \right) \right]$$

$$= \sum_{i=1}^{3} \left[\mathrm{d}_{P_{i+1}P_{i+2}} \mathrm{d}_{P_iP_{i+2}} \left(y_i - y_{i+1} \right) + \mathrm{d}_{P_{i+1}P_{i+2}} \mathrm{d}_{P_{i+2}P_i} \left(y_{i+1} - y_i \right) \right] = 0,$$

类似地,

$$\sum_{i=1}^{3} \left[\mathrm{d}_{P_iP_{i+2}} \mathrm{d}_{P_{i+1}P_{i+2}} \left(x_{i+1} - x_i \right) + \mathrm{d}_{P_iP_{i+1}} \mathrm{d}_{P_{i+1}P_{i+2}} \left(x_{i+2} - x_i \right) \right] = 0,$$

$$\sum_{i=1}^{3} \left[\mathrm{d}_{P_iP_{i+2}} \mathrm{d}_{P_{i+1}P_{i+2}} \left(x_i y_{i+1} - x_{i+1} y_i \right) + \mathrm{d}_{P_iP_{i+1}} \mathrm{d}_{P_{i+1}P_{i+2}} \left(x_i y_{i+2} - x_{i+2} y_i \right) \right] = 0,$$

所以

$$2 \sum_{i=1}^{3} \mathrm{d}_{P_{i+1}P_{i+2}} \left(\mathrm{d}_{P_iP_{i+2}} + \mathrm{d}_{P_iP_{i+1}} \right) \mathrm{D}_{PP_iQ_{i+1}} = 0,$$

从而, 式 (7.1.1) 成立.

推论 7.1.1　设 $P_1P_2P_3$ 是三角形, P_iQ_{i+1} 是 $\angle P_{i+2}P_iP_{i+1}$ 的平分线, 则 P 是 $P_{i+1}Q_i$ 所在直线上任意一点的充分必要条件是

$$\delta_{i+1} \mathrm{D}_{PP_iQ_{i+1}} + \delta_{i+2} \mathrm{D}_{PP_{i+1}Q_{i+2}} = 0 \ (i = 1, 2, 3). \tag{7.1.3}$$

证明　根据式 (7.1.1), 可知

P 是 $P_{i+1}Q_{i+2}$ 所在直线上任意一点 $\Leftrightarrow \mathrm{D}_{PP_{i+1}Q_{i+2}} = 0 \Leftrightarrow$ 式 (7.1.3) 成立.

推论 7.1.2 设 $P_1P_2P_3$ 是三角形, P_iQ_{i+1} 是 $\angle P_{i+2}P_iP_{i+1}$ 的平分线, 若 P 是 $P_{i+2}Q_i$ 所在直线上任意一点, 则

$$\delta_{i+1}\mathrm{a}_{PP_iQ_{i+1}} = \delta_{i+2}\mathrm{a}_{PP_{i+1}Q_{i+2}} \quad (i=1,2,3). \tag{7.1.4}$$

证明 根据定理 7.1.2 的必要性, 式 (7.1.3) 成立. 该式移项后, 等式两边取绝对值, 即知式 (7.1.4) 成立.

定理 7.1.2 (内角平分线定理) 三角形 $P_1P_2P_3$ 的三条内角平分线 P_1Q_2, P_2Q_3, P_3Q_1 相交于一点.

证明 如图 7.1.3 所示. 不妨设 P_1Q_2, P_2Q_3 的交点为 I, 则 $\mathrm{D}_{IP_1Q_2} = \mathrm{D}_{IP_2Q_3} = 0$. 代入式 (7.1.1) 并注意到 $\delta_1\mathrm{d}_{P_3Q_1} \neq 0$, 得 $\mathrm{D}_{IP_3Q_1} = 0$, 故 I 在 P_3Q_1 上. 于是 P_1Q_2, P_2Q_3, P_3Q_1 相交于一点.

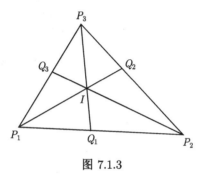

图 7.1.3

注 7.1.2 三角形内切圆的圆心叫做三角形的内心, 它也是三角形三内角平分线的交点.

7.1.3 三角形内、外角平分线三角形有向面积的定值定理与应用

定理 7.1.3 (喻德生, 2014, 2017) 设 $P_1P_2P_3$ 是三角形, $P_iQ_{i+1}(P_iQ'_{i+1})$ 是 $\angle P_{i+2}P_iP_{i+1}(\angle P_{i+2}P_iP_{i+1}$ 的外角) 的平分线, P 是三角形 $P_1P_2P_3$ 所在平面上任意一点, 则

$$\delta'_{i+1}\mathrm{D}_{PP_iQ'_{i+1}} + \delta_{i+2}\mathrm{D}_{PP_{i+1}Q_{i+2}} - \delta'_i\mathrm{D}_{PP_{i+2}Q'_i} = 0 \quad (i=1,2,3). \tag{7.1.5}$$

证明 如图 7.1.4 所示. 设三角形顶点的坐标为 $P_i(x_i, y_i)(i=1,2,3)$. 因为 $P_iQ'_{i+1}$ 是 $\angle P_{i+2}P_iP_{i+1}$ 外角的平分线, 故由三角形外角平分线的性质, 可得

$$\mathrm{D}_{P_{i+1}Q'_{i+1}}/\mathrm{D}_{Q'_{i+1}P_{i+2}} = -\mathrm{d}_{P_iP_{i+1}}/\mathrm{d}_{P_iP_{i+2}} \quad (i=1,2,3).$$

于是由定比分点定理, 求得 Q'_{i+1} 的坐标

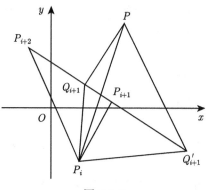

图 7.1.4

$$\begin{cases} x_{Q'_{i+1}} = (d_{P_iP_{i+2}}x_{i+1} - d_{P_iP_{i+1}}x_{i+2})/\sigma'_{i+1} \\ y_{Q'_{i+1}} = (d_{P_iP_{i+2}}y_{i+1} - d_{P_iP_{i+1}}y_{i+2})/\sigma'_{i+1} \end{cases} \quad (i=1,2,3).$$

设任意点的坐标为 $P(x, y)$, 则由式 (7.1.2) 和三角形有向面积公式, 可得

$$2\delta_{i+2}D_{PP_{i+1}Q_{i+2}}$$
$$=x\left[d_{P_{i+2}P_i}d_{P_{i+1}P_i}(y_{i+1}-y_{i+2}) + d_{P_{i+1}P_{i+2}}d_{P_{i+2}P_i}(y_{i+1}-y_i)\right]$$
$$+ y\left[d_{P_{i+1}P_i}d_{P_{i+2}P_i}(x_{i+2}-x_{i+1}) + d_{P_{i+1}P_{i+2}}d_{P_{i+2}P_i}(x_i-x_{i+1})\right]$$
$$+ d_{P_{i+1}P_i}d_{P_{i+2}P_i}(x_{i+1}y_{i+2}-x_{i+2}y_{i+1}) + d_{P_{i+1}P_{i+2}}d_{P_{i+2}P_i}(x_{i+1}y_i-x_iy_{i+1});$$
$$2\delta'_{i+1}D_{PP_iQ'_{i+1}}$$
$$=d_{P_{i+1}P_{i+2}}\left(d_{P_iP_{i+2}}-d_{P_iP_{i+1}}\right)(xy_i-x_iy)$$
$$+ d_{P_{i+1}P_{i+2}}\left[x_i\left(d_{P_iP_{i+2}}y_{i+1}-d_{P_iP_{i+1}}y_{i+2}\right) - \left(d_{P_iP_{i+2}}x_{i+1}-d_{P_iP_{i+1}}x_{i+2}\right)y_i\right]$$
$$+ d_{P_{i+1}P_{i+2}}\left[\left(d_{P_iP_{i+2}}x_{i+1}-d_{P_iP_{i+1}}x_{i+2}\right)y - x\left(d_{P_iP_{i+2}}y_{i+1}-d_{P_iP_{i+1}}y_{i+2}\right)\right]$$
$$=xd_{P_{i+1}P_{i+2}}\left[\left(d_{P_iP_{i+2}}-d_{P_iP_{i+1}}\right)y_i - \left(d_{P_iP_{i+2}}y_{i+1}-d_{P_iP_{i+1}}y_{i+2}\right)\right]$$
$$+ yd_{P_{i+1}P_{i+2}}\left[\left(d_{P_iP_{i+2}}x_{i+1}-d_{P_iP_{i+1}}x_{i+2}\right) - x_i\left(d_{P_iP_{i+2}}-d_{P_iP_{i+1}}\right)\right]$$
$$+ d_{P_{i+1}P_{i+2}}\left[x_i\left(d_{P_iP_{i+2}}y_{i+1}-d_{P_iP_{i+1}}y_{i+2}\right) - \left(d_{P_iP_{i+2}}x_{i+1}-d_{P_iP_{i+1}}x_{i+2}\right)y_i\right]$$
$$=x\left[d_{P_{i+1}P_{i+2}}d_{P_iP_{i+2}}(y_i-y_{i+1}) - d_{P_iP_{i+1}}d_{P_{i+1}P_{i+2}}(y_i-y_{i+2})\right]$$
$$+ y\left[d_{P_iP_{i+2}}d_{P_{i+1}P_{i+2}}(x_{i+1}-x_i) - d_{P_iP_{i+1}}d_{P_{i+1}P_{i+2}}(x_{i+2}-x_i)\right]$$
$$+ d_{P_iP_{i+2}}d_{P_{i+1}P_{i+2}}(x_iy_{i+1}-x_{i+1}y_i) - d_{P_iP_{i+1}}d_{P_{i+1}P_{i+2}}(x_iy_{i+2}-x_{i+2}y_i),$$

所以

$$2(\delta'_{i+1}D_{PP_iQ'_{i+1}} + \delta_{i+2}D_{PP_{i+1}Q_{i+2}} - \delta'_iD_{PP_{i+2}Q'_i})$$

$$
\begin{aligned}
=x & \left\{ \left[d_{P_{i+1}P_{i+2}} d_{P_iP_{i+2}} (y_i - y_{i+1}) - d_{P_iP_{i+1}} d_{P_{i+1}P_{i+2}} (y_i - y_{i+2}) \right] \right. \\
& + \left[d_{P_{i+2}P_i} d_{P_{i+1}P_i} (y_{i+1} - y_{i+2}) + d_{P_{i+1}P_{i+2}} d_{P_{i+2}P_i} (y_{i+1} - y_i) \right] \\
& \left. - \left[d_{P_iP_{i+1}} d_{P_{i+2}P_{i+1}} (y_{i+2} - y_i) - d_{P_{i+2}P_i} d_{P_iP_{i+1}} (y_{i+2} - y_{i+1}) \right] \right\} ; \\
+y & \left\{ \left[d_{P_iP_{i+2}} d_{P_{i+1}P_{i+2}} (x_{i+1} - x_i) - d_{P_iP_{i+1}} d_{P_{i+1}P_{i+2}} (x_{i+2} - x_i) \right] \right. \\
& + \left[d_{P_{i+1}P_i} d_{P_{i+2}P_i} (x_{i+2} - x_{i+1}) + d_{P_{i+1}P_{i+2}} d_{P_{i+2}P_i} (x_i - x_{i+1}) \right] \\
& \left. - \left[d_{P_{i+2}P_{i+1}} d_{P_iP_{i+1}} (x_i - x_{i+2}) - d_{P_{i+2}P_i} d_{P_iP_{i+1}} (x_{i+1} - x_{i+2}) \right] \right\} \\
+ & \left\{ \left[d_{P_iP_{i+2}} d_{P_{i+1}P_{i+2}} (x_iy_{i+1} - x_{i+1}y_i) - d_{P_iP_{i+1}} d_{P_{i+1}P_{i+2}} (x_iy_{i+2} - x_{i+2}y_i) \right] \right. \\
& + \left[d_{P_{i+1}P_i} d_{P_{i+2}P_i} (x_{i+1}y_{i+2} - x_{i+2}y_{i+1}) + d_{P_{i+1}P_{i+2}} d_{P_{i+2}P_i} (x_{i+1}y_i - x_iy_{i+1}) \right] \\
& \left. - \left[d_{P_{i+2}P_{i+1}} d_{P_iP_{i+1}} (x_{i+2}y_i - x_iy_{i+2}) - d_{P_{i+2}P_i} d_{P_iP_{i+1}} (x_{i+2}y_{i+1} - x_{i+1}y_{i+2}) \right] \right\} \\
=0, &
\end{aligned}
$$

因此, 式 (7.1.5) 成立.

推论 7.1.3 设 $P_1P_2P_3$ 是三角形, $P_iQ_{i+1}(P_iQ'_{i+1})$ 是 $\angle P_{i+2}P_iP_{i+1}(\angle P_{i+2}P_i$
P_{i+1} 的外角) 的平分线, 则

(1) P 是 $P_{i+1}Q_{i+2}$ 所在直线上任意一点的充分必要条件是

$$
\delta'_{i+1} D_{PP_iQ'_{i+1}} - \delta'_i D_{PP_{i+2}Q'_i} = 0 \quad (i = 1, 2, 3); \tag{7.1.6}
$$

(2) P 是 $P_iQ'_{i+1}$ 所在直线上任意一点的充分必要条件是

$$
\delta_{i+2} D_{PP_{i+1}Q_{i+2}} - \delta'_i D_{PP_{i+2}Q'_i} = 0 \quad (i = 1, 2, 3); \tag{7.1.7}
$$

(3) P 是 $P_{i+2}Q'_i$ 所在直线上任意一点的充分必要条件是

$$
\delta'_{i+1} D_{PP_iQ'_{i+1}} + \delta_{i+2} D_{PP_{i+1}Q_{i+2}} = 0 \quad (i = 1, 2, 3). \tag{7.1.8}
$$

证明 (1) 根据式 (7.1.5), 可知
P 是 $P_{i+1}Q_{i+2}$ 所在直线上任意一点 $\Leftrightarrow D_{PP_{i+1}Q_{i+2}} = 0 \Leftrightarrow$ 式 (7.1.6) 成立.
类似地, 可以证明式 (7.1.7) 和 (7.1.8) 成立.

推论 7.1.4 设 $P_1P_2P_3$ 是三角形, $P_{i+2}Q_i(P_{i+2}Q'_i)$ 是 $\angle P_iP_{i+2}P_{i+1}(\angle P_iP_{i+2}$
P_{i+1} 的外角) 的平分线.

(1) 若 P 是 $P_{i+1}Q_{i+2}$ 所在直线上任意一点, 则

$$
\left| \delta'_{i+1} \right| a_{PP_iQ'_{i+1}} = \left| \delta'_i \right| a_{PP_{i+2}Q'_i} \quad (i = 1, 2, 3); \tag{7.1.9}
$$

(2) 若 P 是 $P_iQ'_{i+1}$ 所在直线上任意一点, 则

$$
\delta_{i+2} a_{PP_{i+1}Q_{i+2}} = \left| \delta'_i \right| a_{PP_{i+2}Q'_i} \quad (i = 1, 2, 3); \tag{7.1.10}
$$

(3) 若 P 是 $P_{i+1}Q'_{i+2}$ 所在直线上任意一点, 则

$$|\delta'_{i+1}|\,\mathrm{a}_{PP_iQ'_{i+1}} = \delta_{i+2}\mathrm{a}_{PP_{i+1}Q_{i+2}} \quad (i = 1, 2, 3). \tag{7.1.11}$$

证明　(1) 根据定理 7.1.4 的必要性, 式 (7.1.6) 成立. 该式移项后, 等式两边取绝对值, 即知式 (7.1.9) 成立.

类似地, 可以证明式 (7.1.10) 和 (7.1.11) 成立.

定理 7.1.4 (外角平分线定理)　三角形 $P_1P_2P_3$ 的内角平分线 P_iQ_{i+1} 所在直线与外角平分线 $P_{i+1}Q'_{i+2}, P_{i+2}Q'_i$ 所在直线相交于一点 $I_i(i = 1, 2, 3)$.

证明　如图 7.1.5 所示. 仿推论 7.1.2 证明, 由式 (7.1.5) 可得推论 7.1.4 结论成立.

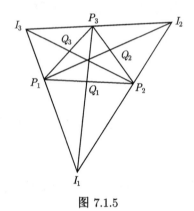

图 7.1.5

注 7.1.3　三角形旁切圆的圆心叫做三角形的旁心, 一个三角形有三个旁心, 它们也是三角形一内角平分线与其余两外角平分线的交点.

定理 7.1.5 (喻德生, 2017)　设 $P_1P_2P_3$ 是三角形, $P_iQ_{i+1}(P_iQ'_{i+1})$ 是 $\angle P_{i+2}P_iP_{i+1}(\angle P_{i+2}P_iP_{i+1}$ 的外角$)(i = 1, 2, 3)$ 的平分线, P 是三角形 $P_1P_2P_3$ 所在平面上任意一点, 则

$$\delta'_{i+1}\mathrm{D}_{PP_iQ'_{i+1}} - \delta_{i+2}\mathrm{D}_{PP_{i+1}Q_{i+2}} - \delta_i\mathrm{D}_{PP_{i+2}Q_i} = 2\mathrm{d}_{P_{i+1}P_{i+2}}\mathrm{d}_{P_{i+2}P_i}\mathrm{D}_{PP_iP_{i+1}}, \tag{7.1.12}$$

$$\delta'_{i+1}\mathrm{D}_{PP_iQ'_{i+1}} - \delta'_{i+2}\mathrm{D}_{PP_{i+1}Q'_{i+2}} + \delta'_i\mathrm{D}_{PP_{i+2}Q'_i} = 2\mathrm{d}_{P_iP_{i+1}}\mathrm{d}_{P_{i+1}P_{i+2}}\mathrm{D}_{PP_{i+2}P_i}, \tag{7.1.13}$$

其中 $i = 1, 2, 3$.

证明　设任意点的坐标为 $P(x, y)$, 则由定理 7.1.1 和定理 7.1.3 的证明, 可得

$$2(\delta'_{i+1}\mathrm{D}_{PP_iQ'_{i+1}} - \delta_{i+2}\mathrm{D}_{PP_{i+1}Q_{i+2}} - \delta_i\mathrm{D}_{PP_{i+2}Q_i})$$

$$=x\left\{\left[\mathrm{d}_{P_{i+1}P_{i+2}}\mathrm{d}_{P_iP_{i+2}}(y_i - y_{i+1}) - \mathrm{d}_{P_iP_{i+1}}\mathrm{d}_{P_{i+1}P_{i+2}}(y_i - y_{i+2})\right]\right.$$

$$\left. - \left[\mathrm{d}_{P_{i+2}P_i}\mathrm{d}_{P_{i+1}P_i}(y_{i+1} - y_{i+2}) + \mathrm{d}_{P_{i+1}P_{i+2}}\mathrm{d}_{P_{i+2}P_i}(y_{i+1} - y_i)\right]\right.$$

$$- \left[\mathrm{d}_{P_iP_{i+1}} \mathrm{d}_{P_{i+2}P_{i+1}} (y_{i+2} - y_i) + \mathrm{d}_{P_{i+2}P_i} \mathrm{d}_{P_iP_{i+1}} (y_{i+2} - y_{i+1}) \right] \right\}$$

$$+ y \left\{ \left[\mathrm{d}_{P_iP_{i+2}} \mathrm{d}_{P_{i+1}P_{i+2}} (x_{i+1} - x_i) - \mathrm{d}_{P_iP_{i+1}} \mathrm{d}_{P_{i+1}P_{i+2}} (x_{i+2} - x_i) \right] \right.$$

$$- \left[\mathrm{d}_{P_{i+1}P_i} \mathrm{d}_{P_{i+2}P_i} (x_{i+2} - x_{i+1}) + \mathrm{d}_{P_{i+1}P_{i+2}} \mathrm{d}_{P_{i+2}P_i} (x_i - x_{i+1}) \right]$$

$$\left. - \left[\mathrm{d}_{P_{i+2}P_{i+1}} \mathrm{d}_{P_iP_{i+1}} (x_i - x_{i+2}) + \mathrm{d}_{P_{i+2}P_i} \mathrm{d}_{P_iP_{i+1}} (x_{i+1} - x_{i+2}) \right] \right\}$$

$$+ \left\{ \left[\mathrm{d}_{P_iP_{i+2}} \mathrm{d}_{P_{i+1}P_{i+2}} (x_iy_{i+1} - x_{i+1}y_i) - \mathrm{d}_{P_iP_{i+1}} \mathrm{d}_{P_{i+1}P_{i+2}} (x_iy_{i+2} - x_{i+2}y_i) \right. \right.$$

$$- \left[\mathrm{d}_{P_{i+1}P_i} \mathrm{d}_{P_{i+2}P_i} (x_{i+1}y_{i+2} - x_{i+2}y_{i+1}) + \mathrm{d}_{P_{i+1}P_{i+2}} \mathrm{d}_{P_{i+2}P_i} (x_{i+1}y_i - x_iy_{i+1}) \right]$$

$$\left. - \left[\mathrm{d}_{P_{i+2}P_{i+1}} \mathrm{d}_{P_iP_{i+1}} (x_{i+2}y_i - x_iy_{i+2}) + \mathrm{d}_{P_{i+2}P_i} \mathrm{d}_{P_iP_{i+1}} (x_{i+2}y_{i+1} - x_{i+1}y_{i+2}) \right] \right\}$$

$$= 2\mathrm{d}_{P_{i+1}P_{i+2}} \mathrm{d}_{P_iP_{i+2}} \left[x (y_i - y_{i+1}) + (x_{i+1} - x_i) y + (x_iy_{i+1} - x_{i+1}y_i) \right]$$

$$= 2\mathrm{d}_{P_{i+1}P_{i+2}} \mathrm{d}_{P_iP_{i+2}} \left[(xy_i - x_iy) + (x_iy_{i+1} - x_{i+1}y_i) + (x_{i+1}y - xy_{i+1}) \right]$$

$$= 4\mathrm{d}_{P_{i+1}P_{i+2}} \mathrm{d}_{P_iP_{i+2}} \mathrm{D}_{PP_iP_{i+1}},$$

因此, 式 (7.1.12) 成立;

类似地, 可以证明式 (7.1.13) 成立.

推论 7.1.5 设 $P_1P_2P_3$ 是三角形, $P_iQ_{i+1}(P_iQ'_{i+1})$ 是 $\angle P_{i+2}P_iP_{i+1}(\angle P_{i+2}P_iP_{i+1}$ 的外角)$(i=1,2,3)$ 的平分线, 则

$$\delta_{i+2}\mathrm{a}_{P_iP_{i+1}Q_{i+2}} = \delta_i\mathrm{a}_{P_iP_{i+2}Q_i} \quad (i=1,2,3); \tag{7.1.14}$$

$$\left| \delta'_{i+1} \right| \mathrm{a}_{P_iP_{i+1}Q'_{i+1}} = \delta_i\mathrm{a}_{P_{i+1}P_{i+2}Q_i} = 0 \quad (i=1,2,3); \tag{7.1.15}$$

$$\left| \delta'_{i+2} \right| \mathrm{a}_{P_iP_{i+1}Q'_{i+2}} = \left| \delta'_i \right| \mathrm{a}_{P_iP_{i+2}Q'_i} \quad (i=1,2,3); \tag{7.1.16}$$

$$\left| \delta'_{i+1} \right| \mathrm{a}_{P_{i+2}P_iQ'_{i+1}} = \left| \delta'_{i+2} \right| \mathrm{a}_{P_{i+1}P_{i+2}Q'_{i+2}} \quad (i=1,2,3). \tag{7.1.17}$$

证明 在式 (7.1.12) 中, 分别取 $P=P_i, P_{i+1}$, 得

$$\delta_{i+2}\mathrm{D}_{P_iP_{i+1}Q_{i+2}} + \delta_i\mathrm{D}_{P_iP_{i+2}Q_i} = 0 \quad (i=1,2,3),$$

$$\delta'_{i+1}\mathrm{D}_{P_iP_{i+1}Q'_{i+1}} + \delta_i\mathrm{D}_{P_{i+1}P_{i+2}Q_i} = 0 \quad (i=1,2,3),$$

以上两式移项后, 等式两边取绝对值, 即得式 (7.1.14) 和 (7.1.15).

类似地, 在式 (7.1.13) 中, 分别取 $P=P_i, P_{i+2}$, 可以证明式 (7.1.16) 和 (7.1.17) 成立.

推论 7.1.6 设 $P_1P_2P_3$ 是三角形, $P_iQ_{i+1}(P_iQ'_{i+1})$ 是 $\angle P_{i+2}P_iP_{i+1}(\angle P_{i+2}P_iP_{i+1}$ 的外角)$(i=1,2,3)$ 的平分线, 则

(1) P 是 P_iP_{i+1} 所在直线上任意一点的充分必要条件是

$$\delta'_{i+1}\mathrm{D}_{PP_iQ'_{i+1}} - \delta_{i+2}\mathrm{D}_{PP_{i+1}Q_{i+2}} - \delta_i\mathrm{D}_{PP_{i+2}Q_i} = 0 \quad (i=1,2,3); \tag{7.1.18}$$

(2) P 是 $P_{i+2}P_i$ 所在直线上任意一点的充分必要条件是

$$\delta'_{i+1}D_{PP_iQ'_{i+1}} - \delta'_{i+2}D_{PP_{i+1}Q'_{i+2}} + \delta'_i D_{PP_{i+2}Q'_i} = 0 \quad (i = 1, 2, 3); \tag{7.1.19}$$

(3) P 是 $P_{i+1}Q_{i+2}$ 所在直线上任意一点的充分必要条件是

$$\delta'_{i+1}D_{PP_iQ'_{i+1}} - \delta_i D_{PP_{i+2}Q_i} - 2d_{P_{i+1}P_{i+2}}d_{P_{i+2}P_i}D_{PP_iP_{i+1}} = 0 \ (i = 1, 2, 3); \tag{7.1.20}$$

(4) P 是 $P_iQ'_{i+1}$ 所在直线上任意一点的充分必要条件是

$$\delta_{i+2}D_{PP_{i+1}Q_{i+2}} + \delta_i D_{PP_{i+2}Q_i} + 2d_{P_{i+1}P_{i+2}}d_{P_{i+2}P_i}D_{PP_iP_{i+1}} = 0 \ (i = 1, 2, 3); \tag{7.1.21}$$

或

$$\delta'_{i+2}D_{PP_{i+1}Q'_{i+2}} - \delta'_i D_{PP_{i+2}Q'_i} + 2d_{P_iP_{i+1}}d_{P_{i+1}P_{i+2}}D_{PP_{i+2}P_i} = 0 \ (i = 1, 2, 3); \tag{7.1.22}$$

(5) P 是 $P_{i+1}Q'_{i+2}$ 所在直线上任意一点的充分必要条件是

$$\delta'_{i+1}D_{PP_iQ'_{i+1}} + \delta'_i D_{PP_{i+2}Q'_i} - 2d_{P_iP_{i+1}}d_{P_{i+1}P_{i+2}}D_{PP_{i+2}P_i} = 0 \ (i = 1, 2, 3); \tag{7.1.23}$$

(6) P 是 $P_{i+2}Q'_i$ 所在直线上任意一点的充分必要条件是

$$\delta'_{i+1}D_{PP_iQ'_{i+1}} - \delta_{i+2}D_{PP_{i+1}Q_{i+2}} - 2d_{P_{i+1}P_{i+2}}d_{P_{i+2}P_i}D_{PP_iP_{i+1}} = 0 \ (i = 1, 2, 3); \tag{7.1.24}$$

证明 (1) 根据式 (7.1.12), 可知
P 是 P_iP_{i+1} 所在直线上任意一点 $\Leftrightarrow D_{PP_iP_{i+1}} = 0 \Leftrightarrow$ 式 (7.1.18) 成立.
类似地, 利用式 (7.1.12) 或 (7.1.13), 可以证明式 (7.1.19)—(7.1.24) 成立.

7.2 多角形角平分线三角形有向面积的定值定理与应用

本节主要将三角形角平分线和角平分线三角形的概念和有关结论推广到一般的多角形的情形. 首先, 给出多角形角平分线和角平分线三角形的概念; 其次, 给出多角形内角平分线三角形有向面积的定值定理与应用, 从而将三角形内角平分线定理推广到多边形的情形; 再次, 给出多角形内外角平分线三角形有向面积的定值定理与应用, 从而将三角形外角平分线定理推广到多角形的情形.

7.2.1 n 角形角平分线和角平分线三角形的概念与记号

定义 7.2.1 设 $P_1P_2\cdots P_n$ 为 n 角形, $P_{i+n-1}Q_i(P_{i+n-1}Q'_i)$ 平分 $\angle P_iP_{i+n-1}$ $P_{i+n-2}(\angle P_iP_{i+n-1}P_{i+n-2}$ 的外角), 且与对角线 P_iP_{i+n-2}(对角线 P_iP_{i+n-2} 的延长线) 相交于点 $Q_i(Q'_i)(i = 1, 2, \cdots, n)$, 则称线段 $P_{i+n-1}Q_i(P_{i+n-1}Q'_i)$ 为 $\angle P_iP_{i+n-1}$ $P_{i+n-2}(\angle P_iP_{i+n-1}P_{i+n-2}$ 的外角) 的平分线, 简称为多角形内角平分线 (外角平分线)(图 7.2.1).

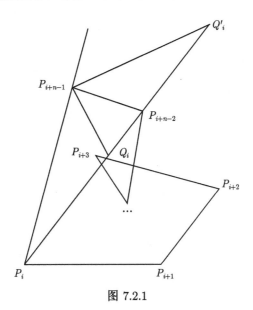

图 7.2.1

多角形的内角平分线和外角平分线, 统称为多角形的角平分线.

特别地, 当 $n = 3$ 时, 对角线 P_iP_{i+n-2} 即三角形 $P_1P_2P_3$ 的边 P_iP_{i+1}. 因此, 定义 7.2.1 是定义 7.1.1 在 n 角形中的推广.

定义 7.2.2 设 $P_{i+n-1}Q_i(P_{i+n-1}Q_i')$ 是 n 角形 $P_1P_2\cdots P_n$ 内角 (外角) 的平分线, P 是 $P_1P_2\cdots P_n$ 所在平面上一点, 则称 P 与 $P_{i+n-1}Q_i(P_{i+n-1}Q_i')$ 所构成的三角形 $PP_{i+n-1}Q_i(PP_{i+n-1}Q_i')$ 为 $P_1P_2\cdots P_n$ 的内角平分线三角形 (外角平分线三角形).

多角形的内角平分线三角形和外角平分线三角形, 统称为多角形的角平分线三角形.

特别地, 为方便起见, 当 P 在 $P_{i+n-1}Q_i(P_{i+n-1}Q_i')$ 所在直线上时, 我们把 P 与 $P_{i+n-1}Q_i(P_{i+n-1}Q_i')$ 所构成的线段 $PP_{i+n-1}Q_i(PP_{i+n-1}Q_i')$, 看成是内角平分线三角形 (外角平分线三角形) 的特殊情形.

注 7.2.1 当 $\angle P_iP_{i+n-1}P_{i+n-2}$ 外角的平分线 $P_{i+n-2}Q_i'$ 与对角线 P_iP_{i+n-2} 平行时, $Q_i'(i = 1, 2, \cdots, n)$ 为无穷远点. 本节有关结论中均假定 $Q_i'(i = 1, 2, \cdots, n)$ 为有限点.

在本节中, 记 $\sigma_i = \mathrm{d}_{P_{i+n-1}P_{i+n-2}} + \mathrm{d}_{P_{i+n-1}P_i}, \sigma_i' = \mathrm{d}_{P_{i+n-1}P_{i+n-2}} - \mathrm{d}_{P_{i+n-1}P_i}; \delta_i = \mathrm{d}_{P_iP_{i+1}}\mathrm{d}_{P_{i+1}P_{i+2}}\cdots\mathrm{d}_{P_{i+n-3}P_{i+n-2}}\sigma_i, \delta_i' = \mathrm{d}_{P_iP_{i+1}}\mathrm{d}_{P_{i+1}P_{i+2}}\cdots\mathrm{d}_{P_{i+n-3}P_{i+n-2}}\sigma_i'; P_{i+n} = P_i.$ 于是 $\sigma_{i+n} = \sigma_i, \sigma_{i+n}' = \sigma_i'; \delta_{i+n} = \delta_i, \delta_{i+n}' = \delta_i'.$

7.2.2 n 角形内角平分线三角形有向面积的定值定理与应用

定理 7.2.1 (喻德生, 2017) 设 $P_1P_2\cdots P_n$ 是 n 角形, P_iQ_{i+1} 是 $\angle P_{i+n-1}P_iP_{i+1}$

的平分线, P 是 $P_1P_2\cdots P_n$ 所在平面上任意一点, 则

$$\delta_2 D_{PP_1Q_2} + \delta_3 D_{PP_2Q_3} + \cdots + \delta_1 D_{PP_nQ_1} = 0. \tag{7.2.1}$$

证明　如图 7.2.2 所示. 设 $P_1P_2\cdots P_n$ 顶点的坐标为 $P_i(x_i, y_i)(i = 1, 2, \cdots, n)$. 因为 P_iQ_{i+1} 是 $\angle P_{i+n-1}P_iP_{i+1}$ 的平分线, 故由多边形内角平分线的定义和三角形内角平分线的性质, 可得

$$D_{P_{i+1}Q_{i+1}}/D_{Q_{i+1}P_{i+n-1}} = d_{P_iP_{i+1}}/d_{P_iP_{i+n-1}} \quad (i = 1, 2, \cdots, n).$$

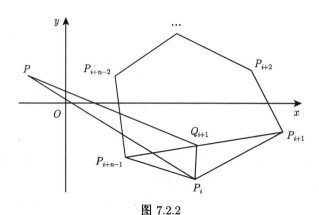

图 7.2.2

于是由定比分点定理, 求得 Q_{i+1} 的坐标分别为

$$\begin{cases} x_{Q_{i+1}} = (d_{P_iP_{i+n-1}}x_{i+1} + d_{P_iP_{i+1}}x_{i+n-1})/\sigma_{i+1} \\ y_{Q_{i+1}} = (d_{P_iP_{i+n-1}}y_{i+1} + d_{P_iP_{i+1}}y_{i+n-1})/\sigma_{i+1} \end{cases} \quad (i = 1, 2, \cdots, n).$$

设任意点的坐标为 $P(x, y)$, 则由三角形有向面积公式, 可得

$$2\delta_{i+1}D_{PP_iQ_{i+1}}$$
$$= d_{P_{i+1}P_{i+2}}d_{P_{i+2}P_{i+3}}\cdots d_{P_{i+n-2}P_{i+n-1}}(d_{P_iP_{i+n-1}} + d_{P_iP_{i+1}})(xy_i - x_iy)$$
$$\quad + d_{P_{i+1}P_{i+2}}d_{P_{i+2}P_{i+3}}\cdots d_{P_{i+n-2}P_{i+n-1}}[x_i(d_{P_iP_{i+n-1}}y_{i+1} + d_{P_iP_{i+1}}y_{i+n-1})$$
$$\quad - (d_{P_iP_{i+n-1}}x_{i+1} + d_{P_iP_{i+1}}x_{i+n-1})y_i]$$
$$\quad + d_{P_{i+1}P_{i+2}}d_{P_{i+2}P_{i+3}}\cdots d_{P_{i+n-2}P_{i+n-1}}[(d_{P_iP_{i+n-1}}x_{i+1} + d_{P_iP_{i+1}}x_{i+n-1})y$$
$$\quad - x(d_{P_iP_{i+n-1}}y_{i+1} + d_{P_iP_{i+1}}y_{i+n-1})]$$
$$= xd_{P_{i+1}P_{i+2}}d_{P_{i+2}P_{i+3}}\cdots d_{P_{i+n-2}P_{i+n-1}}[(d_{P_iP_{i+n-1}} + d_{P_iP_{i+1}})y_i$$
$$\quad - (d_{P_iP_{i+n-1}}y_{i+1} + d_{P_iP_{i+1}}y_{i+n-1})]$$
$$\quad + yd_{P_{i+1}P_{i+2}}d_{P_{i+2}P_{i+3}}\cdots d_{P_{i+n-2}P_{i+n-1}}[(d_{P_iP_{i+n-1}}x_{i+1}$$

$$+\mathrm{d}_{P_iP_{i+1}}x_{i+n-1}) - x_i\left(\mathrm{d}_{P_iP_{i+n-1}} + \mathrm{d}_{P_iP_{i+1}}\right)\big]$$

$$+ \mathrm{d}_{P_{i+1}P_{i+2}}\mathrm{d}_{P_{i+2}P_{i+3}}\cdots\mathrm{d}_{P_{i+n-2}P_{i+n-1}}\left[x_i\left(\mathrm{d}_{P_iP_{i+n-1}}y_{i+1} + \mathrm{d}_{P_iP_{i+1}}y_{i+n-1}\right)\right.$$

$$\left.- \left(\mathrm{d}_{P_iP_{i+n-1}}x_{i+1} + \mathrm{d}_{P_iP_{i+1}}x_{i+n-1}\right)y_i\right]$$

$$= x\mathrm{d}_{P_{i+1}P_{i+2}}\mathrm{d}_{P_{i+2}P_{i+3}}\cdots\mathrm{d}_{P_{i+n-2}P_{i+n-1}}\left[\mathrm{d}_{P_iP_{i+n-1}}\left(y_i - y_{i+1}\right) + \mathrm{d}_{P_iP_{i+1}}\left(y_i - y_{i+n-1}\right)\right]$$

$$+ y\mathrm{d}_{P_{i+1}P_{i+2}}\mathrm{d}_{P_{i+2}P_{i+3}}\cdots\mathrm{d}_{P_{i+n-2}P_{i+n-1}}\left[\mathrm{d}_{P_iP_{i+n-1}}\left(x_{i+1} - x_i\right) + \mathrm{d}_{P_iP_{i+1}}\left(x_{i+n-1} - x_i\right)\right]$$

$$+ \mathrm{d}_{P_{i+1}P_{i+2}}\mathrm{d}_{P_{i+2}P_{i+3}}\cdots\mathrm{d}_{P_{i+n-2}P_{i+n-1}}\left[\mathrm{d}_{P_iP_{i+n-1}}\left(x_iy_{i+1} - x_{i+1}y_i\right)\right.$$

$$\left.+\mathrm{d}_{P_iP_{i+1}}\left(x_iy_{i+n-1} - x_{i+n-1}y_i\right)\right]; \tag{7.2.2}$$

因为

$$\sum_{i=1}^{n}\mathrm{d}_{P_{i+1}P_{i+2}}\mathrm{d}_{P_{i+2}P_{i+3}}\cdots\mathrm{d}_{P_{i+n-2}P_{i+n-1}}$$

$$\left[\mathrm{d}_{P_iP_{i+n-1}}\left(y_i - y_{i+1}\right) + \mathrm{d}_{P_iP_{i+1}}\left(y_i - y_{i+n-1}\right)\right]$$

$$= \sum_{i=1}^{n}\mathrm{d}_{P_{i+1}P_{i+2}}\mathrm{d}_{P_{i+2}P_{i+3}}\cdots\mathrm{d}_{P_{i+n-2}P_{i+n-1}}\mathrm{d}_{P_iP_{i+n-1}}\left(y_i - y_{i+1}\right)$$

$$+ \sum_{i=1}^{n}\mathrm{d}_{P_{i+1}P_{i+2}}\mathrm{d}_{P_{i+2}P_{i+3}}\cdots\mathrm{d}_{P_{i+n-2}P_{i+n-1}}\mathrm{d}_{P_iP_{i+1}}\left(y_i - y_{i+n-1}\right)$$

$$= \sum_{i=1}^{n}\mathrm{d}_{P_{i+1}P_{i+2}}\mathrm{d}_{P_{i+2}P_{i+3}}\cdots\mathrm{d}_{P_{i+n-2}P_{i+n-1}}\mathrm{d}_{P_iP_{i+n-1}}\left(y_i - y_{i+1}\right)$$

$$+ \sum_{i=1}^{n}\mathrm{d}_{P_{i+2}P_{i+3}}\mathrm{d}_{P_{i+3}P_{i+4}}\cdots\mathrm{d}_{P_{i+n-1}P_i}\mathrm{d}_{P_{i+1}P_{i+2}}\left(y_{i+1} - y_i\right)$$

$$= 0,$$

类似地,

$$\sum_{i=1}^{n}\mathrm{d}_{P_{i+1}P_{i+2}}\mathrm{d}_{P_{i+2}P_{i+3}}\cdots\mathrm{d}_{P_{i+n-2}P_{i+n-1}}\left[\mathrm{d}_{P_iP_{i+n-1}}\left(x_{i+1} - x_i\right)\right.$$

$$\left.+\mathrm{d}_{P_iP_{i+1}}\left(x_{i+n-1} - x_i\right)\right] = 0,$$

$$\sum_{i=1}^{n}\mathrm{d}_{P_{i+1}P_{i+2}}\mathrm{d}_{P_{i+2}P_{i+3}}\cdots\mathrm{d}_{P_{i+n-2}P_{i+n-1}}\left[\mathrm{d}_{P_iP_{i+n-1}}\left(x_iy_{i+1} - x_{i+1}y_i\right)\right.$$

$$\left.+\mathrm{d}_{P_iP_{i+1}}\left(x_iy_{i+n-1} - x_{i+n-1}y_i\right)\right] = 0.$$

所以

$$2\sum_{i=1}^{n}\delta_{i+1}\mathrm{D}_{PP_iQ_{i+1}}$$

$$
\begin{aligned}
=&x\sum_{i=1}^{n}\mathrm{d}_{P_{i+1}P_{i+2}}\mathrm{d}_{P_{i+2}P_{i+3}}\cdots\mathrm{d}_{P_{i+n-2}P_{i+n-1}}\\
&\cdot\left[\mathrm{d}_{P_iP_{i+n-1}}\left(y_i-y_{i+1}\right)-\mathrm{d}_{P_iP_{i+1}}\left(y_i-y_{i+n-1}\right)\right]\\
&+y\sum_{i=1}^{n}\mathrm{d}_{P_{i+1}P_{i+2}}\mathrm{d}_{P_{i+2}P_{i+3}}\cdots\mathrm{d}_{P_{i+n-2}P_{i+n-1}}\\
&\cdot\left[\mathrm{d}_{P_iP_{i+n-1}}\left(x_{i+1}-x_i\right)-\mathrm{d}_{P_iP_{i+1}}\left(x_{i+n-1}-x_i\right)\right]\\
&+\sum_{i=1}^{n}\mathrm{d}_{P_{i+1}P_{i+2}}\mathrm{d}_{P_{i+2}P_{i+3}}\cdots\mathrm{d}_{P_{i+n-2}P_{i+n-1}}\left[\mathrm{d}_{P_iP_{i+n-1}}\left(x_iy_{i+1}-x_{i+1}y_i\right)\right.\\
&\left.-\mathrm{d}_{P_iP_{i+1}}\left(x_iy_{i+n-1}-x_{i+n-1}y_i\right)\right]\\
=&0,
\end{aligned}
$$

从而, 式 (7.2.1) 成立.

注 7.2.2　特别地, 当 $n=3$ 时, 即得定理 7.1.1, 因此, 定理 7.2.1 是定理 7.1.1 的推广.

推论 7.2.1　设 $P_1P_2\cdots P_n$ 是 n 角形, P_iQ_{i+1} 是 $\angle P_{i+n-1}P_iP_{i+1}$ 的平分线, 则 P 是 P_jQ_{j+1} 所在直线上任意一点的充分必要条件是

$$
\sum_{i=1,i\neq j}^{n}\delta_{i+1}\mathrm{D}_{PP_iQ_{i+1}}=0\quad(j=1,2,\cdots,n). \tag{7.2.3}
$$

证明　根据式 (7.2.1), 可知
P 是 P_jQ_{j+1} 所在直线上任意一点 $\Leftrightarrow \mathrm{D}_{PP_jQ_{j+1}}=0 \Leftrightarrow$ 式 (7.2.3) 成立.

推论 7.2.2　设 $P_1P_2\cdots P_n$ 是 n 角形, P_iQ_{i+1} 是 $\angle P_{i+n-1}P_iP_{i+1}$ 的平分线, 若 G_{jk} 是 P_jQ_{j+1},P_kQ_{k+1} 所在直线的交点, 则

$$
\sum_{i=1,i\neq j,k}^{n}\delta_{i+1}\mathrm{D}_{G_{jk}P_iQ_{i+1}}=0\quad(j,k=1,2,\cdots,n;j<k). \tag{7.2.4}
$$

证明　因为 G_{jk} 是 P_jQ_{j+1},P_kQ_{k+1} 所在直线的交点, 所以 $\mathrm{D}_{PP_jQ_{j+1}}=\mathrm{D}_{PP_kQ_{k+1}}=0$. 代入式 (7.2.1) 即得式 (7.2.4).

推论 7.2.3　设 $P_1P_2\cdots P_n$ 是 n 角形, P_iQ_{i+1} 是 $\angle P_{i+n-1}P_iP_{i+1}$ 的平分线, 若 H_{jkl} 是 $P_jQ_{j+1},P_kQ_{k+1},P_lQ_{l+1}$ 所在直线的交点, 则

$$
\sum_{i=1,i\neq j,k,l}^{n}\delta_{i+1}\mathrm{D}_{H_{jkl}P_iQ_{i+1}}=0\quad(j,k=1,2,\cdots,n;j<k<l).
$$

证明　根据式 (7.2.1), 仿推论 7.2.2 证明即得.

定理 7.2.2 (喻德生, 2017) 设 $P_1P_2\cdots P_n$ 是 n 角形, P_iQ_{i+1} 是 $\angle P_{i+n-1}P_iP_{i+1}$ 的平分线. 若 $P_1Q_2, P_2Q_3, \cdots, P_nQ_1$ 所在的 n 条直线中有 $n-1$ 条相交于一点, 则这 n 条直线共点.

证明 如图 7.2.3 所示. 不妨设 $P_1Q_2, P_2Q_3, \cdots, P_{n-1}Q_n$ 所在的 $n-1$ 条相交于一点 G, 则 $\mathrm{D}_{GP_1Q_2} = \mathrm{D}_{GP_2Q_3} = \cdots = \mathrm{D}_{GP_{n-1}Q_n} = 0$. 代入式 (7.2.1) 并注意到 $\delta_1 \neq 0$, 得 $\mathrm{D}_{PP_nQ_1} = 0$. 因此, G 在 P_nQ_1 所在直线上. 故 $P_1Q_2, P_2Q_3, \cdots, P_nQ_1$ 所在的 n 条直线相交于一点.

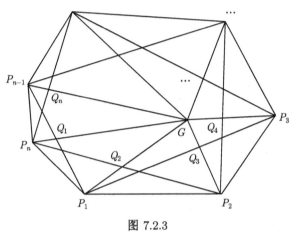

图 7.2.3

注 7.2.3 特别地, 当 $n = 3$ 时, 注意到三角形 $P_1P_2P_3$ 的三条内角平分线 P_1Q_2, P_2Q_3, P_3Q_1 中的两条相交于一点即得定理 7.1.2.

7.2.3 n 角形内外角平分线三角形有向面积的定值定理与应用

定理 7.2.3 (喻德生, 2017) 设 $P_1P_2\cdots P_n$ 是 n 角形, $P_iQ_{i+1}(P_iQ'_{i+1})$ 是 n 角形 $\angle P_{i+n-1}P_iP_{i+1}(\angle P_{i+n-1}P_iP_{i+1}$ 的外角) 的平分线, P 是 $P_1P_2\cdots P_n$ 所在平面上任意一点, 则

(1) 当 $n = 2k+1$ 且 k 为奇数时,

$$\sum_{i=1}^{k} (-1)^{i-1} \left(\delta'_{2i+j-1}\mathrm{D}_{PP_{2i+j-2}Q'_{2i+j-1}} + \delta_{2i+j}\mathrm{D}_{PP_{2i+j-1}Q_{2i+j}} \right) - \delta'_j\mathrm{D}_{PP_{2k+j}Q'_j} = 0;$$

$$(7.2.5)$$

(2) 当 $n = 2k+1$ 且 k 为偶数时,

$$\sum_{i=1}^{k} (-1)^{i-1} \left(\delta'_{2i+j-1}\mathrm{D}_{PP_{2i+j-2}Q'_{2i+j-1}} + \delta_{2i+j}\mathrm{D}_{PP_{2i+j-1}Q_{2i+j}} \right) - \delta_j\mathrm{D}_{PP_{2k+j}Q_j} = 0;$$

$$(7.2.6)$$

(3) 当 $n = 2k$ 且 k 为偶数时,

$$\sum_{i=1}^{k} (-1)^{i-1} \left(\delta'_{2i+j-1} D_{PP_{2i+j-2}Q'_{2i+j-1}} + \delta_{2i+j} D_{PP_{2i+j-1}Q_{2i+j}} \right) = 0; \qquad (7.2.7)$$

(4) 当 $n = 2k$ 且 k 为奇数时,

$$\sum_{i=1}^{k-1} (-1)^{i-1} \left(\delta'_{2i+j-1} D_{PP_{2i+j-2}Q'_{2i+j-1}} + \delta_{2i+j} D_{PP_{2i+j-1}Q_{2i+j}} \right)$$
$$+ \delta'_{2k+j-1} D_{PP_{2k+j-2}Q'_{2k+j-1}} - \delta'_{2k+j} D_{PP_{2k+j-1}Q'_{j}} = 0, \qquad (7.2.8)$$

其中 $j = 1, 2, \cdots, n$.

　　证明　　如图 7.2.4 所示. 设 $P_1 P_2 \cdots P_n$ 顶点的坐标为 $P_i(x_i, y_i)(i = 1, 2, \cdots, n)$. 因为 $P_i Q'_{i+1}$ 是 $\angle P_{i+n-1} P_i P_{i+1}$ 外角的平分线, 故由多角形外角的定义和三角形外角平分线的性质, 可得

$$D_{P_{i+1}Q'_{i+1}} / D_{Q'_{i+1}P_{i+n-1}} = -d_{P_i P_{i+1}} / d_{P_i P_{i+n-1}} \quad (i = 1, 2, \cdots, n).$$

于是由定比分点定理, 求得 Q'_{i+1} 的坐标

$$\begin{cases} x_{Q'_{i+1}} = (d_{P_i P_{i+n-1}} x_{i+1} - d_{P_i P_{i+1}} x_{i+n-1}) / \sigma'_{i+1} \\ y_{Q'_{i+1}} = (d_{P_i P_{i+n-1}} y_{i+1} - d_{P_i P_{i+1}} y_{i+n-1}) / \sigma'_{i+1} \end{cases} \quad (i = 1, 2, \cdots, n).$$

设任意点的坐标为 $P(x, y)$, 则由三角形有向面积公式, 可得

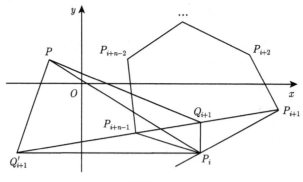

图 7.2.4

$$2\delta'_{i+1} D_{PP_i Q'_{i+1}}$$
$$= d_{P_{i+1}P_{i+2}} d_{P_{i+2}P_{i+3}} \cdots d_{P_{i+n-2}P_{i+n-1}} \left(d_{P_i P_{i+n-1}} - d_{P_i P_{i+1}} \right) (xy_i - x_i y)$$
$$+ d_{P_{i+1}P_{i+2}} d_{P_{i+2}P_{i+3}} \cdots d_{P_{i+n-2}P_{i+n-1}} \left[x_i \left(d_{P_i P_{i+n-1}} y_{i+1} - d_{P_i P_{i+1}} y_{i+n-1} \right) \right.$$

$$- \left(\mathrm{d}_{P_i P_{i+n-1}} x_{i+1} - \mathrm{d}_{P_i P_{i+1}} x_{i+n-1} \right) y_i]$$

$$+ \mathrm{d}_{P_{i+1} P_{i+2}} \mathrm{d}_{P_{i+2} P_{i+3}} \cdots \mathrm{d}_{P_{i+n-2} P_{i+n-1}} \left[\left(\mathrm{d}_{P_i P_{i+n-1}} x_{i+1} - \mathrm{d}_{P_i P_{i+1}} x_{i+n-1} \right) y \right.$$

$$\left. - x \left(\mathrm{d}_{P_i P_{i+n-1}} y_{i+1} - \mathrm{d}_{P_i P_{i+1}} y_{i+n-1} \right) \right]$$

$$= x \mathrm{d}_{P_{i+1} P_{i+2}} \mathrm{d}_{P_{i+2} P_{i+3}} \cdots \mathrm{d}_{P_{i+n-2} P_{i+n-1}} \left[\left(\mathrm{d}_{P_i P_{i+n-1}} - \mathrm{d}_{P_i P_{i+1}} \right) y_i \right.$$

$$\left. - \left(\mathrm{d}_{P_i P_{i+n-1}} y_{i+1} - \mathrm{d}_{P_i P_{i+1}} y_{i+n-1} \right) \right]$$

$$+ y \mathrm{d}_{P_{i+1} P_{i+2}} \mathrm{d}_{P_{i+2} P_{i+3}} \cdots \mathrm{d}_{P_{i+n-2} P_{i+n-1}} \left[\left(\mathrm{d}_{P_i P_{i+n-1}} x_{i+1} - \mathrm{d}_{P_i P_{i+1}} x_{i+n-1} \right) \right.$$

$$\left. - x_i \left(\mathrm{d}_{P_i P_{i+n-1}} - \mathrm{d}_{P_i P_{i+1}} \right) \right]$$

$$+ \mathrm{d}_{P_{i+1} P_{i+2}} \mathrm{d}_{P_{i+2} P_{i+3}} \cdots \mathrm{d}_{P_{i+n-2} P_{i+n-1}} \left[x_i \left(\mathrm{d}_{P_i P_{i+n-1}} y_{i+1} - \mathrm{d}_{P_i P_{i+1}} y_{i+n-1} \right) \right.$$

$$\left. - \left(\mathrm{d}_{P_i P_{i+n-1}} x_{i+1} - \mathrm{d}_{P_i P_{i+1}} x_{i+n-1} \right) y_i \right]$$

$$= x \mathrm{d}_{P_{i+1} P_{i+2}} \mathrm{d}_{P_{i+2} P_{i+3}} \cdots \mathrm{d}_{P_{i+n-2} P_{i+n-1}} \left[\mathrm{d}_{P_i P_{i+n-1}} \left(y_i - y_{i+1} \right) - \mathrm{d}_{P_i P_{i+1}} \left(y_i - y_{i+n-1} \right) \right]$$

$$+ y \mathrm{d}_{P_{i+1} P_{i+2}} \mathrm{d}_{P_{i+2} P_{i+3}} \cdots \mathrm{d}_{P_{i+n-2} P_{i+n-1}} \left[\mathrm{d}_{P_i P_{i+n-1}} \left(x_{i+1} - x_i \right) \right.$$

$$\left. - \mathrm{d}_{P_i P_{i+1}} \left(x_{i+n-1} - x_i \right) \right]$$

$$+ \mathrm{d}_{P_{i+1} P_{i+2}} \mathrm{d}_{P_{i+2} P_{i+3}} \cdots \mathrm{d}_{P_{i+n-2} P_{i+n-1}} \left[\mathrm{d}_{P_i P_{i+n-1}} \left(x_i y_{i+1} - x_{i+1} y_i \right) \right.$$

$$\left. - \mathrm{d}_{P_i P_{i+1}} \left(x_i y_{i+n-1} - x_{i+n-1} y_i \right) \right]. \tag{7.2.9}$$

(1) 仅证 $j = 1$ 的情形, $j = 2, \cdots, n$ 的情形类似地可以证明. 因为 $n = 2k + 1$ 且 k 为奇数, 故由式 (7.2.2) 和 (7.2.9), 可得

$$2 \sum_{i=1}^{k} (-1)^{i-1} \left(\delta'_{2i} \mathrm{D}_{P P_{2i-1} Q'_{2i}} + \delta_{2i+1} \mathrm{D}_{P P_{2i} Q_{2i+1}} \right) - \delta'_1 \mathrm{D}_{P P_{2k+1} Q'_1}$$

$$= x \left\{ \mathrm{d}_{P_2 P_3} \mathrm{d}_{P_3 P_4} \cdots \mathrm{d}_{P_{2k} P_{2k+1}} \left[\mathrm{d}_{P_1 P_{2k+1}} \left(y_1 - y_2 \right) - \mathrm{d}_{P_1 P_2} \left(y_1 - y_{2k+1} \right) \right] \right.$$

$$+ \mathrm{d}_{P_3 P_4} \mathrm{d}_{P_4 P_5} \cdots \mathrm{d}_{P_{2k+1} P_1} \left[\mathrm{d}_{P_2 P_1} \left(y_2 - y_3 \right) + \mathrm{d}_{P_2 P_3} \left(y_2 - y_1 \right) \right]$$

$$- \mathrm{d}_{P_4 P_5} \mathrm{d}_{P_5 P_6} \cdots \mathrm{d}_{P_1 P_2} \left[\mathrm{d}_{P_3 P_2} \left(y_3 - y_4 \right) - \mathrm{d}_{P_3 P_4} \left(y_3 - y_2 \right) \right]$$

$$- \mathrm{d}_{P_5 P_6} \mathrm{d}_{P_6 P_7} \cdots \mathrm{d}_{P_2 P_3} \left[\mathrm{d}_{P_4 P_3} \left(y_4 - y_5 \right) + \mathrm{d}_{P_4 P_5} \left(y_4 - y_3 \right) \right]$$

$$+ \cdots + \cdots - \cdots - \cdots$$

$$+ \mathrm{d}_{P_{2k} P_{2k+1}} \mathrm{d}_{P_{2k+1} P_1} \cdots \mathrm{d}_{P_{2k-3} P_{2k-2}} \left[\mathrm{d}_{P_{2k-1} P_{2k-2}} \left(y_{2k-1} - y_{2k} \right) \right.$$

$$\left. - \mathrm{d}_{P_{2k-1} P_{2k}} \left(y_{2k-1} - y_{2k-2} \right) \right]$$

$$+ \mathrm{d}_{P_{2k+1} P_1} \mathrm{d}_{P_1 P_2} \cdots \mathrm{d}_{P_{2k-2} P_{2k-1}} \left[\mathrm{d}_{P_{2k} P_{2k-1}} \left(y_{2k} - y_{2k+1} \right) + \mathrm{d}_{P_{2k} P_{2k+1}} \left(y_{2k} - y_{2k-1} \right) \right]$$

$$\left. - \mathrm{d}_{P_1 P_2} \mathrm{d}_{P_2 P_3} \cdots \mathrm{d}_{P_{2k-1} P_{2k}} \left[\mathrm{d}_{P_{2k+1} P_{2k}} \left(y_{2k+1} - y_1 \right) - \mathrm{d}_{P_{2k+1} P_1} \left(y_{2k+1} - y_{2k} \right) \right] \right\}$$

$$+ y \left\{ \mathrm{d}_{P_2 P_3} \mathrm{d}_{P_3 P_4} \cdots \mathrm{d}_{P_{2k} P_{2k+1}} \left[\mathrm{d}_{P_1 P_2} \left(x_1 - x_{2k+1} \right) - \mathrm{d}_{P_1 P_{2k+1}} \left(x_1 - x_2 \right) \right] \right.$$

$$+ \mathrm{d}_{P_3 P_4} \mathrm{d}_{P_4 P_5} \cdots \mathrm{d}_{P_{2k+1} P_1} \left[\mathrm{d}_{P_2 P_3} \left(x_2 - x_1 \right) + \mathrm{d}_{P_2 P_1} \left(x_2 - x_3 \right) \right]$$

$$- \mathrm{d}_{P_4P_5}\mathrm{d}_{P_5P_6}\cdots\mathrm{d}_{P_1P_2}\left[\mathrm{d}_{P_3P_4}\left(x_3-x_2\right)-\mathrm{d}_{P_3P_2}\left(x_3-x_4\right)\right]$$

$$- \mathrm{d}_{P_5P_6}\mathrm{d}_{P_6P_7}\cdots\mathrm{d}_{P_2P_3}\left[\mathrm{d}_{P_4P_5}\left(x_4-x_3\right)+\mathrm{d}_{P_4P_3}\left(x_4-x_5\right)\right]$$

$$+\cdots+\cdots-\cdots-\cdots$$

$$+ \mathrm{d}_{P_{2k}P_{2k+1}}\mathrm{d}_{P_{2k+1}P_1}\cdots\mathrm{d}_{P_{2k-3}P_{2k-2}}\left[\mathrm{d}_{P_{2k-1}P_{2k}}\left(x_{2k-1}-x_{2k-2}\right)\right.$$

$$\left.-\mathrm{d}_{P_{2k-1}P_{2k-2}}\left(x_{2k-1}-x_{2k}\right)\right]$$

$$+ \mathrm{d}_{P_{2k+1}P_1}\mathrm{d}_{P_1P_2}\cdots\mathrm{d}_{P_{2k-2}P_{2k-1}}\left[\mathrm{d}_{P_{2k}P_{2k+1}}\left(x_{2k}-x_{2k-1}\right)+\mathrm{d}_{P_{2k}P_{2k-1}}\left(x_{2k}-x_{2k+1}\right)\right]$$

$$\left.-\mathrm{d}_{P_1P_2}\mathrm{d}_{P_2P_3}\cdots\mathrm{d}_{P_{2k-1}P_{2k}}\left[\mathrm{d}_{P_{2k+1}P_1}\left(x_{2k+1}-x_{2k}\right)-\mathrm{d}_{P_{2k+1}P_{2k}}\left(x_{2k+1}-x_1\right)\right]\right\}$$

$$+\left\{\mathrm{d}_{P_2P_3}\mathrm{d}_{P_3P_4}\cdots\mathrm{d}_{P_{2k}P_{2k+1}}\left[\mathrm{d}_{P_1P_2P_{2k+1}}\left(x_1y_2-x_2y_1\right)-\mathrm{d}_{P_1P_2}\left(x_1y_{2k+1}-x_{2k+1}y_1\right)\right]\right.$$

$$+ \mathrm{d}_{P_3P_4}\mathrm{d}_{P_4P_5}\cdots\mathrm{d}_{P_{2k+1}P_1}\left[\mathrm{d}_{P_2P_1}\left(x_2y_3-x_3y_2\right)+\mathrm{d}_{P_2P_3}\left(x_2y_1-x_1y_2\right)\right]$$

$$- \mathrm{d}_{P_4P_5}\mathrm{d}_{P_5P_6}\cdots\mathrm{d}_{P_1P_2}\left[\mathrm{d}_{P_3P_2}\left(x_3y_4-x_4y_3\right)-\mathrm{d}_{P_3P_4}\left(x_3y_2-x_2y_3\right)\right]$$

$$- \mathrm{d}_{P_5P_6}\mathrm{d}_{P_6P_7}\cdots\mathrm{d}_{P_2P_3}\left[\mathrm{d}_{P_4P_3}\left(x_4y_5-x_5y_4\right)+\mathrm{d}_{P_4P_5}\left(x_4y_3-x_3y_4\right)\right]$$

$$+\cdots+\cdots-\cdots-\cdots$$

$$+ \mathrm{d}_{P_{2k}P_{2k+1}}\mathrm{d}_{P_{2k+1}P_1}\cdots\mathrm{d}_{P_{2k-3}P_{2k-2}}\left[\mathrm{d}_{P_{2k-1}P_{2k}}\left(x_{2k-1}y_{2k}-x_{2k}y_{2k-1}\right)\right.$$

$$\left.-\mathrm{d}_{P_{2k-1}P_{2k}}\left(x_{2k-1}y_{2k-2}-x_{2k-2}y_{2k-1}\right)\right]$$

$$+ \mathrm{d}_{P_{2k+1}P_1}\mathrm{d}_{P_1P_2}\cdots\mathrm{d}_{P_{2k-2}P_{2k-1}}\left[\mathrm{d}_{P_{2k}P_{2k+1}}\left(x_{2k}y_{2k+1}-x_{2k+1}y_{2k}\right)\right.$$

$$\left.+\mathrm{d}_{P_{2k}P_{2k+1}}\left(x_{2k}y_{2k-1}-x_{2k-1}y_{2k}\right)\right]$$

$$- \mathrm{d}_{P_1P_2}\mathrm{d}_{P_2P_3}\cdots\mathrm{d}_{P_{2k-1}P_{2k}}\left[\mathrm{d}_{P_{2k+1}P_1}\left(x_{2k+1}y_1-x_1y_{2k+1}\right)\right.$$

$$\left.\left.-\mathrm{d}_{P_{2k+1}P_1}\left(x_{2k+1}y_{2k}-x_{2k}y_{2k+1}\right)\right]\right\}$$

$$= 0.$$

因此, $j=1$ 时式 (7.2.5) 成立.

(2) 类似地, 仿 (1) 可以证明, 式 (7.2.6) 成立.

(3) 仅证 $j=1$ 的情形, $j=2,\cdots,n$ 的情形类似地可以证明. 因为 $n=2k$ 且 k 为偶数, 故由式 (7.2.2) 和 (7.2.9), 可得

$$\sum_{i=1}^{k}(-1)^{i-1}\left(\delta'_{2i-1}\mathrm{D}_{PP_{2i-2}Q'_{2i-1}}+\delta_{2i}\mathrm{D}_{PP_{2i-1}Q_{2i}}\right)$$

$$=x\left\{\mathrm{d}_{P_2P_3}\mathrm{d}_{P_3P_4}\cdots\mathrm{d}_{P_{2k-1}P_{2k}}\left[\mathrm{d}_{P_1P_2}\left(y_1-y_2\right)-\mathrm{d}_{P_1P_2}\left(y_1-y_{2k}\right)\right]\right.$$

$$+ \mathrm{d}_{P_3P_4}\mathrm{d}_{P_4P_5}\cdots\mathrm{d}_{P_{2k}P_1}\left[\mathrm{d}_{P_2P_1}\left(y_2-y_3\right)+\mathrm{d}_{P_2P_3}\left(y_2-y_1\right)\right]$$

$$- \mathrm{d}_{P_4P_5}\mathrm{d}_{P_5P_6}\cdots\mathrm{d}_{P_1P_2}\left[\mathrm{d}_{P_3P_2}\left(y_3-y_4\right)-\mathrm{d}_{P_3P_4}\left(y_3-y_2\right)\right]$$

$$- \mathrm{d}_{P_5P_6}\mathrm{d}_{P_6P_7}\cdots\mathrm{d}_{P_2P_3}\left[\mathrm{d}_{P_4P_3}\left(y_4-y_5\right)+\mathrm{d}_{P_4P_5}\left(y_4-y_3\right)\right]$$

$$+\cdots+\cdots-\cdots-\cdots+\cdots+\cdots$$

$$- \mathrm{d}_{P_{2k}P_1}\mathrm{d}_{P_1P_2}\cdots\mathrm{d}_{P_{2k-3}P_{2k-2}}\left[\mathrm{d}_{P_{2k-1}P_{2k}}\left(y_{2k-1}-y_{2k}\right)\right.$$

$$\left.-\mathrm{d}_{P_{2k-1}P_{2k}}\left(y_{2k-1}-y_{2k-2}\right)\right]$$

$$-\mathrm{d}_{P_1P_2}\mathrm{d}_{P_2P_3}\cdots\mathrm{d}_{P_{2k-2}P_{2k-1}}\left[\mathrm{d}_{P_{2k}P_{2k-1}}\left(y_{2k}-y_1\right)+\mathrm{d}_{P_{2k}P_1}\left(y_{2k}-y_{2k-1}\right)\right]$$

$$+y\left\{\mathrm{d}_{P_2P_3}\mathrm{d}_{P_3P_4}\cdots\mathrm{d}_{P_{2k-1}P_{2k}}\left[\mathrm{d}_{P_1P_2}\left(x_1-x_{2k}\right)-\mathrm{d}_{P_1P_{2k}}\left(x_1-x_2\right)\right]\right.$$

$$+\mathrm{d}_{P_3P_4}\mathrm{d}_{P_4P_5}\cdots\mathrm{d}_{P_{2k+1}P_1}\left[\mathrm{d}_{P_2P_3}\left(x_2-x_1\right)+\mathrm{d}_{P_2P_1}\left(x_2-x_3\right)\right]$$

$$-\mathrm{d}_{P_4P_5}\mathrm{d}_{P_5P_6}\cdots\mathrm{d}_{P_1P_2}\left[\mathrm{d}_{P_3P_4}\left(x_3-x_2\right)-\mathrm{d}_{P_3P_2}\left(x_3-x_4\right)\right]$$

$$-\mathrm{d}_{P_5P_6}\mathrm{d}_{P_6P_7}\cdots\mathrm{d}_{P_2P_3}\left[\mathrm{d}_{P_4P_5}\left(x_4-x_3\right)+\mathrm{d}_{P_4P_3}\left(x_4-x_5\right)\right]$$

$$+\cdots+\cdots-\cdots-\cdots+\cdots+\cdots$$

$$-\mathrm{d}_{P_{2k}P_1}\mathrm{d}_{P_1P_2}\cdots\mathrm{d}_{P_{2k-3}P_{2k-2}}\left[\mathrm{d}_{P_{2k-1}P_{2k}}\left(x_{2k-1}-x_{2k-2}\right)\right.$$

$$\left.-\mathrm{d}_{P_{2k-1}P_{2k-2}}\left(x_{2k-1}-x_{2k}\right)\right]$$

$$\left.-\mathrm{d}_{P_1P_2}\mathrm{d}_{P_2P_3}\cdots\mathrm{d}_{P_{2k-2}P_{2k-1}}\left[\mathrm{d}_{P_{2k}P_1}\left(x_{2k}-x_{2k-1}\right)+\mathrm{d}_{P_{2k}P_{2k-1}}\left(x_{2k}-x_1\right)\right]\right\}$$

$$+\left\{\mathrm{d}_{P_2P_3}\mathrm{d}_{P_3P_4}\cdots\mathrm{d}_{P_{2k-1}P_{2k}}\left[\mathrm{d}_{P_1P_{2k}}\left(x_1y_2-x_2y_1\right)-\mathrm{d}_{P_1P_2}\left(x_1y_{2k}-x_{2k}y_1\right)\right]\right.$$

$$+\mathrm{d}_{P_3P_4}\mathrm{d}_{P_4P_5}\cdots\mathrm{d}_{P_{2k+1}P_1}\left[\mathrm{d}_{P_2P_1}\left(x_2y_3-x_3y_2\right)+\mathrm{d}_{P_2P_3}\left(x_2y_1-x_1y_2\right)\right]$$

$$-\mathrm{d}_{P_4P_5}\mathrm{d}_{P_5P_6}\cdots\mathrm{d}_{P_1P_2}\left[\mathrm{d}_{P_3P_2}\left(x_3y_4-x_4y_3\right)-\mathrm{d}_{P_3P_4}\left(x_3y_2-x_2y_3\right)\right]$$

$$-\mathrm{d}_{P_5P_6}\mathrm{d}_{P_6P_7}\cdots\mathrm{d}_{P_2P_3}\left[\mathrm{d}_{P_4P_3}\left(x_4y_5-x_5y_4\right)+\mathrm{d}_{P_4P_5}\left(x_4y_3-x_3y_4\right)\right]$$

$$+\cdots+\cdots-\cdots-\cdots+\cdots+\cdots$$

$$-\mathrm{d}_{P_{2k}P_1}\mathrm{d}_{P_1P_2}\cdots\mathrm{d}_{P_{2k-3}P_{2k-2}}\left[\mathrm{d}_{P_{2k-1}P_{2k-2}}\left(x_{2k-1}y_{2k}-x_{2k}y_{2k-1}\right)\right.$$

$$\left.-\mathrm{d}_{P_{2k-1}P_{2k}}\left(x_{2k-1}y_{2k-2}-x_{2k-2}y_{2k-1}\right)\right]$$

$$-\mathrm{d}_{P_1P_2}\mathrm{d}_{P_2P_3}\cdots\mathrm{d}_{P_{2k-2}P_{2k-1}}\left[\mathrm{d}_{P_{2k}P_{2k-1}}\left(x_{2k}y_1-x_1y_{2k}\right)\right.$$

$$\left.+\mathrm{d}_{P_{2k}P_1}\left(x_{2k}y_{2k-1}-x_{2k-1}y_{2k}\right)\right]\right\}$$

$$=0.$$

因此, 当 $j=1$ 时, 式 (7.2.7) 成立.

类似地, 可以证明, 当 $j=2,3,\cdots,n$ 时, 式 (7.2.7) 成立.

(4) 类似地, 仿 (3) 可以证明, 式 (7.2.8) 成立.

注 7.2.4 特别地, 当 $n=3$ 时, 即得定理 7.1.3, 因此, 定理 7.2.3 是定理 7.1.3 的推广.

利用定理 7.2.3, 也可以得出与推论 7.2.1—推论 7.2.3 类似的结论, 请读者列出.

定理 7.2.4 (喻德生, 2017) 设 $P_1P_2\cdots P_n$ 是 n 角形, $P_iQ_{i+1}(P_iQ'_{i+1})$ 是 $\angle P_{i+n-1}P_iP_{i+1}(\angle P_{i+n-1}P_iP_{i+1}$ 的外角) 的平分线, P 是 $P_1P_2\cdots P_n$ 所在平面上任意一点.

(1) 当 $n = 2k + 1$ 且 k 为奇数时, 若 $P_{2i+j-2}Q'_{2i+j-1}, PP_{2i+j-1}Q_{2i+j}(i = 1, 2, \cdots, k), PP_{2k+j}Q'_j$ 所在的 n 条直线中有 $n-1$ 条相交于一点, 则这 n 条直线共点, 其中 $j = 1, 2, \cdots, n$;

(2) 当 $n = 2k + 1$ 且 k 为偶数时, 若 $P_{2i+j-2}Q'_{2i+j-1}, PP_{2i+j-1}Q_{2i+j}(i = 1, 2, \cdots, k), PP_{2k+j}Q_j$ 所在的 n 条直线中有 $n-1$ 条相交于一点, 则这 n 条直线共点, 其中 $j = 1, 2, \cdots, n$;

(3) 当 $n = 2k$ 且 k 为偶数时, 若 $P_{2i+j-2}Q'_{2i+j-1}, PP_{2i+j-1}Q_{2i+j}(i = 1, 2, \cdots, k)$ 所在的 n 条直线中有 $n-1$ 条相交于一点, 则这 n 条直线共点, 其中 $j = 1, 2, \cdots, n$;

(4) 当 $n = 2k$ 且 k 为奇数时, 若 $P_{2i+j-2}Q'_{2i+j-1}, P_{2i+j-1}Q_{2i+j}(i = 1, 2, \cdots, k-1)$, $P_{2k+j-2}Q'_{2k+j-1}, P_{2k+j-1}Q'_j$ 所在的 n 条直线中有 $n-1$ 条相交于一点, 则这 n 条直线共点, 其中 $j = 1, 2, \cdots, n$.

证明 利用定理 7.2.3, 仿定理 7.2.2 证明可得.

注 7.2.5 特别地, 当 $n = 3$ 时, 注意到三角形 $P_1P_2P_3$ 的外角平分线 $P_{i+1}Q'_{i+2}$, $P_{i+2}Q'_i$ 所在直线相交于一点即得定理 7.1.4.

7.3 三角形角平分点线三角形有向面积的定值定理与应用

本节主要讨论三角形角平分点线三角形有向面积的定值定理及其应用. 首先, 给出三角形角平分点线三角形和角平分点三角形的概念; 其次, 给出三角形内角平分点线三角形有向面积公式, 并据此推出三角形内角平分点三角形有向面积公式等结论; 再次, 给出三角形外角平分点线三角形有向面积公式, 并据此推出三角形外角平分点三角形有向面积公式等结论; 然后, 给出三角形内外角平分点线三角形有向面积公式及其推论; 最后, 给出三角形角平分点线三角形另一种形式的有向面积公式与应用.

7.3.1 三角形角平分点线三角形和角平分点三角形的概念与记号

定义 7.3.1 以三角形 $P_1P_2P_3$ 内角平分线与其对边的三个交点 Q_1, Q_2, Q_3(外角平分线三个交点 Q'_1, Q'_2, Q'_3) 中任意两点之间的连线 $Q_iQ_j(Q'_iQ'_j)(i \neq j)$ 为一边的三角形称为三角形 $P_1P_2P_3$ 的内角平分点线三角形 (外角平分点线三角形), 而以 Q_1, Q_2, Q_3 中任意一点和 Q'_1, Q'_2, Q'_3 中任意一点之间的连线 $Q_iQ'_j(i \neq j)$ 为一边的三角形为 $P_1P_2P_3$ 内外角平分点线三角形.

三角形 $P_1P_2P_3$ 内角平分点线三角形、外角平分点线三角形和内外角平分点线三角形, 统称为 $P_1P_2P_3$ 的角平分点线三角形.

特别地, 为方便起见, 我们把 $Q_iQ_j, Q'_iQ'_j, Q_iQ'_j(i \neq j)$ 所在直线上一点 P 与 $Q_iQ_j, Q'_iQ'_j, Q_iQ'_j(i \neq j)$ 所构成的线段 $PQ_iQ_j, PQ'_iQ'_j, PQ_iQ'_j(i \neq j)$ 看成是

$P_1P_2P_3$ 角平分点线三角形的特殊情形.

定义 7.3.2　以三角形 $P_1P_2P_3$ 三内角平分线与其对边 (对边延长线) 的三个交点 Q_1, Q_2, Q_3 (外角平分线三个交点 Q_1', Q_2', Q_3') 所构成的三角形 $Q_1Q_2Q_3(Q_1'Q_2'Q_3')$, 称为三角形 $P_1P_2P_3$ 的内角平分点三角形 (外角平分点三角形); 既以内角平分点 Q_1, Q_2, Q_3, 又以外角平分点 Q_1', Q_2', Q_3' 中的点所构成的三角形称为三角形 $P_1P_2P_3$ 的内外角平分点三角形.

三角形 $P_1P_2P_3$ 内角平分点三角形、外角平分点三角形和内外角平分点三角形, 统称为 $P_1P_2P_3$ 的角平分点三角形.

显然, 内角分点三角形 $Q_1Q_2Q_3$ 和外角分点三角形 $Q_1'Q_2'Q_3'$, 以及内外角分点三角形 $Q_1Q_2'Q_3, Q_1'Q_2Q_3'$ 等都是内角平分点线三角形 (外角平分点线三角形) 的特殊情形.

在本节中, 记 $\sigma_i = \mathrm{d}_{P_{i+2}P_{i+1}} + \mathrm{d}_{P_{i+2}P_i}, \sigma_i' = \mathrm{d}_{P_{i+2}P_{i+1}} - \mathrm{d}_{P_{i+2}P_i}; P_{i+3} = P_i$, 于是 $\sigma_{i+3} = \sigma_i, \sigma_{i+3}' = \sigma_i'$.

7.3.2　三角形内角平分点线三角形有向面积的公式与应用

定理 7.3.1　设三角形 $P_1P_2P_3$ 顶点的坐标为 $P_i(a\cos\alpha_i, a\sin\alpha_i), P_iQ_{i+1}(i = 1, 2, 3)$ 是 $P_1P_2P_3$ 三内角的平分线, O 是三角形的外心, 则

$$\mathrm{D}_{OQ_iQ_{i+1}} = \frac{a\mathrm{d}_{P_1P_2}\mathrm{d}_{P_2P_3}\mathrm{d}_{P_3P_1}}{2\sigma_i\sigma_{i+1}}\left(\tau_{i+1,i}\cos\frac{\alpha_{i+1}-\alpha_i}{2}\right.$$

$$\left.+\tau_{i+2,i+1}\cos\frac{\alpha_{i+2}-\alpha_{i+1}}{2} + \tau_{i+2,i}\cos\frac{\alpha_{i+2}-\alpha_i}{2}\right), \quad (7.3.1)$$

其中 $\tau_{j,i} = \mathrm{sgn}\{\alpha_j - \alpha_i\}; i, j = 1, 2, 3$.

证明　如图 7.3.1 所示. 依题设三角形 $P_1P_2P_3$ 外心的坐标为 $O(0,0)$. 由两点间的距离公式, 可得

$$\mathrm{d}_{P_iP_j}^2 = a^2\left[(\cos\alpha_j - \cos\alpha_i)^2 + (\sin\alpha_j - \sin\alpha_i)^2\right]$$

$$= a^2\left[2 - 2(\cos\alpha_j\cos\alpha_i + \sin\alpha_j\sin\alpha_i)\right]$$

$$= 2a^2\left[2 - \cos(\alpha_j - \alpha_i)\right] = 4a^2\sin^2\frac{\alpha_j - \alpha_i}{2},$$

注意到 $-\pi < \dfrac{\alpha_j - \alpha_i}{2} < \pi$, 有

$$\mathrm{d}_{P_iP_j} = 2a\tau_{j,i}\sin\frac{\alpha_j - \alpha_i}{2} \quad (i, j = 1, 2, \cdots, n). \quad (7.3.2)$$

又由定理 7.1.1 的证明, 可得 $P_{i+2}Q_i$ 与 P_iP_{i+1} 的交点 Q_i 的坐标为

$$\begin{cases} x_{Q_i} = a(\mathrm{d}_{P_{i+2}P_{i+1}}\cos\alpha_i + \mathrm{d}_{P_{i+2}P_i}\cos\alpha_{i+1})/\sigma_i \\ y_{Q_i} = a(\mathrm{d}_{P_{i+2}P_{i+1}}\sin\alpha_i + \mathrm{d}_{P_{i+2}P_i}\sin\alpha_{i+1})/\sigma_i \end{cases} \quad (i = 1, 2, 3).$$

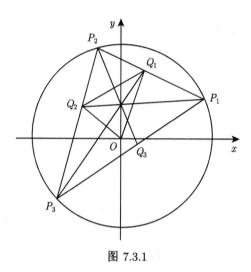

图 7.3.1

于是

$$2\sigma_i\sigma_{i+1}\mathrm{D}_{OQ_iQ_{i+1}}$$

$$=a^2\left[(\mathrm{d}_{P_{i+2}P_{i+1}}\cos\alpha_i+\mathrm{d}_{P_{i+2}P_i}\cos\alpha_{i+1})(\mathrm{d}_{P_iP_{i+2}}\sin\alpha_{i+1}+\mathrm{d}_{P_iP_{i+1}}\sin\alpha_{i+2})\right.$$

$$\left.-(\mathrm{d}_{P_iP_{i+2}}\cos\alpha_{i+1}+\mathrm{d}_{P_iP_{i+1}}\cos\alpha_{i+2})(\mathrm{d}_{P_{i+2}P_{i+1}}\sin\alpha_i+\mathrm{d}_{P_{i+2}P_i}\sin\alpha_{i+1})\right]$$

$$=a^2\left[\mathrm{d}_{P_{i+2}P_{i+1}}\mathrm{d}_{P_iP_{i+2}}\sin(\alpha_{i+1}-\alpha_i)+\mathrm{d}_{P_{i+2}P_i}\mathrm{d}_{P_iP_{i+1}}\sin(\alpha_{i+2}-\alpha_{i+1})\right.$$

$$\left.+\mathrm{d}_{P_{i+2}P_{i+1}}\mathrm{d}_{P_iP_{i+1}}\sin(\alpha_{i+2}-\alpha_i)\right]$$

$$=2a^2\left(\mathrm{d}_{P_{i+2}P_{i+1}}\mathrm{d}_{P_iP_{i+2}}\sin\frac{\alpha_{i+1}-\alpha_i}{2}\cos\frac{\alpha_{i+1}-\alpha_i}{2}\right.$$

$$+\mathrm{d}_{P_{i+2}P_i}\mathrm{d}_{P_iP_{i+1}}\sin\frac{\alpha_{i+2}-\alpha_{i+1}}{2}\cos\frac{\alpha_{i+2}-\alpha_{i+1}}{2}$$

$$\left.+\mathrm{d}_{P_{i+2}P_{i+1}}\mathrm{d}_{P_iP_{i+1}}\sin\frac{\alpha_{i+2}-\alpha_i}{2}\cos\frac{\alpha_{i+2}-\alpha_i}{2}\right)$$

$$=2a^2\left(\tau_{i+1,i}\mathrm{d}_{P_{i+2}P_{i+1}}\mathrm{d}_{P_iP_{i+2}}\frac{\mathrm{d}_{P_{i+1}P_i}}{2a}\cos\frac{\alpha_{i+1}-\alpha_i}{2}\right.$$

$$+\tau_{i+2,i+1}\mathrm{d}_{P_{i+2}P_i}\mathrm{d}_{P_iP_{i+1}}\frac{\mathrm{d}_{P_{i+2}P_{i+1}}}{2a}\cos\frac{\alpha_{i+2}-\alpha_{i+1}}{2}$$

$$\left.+\tau_{i+2,i}\,\mathrm{d}_{P_{i+2}P_{i+1}}\mathrm{d}_{P_iP_{i+1}}\frac{\mathrm{d}_{P_{i+2}P_i}}{2a}\cos\frac{\alpha_{i+2}-\alpha_i}{2}\right)$$

$$=a\mathrm{d}_{P_1P_2}\mathrm{d}_{P_2P_3}\mathrm{d}_{P_3P_1}\left(\tau_{i+1,i}\cos\frac{\alpha_{i+1}-\alpha_i}{2}\right.$$

$$\left.+\tau_{i+2,i+1}\cos\frac{\alpha_{i+2}-\alpha_{i+1}}{2}+\tau_{i+2,i}\cos\frac{\alpha_{i+2}-\alpha_i}{2}\right),$$

因此, 式 (7.3.1) 成立.

推论 7.3.1 设三角形 $P_1P_2P_3$ 顶点的坐标为 $P_i(a\cos\alpha_i, a\sin\alpha_i)$, $P_iQ_{i+1}(i=1,2,3)$ 是三内角的平分线, O 是三角形的外心, 则 O, Q_i, Q_{i+1} 三点共线的充分必要条件是

$$\tau_{i+1,i}\cos\frac{\alpha_{i+1}-\alpha_i}{2} + \tau_{i+2,i+1}\cos\frac{\alpha_{i+2}-\alpha_{i+1}}{2} + \tau_{i+2,i}\cos\frac{\alpha_{i+2}-\alpha_i}{2} = 0. \quad (7.3.3)$$

证明 图 7.3.2 是 $i=1$ 的情形. 由式 (7.3.1) 可知,

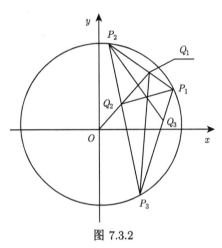

图 7.3.2

$$O, Q_i, Q_{i+1}\text{三点共线} \Leftrightarrow \mathrm{D}_{OQ_iQ_{i+1}} = 0 \Leftrightarrow \text{式}(7.3.3)\text{成立}.$$

定理 7.3.2 设 $P_iQ_{i+1}(i=1,2,3)$ 是三角形 $P_1P_2P_3$ 三内角的平分线, 则其内角平分点三角形的有向面积 (面积)

$$\mathrm{D}_{Q_1Q_2Q_3} = \frac{2\mathrm{d}_{P_1P_2}\mathrm{d}_{P_2P_3}\mathrm{d}_{P_3P_1}}{\sigma_1\sigma_2\sigma_3}\mathrm{D}_{P_1P_2P_3} \quad \left(\mathrm{a}_{Q_1Q_2Q_3} = \frac{2\mathrm{d}_{P_1P_2}\mathrm{d}_{P_2P_3}\mathrm{d}_{P_3P_1}}{\sigma_1\sigma_2\sigma_3}\mathrm{a}_{P_1P_2P_3}\right).$$
$$(7.3.4)$$

证明 如图 7.3.3 所示. 不妨设三角形 $P_1P_2P_3$ 顶点的坐标为 $P_i(a\cos\alpha_i, a\sin\alpha_i)(i=1,2,3)$, 于是由定理 7.3.1 的证明, 可得

$$\mathrm{D}_{OQ_iQ_{i+1}} = \frac{a^2}{2\sigma_i\sigma_{i+1}}\big[\mathrm{d}_{P_{i+2}P_{i+1}}\mathrm{d}_{P_iP_{i+2}}\sin(\alpha_{i+1}-\alpha_i)$$
$$+ \mathrm{d}_{P_{i+2}P_i}\mathrm{d}_{P_iP_{i+1}}\sin(\alpha_{i+2}-\alpha_{i+1}) + \mathrm{d}_{P_{i+2}P_{i+1}}\mathrm{d}_{P_iP_{i+1}}\sin(\alpha_{i+2}-\alpha_i)\big].$$

故由三角形有向面积对边三角形有向面积的可加性, 得

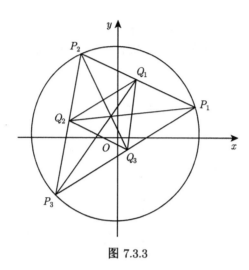

图 7.3.3

$$2\sigma_1\sigma_2\sigma_3 \mathrm{D}_{Q_1Q_2Q_3} = 2\sigma_1\sigma_2\sigma_3 \sum_{i=1}^{3} \mathrm{D}_{OQ_iQ_{i+1}}$$

$$=a^2 \sum_{i=1}^{3} \sigma_{i+2} \left[\mathrm{d}_{P_{i+2}P_{i+1}} \mathrm{d}_{P_iP_{i+2}} \sin(\alpha_{i+1}-\alpha_i) \right.$$

$$+ \mathrm{d}_{P_{i+2}P_i} \mathrm{d}_{P_iP_{i+1}} \sin(\alpha_{i+2}-\alpha_{i+1}) - \left. \mathrm{d}_{P_{i+2}P_{i+1}} \mathrm{d}_{P_iP_{i+1}} \sin(\alpha_i-\alpha_{i+2}) \right]$$

$$=a^2 \sum_{i=1}^{3} \mathrm{d}_{P_{i+1}P_i} \left[\mathrm{d}_{P_{i+2}P_{i+1}} \mathrm{d}_{P_iP_{i+2}} \sin(\alpha_{i+1}-\alpha_i) + \mathrm{d}_{P_{i+2}P_i} \mathrm{d}_{P_iP_{i+1}} \sin(\alpha_{i+2}-\alpha_{i+1}) \right.$$

$$- \left. \mathrm{d}_{P_{i+2}P_{i+1}} \mathrm{d}_{P_iP_{i+1}} \sin(\alpha_i-\alpha_{i+2}) \right]$$

$$+ a^2 \sum_{i=1}^{3} \mathrm{d}_{P_{i+1}P_{i+2}} \left[\mathrm{d}_{P_{i+2}P_{i+1}} \mathrm{d}_{P_iP_{i+2}} \sin(\alpha_{i+1}-\alpha_i) \right.$$

$$+ \left. \mathrm{d}_{P_{i+2}P_i} \mathrm{d}_{P_iP_{i+1}} \sin(\alpha_{i+2}-\alpha_{i+1}) - \mathrm{d}_{P_{i+2}P_{i+1}} \mathrm{d}_{P_iP_{i+1}} \sin(\alpha_i-\alpha_{i+2}) \right]$$

$$=a^2 \sum_{i=1}^{3} \mathrm{d}_{P_{i+1}P_i} \left[\mathrm{d}_{P_{i+2}P_{i+1}} \mathrm{d}_{P_iP_{i+2}} \sin(\alpha_{i+1}-\alpha_i) + \mathrm{d}_{P_{i+2}P_i} \mathrm{d}_{P_iP_{i+1}} \sin(\alpha_{i+2}-\alpha_{i+1}) \right.$$

$$- \left. \mathrm{d}_{P_{i+2}P_{i+1}} \mathrm{d}_{P_iP_{i+1}} \sin(\alpha_i-\alpha_{i+2}) \right] + a^2 \sum_{i=1}^{3} \mathrm{d}_{P_iP_{i+1}} \left[\mathrm{d}_{P_{i+1}P_i} \mathrm{d}_{P_{i+2}P_{i+1}} \sin(\alpha_i-\alpha_{i+2}) \right.$$

$$+ \left. \mathrm{d}_{P_{i+1}P_{i+2}} \mathrm{d}_{P_{i+2}P_i} \sin(\alpha_{i+1}-\alpha_i) - \mathrm{d}_{P_{i+1}P_i} \mathrm{d}_{P_{i+2}P_i} \sin(\alpha_{i+2}-\alpha_{i+1}) \right]$$

$$=2a^2 \sum_{i=1}^{3} \mathrm{d}_{P_{i+1}P_i} \mathrm{d}_{P_{i+2}P_{i+1}} \mathrm{d}_{P_iP_{i+2}} \sin(\alpha_{i+1}-\alpha_i)$$

$$=2a^2 \mathrm{d}_{P_1P_2} \mathrm{d}_{P_2P_3} \mathrm{d}_{P_3P_1} \sum_{i=1}^{3} \sin(\alpha_{i+1}-\alpha_i)$$

$$=4\mathrm{d}_{P_1P_2} \mathrm{d}_{P_2P_3} \mathrm{d}_{P_3P_1} \mathrm{D}_{P_1P_2P_3},$$

因此, 式 (7.3.4) 成立.

注 7.3.1 定理 7.3.2 关于面积的结论为 1958 年中国上海市数学竞赛题.

推论 7.3.2 设 $Q_1Q_2Q_3$ 是三角形 $P_1P_2P_3$ 的内角平分点三角形, 则

$$a_{Q_1Q_2Q_3} \leqslant \frac{1}{4} a_{P_1P_2P_3}. \tag{7.3.5}$$

证明 因为 $\sigma_i = d_{P_{i+2}P_{i+1}} + d_{P_{i+2}P_i} \geqslant 2\sqrt{d_{P_{i+2}P_{i+1}}d_{P_{i+2}P_i}}(i=1,2,3)$, 所以

$$\sigma_1\sigma_2\sigma_3 \geqslant 2\sqrt{d_{P_3P_2}d_{P_3P_1}} \cdot 2\sqrt{d_{P_1P_3}d_{P_1P_2}} \cdot 2\sqrt{d_{P_2P_1}d_{P_2P_3}} = 8d_{P_1P_2}d_{P_2P_3}d_{P_3P_1}.$$

代入式 (7.3.4), 即知式 (7.3.5) 成立.

7.3.3 三角形外角平分点线三角形有向面积的公式与应用

定理 7.3.3 设三角形 $P_1P_2P_3$ 顶点的坐标为 $P_i(a\cos\alpha_i, a\sin\alpha_i), P_iQ'_{i+1}(i=1,2,3)$ 是 $P_1P_2P_3$ 三外角的平分线, O 是三角形的外心, 则

$$\begin{aligned} D_{OQ'_iQ'_{i+1}} = & \frac{ad_{P_1P_2}d_{P_2P_3}d_{P_3P_1}}{2\sigma'_i\sigma'_{i+1}}\left(\tau_{i+1,i}\cos\frac{\alpha_{i+1}-\alpha_i}{2}\right. \\ & \left. +\tau_{i+2,i+1}\cos\frac{\alpha_{i+2}-\alpha_{i+1}}{2} - \tau_{i+2,i}\cos\frac{\alpha_{i+2}-\alpha_i}{2}\right), \end{aligned} \tag{7.3.6}$$

其中 $\tau_{j,i} = \operatorname{sgn}\{\alpha_j - \alpha_i\}; i,j = 1,2,3.$

证明 如图 7.3.4 所示. 依题设三角形 $P_1P_2P_3$ 外心的坐标为 $O(0,0)$. 由定理 7.1.1 的证明, 可得 $P_{i+2}Q'_i$ 与 P_iP_{i+1} 的交点 Q'_i 的坐标为

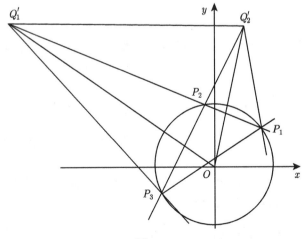

图 7.3.4

$$
\begin{cases}
x_{Q_i'} = a(\mathrm{d}_{P_{i+2}P_{i+1}} \cos\alpha_i - \mathrm{d}_{P_{i+2}P_i} \cos\alpha_{i+1})/\sigma_i' \\
y_{Q_i'} = a(\mathrm{d}_{P_{i+2}P_{i+1}} \sin\alpha_i - \mathrm{d}_{P_{i+2}P_i} \sin\alpha_{i+1})/\sigma_i'
\end{cases}
\quad (i = 1, 2, 3).
$$

于是

$$
\begin{aligned}
&2\sigma_i'\sigma_{i+1}'\mathrm{D}_{OQ_i'Q_{i+1}'} \\
={}&a^2\big[(\mathrm{d}_{P_{i+2}P_{i+1}}\cos\alpha_i - \mathrm{d}_{P_{i+2}P_i}\cos\alpha_{i+1})(\mathrm{d}_{P_iP_{i+2}}\sin\alpha_{i+1} - \mathrm{d}_{P_iP_{i+1}}\sin\alpha_{i+2}) \\
&-(\mathrm{d}_{P_iP_{i+2}}\cos\alpha_{i+1} - \mathrm{d}_{P_iP_{i+1}}\cos\alpha_{i+2})(\mathrm{d}_{P_{i+2}P_{i+1}}\sin\alpha_i - \mathrm{d}_{P_{i+2}P_i}\sin\alpha_{i+1})\big] \\
={}&a^2\big[\mathrm{d}_{P_{i+2}P_{i+1}}\mathrm{d}_{P_iP_{i+2}}\sin(\alpha_{i+1} - \alpha_i) + \mathrm{d}_{P_{i+2}P_i}\mathrm{d}_{P_iP_{i+1}}\sin(\alpha_{i+2} - \alpha_{i+1}) \\
&-\mathrm{d}_{P_{i+2}P_{i+1}}\mathrm{d}_{P_iP_{i+1}}\sin(\alpha_{i+2} - \alpha_i)\big] \\
={}&2a^2\Big(\mathrm{d}_{P_{i+2}P_{i+1}}\mathrm{d}_{P_iP_{i+2}}\sin\frac{\alpha_{i+1} - \alpha_i}{2}\cos\frac{\alpha_{i+1} - \alpha_i}{2} + \mathrm{d}_{P_{i+2}P_i}\mathrm{d}_{P_iP_{i+1}}\sin\frac{\alpha_{i+2} - \alpha_{i+1}}{2} \\
&\cos\frac{\alpha_{i+2} - \alpha_{i+1}}{2} - \mathrm{d}_{P_{i+2}P_{i+1}}\mathrm{d}_{P_iP_{i+1}}\sin\frac{\alpha_{i+2} - \alpha_i}{2}\cos\frac{\alpha_{i+2} - \alpha_i}{2}\Big) \\
={}&2a^2\Big(\tau_{i+1,i}\mathrm{d}_{P_{i+2}P_{i+1}}\mathrm{d}_{P_iP_{i+2}}\frac{\mathrm{d}_{P_{i+1}P_i}}{2a}\cos\frac{\alpha_{i+1} - \alpha_i}{2} + \tau_{i+2,i+1}\mathrm{d}_{P_{i+2}P_i}\mathrm{d}_{P_iP_{i+1}}\frac{\mathrm{d}_{P_{i+2}P_{i+1}}}{2a} \\
&\cos\frac{\alpha_{i+2} - \alpha_{i+1}}{2} - \tau_{i+2,i}\,\mathrm{d}_{P_{i+2}P_{i+1}}\mathrm{d}_{P_iP_{i+1}}\frac{\mathrm{d}_{P_{i+2}P_i}}{2a}\cos\frac{\alpha_{i+2} - \alpha_i}{2}\Big) \\
={}&a\mathrm{d}_{P_1P_2}\mathrm{d}_{P_2P_3}\mathrm{d}_{P_3P_1}\Big(\tau_{i+1,i}\cos\frac{\alpha_{i+1} - \alpha_i}{2} + \tau_{i+2,i+1} \\
&\cos\frac{\alpha_{i+2} - \alpha_{i+1}}{2} - \tau_{i+2,i}\cos\frac{\alpha_{i+2} - \alpha_i}{2}\Big),
\end{aligned}
$$

因此, 式 (7.3.6) 成立.

推论 7.3.3　设三角形 $P_1P_2P_3$ 顶点的坐标为 $P_i(a\cos\alpha_i, a\sin\alpha_i), P_iQ_{i+1}'(i = 1, 2, 3)$ 是 $P_1P_2P_3$ 三外角的平分线, O 是三角形的外心, 则 O, Q_i', Q_{i+1}' 三点共线的充分必要条件是

$$
\tau_{i+1,i}\cos\frac{\alpha_{i+1} - \alpha_i}{2} + \tau_{i+2,i+1}\cos\frac{\alpha_{i+2} - \alpha_{i+1}}{2} - \tau_{i+2,i}\cos\frac{\alpha_{i+2} - \alpha_i}{2} = 0. \quad (7.3.7)
$$

证明　由式 (7.3.6) 可知, O, Q_i', Q_{i+1}' 三点共线 $\Leftrightarrow \mathrm{D}_{OQ_i'Q_{i+1}'} = 0 \Leftrightarrow$ 式 (7.3.7) 成立.

定理 7.3.4　设 $P_iQ_{i+1}'(i = 1, 2, 3)$ 是三角形 $P_1P_2P_3$ 三外角的平分线, 则其外角平分点三角形的有向面积 (面积)

$$
\mathrm{D}_{Q_1'Q_2'Q_3'} = \frac{2\mathrm{d}_{P_1P_2}\mathrm{d}_{P_2P_3}\mathrm{d}_{P_3P_1}}{\sigma_1'\sigma_2'\sigma_3'}\mathrm{D}_{P_1P_2P_3} \quad \left(\mathrm{a}_{Q_1'Q_2'Q_3'} = \frac{2\mathrm{d}_{P_1P_2}\mathrm{d}_{P_2P_3}\mathrm{d}_{P_3P_1}}{\sigma_1'\sigma_2'\sigma_3'}\mathrm{a}_{P_1P_2P_3}\right).
$$
$$
(7.3.8)
$$

证明 如图 7.3.5 所示. 不妨设三角形顶点的坐标为 $P_i(a\cos\alpha_i, a\sin\alpha_i)(i=1,2,3)$, 则由定理 7.3.3 的证明, 可得

$$\mathrm{D}_{OQ_i'Q_{i+1}'} = \frac{a^2}{2\sigma_i'\sigma_{i+1}'}\left[\mathrm{d}_{P_{i+2}P_{i+1}}\mathrm{d}_{P_iP_{i+2}}\sin(\alpha_{i+1}-\alpha_i)\right.$$
$$\left.+\mathrm{d}_{P_{i+2}P_i}\mathrm{d}_{P_iP_{i+1}}\sin(\alpha_{i+2}-\alpha_{i+1})+\mathrm{d}_{P_{i+2}P_{i+1}}\mathrm{d}_{P_iP_{i+1}}\sin(\alpha_i-\alpha_{i+2})\right].$$

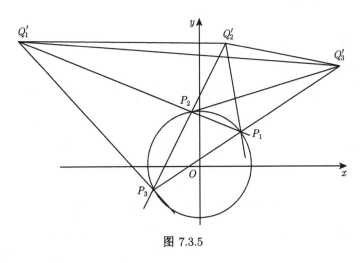

图 7.3.5

故由三角形对边三角形有向面积的可加性, 可得

$$2\sigma_1'\sigma_2'\sigma_3'\mathrm{D}_{Q_1'Q_2'Q_3'}$$

$$=2\sigma_1'\sigma_2'\sigma_3'\sum_{i=1}^3\mathrm{D}_{OQ_i'Q_{i+1}'}$$

$$=a^2\sum_{i=1}^3\sigma_{i+2}'\left[\mathrm{d}_{P_{i+2}P_{i+1}}\mathrm{d}_{P_iP_{i+2}}\sin(\alpha_{i+1}-\alpha_i)\right.$$
$$\left.+\mathrm{d}_{P_{i+2}P_i}\mathrm{d}_{P_iP_{i+1}}\sin(\alpha_{i+2}-\alpha_{i+1})+\mathrm{d}_{P_{i+2}P_{i+1}}\mathrm{d}_{P_iP_{i+1}}\sin(\alpha_i-\alpha_{i+2})\right]$$

$$=a^2\sum_{i=1}^3\mathrm{d}_{P_{i+1}P_i}\left[\mathrm{d}_{P_{i+2}P_{i+1}}\mathrm{d}_{P_iP_{i+2}}\sin(\alpha_{i+1}-\alpha_i)+\mathrm{d}_{P_{i+2}P_i}\mathrm{d}_{P_iP_{i+1}}\sin(\alpha_{i+2}-\alpha_{i+1})\right.$$

$$\left.+\mathrm{d}_{P_{i+2}P_{i+1}}\mathrm{d}_{P_iP_{i+1}}\sin(\alpha_i-\alpha_{i+2})\right]-a^2\sum_{i=1}^3\mathrm{d}_{P_{i+1}P_{i+2}}\left[\mathrm{d}_{P_{i+2}P_{i+1}}\mathrm{d}_{P_iP_{i+2}}\sin(\alpha_{i+1}-\alpha_i)\right.$$

$$\left.+\mathrm{d}_{P_{i+2}P_i}\mathrm{d}_{P_iP_{i+1}}\sin(\alpha_{i+2}-\alpha_{i+1})+\mathrm{d}_{P_{i+2}P_{i+1}}\mathrm{d}_{P_iP_{i+1}}\sin(\alpha_i-\alpha_{i+2})\right]$$

$$=a^2\sum_{i=1}^3\mathrm{d}_{P_{i+1}P_i}\left[\mathrm{d}_{P_{i+2}P_{i+1}}\mathrm{d}_{P_iP_{i+2}}\sin(\alpha_{i+1}-\alpha_i)+\mathrm{d}_{P_{i+2}P_i}\mathrm{d}_{P_iP_{i+1}}\sin(\alpha_{i+2}-\alpha_{i+1})\right.$$

$$+ \mathrm{d}_{P_{i+2}P_{i+1}} \mathrm{d}_{P_iP_{i+1}} \sin(\alpha_i - \alpha_{i+2})] - a^2 \sum_{i=1}^{3} \mathrm{d}_{P_iP_{i+1}} \left[\mathrm{d}_{P_{i+1}P_i} \mathrm{d}_{P_{i+2}P_{i+1}} \sin(\alpha_i - \alpha_{i+2}) \right.$$

$$\left. + \mathrm{d}_{P_{i+1}P_{i+2}} \mathrm{d}_{P_{i+2}P_i} \sin(\alpha_{i+1} - \alpha_i) + \mathrm{d}_{P_{i+1}P_i} \mathrm{d}_{P_{i+2}P_i} \sin(\alpha_{i+2} - \alpha_{i+1}) \right]$$

$$= 2a^2 \sum_{i=1}^{3} \mathrm{d}_{P_{i+1}P_i} \mathrm{d}_{P_{i+2}P_{i+1}} \mathrm{d}_{P_iP_{i+2}} \sin(\alpha_{i+1} - \alpha_i)$$

$$= 2a^2 \mathrm{d}_{P_1P_2} \mathrm{d}_{P_2P_3} \mathrm{d}_{P_3P_1} \sum_{i=1}^{3} \sin(\alpha_{i+1} - \alpha_i)$$

$$= 4 \mathrm{d}_{P_1P_2} \mathrm{d}_{P_2P_3} \mathrm{d}_{P_3P_1} \mathrm{D}_{P_1P_2P_3},$$

因此, 式 (7.3.8) 成立.

推论 7.3.4　设 $Q_1Q_2Q_3(Q_1'Q_2'Q_3')$ 是三角形 $P_1P_2P_3$ 内角 (外角) 平分点三角形, 则

$$\sigma_1\sigma_2\sigma_3 \mathrm{D}_{Q_1Q_2Q_3} = \sigma_1'\sigma_2'\sigma_3' \mathrm{D}_{Q_1'Q_2'Q_3'} \quad (\sigma_1\sigma_2\sigma_3 \mathrm{a}_{Q_1Q_2Q_3} = \sigma_1'\sigma_2'\sigma_3' \mathrm{a}_{Q_1'Q_2'Q_3'}). \quad (7.3.9)$$

证明　由式 (7.3.4) 和 (7.3.8), 即知式 (7.3.9) 成立.

7.3.4　三角形内外角平分点线三角形有向面积的公式与应用

定理 7.3.5　设三角形 $P_1P_2P_3$ 顶点的坐标为 $P_i(a\cos\alpha_i, a\sin\alpha_i), P_iQ_{i+1}(P_iQ_{i+1}')(i=1,2,3)$ 是 $P_1P_2P_3$ 三内角 (外角) 的平分线, O 是三角形的外心, 则

$$\mathrm{D}_{OQ_iQ_{i+1}'} = \frac{a\mathrm{d}_{P_1P_2}\mathrm{d}_{P_2P_3}\mathrm{d}_{P_3P_1}}{2\sigma_i\sigma_{i+1}'} \left(\tau_{i+1,i}\cos\frac{\alpha_{i+1}-\alpha_i}{2} \right.$$

$$\left. - \tau_{i+2,i+1}\cos\frac{\alpha_{i+2}-\alpha_{i+1}}{2} - \tau_{i+2,i}\cos\frac{\alpha_{i+2}-\alpha_i}{2} \right); \quad (7.3.10)$$

$$\mathrm{D}_{OQ_i'Q_{i+1}} = \frac{a\mathrm{d}_{P_1P_2}\mathrm{d}_{P_2P_3}\mathrm{d}_{P_3P_1}}{2\sigma_i'\sigma_{i+1}} \left(\tau_{i+1,i}\cos\frac{\alpha_{i+1}-\alpha_i}{2} \right.$$

$$\left. - \tau_{i+2,i+1}\cos\frac{\alpha_{i+2}-\alpha_{i+1}}{2} + \tau_{i+2,i}\cos\frac{\alpha_{i+2}-\alpha_i}{2} \right), \quad (7.3.11)$$

其中 $\tau_{j,i} = \mathrm{sgn}\{\alpha_j - \alpha_i\}; i,j = 1,2,3$.

证明　由定理 7.2.1 和定理 7.2.2 的证明, 可得

$$2\sigma_i\sigma_{i+1}'\mathrm{D}_{OQ_iQ_{i+1}'}$$

$$= a^2 \left[(\mathrm{d}_{P_{i+2}P_{i+1}}\cos\alpha_i + \mathrm{d}_{P_{i+2}P_i}\cos\alpha_{i+1})(\mathrm{d}_{P_iP_{i+2}}\sin\alpha_{i+1} - \mathrm{d}_{P_iP_{i+1}}\sin\alpha_{i+2}) \right.$$

$$\left. - (\mathrm{d}_{P_iP_{i+2}}\cos\alpha_{i+1} - \mathrm{d}_{P_iP_{i+1}}\cos\alpha_{i+2})(\mathrm{d}_{P_{i+2}P_{i+1}}\sin\alpha_i + \mathrm{d}_{P_{i+2}P_i}\sin\alpha_{i+1}) \right]$$

$$= a^2 \left[\mathrm{d}_{P_{i+2}P_{i+1}}\mathrm{d}_{P_iP_{i+2}}\sin(\alpha_{i+1} - \alpha_i) - \mathrm{d}_{P_{i+2}P_i}\mathrm{d}_{P_iP_{i+1}}\sin(\alpha_{i+2} - \alpha_{i+1}) \right.$$

$$- \mathrm{d}_{P_{i+2}P_{i+1}} \mathrm{d}_{P_iP_{i+1}} \sin(\alpha_{i+2} - \alpha_i)]$$

$$=2a^2 \left(\mathrm{d}_{P_{i+2}P_{i+1}} \mathrm{d}_{P_iP_{i+2}} \sin \frac{\alpha_{i+1} - \alpha_i}{2} \cos \frac{\alpha_{i+1} - \alpha_i}{2} \right.$$

$$- \mathrm{d}_{P_{i+2}P_i} \mathrm{d}_{P_iP_{i+1}} \sin \frac{\alpha_{i+2} - \alpha_{i+1}}{2} \cos \frac{\alpha_{i+2} - \alpha_{i+1}}{2}$$

$$\left. - \mathrm{d}_{P_{i+2}P_{i+1}} \mathrm{d}_{P_iP_{i+1}} \sin \frac{\alpha_{i+2} - \alpha_i}{2} \cos \frac{\alpha_{i+2} - \alpha_i}{2} \right)$$

$$=2a^2 \left(\tau_{i+1,i} \mathrm{d}_{P_{i+2}P_{i+1}} \mathrm{d}_{P_iP_{i+2}} \frac{\mathrm{d}_{P_{i+1}P_i}}{2a} \cos \frac{\alpha_{i+1} - \alpha_i}{2} \right.$$

$$- \tau_{i+2,i+1} \mathrm{d}_{P_{i+2}P_i} \mathrm{d}_{P_iP_{i+1}} \frac{\mathrm{d}_{P_{i+2}P_{i+1}}}{2a} \cos \frac{\alpha_{i+2} - \alpha_{i+1}}{2}$$

$$\left. - \tau_{i+2,i} \mathrm{d}_{P_{i+2}P_{i+1}} \mathrm{d}_{P_iP_{i+1}} \frac{\mathrm{d}_{P_{i+2}P_i}}{2a} \cos \frac{\alpha_{i+2} - \alpha_i}{2} \right)$$

$$=a\mathrm{d}_{P_1P_2} \mathrm{d}_{P_2P_3} \mathrm{d}_{P_3P_1} \left(\tau_{i+1,i} \cos \frac{\alpha_{i+1} - \alpha_i}{2} \right.$$

$$\left. -\tau_{i+2,i+1} \cos \frac{\alpha_{i+2} - \alpha_{i+1}}{2} - \tau_{i+2,i} \cos \frac{\alpha_{i+2} - \alpha_i}{2} \right),$$

所以, 式 (7.3.10) 成立.

类似地, 可以证明式 (7.3.11) 成立.

推论 7.3.5 设三角形 $P_1P_2P_3$ 顶点的坐标为 $P_i(a \cos \alpha_i, a \sin \alpha_i)$, $P_iQ_{i+1}(P_iQ'_{i+1})(i = 1, 2, 3)$ 是 $P_1P_2P_3$ 三内角 (外角) 的平分线, O 是三角形的外心, 则

(1) O, Q_i, Q'_{i+1} 三点共线的充分必要条件是

$$\tau_{i+1,i} \cos \frac{\alpha_{i+1} - \alpha_i}{2} - \tau_{i+2,i+1} \cos \frac{\alpha_{i+2} - \alpha_{i+1}}{2} - \tau_{i+2,i} \cos \frac{\alpha_{i+2} - \alpha_i}{2} = 0;$$

(2) O, Q'_i, Q_{i+1} 三点共线的充分必要条件是

$$\tau_{i+1,i} \cos \frac{\alpha_{i+1} - \alpha_i}{2} - \tau_{i+2,i+1} \cos \frac{\alpha_{i+2} - \alpha_{i+1}}{2} + \tau_{i+2,i} \cos \frac{\alpha_{i+2} - \alpha_i}{2} = 0.$$

证明 利用式 (7.3.10) 和 (7.3.11), 仿推论 7.3.1 证明可知推论 7.3.7 结论成立.

定理 7.3.6 设三角形 $P_1P_2P_3$ 顶点的坐标为 $P_i(a \cos \alpha_i, a \sin \alpha_i)$, $P_iQ_{i+1}(P_iQ'_{i+1})(i = 1, 2, 3)$ 是 $P_1P_2P_3$ 三内角 (外角) 的平分线, 则

$$\mathrm{D}_{Q_iQ'_{i+1}Q'_{i+2}} = \frac{a\mathrm{d}_{P_1P_2} \mathrm{d}_{P_2P_3} \mathrm{d}_{P_3P_1}}{\sigma_i \sigma'_{i+1} \sigma'_{i+2}} \left(\tau_{i+1,i} \mathrm{d}_{P_iP_{i+1}} \cos \frac{\alpha_{i+1} - \alpha_i}{2} + \tau_{i+2,i+1} \mathrm{d}_{P_{i+1}P_{i+2}} \right.$$

$$\left. \cdot \cos \frac{\alpha_{i+2} - \alpha_{i+1}}{2} - \tau_{i+2,i} \mathrm{d}_{P_{i+2}P_i} \cos \frac{\alpha_{i+2} - \alpha_i}{2} \right), \tag{7.3.12}$$

其中 $i = 1, 2, 3$.

证明　不妨设 $0 \leqslant \alpha_1 < \alpha_2 < \alpha_3 < 2\pi$, 则由三角形对边三角形有向面积的可加性, 以及式 (7.3.10)、(7.3.6) 和 (7.3.11), 可得

$$
\begin{aligned}
\mathrm{D}_{Q_1 Q_2' Q_3'} &= \mathrm{D}_{OQ_1 Q_2'} + \mathrm{D}_{OQ_2' Q_3'} + \mathrm{D}_{OQ_3' Q_1} \\
&= \frac{a\mathrm{d}_{P_1 P_2}\mathrm{d}_{P_2 P_3}\mathrm{d}_{P_3 P_1}}{2\sigma_1 \sigma_2'} \left(\cos\frac{\alpha_2 - \alpha_1}{2} - \cos\frac{\alpha_3 - \alpha_2}{2} - \cos\frac{\alpha_3 - \alpha_1}{2} \right) \\
&\quad + \frac{a\mathrm{d}_{P_1 P_2}\mathrm{d}_{P_2 P_3}\mathrm{d}_{P_3 P_1}}{2\sigma_2' \sigma_3'} \left(\cos\frac{\alpha_3 - \alpha_2}{2} - \cos\frac{\alpha_1 - \alpha_3}{2} + \cos\frac{\alpha_1 - \alpha_2}{2} \right) \\
&\quad + \frac{a\mathrm{d}_{P_1 P_2}\mathrm{d}_{P_2 P_3}\mathrm{d}_{P_3 P_1}}{2\sigma_3' \sigma_1} \left(-\cos\frac{\alpha_1 - \alpha_3}{2} - \cos\frac{\alpha_2 - \alpha_1}{2} - \cos\frac{\alpha_2 - \alpha_3}{2} \right) \\
&= \frac{a\mathrm{d}_{P_1 P_2}\mathrm{d}_{P_2 P_3}\mathrm{d}_{P_3 P_1}}{2\sigma_1 \sigma_2' \sigma_3'} \left[(\mathrm{d}_{P_2 P_1} - \mathrm{d}_{P_2 P_3}) \left(\cos\frac{\alpha_2 - \alpha_1}{2} - \cos\frac{\alpha_3 - \alpha_2}{2} - \cos\frac{\alpha_3 - \alpha_1}{2} \right) \right. \\
&\quad + (\mathrm{d}_{P_3 P_2} + \mathrm{d}_{P_3 P_1}) \left(\cos\frac{\alpha_3 - \alpha_2}{2} - \cos\frac{\alpha_1 - \alpha_3}{2} + \cos\frac{\alpha_1 - \alpha_2}{2} \right) \\
&\quad \left. + (\mathrm{d}_{P_1 P_3} - \mathrm{d}_{P_1 P_2}) \left(-\cos\frac{\alpha_1 - \alpha_3}{2} - \cos\frac{\alpha_2 - \alpha_1}{2} - \cos\frac{\alpha_2 - \alpha_3}{2} \right) \right] \\
&= \frac{a\mathrm{d}_{P_1 P_2}\mathrm{d}_{P_2 P_3}\mathrm{d}_{P_3 P_1}}{\sigma_1 \sigma_2' \sigma_3'} \left(\mathrm{d}_{P_1 P_2} \cos\frac{\alpha_2 - \alpha_1}{2} + \mathrm{d}_{P_2 P_3} \cos\frac{\alpha_3 - \alpha_2}{2} - \mathrm{d}_{P_3 P_1} \cos\frac{\alpha_3 - \alpha_1}{2} \right),
\end{aligned}
$$

因此, $i = 1$ 时式 (7.3.18) 成立.

类似地, 可以证明 $i = 2, 3$ 时, 式 (7.3.12) 成立.

定理 7.3.7　设 $P_1 P_2 P_3$ 是三角形, $P_{i+2}Q_i(P_{i+2}Q_i')$ 是 $\angle P_i P_{i+2} P_{i+1}(\angle P_i P_{i+2} P_{i+1}$ 的外角) 的平分线, I 是三角形的内心, $I_i(i = 1, 2, 3)$ 是角平分线 $P_{i+2}Q_i$ 所在直线上的旁心, 则

(1) I 与 I_{i+1}, Q_{i+1} $(i = 1, 2, 3)$ 均三点共线;

(2) I_{i+1}, I_{i+2}, Q_i' $(i = 1, 2, 3)$ 均三点共线或 $I_{i+1}I_{i+2}//P_i P_{i+1}$ $(i = 1, 2, 3)$;

(3) $Q_i, Q_{i+1}, Q_{i+2}'(i = 1, 2, 3)$ 均三点共线.

证明　三角形内、旁心和内、外角平分点的三点共线全图如图 7.3.6 所示.

(1) 显然, I 与 I_{i+1} 在角平分线 $P_i Q_{i+1}$ 所在直线上, 所以 I 与 I_{i+1}, Q_{i+1} $(i = 1, 2, 3)$ 均三点共线.

(2) 当 $P_{i+2}Q_i'$ 与其对边 $P_i P_{i+1}$ 的延长线相交于有限远点 Q_i' 时, 因为 I_{i+1} 分别是在角平分线 $P_i Q_{i+1}$ 所在直线上的旁心, 故 I_{i+1} 在另两个角的外角平分线 $P_{i+1}Q_{i+2}', P_{i+2}Q_i'$ 所在直线上, 从而 I_{i+2} 在外角平分线 $P_{i+2}Q_i', P_i Q_{i+1}'$ 所在直线上. 于是 I_{i+1}, I_{i+2} 均在外角平分线 $P_{i+2}Q_i'$ 所在直线上, 所以 I_{i+1}, I_{i+2}, Q_i' $(i = 1, 2, 3)$ 均三点共线.

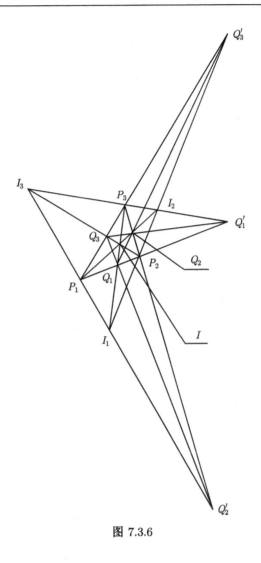

图 7.3.6

当 $P_{i+2}Q'_i$ 与其对边 P_iP_{i+1} 的延长线相交于无穷远点 $Q'_{i\infty}$ 时, 则 $P_{i+2}Q'_i /\!/ P_iP_{i+1}$ $(i = 1, 2, 3)$, 于是 $I_{i+1}I_{i+2} /\!/ P_iP_{i+1}$ $(i = 1, 2, 3)$.

(3) 不妨设三角形 $P_1P_2P_3$ 顶点的坐标为 $P_i(a\cos\alpha_i, a\sin\alpha_i)(i = 1, 2, 3)$, 且 $0 \leqslant \alpha_1 < \alpha_2 < \alpha_3 < 2\pi$, 则由三角形对边三角形有向面积的可加性, 以及式 (7.3.1)、(7.3.10) 和 (7.3.11), 可得

$$\mathrm{D}_{Q_1Q_2Q'_3} = \mathrm{D}_{OQ_1Q_2} + \mathrm{D}_{OQ_2Q'_3} + \mathrm{D}_{OQ'_3Q_1}$$
$$= \frac{a\mathrm{d}_{P_1P_2}\mathrm{d}_{P_2P_3}\mathrm{d}_{P_3P_1}}{2\sigma_1\sigma_2}\left(\cos\frac{\alpha_2 - \alpha_1}{2} + \cos\frac{\alpha_3 - \alpha_2}{2} + \cos\frac{\alpha_3 - \alpha_1}{2}\right)$$

$$+ \frac{a \mathrm{d}_{P_1 P_2} \mathrm{d}_{P_2 P_3} \mathrm{d}_{P_3 P_1}}{2\sigma_2 \sigma_3'} \left(\cos \frac{\alpha_3 - \alpha_2}{2} + \cos \frac{\alpha_1 - \alpha_3}{2} + \cos \frac{\alpha_1 - \alpha_2}{2} \right)$$

$$+ \frac{a \mathrm{d}_{P_1 P_2} \mathrm{d}_{P_2 P_3} \mathrm{d}_{P_3 P_1}}{2\sigma_3' \sigma_1} \left(-\cos \frac{\alpha_1 - \alpha_3}{2} - \cos \frac{\alpha_2 - \alpha_1}{2} - \cos \frac{\alpha_2 - \alpha_3}{2} \right)$$

$$= \frac{a \mathrm{d}_{P_1 P_2} \mathrm{d}_{P_2 P_3} \mathrm{d}_{P_3 P_1}}{2\sigma_1 \sigma_2' \sigma_3'} \left[(\mathrm{d}_{P_2 P_1} - \mathrm{d}_{P_2 P_3}) \left(\cos \frac{\alpha_2 - \alpha_1}{2} + \cos \frac{\alpha_3 - \alpha_2}{2} + \cos \frac{\alpha_3 - \alpha_1}{2} \right) \right.$$

$$+ (\mathrm{d}_{P_3 P_2} + \mathrm{d}_{P_3 P_1}) \left(\cos \frac{\alpha_3 - \alpha_2}{2} + \cos \frac{\alpha_1 - \alpha_3}{2} + \cos \frac{\alpha_1 - \alpha_2}{2} \right)$$

$$\left. + (\mathrm{d}_{P_1 P_3} + \mathrm{d}_{P_1 P_2}) \left(-\cos \frac{\alpha_1 - \alpha_3}{2} - \cos \frac{\alpha_2 - \alpha_1}{2} - \cos \frac{\alpha_2 - \alpha_3}{2} \right) \right]$$

$$= 0,$$

因此, $i = 1$ 时定理 7.3.7 结论成立.

类似地, 可以证明 $i = 2, 3$ 时定理 7.3.7 结论成立.

7.3.5　角平分点线三角形另一种形式的有向面积公式与应用

在下面的讨论中, 记

$$\delta(i) = \cos \frac{\alpha_i + \alpha_{i+1} - 2\alpha_{i+2}}{4}, \quad \delta'(i) = \sin \frac{\alpha_i + \alpha_{i+1} - 2\alpha_{i+2}}{4},$$

并规定 $\alpha_{3+i} = \alpha_i$, 则 $\delta(i+3) = \delta(i), \delta'(i+3) = \delta'(i)$.

引理 7.3.1　设三角形 $P_1 P_2 P_3$ 顶点的坐标为 $P_i(a \cos \alpha_i, a \sin \alpha_i), P_{i+2} Q_i (P_{i+2} Q_i')(i = 1, 2, 3)$ 是 $\angle P_i P_{i+2} P_{i+1}(\angle P_i P_{i+2} P_{i+1}$ 的外角$)$ 的平分线, 则 $Q_i(Q_i')$ 的坐标分别为

$$\begin{cases} x_{Q_i} = \dfrac{a}{\delta(i)} \left(\sin \dfrac{3\alpha_{i+1} + \alpha_i}{4} \sin \dfrac{\alpha_{i+2} - \alpha_i}{2} - \cos \dfrac{\alpha_i + \alpha_{i+2}}{2} \cos \dfrac{\alpha_{i+1} - \alpha_i}{4} \right) \\[3mm] y_{Q_i} = \dfrac{a}{\delta(i)} \left(\cos \dfrac{3\alpha_{i+1} + \alpha_i}{4} \sin \dfrac{\alpha_{i+2} - \alpha_i}{2} + \sin \dfrac{\alpha_i + \alpha_{i+2}}{2} \cos \dfrac{\alpha_{i+1} - \alpha_i}{4} \right) \end{cases};$$

$$\begin{cases} x_{Q_i'} = \dfrac{a}{\delta'(i)} \left(-\cos \dfrac{3\alpha_{i+1} + \alpha_i}{4} \sin \dfrac{\alpha_{i+2} - \alpha_i}{2} + \cos \dfrac{\alpha_i + \alpha_{i+2}}{2} \sin \dfrac{\alpha_{i+1} - \alpha_i}{4} \right) \\[3mm] y_{Q_i'} = \dfrac{a}{\delta'(i)} \left(-\sin \dfrac{3\alpha_{i+1} + \alpha_i}{4} \sin \dfrac{\alpha_{i+2} - \alpha_i}{2} + \sin \dfrac{\alpha_i + \alpha_{i+2}}{2} \sin \dfrac{\alpha_{i+1} - \alpha_i}{4} \right) \end{cases},$$

其中 $i = 1, 2, 3$.

证明　依题意, $P_i P_{i+1}$ 所在的直线方程为

$$(\sin \alpha_i - \sin \alpha_{i+1})x + (\cos \alpha_{i+1} - \cos \alpha_i)y = a \sin(\alpha_i - \alpha_{i+1}),$$

化简得

$$\cos \frac{\alpha_{i+1} + \alpha_i}{2} \cdot x + \sin \frac{\alpha_{i+1} + \alpha_i}{2} \cdot y = a \cos \frac{\alpha_{i+1} - \alpha_i}{2}. \tag{7.3.13}$$

于是 $P_{i+1}P_{i+2}$, $P_{i+2}P_i$ 所在的直线方程分别为

$$\cos\frac{\alpha_{i+2}+\alpha_{i+1}}{2}\cdot x+\sin\frac{\alpha_{i+2}+\alpha_{i+1}}{2}\cdot y=a\cos\frac{\alpha_{i+2}-\alpha_{i+1}}{2}, \tag{7.3.14}$$

$$\cos\frac{\alpha_i+\alpha_{i+2}}{2}\cdot x+\sin\frac{\alpha_i+\alpha_{i+2}}{2}\cdot y=a\cos\frac{\alpha_i-\alpha_{i+2}}{2}. \tag{7.3.15}$$

设 $P(x,y)$ 是 $\angle P_iP_{i+2}P_{i+1}$ 平分线上任意一点, 由 (7.3.14) 和 (7.3.15) 可得

$$\cos\frac{\alpha_{i+2}+\alpha_{i+1}}{2}\cdot x+\sin\frac{\alpha_{i+2}+\alpha_{i+1}}{2}\cdot y-a\cos\frac{\alpha_{i+2}-\alpha_{i+1}}{2}$$
$$=\pm\left(\cos\frac{\alpha_i+\alpha_{i+2}}{2}\cdot x+\sin\frac{\alpha_i+\alpha_{i+2}}{2}\cdot y-a\cos\frac{\alpha_i-\alpha_{i+2}}{2}\right),$$

即

$$\left(\cos\frac{\alpha_{i+2}+\alpha_{i+1}}{2}\mp\cos\frac{\alpha_i+\alpha_{i+2}}{2}\right)x+\left(\sin\frac{\alpha_{i+2}+\alpha_{i+1}}{2}\mp\sin\frac{\alpha_i+\alpha_{i+2}}{2}\right)y$$
$$=a\left(\cos\frac{\alpha_{i+2}-\alpha_{i+1}}{2}\mp\cos\frac{\alpha_i-\alpha_{i+2}}{2}\right),$$

化简得 $\angle P_iP_{i+2}P_{i+1}$ 的内角平分线 $P_{i+2}Q_i$ 和外角平分线 $P_{i+2}Q_i'$ 的方程分别为

$$\sin\frac{\alpha_i+\alpha_{i+1}+2\alpha_{i+2}}{4}\cdot x-\cos\frac{\alpha_i+\alpha_{i+1}+2\alpha_{i+2}}{4}\cdot y=a\sin\frac{\alpha_i+\alpha_{i+1}-2\alpha_{i+2}}{4},$$
$$\tag{7.3.16}$$
$$\cos\frac{\alpha_i+\alpha_{i+1}+2\alpha_{i+2}}{4}\cdot x+\sin\frac{\alpha_i+\alpha_{i+1}+2\alpha_{i+2}}{4}\cdot y=a\cos\frac{\alpha_i+\alpha_{i+1}-2\alpha_{i+2}}{4}.$$
$$\tag{7.3.17}$$

式 (7.3.13) 和 (7.3.16) 联立, 求得 $P_{i+2}Q_i$ 与 P_iP_{i+1} 的交点 Q_i 的坐标为

$$\begin{cases}x_{Q_i}=\dfrac{a}{\delta(i)}\left(\sin\dfrac{3\alpha_{i+1}+\alpha_i}{4}\sin\dfrac{\alpha_{i+2}-\alpha_i}{2}-\cos\dfrac{\alpha_i+\alpha_{i+2}}{2}\cos\dfrac{\alpha_{i+1}-\alpha_i}{4}\right)\\[3mm]y_{Q_i}=\dfrac{a}{\delta(i)}\left(\cos\dfrac{3\alpha_{i+1}+\alpha_i}{4}\sin\dfrac{\alpha_{i+2}-\alpha_i}{2}+\sin\dfrac{\alpha_i+\alpha_{i+2}}{2}\cos\dfrac{\alpha_{i+1}-\alpha_i}{4}\right)\end{cases}(i=1,2,3);$$

式 (7.3.13) 和 (7.3.17) 联立, 求得 $P_{i+2}Q_i'$ 与 P_iP_{i+1} 的交点 Q_i' 的坐标为

$$\begin{cases}x_{Q_i'}=\dfrac{a}{\delta'(i)}\left(-\cos\dfrac{3\alpha_{i+1}+\alpha_i}{4}\sin\dfrac{\alpha_{i+2}-\alpha_i}{2}+\cos\dfrac{\alpha_i+\alpha_{i+2}}{2}\sin\dfrac{\alpha_{i+1}-\alpha_i}{4}\right)\\[3mm]y_{Q_i'}=\dfrac{a}{\delta'(i)}\left(-\sin\dfrac{3\alpha_{i+1}+\alpha_i}{4}\sin\dfrac{\alpha_{i+2}-\alpha_i}{2}+\sin\dfrac{\alpha_i+\alpha_{i+2}}{2}\sin\dfrac{\alpha_{i+1}-\alpha_i}{4}\right)\end{cases}(i=1,2,3).$$

定理 7.3.8 设三角形 $P_1P_2P_3$ 顶点的坐标为 $P_i(a\cos\alpha_i,a\sin\alpha_i)$, $P_iQ_{i+1}(i=1,2,3)$ 是三内角的平分线, O 是三角形的外心, 则

$$\mathrm{D}_{OQ_iQ_{i+1}}=\frac{a^2}{\delta(i)\delta(i+1)}\sin\frac{\alpha_{i+2}-\alpha_i}{2}\cos\frac{\alpha_{i+2}-\alpha_{i+1}}{4}\cos\frac{\alpha_{i+1}-\alpha_i}{4}\sigma(i), \tag{7.3.18}$$

其中 $\sigma(i) = 1 + 4\sin\dfrac{\alpha_{i+2} - \alpha_{i+1}}{4}\sin\dfrac{\alpha_{i+1} - \alpha_i}{4}\cos\dfrac{\alpha_i - \alpha_{i+2}}{4}$; $i = 1, 2, 3$.

证明　如图 7.3.7 所示. 依题设三角形 $P_1P_2P_3$ 外心的坐标为 $O(0,0)$, 于是由引理 7.3.1 和三角形有向面积公式, 得

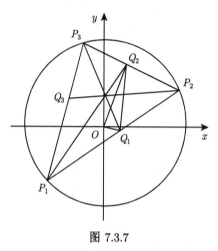

图 7.3.7

$$\delta(1)\delta(2)\mathrm{D}_{OQ_1Q_2}$$
$$= \frac{a^2}{2}\left[\left(\sin\frac{3\alpha_2 + \alpha_1}{4}\sin\frac{\alpha_3 - \alpha_1}{2} - \cos\frac{\alpha_1 + \alpha_3}{2}\cos\frac{\alpha_2 - \alpha_1}{4}\right)\right.$$
$$\times\left(\cos\frac{3\alpha_3 + \alpha_2}{4}\sin\frac{\alpha_1 - \alpha_2}{2} + \sin\frac{\alpha_2 + \alpha_1}{2}\cos\frac{\alpha_3 - \alpha_2}{4}\right)$$
$$- \left(\sin\frac{3\alpha_3 + \alpha_2}{4}\sin\frac{\alpha_1 - \alpha_2}{2} - \cos\frac{\alpha_2 + \alpha_1}{2}\cos\frac{\alpha_3 - \alpha_2}{4}\right)$$
$$\left.\times\left(\cos\frac{3\alpha_2 + \alpha_1}{4}\sin\frac{\alpha_3 - \alpha_1}{2} + \sin\frac{\alpha_1 + \alpha_3}{2}\cos\frac{\alpha_2 - \alpha_1}{4}\right)\right]$$
$$= \frac{a^2}{2}\left[\sin\frac{\alpha_3 - \alpha_1}{2}\sin\frac{\alpha_1 - \alpha_2}{2}\left(\sin\frac{3\alpha_2 + \alpha_1}{4}\cos\frac{3\alpha_3 + \alpha_2}{4} - \cos\frac{3\alpha_2 + \alpha_1}{4}\sin\frac{3\alpha_3 + \alpha_2}{4}\right)\right.$$
$$+ \sin\frac{\alpha_3 - \alpha_1}{2}\cos\frac{\alpha_3 - \alpha_2}{4}\left(\sin\frac{3\alpha_2 + \alpha_1}{4}\sin\frac{\alpha_2 + \alpha_1}{2} + \cos\frac{3\alpha_2 + \alpha_1}{4}\cos\frac{\alpha_2 + \alpha_1}{2}\right)$$
$$- \sin\frac{\alpha_1 - \alpha_2}{2}\cos\frac{\alpha_2 - \alpha_1}{4}\left(\sin\frac{3\alpha_3 + \alpha_2}{4}\sin\frac{\alpha_1 + \alpha_3}{2} + \cos\frac{3\alpha_3 + \alpha_2}{4}\cos\frac{\alpha_1 + \alpha_3}{2}\right)$$
$$\left.- \cos\frac{\alpha_2 - \alpha_1}{4}\cos\frac{\alpha_3 - \alpha_2}{4}\left(\cos\frac{\alpha_1 + \alpha_3}{2}\sin\frac{\alpha_2 + \alpha_1}{2} - \sin\frac{\alpha_1 + \alpha_3}{2}\cos\frac{\alpha_2 + \alpha_1}{2}\right)\right]$$
$$= \frac{a^2}{2}\left(\sin\frac{\alpha_3 - \alpha_1}{2}\sin\frac{\alpha_1 - \alpha_2}{2}\sin\frac{\alpha_1 + 2\alpha_2 - 3\alpha_3}{4} + \sin\frac{\alpha_3 - \alpha_1}{2}\cos\frac{\alpha_3 - \alpha_2}{4}\cos\frac{\alpha_1 - \alpha_2}{4}\right.$$
$$\left.- \sin\frac{\alpha_1 - \alpha_2}{2}\cos\frac{\alpha_2 - \alpha_1}{4}\cos\frac{2\alpha_1 - \alpha_2 - \alpha_3}{4} - \cos\frac{\alpha_2 - \alpha_1}{4}\cos\frac{\alpha_3 - \alpha_2}{4}\sin\frac{\alpha_2 - \alpha_3}{2}\right)$$

$$=\frac{a^2}{4}\left[\sin\frac{\alpha_1+2\alpha_2-3\alpha_3}{4}\left(\cos\frac{\alpha_2+\alpha_3-2\alpha_1}{2}-\cos\frac{\alpha_3-\alpha_2}{2}\right)\right.$$

$$+\sin\frac{\alpha_3-\alpha_1}{2}\left(\cos\frac{\alpha_1+\alpha_3-2\alpha_2}{4}+\cos\frac{\alpha_3-\alpha_1}{4}\right)$$

$$+\sin\frac{\alpha_2-\alpha_1}{2}\left(\cos\frac{\alpha_1-\alpha_3}{4}+\cos\frac{3\alpha_1-2\alpha_2-\alpha_3}{4}\right)$$

$$\left.+\sin\frac{\alpha_3-\alpha_2}{2}\left(\cos\frac{\alpha_3-\alpha_1}{4}+\cos\frac{\alpha_1+\alpha_3-2\alpha_2}{4}\right)\right]$$

$$=\frac{a^2}{8}\left[\left(\sin\frac{4\alpha_2-\alpha_3-3\alpha_1}{4}+\sin\frac{5\alpha_1-5\alpha_3}{4}-\sin\frac{\alpha_1-\alpha_3}{4}-\sin\frac{\alpha_1+4\alpha_2-5\alpha_3}{4}\right)\right.$$

$$+\left(\sin\frac{3\alpha_3-\alpha_1-2\alpha_2}{4}+\sin\frac{2\alpha_2+\alpha_3-3\alpha_1}{4}+\sin\frac{3\alpha_3-3\alpha_1}{4}+\sin\frac{\alpha_3-\alpha_1}{4}\right)$$

$$+\left(\sin\frac{2\alpha_2-\alpha_1-\alpha_3}{4}+\sin\frac{2\alpha_2+\alpha_3-3\alpha_1}{4}+\sin\frac{\alpha_1-\alpha_3}{4}+\sin\frac{4\alpha_2+\alpha_3-5\alpha_1}{4}\right)$$

$$\left.+\left(\sin\frac{3\alpha_3-\alpha_1-2\alpha_2}{4}+\sin\frac{\alpha_1+\alpha_3-2\alpha_2}{4}+\sin\frac{\alpha_1+3\alpha_3-4\alpha_2}{4}+\sin\frac{\alpha_3-\alpha_1}{4}\right)\right]$$

$$=\frac{a^2}{8}\left[2\sin\frac{\alpha_3-\alpha_1}{4}+2\left(\sin\frac{3\alpha_3-\alpha_1-2\alpha_2}{4}+\sin\frac{2\alpha_2+\alpha_3-3\alpha_1}{4}\right)\right.$$

$$+\left(\sin\frac{4\alpha_2-\alpha_3-3\alpha_1}{4}+\sin\frac{4\alpha_2+\alpha_3-5\alpha_1}{4}\right)+\left(\sin\frac{5\alpha_1-5\alpha_3}{4}+\sin\frac{3\alpha_3-3\alpha_1}{4}\right)$$

$$\left.+\left(\sin\frac{\alpha_1+3\alpha_3-4\alpha_2}{4}-\sin\frac{\alpha_1+4\alpha_2-5\alpha_3}{4}\right)\right]$$

$$=\frac{a^2}{4}\left[\sin\frac{\alpha_3-\alpha_1}{4}+2\sin\frac{\alpha_3-\alpha_1}{2}\cos\frac{\alpha_1+\alpha_3-2\alpha_2}{4}+\sin(\alpha_2-\alpha_1)\cos\frac{\alpha_1-\alpha_3}{4}\right.$$

$$\left.+\sin\frac{\alpha_1-\alpha_3}{4}\cos(\alpha_1-\alpha_3)+\sin(\alpha_3-\alpha_2)\cos\frac{\alpha_1-\alpha_3}{4}\right]$$

$$=\frac{a^2}{4}\left\{\sin\frac{\alpha_3-\alpha_1}{4}[1-\cos(\alpha_1-\alpha_3)]+2\sin\frac{\alpha_3-\alpha_1}{2}\cos\frac{\alpha_1+\alpha_3-2\alpha_2}{4}\right.$$

$$\left.+[\sin(\alpha_2-\alpha_1)+\sin(\alpha_3-\alpha_2)]\cos\frac{\alpha_1-\alpha_3}{4}\right\}$$

$$=\frac{a^2}{2}\left(\sin\frac{\alpha_3-\alpha_1}{4}\sin^2\frac{\alpha_3-\alpha_1}{2}+\sin\frac{\alpha_3-\alpha_1}{2}\cos\frac{\alpha_1+\alpha_3-2\alpha_2}{4}\right.$$

$$\left.+\sin\frac{\alpha_3-\alpha_1}{2}\cos\frac{\alpha_1+\alpha_3-2\alpha_2}{2}\cos\frac{\alpha_1-\alpha_3}{4}\right)$$

$$=\frac{a^2}{2}\sin\frac{\alpha_3-\alpha_1}{2}\left(\sin\frac{\alpha_3-\alpha_1}{4}\sin\frac{\alpha_3-\alpha_1}{2}+\cos\frac{\alpha_1+\alpha_3-2\alpha_2}{4}\right.$$

$$\left.+\cos\frac{\alpha_1+\alpha_3-2\alpha_2}{2}\cos\frac{\alpha_1-\alpha_3}{4}\right)$$

$$=\frac{a^2}{2}\sin\frac{\alpha_3-\alpha_1}{2}\left(2\sin^2\frac{\alpha_3-\alpha_1}{4}\cos\frac{\alpha_3-\alpha_1}{4}+\cos\frac{\alpha_1+\alpha_3-2\alpha_2}{4}\right.$$

$$\left.+\cos\frac{\alpha_1+\alpha_3-2\alpha_2}{2}\cos\frac{\alpha_1-\alpha_3}{4}\right)$$

$$=\frac{a^2}{2}\sin\frac{\alpha_3-\alpha_1}{2}\left[\left(1-\cos\frac{\alpha_3-\alpha_1}{2}\right)\cos\frac{\alpha_3-\alpha_1}{4}+\cos\frac{\alpha_1+\alpha_3-2\alpha_2}{4}\right.$$

$$\left.+\cos\frac{\alpha_1+\alpha_3-2\alpha_2}{2}\cos\frac{\alpha_1-\alpha_3}{4}\right]$$

$$=\frac{a^2}{2}\sin\frac{\alpha_3-\alpha_1}{2}\left[\left(\cos\frac{\alpha_3-\alpha_1}{4}+\cos\frac{\alpha_1+\alpha_3-2\alpha_2}{4}\right)\right.$$

$$\left.+\left(\cos\frac{\alpha_1+\alpha_3-2\alpha_2}{2}-\cos\frac{\alpha_3-\alpha_1}{2}\right)\cos\frac{\alpha_1-\alpha_3}{4}\right]$$

$$=a^2\sin\frac{\alpha_3-\alpha_1}{2}\left(\cos\frac{\alpha_3-\alpha_2}{4}\cos\frac{\alpha_2-\alpha_1}{4}-\sin\frac{\alpha_3-\alpha_2}{2}\sin\frac{\alpha_1-\alpha_2}{2}\cos\frac{\alpha_1-\alpha_3}{4}\right)$$

$$=a^2\sin\frac{\alpha_3-\alpha_1}{2}\cos\frac{\alpha_3-\alpha_2}{4}\cos\frac{\alpha_2-\alpha_1}{4}\left(1+4\sin\frac{\alpha_3-\alpha_2}{4}\sin\frac{\alpha_2-\alpha_1}{4}\cos\frac{\alpha_1-\alpha_3}{4}\right)$$

$$=a^2\sin\frac{\alpha_3-\alpha_1}{2}\cos\frac{\alpha_3-\alpha_2}{4}\cos\frac{\alpha_2-\alpha_1}{4}\sigma(1),$$

所以 $i=1$ 时式 (7.3.18) 成立.

类似地, 可以证明 $i=2,3$ 时, 式 (7.3.18) 成立.

推论 7.3.6　设三角形 $P_1P_2P_3$ 的顶点的坐标为 $P_i(a\cos\alpha_i, a\sin\alpha_i), P_iQ_{i+1}(i=1,2,3)$ 是其内角的平分线, O 是它的外心, 证明: Q_i, Q_{i+1}, O 三点共线的充分必要条件是 $\sigma(i)=0\ (i=1,2,3)$.

证明　如图 7.3.7 所示. 不妨设 $0\leqslant\alpha_i<\alpha_{i+1}<\alpha_{i+2}<2\pi$, 于是

$$0<\alpha_{i+1}-\alpha_i, \alpha_{i+2}-\alpha_{i+1}, \alpha_{i+2}-\alpha_i<2\pi,$$

所以

$$\sin\frac{\alpha_{i+2}-\alpha_i}{2}\cos\frac{\alpha_{i+2}-\alpha_{i+1}}{4}\cos\frac{\alpha_{i+1}-\alpha_i}{4}\neq 0,$$

故由定理 7.3.8 知,

$$O,Q_i,Q_{i+1}三点共线\Leftrightarrow D_{OQ_iQ_{i+1}}=0\Leftrightarrow\sigma(i)=0\quad(i=1,2,3).$$

定理 7.3.9　设三角形 $P_1P_2P_3$ 的顶点的坐标为 $P_i(a\cos\alpha_i, a\sin\alpha_i), P_iQ'_{i+1}(i=1,2,3)$ 是三外角的平分线, O 是它的外心, 则

$$D_{OQ'_iQ'_{i+1}}=\frac{a^2}{\delta'(i)\delta'(i+1)}\sin\frac{\alpha_{i+2}-\alpha_i}{2}\sin\frac{\alpha_{i+2}-\alpha_{i+1}}{4}\sin\frac{\alpha_{i+1}-\alpha_i}{4}\sigma'(i),\quad(7.3.19)$$

其中 $\sigma'(i)=1-4\cos\dfrac{\alpha_{i+2}-\alpha_{i+1}}{4}\cos\dfrac{\alpha_{i+1}-\alpha_i}{4}\cos\dfrac{\alpha_i-\alpha_{i+2}}{4}; i=1,2,3.$

证明 如图 7.3.8 所示. 依题设三角形 $P_1P_2P_3$ 外心的坐标为 $O(0,0)$, 于是由引理 7.3.1 和三角形有向面积公式, 得

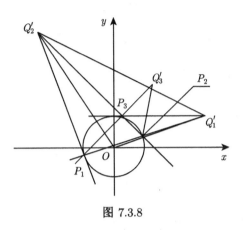

图 7.3.8

$$\delta'(1)\delta'(2)\mathrm{D}_{OQ_1'Q_2'}$$

$$=\frac{a^2}{2}\left[\left(\cos\frac{\alpha_1+\alpha_3}{2}\sin\frac{\alpha_2-\alpha_1}{4}-\cos\frac{3\alpha_2+\alpha_1}{4}\sin\frac{\alpha_3-\alpha_1}{2}\right)\left(\sin\frac{\alpha_2+\alpha_1}{2}\sin\frac{\alpha_3-\alpha_2}{4}\right.\right.$$

$$\left.-\sin\frac{3\alpha_3+\alpha_2}{4}\sin\frac{\alpha_1-\alpha_2}{2}\right)-\left(\cos\frac{\alpha_2+\alpha_1}{2}\sin\frac{\alpha_3-\alpha_2}{4}-\cos\frac{3\alpha_3+\alpha_2}{4}\sin\frac{\alpha_1-\alpha_2}{2}\right)$$

$$\left.\left(\sin\frac{\alpha_1+\alpha_3}{2}\sin\frac{\alpha_2-\alpha_1}{4}-\sin\frac{3\alpha_2+\alpha_1}{4}\sin\frac{\alpha_3-\alpha_1}{2}\right)\right]$$

$$=\frac{a^2}{2}\left[\sin\frac{\alpha_3-\alpha_1}{2}\sin\frac{\alpha_1-\alpha_2}{2}\left(\cos\frac{3\alpha_2+\alpha_1}{4}\sin\frac{3\alpha_3+\alpha_2}{4}-\sin\frac{3\alpha_2+\alpha_1}{4}\cos\frac{3\alpha_3+\alpha_2}{4}\right)\right.$$

$$-\sin\frac{\alpha_3-\alpha_1}{2}\sin\frac{\alpha_3-\alpha_2}{4}\left(\cos\frac{3\alpha_2+\alpha_1}{4}\sin\frac{\alpha_2+\alpha_1}{2}-\sin\frac{3\alpha_2+\alpha_1}{4}\cos\frac{\alpha_2+\alpha_1}{2}\right)$$

$$-\sin\frac{\alpha_1-\alpha_2}{2}\sin\frac{\alpha_2-\alpha_1}{4}\left(\sin\frac{3\alpha_3+\alpha_2}{4}\cos\frac{\alpha_1+\alpha_3}{2}-\cos\frac{3\alpha_3+\alpha_2}{4}\sin\frac{\alpha_1+\alpha_3}{2}\right)$$

$$\left.+\sin\frac{\alpha_2-\alpha_1}{4}\sin\frac{\alpha_3-\alpha_2}{4}\left(\cos\frac{\alpha_1+\alpha_3}{2}\sin\frac{\alpha_2+\alpha_1}{2}-\sin\frac{\alpha_1+\alpha_3}{2}\cos\frac{\alpha_2+\alpha_1}{2}\right)\right]$$

$$=\frac{a^2}{2}\left(\sin\frac{\alpha_3-\alpha_1}{2}\sin\frac{\alpha_1-\alpha_2}{2}\sin\frac{3\alpha_3-\alpha_1-2\alpha_2}{4}-\sin\frac{\alpha_3-\alpha_1}{2}\sin\frac{\alpha_3-\alpha_2}{4}\sin\frac{\alpha_1-\alpha_2}{4}\right.$$

$$\left.-\sin\frac{\alpha_1-\alpha_2}{2}\sin\frac{\alpha_2-\alpha_1}{4}\sin\frac{\alpha_2+\alpha_3-2\alpha_1}{4}+\sin\frac{\alpha_2-\alpha_1}{4}\sin\frac{\alpha_3-\alpha_2}{4}\sin\frac{\alpha_2-\alpha_3}{2}\right)$$

$$=\frac{a^2}{4}\left[\sin\frac{3\alpha_3-\alpha_1-2\alpha_2}{4}\left(\cos\frac{\alpha_2+\alpha_3-2\alpha_1}{2}-\cos\frac{\alpha_3-\alpha_2}{2}\right)\right.$$

$$\left.-\sin\frac{\alpha_3-\alpha_1}{2}\left(\cos\frac{\alpha_3-\alpha_1}{4}-\cos\frac{\alpha_1+\alpha_3-2\alpha_2}{4}\right)\right.$$

$$-\sin\frac{\alpha_1-\alpha_2}{2}\left(\cos\frac{\alpha_3-\alpha_1}{4}-\cos\frac{2\alpha_2+\alpha_3-3\alpha_1}{4}\right)$$

$$+\sin\frac{\alpha_2-\alpha_3}{2}\left(\cos\frac{\alpha_1+\alpha_3-2\alpha_2}{4}-\cos\frac{\alpha_3-\alpha_1}{4}\right)\Bigg]$$

$$=\frac{a^2}{8}\Bigg[\left(\sin\frac{5\alpha_3-5\alpha_1}{4}+\sin\frac{3\alpha_1+\alpha_3-4\alpha_2}{4}-\sin\frac{5\alpha_3-\alpha_1-4\alpha_2}{4}-\sin\frac{\alpha_3-\alpha_1}{4}\right)$$

$$+\left(\sin\frac{3\alpha_3-\alpha_1-2\alpha_2}{4}+\sin\frac{2\alpha_2+\alpha_3-3\alpha_1}{4}-\sin\frac{3\alpha_3-3\alpha_1}{4}-\sin\frac{\alpha_3-\alpha_1}{4}\right)$$

$$+\left(\sin\frac{\alpha_3-\alpha_1}{4}+\sin\frac{5\alpha_1-4\alpha_2-\alpha_3}{4}-\sin\frac{\alpha_1+\alpha_3-3\alpha_2}{4}-\sin\frac{3\alpha_1-2\alpha_2-\alpha_3}{4}\right)$$

$$+\left(\sin\frac{\alpha_1+2\alpha_2-3\alpha_3}{4}-\sin\frac{2\alpha_2-\alpha_3-\alpha_1}{4}+\sin\frac{\alpha_1-\alpha_3}{4}+\sin\frac{2\alpha_2-\alpha_1-3\alpha_3}{4}\right)\Bigg]$$

$$=\frac{a^2}{8}\Bigg[2\sin\frac{\alpha_1-\alpha_3}{4}+2\left(\sin\frac{3\alpha_3-2\alpha_2-\alpha_1}{4}+\sin\frac{2\alpha_2+\alpha_3-3\alpha_1}{4}\right)$$

$$+\left(\sin\frac{3\alpha_1+\alpha_3-4\alpha_1}{4}+\sin\frac{5\alpha_1-4\alpha_2-\alpha_3}{4}\right)$$

$$+\left(\sin\frac{4\alpha_2-\alpha_1-3\alpha_3}{4}-\sin\frac{5\alpha_3-\alpha_1-4\alpha_2}{4}\right)$$

$$+\left(\sin\frac{5\alpha_3-5\alpha_1}{4}-\sin\frac{3\alpha_3-3\alpha_1}{4}\right)\Bigg]$$

$$=\frac{a^2}{4}\Bigg[\sin\frac{\alpha_1-\alpha_3}{4}+2\sin\frac{\alpha_3-\alpha_1}{2}\cos\frac{\alpha_1+\alpha_3-2\alpha_2}{4}+\sin(\alpha_1-\alpha_2)\cos\frac{\alpha_1-\alpha_3}{4}$$

$$+\cos\frac{\alpha_3-\alpha_1}{4}\cos(\alpha_2-\alpha_3)+\cos(\alpha_3-\alpha_1)\sin\frac{\alpha_3-\alpha_1}{4}\Bigg]$$

$$=\frac{a^2}{4}\Bigg\{\sin\frac{\alpha_1-\alpha_3}{4}[1-\cos(\alpha_3-\alpha_1)]+2\sin\frac{\alpha_3-\alpha_1}{2}\cos\frac{\alpha_1+\alpha_3-2\alpha_2}{4}$$

$$+[\sin(\alpha_1-\alpha_2)+\sin(\alpha_2-\alpha_3)]\cos\frac{\alpha_1-\alpha_3}{4}\Bigg\}$$

$$=\frac{a^2}{2}\Bigg(\sin\frac{\alpha_1-\alpha_3}{4}\sin^2\frac{\alpha_1-\alpha_3}{2}+\sin\frac{\alpha_3-\alpha_1}{2}\cos\frac{\alpha_1+\alpha_3-2\alpha_2}{4}$$

$$+\sin\frac{\alpha_1-\alpha_3}{2}\cos\frac{\alpha_1+\alpha_3-2\alpha_2}{2}\cos\frac{\alpha_1-\alpha_3}{4}\Bigg)$$

$$=\frac{a^2}{2}\sin\frac{\alpha_1-\alpha_3}{2}\Bigg(\sin\frac{\alpha_1-\alpha_3}{2}\sin\frac{\alpha_1-\alpha_3}{4}-\cos\frac{\alpha_1+\alpha_3-2\alpha_2}{4}$$

$$+\cos\frac{\alpha_1+\alpha_3-2\alpha_2}{2}\cos\frac{\alpha_1-\alpha_3}{4}\Bigg)$$

$$=\frac{a^2}{2}\sin\frac{\alpha_1-\alpha_3}{2}\Bigg(2\sin^2\frac{\alpha_1-\alpha_3}{4}\cos\frac{\alpha_1-\alpha_3}{4}-\cos\frac{\alpha_1+\alpha_3-2\alpha_2}{4}$$

$$+ \cos \frac{\alpha_1 + \alpha_3 - 2\alpha_2}{2} \cos \frac{\alpha_1 - \alpha_3}{4} \Bigg)$$

$$= \frac{a^2}{2} \sin \frac{\alpha_1 - \alpha_3}{2} \left[\left(1 - \cos \frac{\alpha_1 - \alpha_3}{2} \right) \cos \frac{\alpha_1 - \alpha_3}{4} - \cos \frac{\alpha_1 + \alpha_3 - 2\alpha_2}{4} \right.$$

$$\left. + \cos \frac{\alpha_1 + \alpha_3 - 2\alpha_2}{2} \cos \frac{\alpha_1 - \alpha_3}{4} \right]$$

$$= \frac{a^2}{2} \sin \frac{\alpha_1 - \alpha_3}{2} \left[\left(\cos \frac{\alpha_1 - \alpha_3}{4} - \cos \frac{\alpha_1 + \alpha_3 - 2\alpha_2}{4} \right) \right.$$

$$\left. + \left(\cos \frac{\alpha_1 + \alpha_3 - 2\alpha_2}{2} - \cos \frac{\alpha_1 - \alpha_3}{2} \right) \cos \frac{\alpha_1 - \alpha_3}{4} \right]$$

$$= a^2 \sin \frac{\alpha_1 - \alpha_3}{2} \left(- \sin \frac{\alpha_1 - \alpha_2}{4} \sin \frac{\alpha_2 - \alpha_3}{4} - \sin \frac{\alpha_1 - \alpha_2}{2} \sin \frac{\alpha_3 - \alpha_2}{2} \cos \frac{\alpha_1 - \alpha_3}{4} \right)$$

$$= a^2 \sin \frac{\alpha_3 - \alpha_1}{2} \sin \frac{\alpha_3 - \alpha_2}{4} \sin \frac{\alpha_2 - \alpha_1}{4} \left(1 - 4 \cos \frac{\alpha_1 - \alpha_2}{4} \cos \frac{\alpha_2 - \alpha_3}{4} \cos \frac{\alpha_3 - \alpha_1}{4} \right)$$

$$= a^2 \sin \frac{\alpha_3 - \alpha_1}{2} \sin \frac{\alpha_3 - \alpha_2}{4} \sin \frac{\alpha_2 - \alpha_1}{4} \sigma'(1),$$

所以 $i = 1$ 时式 (7.3.19) 成立.

类似地, 可以证明 $i = 2, 3$ 时, 式 (7.3.19) 成立.

推论 7.3.7 设三角形 $P_1 P_2 P_3$ 的顶点的坐标为 $P_i(a \cos \alpha_i, a \sin \alpha_i), P_i Q'_{i+1} (i = 1, 2, 3)$ 是三外角的平分线, O 是外心, 证明: O, Q'_i, Q'_{i+1} 三点共线的充要条件是 $\sigma'(i) = 0 (i = 1, 2, 3)$.

证明 如图 7.3.8 所示. 不妨设 $0 \leqslant \alpha_i < \alpha_{i+1} < \alpha_{i+2} < 2\pi$, 于是

$$0 < \alpha_{i+1} - \alpha_i, \alpha_{i+2} - \alpha_{i+1}, \alpha_{i+2} - \alpha_i < 2\pi,$$

所以

$$\sin \frac{\alpha_{i+2} - \alpha_i}{2} \cos \frac{\alpha_{i+2} - \alpha_{i+1}}{4} \cos \frac{\alpha_{i+1} - \alpha_i}{4} \neq 0,$$

故由定理 7.3.9 知,

$$O, Q'_i, Q'_{i+1} 三点共线 \Leftrightarrow D_{OQ'_i Q'_{i+1}} = 0 \Leftrightarrow \sigma'(i) = 0 \quad (i = 1, 2, 3).$$

7.4 圆内接多角形角平分点线三角形有向面积公式与应用

本节主要讨论圆内接多角形角平分点线三角形有向面积公式及其应用. 首先, 给出多角形角平分点线三角形和角平分点多角形的概念; 其次, 给出圆内接多角形内角平分点线三角形有向面积公式, 并据此得出圆内接四角形内角平分点四边形有向面积公式等结论; 再次, 给出圆内接多角形外角平分点线三角形有向面积公式, 从而得出圆内接四边形外角平分点四角形有向面积公式等结论.

7.4.1　多角形角平分点线三角形和角平分点多角形的概念与记号

定义 7.4.1　设 $Q_1, Q_2, \cdots, Q_n(Q_1', Q_2', \cdots, Q_n')$ 分别是多角形 $P_1P_2 \cdots P_n$ 内角平分线 $P_{i+n-1}Q_i$ 与其对角线 P_iP_{i+n-2}(外角平分线 $P_{i+n-1}Q_i'$ 与其对角线 P_i P_{i+n-2} 延长线) 的交点, 则称以 $Q_1, Q_2, \cdots, Q_n(Q_1', Q_2', \cdots, Q_n')$ 中任意两点之间的连线 $Q_iQ_j(Q_i'Q_j')(i \neq j)$ 为一边的三角形为 $P_1P_2 \cdots P_n$ 的内角平分点线三角形 (外角平分点线三角形), 而称以 $Q_1, Q_2, \cdots, Q_n$ 中任意一点和 $Q_1', Q_2', \cdots, Q_n'$ 中任意一点之间的连线 $Q_iQ_j'(i \neq j)$ 为一边的三角形为 $P_1P_2 \cdots P_n$ 内外角平分点线三角形.

多角形 $P_1P_2 \cdots P_n$ 内角平分点线三角形、外角平分点线三角形和内外角平分点线三角形, 统称为 $P_1P_2 \cdots P_n$ 的角平分点线三角形.

特别地, 为方便起见, 我们把直线 $Q_iQ_j, Q_i'Q_j', Q_iQ_j'(i \neq j)$ 上一点 P 与 Q_iQ_j, $Q_i'Q_j', Q_iQ_j'(i \neq j)$ 所构成的线段 $PQ_iQ_j, PQ_i'Q_j', PQ_iQ_j'(i \neq j)$ 看成是 $P_1P_2 \cdots P_n$ 的角平分点线三角形的特殊情形.

显然, 以内角平分点 $Q_1, Q_2, \cdots, Q_n$ 和外角平分点 $Q_1', Q_2', \cdots, Q_n'$ 中任意三点所构成的三角形也是 $P_1P_2 \cdots P_n$ 的角平分点线三角形的特殊情形.

定义 7.4.2　以 n 角形 $P_1P_2 \cdots P_n$ 内角平分线 $P_{i+n-1}Q_i$ 与其对角线 P_iP_{i+n-2} (外角平分线 $P_{i+n-1}Q_i'$ 与其对角线 P_iP_{i+n-2} 延长线) 的交点所构成的 n 角形 $Q_1Q_2 \cdots Q_n(Q_1'Q_2' \cdots Q_n')$, 称为 n 角形 $P_1P_2 \cdots P_n$ 的内角平分点 n 角形 (外角平分点 n 角形); 既以内角平分点 $Q_1, Q_2, \cdots, Q_n$、又以外角平分点 $Q_1', Q_2', \cdots, Q_n'$ 中的点所构成的 n 角形称为多角形 $P_1P_2 \cdots P_n$ 的内外角平分点 n 角形.

n 角形 $P_1P_2 \cdots P_n$ 内角平分点 n 角形、外角平分点 n 角形和内外角平分点 n 角形, 统称为 $P_1P_2 \cdots P_n$ 的角平分点 n 角形.

在本节中, 记 $\sigma_i = \mathrm{d}_{P_{i+n-1}P_{i+n-2}} + \mathrm{d}_{P_{i+n-1}P_i}, \sigma_i' = {}_{P_{i+n-1}P_{i+n-2}} - \mathrm{d}_{P_{i+n-1}P_i}; P_{i+n} = P_i$, 于是 $\sigma_{i+n} = \sigma_i, \sigma_{i+n}' = \sigma_i'$.

7.4.2　圆内接多角形内角平分点线三角形有向面积公式与应用

定理 7.4.1　设圆内接多角形 $P_1P_2 \cdots P_n$ 顶点的坐标为 $P_i(a\cos\alpha_i, a\sin\alpha_i)$ $(i = 1, 2, \cdots, n)$, $P_iQ_{i+1}(i = 1, 2, \cdots, n)$ 是内角的平分线, O 是外接圆圆心, 则

$$
\begin{aligned}
\mathrm{D}_{OQ_iQ_{i+1}} = {} & \frac{a\mathrm{d}_{P_{i+n-1}P_{i+n-2}}\mathrm{d}_{P_iP_{i+n-1}}}{2\sigma_i\sigma_{i+1}}\left[\mathrm{d}_{P_iP_{i+1}}\left(\tau_{i+1,i}\cos\frac{\alpha_{i+1} - \alpha_i}{2}\right.\right. \\
& \left.+ \tau_{i+n-1,i}\cos\frac{\alpha_{i+n-1} - \alpha_i}{2} + \tau_{i+n-1,i+n-2}\cos\frac{\alpha_{i+n-1} - \alpha_{i+n-2}}{2}\right) \\
& \left.+ \tau_{i+1,i+n-2}\mathrm{d}_{P_{i+1}P_{i+n-2}}\cos\frac{\alpha_{i+1} - \alpha_{i+n-2}}{2}\right],
\end{aligned}
\tag{7.4.1}
$$

其中 $\tau_{j,i} = \mathrm{sgn}\{\alpha_j - \alpha_i\}; i, j = 1, 2, \cdots, n$.

证明　如图 7.4.1 所示. 依题设 $P_1P_2\cdots P_n$ 外接圆心的坐标为 $O(0,0)$. 由两点间的距离公式, 可得

$$
\begin{aligned}
\mathrm{d}^2_{P_iP_j} &= a^2\left[(\cos\alpha_j - \cos\alpha_i)^2 + (\sin\alpha_j - \sin\alpha_i)^2\right]\\
&= a^2\left[2 - 2(\cos\alpha_j\cos\alpha_i + \sin\alpha_j\sin\alpha_i)\right]\\
&= 2a^2\left[2 - \cos(\alpha_j - \alpha_i)\right] = 4a^2\sin^2\frac{\alpha_j - \alpha_i}{2},
\end{aligned}
$$

注意到 $-\pi < \dfrac{\alpha_j - \alpha_i}{2} < \pi$, 有

$$
\sin\frac{\alpha_j - \alpha_i}{2} = \frac{\tau_{j,i}}{2a}\mathrm{d}_{P_iP_j} \quad (i,j = 1,2,\cdots,n; j\neq i).
$$

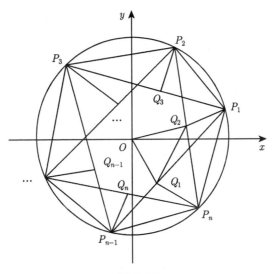

图 7.4.1

又由定理 7.2.1 的证明, 可得 P_iQ_{i+1} 与对角线 $P_{i+1}P_{i+n-1}$ 的交点 Q_{i+1} 的坐标为

$$
\begin{cases}
x_{Q_{i+1}} = a(\mathrm{d}_{P_iP_{i+n-1}}\cos\alpha_{i+1} + \mathrm{d}_{P_iP_{i+1}}\cos\alpha_{i+n-1})/\sigma_{i+1}\\
y_{Q_{i+1}} = a(\mathrm{d}_{P_iP_{i+n-1}}\sin\alpha_{i+1} + \mathrm{d}_{P_iP_{i+1}}\sin\alpha_{i+n-1})/\sigma_{i+1}
\end{cases}
\quad (i = 1,2,\cdots,n).
$$

于是

$$
\begin{aligned}
2\sigma_i&\sigma_{i+1}\mathrm{D}_{OQ_iQ_{i+1}}\\
={}&a^2\left[(\mathrm{d}_{P_{i+n-1}P_{i+n-2}}\cos\alpha_i + \mathrm{d}_{P_{i+n-1}P_i}\cos\alpha_{i+n-2})(\mathrm{d}_{P_iP_{i+n-1}}\sin\alpha_{i+1}\right.\\
&+ \mathrm{d}_{P_iP_{i+1}}\sin\alpha_{i+n-1}) - (\mathrm{d}_{P_iP_{i+n-1}}\cos\alpha_{i+1} + \mathrm{d}_{P_iP_{i+1}}\cos\alpha_{i+n-1})\\
&\left.\cdot (\mathrm{d}_{P_{i+n-1}P_{i+n-2}}\sin\alpha_i + \mathrm{d}_{P_{i+n-1}P_i}\sin\alpha_{i+n-2})\right]
\end{aligned}
$$

$$=a^2 \left[d_{P_{i+n-1}P_{i+n-2}} d_{P_iP_{i+n-1}} \sin(\alpha_{i+1} - \alpha_i) + d_{P_{i+n-1}P_{i+n-2}} d_{P_iP_{i+1}} \sin(\alpha_{i+n-1} - \alpha_i) \right.$$

$$\left. + d^2_{P_iP_{i+n-1}} \sin(\alpha_{i+1} - \alpha_{i+n-2}) + d_{P_{i+n-1}P_i} d_{P_iP_{i+1}} \sin(\alpha_{i+n-1} - \alpha_{i+n-2}) \right]$$

$$=2a^2 \left(d_{P_{i+n-1}P_{i+n-2}} d_{P_iP_{i+n-1}} \sin \frac{\alpha_{i+1} - \alpha_i}{2} \cos \frac{\alpha_{i+1} - \alpha_i}{2} \right.$$

$$+ d_{P_{i+n-1}P_{i+n-2}} d_{P_iP_{i+1}} \sin \frac{\alpha_{i+n-1} - \alpha_i}{2} \cos \frac{\alpha_{i+n-1} - \alpha_i}{2}$$

$$+ d^2_{P_iP_{i+n-1}} \sin \frac{\alpha_{i+1} - \alpha_{i+n-2}}{2} \cos \frac{\alpha_{i+1} - \alpha_{i+n-2}}{2}$$

$$\left. + d_{P_{i+n-1}P_i} d_{P_iP_{i+1}} \sin \frac{\alpha_{i+n-1} - \alpha_{i+n-2}}{2} \cos \frac{\alpha_{i+n-1} - \alpha_{i+n-2}}{2} \right)$$

$$=2a^2 \left(\tau_{i+1,i} d_{P_{i+n-1}P_{i+n-2}} d_{P_iP_{i+n-1}} \frac{d_{P_iP_{i+1}}}{2a} \cos \frac{\alpha_{i+1} - \alpha_i}{2} \right.$$

$$+ \tau_{i+n-1,i} d_{P_{i+n-1}P_{i+n-2}} d_{P_iP_{i+1}} \frac{d_{P_{i+n-1}P_i}}{2a} \cos \frac{\alpha_{i+n-1} - \alpha_i}{2}$$

$$+ \tau_{i+1,i+n-2} d^2_{P_iP_{i+n-1}} \frac{d_{i+1,i+n-2}}{2a} \cos \frac{\alpha_{i+1} - \alpha_{i+n-2}}{2}$$

$$\left. + \tau_{i+n-1,i+n-2} d_{P_{i+n-1}P_i} d_{P_iP_{i+1}} \frac{d_{i+n-1,i+n-2}}{2a} \cos \frac{\alpha_{i+n-1} - \alpha_{i+n-2}}{2} \right)$$

$$=a d_{P_{i+n-1}P_{i+n-2}} d_{P_iP_{i+n-1}} d_{P_iP_{i+1}} \left(\tau_{i+1,i} \cos \frac{\alpha_{i+1} - \alpha_i}{2} + \tau_{i+n-1,i} \cos \frac{\alpha_{i+n-1} - \alpha_i}{2} \right.$$

$$\left. + \tau_{i+n-1,i+n-2} \cos \frac{\alpha_{i+n-1} - \alpha_{i+n-2}}{2} \right)$$

$$+ a\tau_{i+1,i+n-2} d^2_{P_iP_{i+n-1}} d_{i+1,i+n-2} \cos \frac{\alpha_{i+1} - \alpha_{i+n-2}}{2},$$

因此, 式 (7.4.1) 成立.

推论 7.4.1　设圆内接多角形 $P_1P_2 \cdots P_n$ 顶点的坐标为 $P_i(a\cos\alpha_i, a\sin\alpha_i)(i = 1, 2, \cdots, n)$, $P_iQ_{i+1}(i = 1, 2, \cdots, n)$ 是 n 内角的平分线, O 是外接圆圆心, 则 $O, Q_i, Q_{i+1}(i = 1, 2, \cdots, n)$ 三点共线的充分必要条件是

$$\tau_{i+1,i} \cos \frac{\alpha_{i+1} - \alpha_i}{2} + \tau_{i+n-1,i} \cos \frac{\alpha_{i+n-1} - \alpha_i}{2} + \tau_{i+n-1,i+n-2} \cos \frac{\alpha_{i+n-1} - \alpha_{i+n-2}}{2}$$

$$=\tau_{i+n-2,i+1} \frac{d_{P_{i+1}P_{i+n-2}}}{d_{P_iP_{i+1}}} \cos \frac{\alpha_{i+1} - \alpha_{i+n-2}}{2}, \tag{7.4.2}$$

其中 $\tau_{i,j} = \mathrm{sgn}\{\alpha_i - \alpha_j\}; i, j = 1, 2, \cdots, n$.

证明　由式 (7.4.1) 可知,

$$O, Q_i, Q_{i+1} \text{三点共线} \Leftrightarrow D_{OQ_iQ_{i+1}} = 0 \Leftrightarrow \text{式}(7.4.2)\text{成立}.$$

注 7.4.1　特别地, 当 $n = 3$ 时, 注意到 $\tau_{i+1,i+1} = \mathrm{sgn}\{\alpha_{i+1} - \alpha_{i+1}\} = 0$, 即得定理 7.3.1 和推论 7.3.1. 因此, 定理 7.4.1 和推论 7.4.1 分别是定理 7.3.1 和推论 7.4.1 在圆内接 n 角形中的推广.

定理 7.4.2 (喻德生, 2017)　设 $P_iQ_{i+1}(i=1,2,3,4)$ 是圆内接四边形 $P_1P_2P_3P_4$ 内角的平分线, 且 $Q_1Q_2Q_3Q_4$ 为四边形, 则

$$\mathrm{D}_{Q_1Q_2Q_3Q_4} = -\frac{(\mathrm{d}_{P_1P_2}\mathrm{d}_{P_3P_4} - \mathrm{d}_{P_2P_3}\mathrm{d}_{P_4P_1})^2}{\sigma_1\sigma_2\sigma_3\sigma_4}\mathrm{D}_{P_1P_2P_3P_4}, \tag{7.4.3}$$

$$a_{Q_1Q_2Q_3Q_4} = \frac{(\mathrm{d}_{P_1P_2}\mathrm{d}_{P_3P_4} - \mathrm{d}_{P_2P_3}\mathrm{d}_{P_4P_1})^2}{\sigma_1\sigma_2\sigma_3\sigma_4}a_{P_1P_2P_3P_4}. \tag{7.4.4}$$

证明　不妨设圆内接四多边形 $P_1P_2P_3P_4$ 顶点的坐标为 $P_i(a\cos\alpha_i, a\sin\alpha_i)(i=1,2,3,4)$, 于是由定理 7.4.1 的证明, 可得

$$\mathrm{D}_{OQ_iQ_{i+1}} = \frac{a^2}{2\sigma_i\sigma_{i+1}}\big[\mathrm{d}_{P_{i+3}P_{i+2}}\mathrm{d}_{P_iP_{i+3}}\sin(\alpha_{i+1}-\alpha_i) + \mathrm{d}_{P_{i+3}P_{i+2}}\mathrm{d}_{P_iP_{i+1}}\sin(\alpha_{i+3}-\alpha_i)$$
$$+ \mathrm{d}_{P_iP_{i+3}}^2\sin(\alpha_{i+1}-\alpha_{i+2}) + \mathrm{d}_{P_{i+3}P_i}\mathrm{d}_{P_iP_{i+1}}\sin(\alpha_{i+3}-\alpha_{i+2})\big].$$

于是由多边形有向面积对边三角形有向面积的可加性, 得

$$2\sigma_1\sigma_2\sigma_3\sigma_4\mathrm{D}_{Q_1Q_2Q_3Q_4}$$

$$=2\sigma_1\sigma_2\sigma_3\sigma_4\sum_{i=1}^{4}\mathrm{D}_{OQ_iQ_{i+1}}$$

$$=a^2\sum_{i=1}^{4}\sigma_{i+2}\sigma_{i+3}\big[\mathrm{d}_{P_{i+3}P_{i+2}}\mathrm{d}_{P_iP_{i+3}}\sin(\alpha_{i+1}-\alpha_i) + \mathrm{d}_{P_{i+3}P_{i+2}}\mathrm{d}_{P_iP_{i+1}}\sin(\alpha_{i+3}-\alpha_i)$$
$$+ \mathrm{d}_{P_iP_{i+3}}^2\sin(\alpha_{i+1}-\alpha_{i+2}) + \mathrm{d}_{P_{i+3}P_i}\mathrm{d}_{P_iP_{i+1}}\sin(\alpha_{i+3}-\alpha_{i+2})\big]$$

$$=a^2\sum_{i=1}^{4}\big[\sigma_{i+2}\sigma_{i+3}\mathrm{d}_{P_{i+3}P_{i+2}}\mathrm{d}_{P_iP_{i+3}}\sin(\alpha_{i+1}-\alpha_i)$$
$$+ \sigma_{i+3}\sigma_i\mathrm{d}_{P_iP_{i+3}}\mathrm{d}_{P_{i+1}P_{i+2}}\sin(\alpha_i-\alpha_{i+1})$$
$$+ \sigma_{i+1}\sigma_{i+2}\mathrm{d}_{P_{i+3}P_{i+2}}^2\sin(\alpha_i-\alpha_{i+1}) + \sigma_i\sigma_{i+1}\mathrm{d}_{P_{i+1}P_{i+2}}\mathrm{d}_{P_{i+2}P_{i+3}}\sin(\alpha_{i+1}-\alpha_i)\big]$$

$$=a^2\sum_{i=1}^{4}\big[\sigma_{i+2}\mathrm{d}_{P_{i+2}P_{i+3}}\left(\sigma_{i+3}\mathrm{d}_{P_iP_{i+3}} - \sigma_{i+1}\mathrm{d}_{P_{i+2}P_{i+3}}\right)$$
$$+ \sigma_i\mathrm{d}_{P_{i+1}P_{i+2}}\left(\sigma_{i+1}\mathrm{d}_{P_{i+2}P_{i+3}} - \sigma_{i+3}\mathrm{d}_{P_iP_{i+3}}\right)\big]\sin(\alpha_{i+1}-\alpha_i)$$

$$=a^2\sum_{i=1}^{4}\left(\sigma_i\mathrm{d}_{P_{i+1}P_{i+2}} - \sigma_{i+2}\mathrm{d}_{P_{i+2}P_{i+3}}\right)\left(\sigma_{i+1}\mathrm{d}_{P_{i+2}P_{i+3}} - \sigma_{i+3}\mathrm{d}_{P_iP_{i+3}}\right)\sin(\alpha_{i+1}-\alpha_i)$$

$$=a^2\sum_{i=1}^{4}\big[\left(\mathrm{d}_{P_{i+3}P_{i+2}} + \mathrm{d}_{P_{i+3}P_i}\right)\mathrm{d}_{P_{i+1}P_{i+2}} - \left(\mathrm{d}_{P_{i+1}P_i} + \mathrm{d}_{P_{i+1}P_{i+2}}\right)\mathrm{d}_{P_{i+2}P_{i+3}}\big]$$
$$\times\big[\left(\mathrm{d}_{P_iP_{i+3}} + \mathrm{d}_{P_iP_{i+1}}\right)\mathrm{d}_{P_{i+1}P_{i+2}} - \left(\mathrm{d}_{P_{i+2}P_{i+1}} + \mathrm{d}_{P_{i+2}P_{i+3}}\right)\mathrm{d}_{P_iP_{i+3}}\big]\sin(\alpha_{i+1}-\alpha_i)$$

$$=-a^2\sum_{i=1}^{4}\left(\mathrm{d}_{P_iP_{i+1}}\mathrm{d}_{P_{i+2}P_{i+3}} - \mathrm{d}_{P_{i+1}P_{i+2}}\mathrm{d}_{P_{i+3}P_i}\right)^2\sin(\alpha_{i+1}-\alpha_i)$$

$$= -a^2 \left(d_{P_1 P_2} d_{P_3 P_4} - d_{P_2 P_3} d_{P_4 P_1} \right)^2 \sum_{i=1}^{4} \sin(\alpha_{i+1} - \alpha_i)$$

$$= -2 \left(d_{P_1 P_2} d_{P_3 P_4} - d_{P_2 P_3} d_{P_4 P_1} \right)^2 D_{P_1 P_2 P_3 P_4},$$

因此, 式 (7.4.3) 和 (7.4.4) 成立.

推论 7.4.2　设 $P_i Q_{i+1}(i = 1, 2, 3, 4)$ 是圆内接四边形 $P_1 P_2 P_3 P_4$ 内角的平分线, 且 $Q_1 Q_2 Q_3 Q_4$ 为四边形, 则四边形 $Q_1 Q_2 Q_3 Q_4$ 与四边形 $P_1 P_2 P_3 P_4$ 是反向的.

证明　由式 (7.4.3) 即得.

推论 7.4.3　设 $P_i Q_{i+1}(i = 1, 2, 3, 4)$ 是圆内接四边形 $P_1 P_2 P_3 P_4$ 内角的平分线, 且 $Q_1 Q_2 Q_3 Q_4$ 为四边形, 则

$$a_{Q_1 Q_2 Q_3 Q_4} \leqslant \frac{1}{16} \left(\sqrt{\frac{d_{P_1 P_2} d_{P_3 P_4}}{d_{P_2 P_3} d_{P_4 P_1}}} - \sqrt{\frac{d_{P_2 P_3} d_{P_4 P_1}}{d_{P_1 P_2} d_{P_3 P_4}}} \right)^2 a_{P_1 P_2 P_3 P_4}. \tag{7.4.5}$$

证明　因为 $\sigma_i = d_{P_{i+3} P_{i+2}} + d_{P_{i+3} P_i} \geqslant 2\sqrt{d_{P_{i+3} P_{i+2}} d_{P_{i+3} P_i}}$ $(i = 1, 2, 3, 4)$, 所以

$$\sigma_1 \sigma_2 \sigma_3 \sigma_4 \geqslant 16 \sqrt{d_{P_4 P_3} d_{P_4 P_1} d_{P_1 P_4} d_{P_1 P_2} d_{P_2 P_1} d_{P_2 P_3} d_{P_3 P_2} d_{P_3 P_4}}$$

$$= 16 d_{P_1 P_2} d_{P_2 P_3} d_{P_3 P_4} d_{P_4 P_1},$$

于是由式 (7.4.4), 可得

$$a_{Q_1 Q_2 Q_3 Q_4} \leqslant \frac{(d_{P_1 P_2} d_{P_3 P_4} - d_{P_2 P_3} d_{P_4 P_1})^2}{16 d_{P_1 P_2} d_{P_2 P_3} d_{P_3 P_4} d_{P_4 P_1}} a_{P_1 P_2 P_3 P_4}$$

$$= \frac{1}{16} \left(\sqrt{\frac{d_{P_1 P_2} d_{P_3 P_4}}{d_{P_2 P_3} d_{P_4 P_1}}} - \sqrt{\frac{d_{P_2 P_3} d_{P_4 P_1}}{d_{P_1 P_2} d_{P_3 P_4}}} \right)^2 a_{P_1 P_2 P_3 P_4},$$

因此, 式 (7.4.5) 成立.

推论 7.4.4　设 $P_i Q_{i+1}(i = 1, 2, 3, 4)$ 是圆内接四边形 $P_1 P_2 P_3 P_4$ 内角的平分线, 且 $Q_1 Q_2 Q_3 Q_4$ 不是边自交四边形, 则 Q_1, Q_2, Q_3, Q_4 四点重合或共线的充分必要条件是 $P_1 P_2 P_3 P_4$ 两组对边的乘积相等, 即

$$d_{P_1 P_2} d_{P_3 P_4} = d_{P_2 P_3} d_{P_4 P_1}. \tag{7.4.6}$$

证明　因为 $Q_1 Q_2 Q_3 Q_4$ 不是四角形, 故由式 (7.4.4) 可得

Q_1, Q_2, Q_3, Q_4 四点重合或共线 $\Leftrightarrow a_{Q_1 Q_2 Q_3 Q_4} = 0 \Leftrightarrow$ 式 (7.4.6) 成立.

7.4.3　圆内接多角形外角平分点线三角形有向面积的公式与应用

定理 7.4.3　设圆内接多角形 $P_1 P_2 \cdots P_n$ 顶点的坐标为 $P_i(a \cos \alpha_i, a \sin \alpha_i)(i = 1, 2, \cdots, n)$, $P_i Q'_{i+1}(i = 1, 2, \cdots, n)$ 是 n 外角的平分线, O 是外接圆圆心, 则

$$D_{O Q'_i Q'_{i+1}} = a d_{P_{i+n-1} P_{i+n-2}} d_{P_i P_{i+n-1}} \left[d_{P_i P_{i+1}} \left(\tau_{i+1, i} \cos \frac{\alpha_{i+1} - \alpha_i}{2} \right. \right.$$

$$-\tau_{i+n-1,i}\cos\frac{\alpha_{i+n-1}-\alpha_i}{2}+\tau_{i+n-1,i+n-2}\cos\frac{\alpha_{i+n-1}-\alpha_{i+n-2}}{2}\Big)$$

$$-\tau_{i+1,i+n-2}\mathrm{d}_{P_iP_{i+n-1}}\cos\frac{\alpha_{i+1}-\alpha_{i+n-2}}{2}\Bigg], \tag{7.4.7}$$

其中 $\tau_{j,i}=\mathrm{sgn}\{\alpha_j-\alpha_i\}$；$i,j=1,2,\cdots,n$.

证明 由定理 7.2.3 的证明，可得 P_iQ_{i+1}' 与对角线 $P_{i+1}P_{i+n-1}$ 的交点 Q_{i+1}' 的坐标为

$$\begin{cases} x_{Q_{i+1}'}=a(\mathrm{d}_{P_iP_{i+n-1}}\cos\alpha_{i+1}-\mathrm{d}_{P_iP_{i+1}}\cos\alpha_{i+n-1})/\sigma_{i+1}' \\ y_{Q_{i+1}'}=a(\mathrm{d}_{P_iP_{i+n-1}}\sin\alpha_{i+1}-\mathrm{d}_{P_iP_{i+1}}\sin\alpha_{i+n-1})/\sigma_{i+1}' \end{cases} \quad (i=1,2,\cdots,n).$$

于是

$$2\sigma_i'\sigma_{i+1}'\mathrm{D}_{OQ_i'Q_{i+1}'}$$

$$=a^2\big[(\mathrm{d}_{P_{i+n-1}P_{i+n-2}}\cos\alpha_i-\mathrm{d}_{P_{i+n-1}P_i}\cos\alpha_{i+n-2})(\mathrm{d}_{P_iP_{i+n-1}}\sin\alpha_{i+1}$$

$$-\mathrm{d}_{P_iP_{i+1}}\sin\alpha_{i+n-1})-(\mathrm{d}_{P_iP_{i+n-1}}\cos\alpha_{i+1}-\mathrm{d}_{P_iP_{i+1}}\cos\alpha_{i+n-1})$$

$$\cdot(\mathrm{d}_{P_{i+n-1}P_{i+n-2}}\sin\alpha_i-\mathrm{d}_{P_{i+n-1}P_i}\sin\alpha_{i+n-2})\big]$$

$$=a^2\big[\mathrm{d}_{P_{i+n-1}P_{i+n-2}}\mathrm{d}_{P_iP_{i+n-1}}\sin(\alpha_{i+1}-\alpha_i)-\mathrm{d}_{P_{i+n-1}P_{i+n-2}}\mathrm{d}_{P_iP_{i+1}}\sin(\alpha_{i+n-1}-\alpha_i)$$

$$-\mathrm{d}_{P_iP_{i+n-1}}^2\sin(\alpha_{i+1}-\alpha_{i+n-2})+\mathrm{d}_{P_{i+n-1}P_i}\mathrm{d}_{P_iP_{i+1}}\sin(\alpha_{i+n-1}-\alpha_{i+n-2})\big]$$

$$=2a^2\Big(\mathrm{d}_{P_{i+n-1}P_{i+n-2}}\mathrm{d}_{P_iP_{i+n-1}}\sin\frac{\alpha_{i+1}-\alpha_i}{2}\cos\frac{\alpha_{i+1}-\alpha_i}{2}$$

$$-\mathrm{d}_{P_{i+n-1}P_{i+n-2}}\mathrm{d}_{P_iP_{i+1}}\sin\frac{\alpha_{i+n-1}-\alpha_i}{2}\cos\frac{\alpha_{i+n-1}-\alpha_i}{2}$$

$$-\mathrm{d}_{P_iP_{i+n-1}}^2\sin\frac{\alpha_{i+1}-\alpha_{i+n-2}}{2}\cos\frac{\alpha_{i+1}-\alpha_{i+n-2}}{2}$$

$$+\mathrm{d}_{P_{i+n-1}P_i}\mathrm{d}_{P_iP_{i+1}}\sin\frac{\alpha_{i+n-1}-\alpha_{i+n-2}}{2}\cos\frac{\alpha_{i+n-1}-\alpha_{i+n-2}}{2}\Big)$$

$$=2a^2\Big(\tau_{i+1,i}\mathrm{d}_{P_{i+n-1}P_{i+n-2}}\mathrm{d}_{P_iP_{i+n-1}}\frac{\mathrm{d}_{P_iP_{i+1}}}{2a}\cos\frac{\alpha_{i+1}-\alpha_i}{2}$$

$$-\tau_{i+n-1,i}\mathrm{d}_{P_{i+n-1}P_{i+n-2}}\mathrm{d}_{P_iP_{i+1}}\frac{\mathrm{d}_{P_{i+n-1}P_i}}{2a}\cos\frac{\alpha_{i+n-1}-\alpha_i}{2}$$

$$-\tau_{i+1,i+n-2}\mathrm{d}_{P_iP_{i+n-1}}^2\frac{\mathrm{d}_{i+1,i+n-2}}{2a}\cos\frac{\alpha_{i+1}-\alpha_{i+n-2}}{2}$$

$$+\tau_{i+n-1,i+n-2}\mathrm{d}_{P_{i+n-1}P_i}\mathrm{d}_{P_iP_{i+1}}\frac{\mathrm{d}_{i+n-1,i+n-2}}{2a}\cos\frac{\alpha_{i+n-1}-\alpha_{i+n-2}}{2}\Big)$$

$$=a\mathrm{d}_{P_{i+n-1}P_{i+n-2}}\mathrm{d}_{P_iP_{i+n-1}}\mathrm{d}_{P_iP_{i+1}}\Big(\tau_{i+1,i}\cos\frac{\alpha_{i+1}-\alpha_i}{2}$$

$$-\tau_{i+n-1,i}\cos\frac{\alpha_{i+n-1}-\alpha_i}{2}+\tau_{i+n-1,i+n-2}\cos\frac{\alpha_{i+n-1}-\alpha_{i+n-2}}{2}\Big)$$

$$- a\tau_{i+1,i+n-2}\mathrm{d}_{P_iP_{i+n-1}}^2 \mathrm{d}_{i+1,i+n-2} \cos \frac{\alpha_{i+1} - \alpha_{i+n-2}}{2},$$

因此, 式 (7.4.7) 成立.

推论 7.4.5　设圆内接多角形 $P_1P_2\cdots P_n$ 顶点的坐标为 $P_i(a\cos\alpha_i, a\sin\alpha_i)(i = 1, 2, \cdots, n)$, $P_iQ'_{i+1}(i = 1, 2, \cdots, n)$ 是外角的平分线, O 是外接圆圆心, 则 O, Q'_i, $Q'_{i+1}(i = 1, 2, \cdots, n)$ 三点共线的充分必要条件是

$$\tau_{i+1,i}\cos\frac{\alpha_{i+1} - \alpha_i}{2} - \tau_{i+n-1,i}\cos\frac{\alpha_{i+n-1} - \alpha_i}{2} + \tau_{i+n-1,i+n-2}\cos\frac{\alpha_{i+n-1} - \alpha_{i+n-2}}{2}$$

$$= \tau_{i+1,i+n-2}\frac{\mathrm{d}_{P_iP_{i+n-1}}}{\mathrm{d}_{P_iP_{i+1}}}\cos\frac{\alpha_{i+1} - \alpha_{i+n-2}}{2}, \tag{7.4.8}$$

其中 $\tau_{j,i} = \mathrm{sgn}\{\alpha_j - \alpha_i\}$.

证明　由式 (7.4.8) 可知,

$$O, Q'_i, Q'_{i+1}\text{三点共线} \Leftrightarrow \mathrm{D}_{OQ'_iQ'_{i+1}} = 0 \Leftrightarrow \text{式(7.4.8)成立}.$$

注 7.4.2　特别地, 当 $n = 3$ 时, 注意到 $\tau_{i+1,i+1} = \mathrm{sgn}\{\alpha_{i+1} - \alpha_{i+1}\} = 0$, 即得定理 7.3.3 和推论 7.3.3. 因此, 定理 7.4.3 和推论 7.4.5 分别是定理 7.3.3 和推论 7.4.3 在圆内接四角形中的推广.

定理 7.4.4 (喻德生, 2017)　设 $P_iQ'_{i+1}(i = 1, 2, 3, 4)$ 是圆内接四边形 $P_1P_2P_3P_4$ 外角的平分线, 且 $Q'_1Q'_2Q'_3Q'_4$ 为四边形, 则

$$\mathrm{D}_{Q'_1Q'_2Q'_3Q'_4} = -\frac{(\mathrm{d}_{P_1P_2}\mathrm{d}_{P_3P_4} - \mathrm{d}_{P_2P_3}\mathrm{d}_{P_4P_1})^2}{\sigma'_1\sigma'_2\sigma'_3\sigma'_4}\mathrm{D}_{P_1P_2P_3P_4}, \tag{7.4.9}$$

$$\mathrm{a}_{Q'_1Q'_2Q'_3Q'_4} = \frac{(\mathrm{d}_{P_1P_2}\mathrm{d}_{P_3P_4} - \mathrm{d}_{P_2P_3}\mathrm{d}_{P_4P_1})^2}{|\sigma'_1\sigma'_2\sigma'_3\sigma'_4|}\mathrm{a}_{P_1P_2P_3P_4}. \tag{7.4.10}$$

证明　不妨设圆内接四多边形 $P_1P_2P_3P_4$ 顶点的坐标为 $P_i(a\cos\alpha_i, a\sin\alpha_i)(i = 1, 2, 3, 4)$, 于是由多边形有向面积对边三角形有向面积的可加性, 得

$$2\sigma'_1\sigma'_2\sigma'_3\sigma'_4\mathrm{D}_{Q'_1Q'_2Q'_3Q'_4} = 2\sigma'_1\sigma'_2\sigma'_3\sigma'_4\sum_{i=1}^{4}\mathrm{D}_{OQ'_iQ'_{i+1}}$$

$$= a^2\sum_{i=1}^{4}\sigma'_{i+2}\sigma'_{i+3}\left[\mathrm{d}_{P_{i+3}P_{i+2}}\mathrm{d}_{P_iP_{i+3}}\sin(\alpha_{i+1} - \alpha_i) - \mathrm{d}_{P_{i+3}P_{i+2}}\mathrm{d}_{P_iP_{i+1}}\sin(\alpha_{i+3} - \alpha_i)\right.$$

$$\left. - \mathrm{d}_{P_iP_{i+3}}^2\sin(\alpha_{i+1} - \alpha_{i+2}) + \mathrm{d}_{P_{i+3}P_i}\mathrm{d}_{P_iP_{i+1}}\sin(\alpha_{i+3} - \alpha_{i+2})\right]$$

$$= a^2\sum_{i=1}^{4}\left[\sigma'_{i+2}\sigma'_{i+3}\mathrm{d}_{P_{i+3}P_{i+2}}\mathrm{d}_{P_iP_{i+3}}\sin(\alpha_{i+1} - \alpha_i)\right.$$

$$\left. - \sigma_{i+3}\sigma_i\mathrm{d}_{P_iP_{i+3}}\mathrm{d}_{P_{i+1}P_{i+2}}\sin(\alpha_i - \alpha_{i+1})\right.$$

$$-\sigma_{i+1}\sigma_{i+2}\mathrm{d}^2_{P_{i+3}P_{i+2}}\sin(\alpha_i-\alpha_{i+1})+\sigma_i\sigma_{i+1}\mathrm{d}_{P_{i+1}P_{i+2}}\mathrm{d}_{P_{i+2}P_{i+3}}\sin(\alpha_{i+1}-\alpha_i)]$$

$$=a^2\sum_{i=1}^{4}\left[\sigma'_{i+2}\mathrm{d}_{P_{i+2}P_{i+3}}\left(\sigma'_{i+3}\mathrm{d}_{P_iP_{i+3}}-\sigma'_{i+1}\mathrm{d}_{P_{i+2}P_{i+3}}\right)\right.$$

$$\left.+\sigma'_i\mathrm{d}_{P_{i+1}P_{i+2}}\left(\sigma'_{i+1}\mathrm{d}_{P_{i+2}P_{i+3}}-\sigma'_{i+3}\mathrm{d}_{P_iP_{i+3}}\right)\right]\sin(\alpha_{i+1}-\alpha_i)$$

$$=a^2\sum_{i=1}^{4}\left[\left(\sigma'_i\mathrm{d}_{P_{i+1}P_{i+2}}-\sigma'_{i+2}\mathrm{d}_{P_{i+2}P_{i+3}}\right)\left(\sigma'_{i+1}\mathrm{d}_{P_{i+2}P_{i+3}}-\sigma'_{i+3}\mathrm{d}_{P_iP_{i+3}}\right)\right]\sin(\alpha_{i+1}-\alpha_i)$$

$$=a^2\sum_{i=1}^{4}\left[\left(\mathrm{d}_{P_{i+3}P_{i+2}}-\mathrm{d}_{P_{i+3}P_i}\right)\mathrm{d}_{P_{i+1}P_{i+2}}+\left(\mathrm{d}_{P_{i+1}P_i}-\mathrm{d}_{P_{i+1}P_{i+2}}\right)\mathrm{d}_{P_{i+2}P_{i+3}}\right]$$

$$\times\left[\left(\mathrm{d}_{P_iP_{i+3}}-\mathrm{d}_{P_iP_{i+1}}\right)\mathrm{d}_{P_{i+1}P_{i+2}}+\left(\mathrm{d}_{P_{i+2}P_{i+1}}-\mathrm{d}_{P_{i+2}P_{i+3}}\right)\mathrm{d}_{P_iP_{i+3}}\right]\sin(\alpha_{i+1}-\alpha_i)$$

$$=-a^2\sum_{i=1}^{4}\left(\mathrm{d}_{P_iP_{i+1}}\mathrm{d}_{P_{i+2}P_{i+3}}-\mathrm{d}_{P_{i+1}P_{i+2}}\mathrm{d}_{P_{i+3}P_i}\right)^2\sin(\alpha_{i+1}-\alpha_i)$$

$$=-a^2\left(\mathrm{d}_{P_1P_2}\mathrm{d}_{P_3P_4}-\mathrm{d}_{P_2P_3}\mathrm{d}_{P_4P_1}\right)^2\sum_{i=1}^{4}\sin(\alpha_{i+1}-\alpha_i)$$

$$=-2\left(\mathrm{d}_{P_1P_2}\mathrm{d}_{P_3P_4}-\mathrm{d}_{P_2P_3}\mathrm{d}_{P_4P_1}\right)^2\mathrm{D}_{P_1P_2P_3P_4},$$

因此, 式 (7.4.7) 和 (7.4.8) 成立.

推论 7.4.6 设 $P_iQ'_{i+1}(i=1,2,3,4)$ 是圆内接四边形 $P_1P_2P_3P_4$ 外角的平分线, 且 $Q'_1Q'_2Q'_3Q'_4$ 不是边自交的四角形, 则 Q'_1,Q'_2,Q'_3,Q'_4 四点重合和或共线的充分必要条件是 $P_1P_2P_3P_4$ 两组对边的乘积相等, 即

$$\mathrm{d}_{P_1P_2}\mathrm{d}_{P_3P_4}=\mathrm{d}_{P_2P_3}\mathrm{d}_{P_4P_1}.\tag{7.4.11}$$

证明 因为 $Q'_1Q'_2Q'_3Q'_4$ 不是边自交的四角形, 故由式 (7.4.9) 可得 Q'_1,Q'_2,Q'_3,Q'_4 四点重合和或共线 $\Leftrightarrow\mathrm{a}_{Q'_1Q'_2Q'_3Q'_4}=0\Leftrightarrow$ 式 (7.4.6) 成立.

推论 7.4.7 设 $P_iQ_{i+1}(P_iQ'_{i+1})(i=1,2,3,4)$ 是圆内接四边形 $P_1P_2P_3P_4$ 外角的平分线, 且 $Q_1Q_2Q_3Q_4(Q'_1Q'_2Q'_3Q'_4)$ 不是边自交的四角形, 则 Q_1,Q_2,Q_3,Q_4 四点重合或共线的充分必要条件是 Q'_1,Q'_2,Q'_3,Q'_4 四点重合或共线.

证明 由推论 7.4.4 和推论 7.4.6 即得.

推论 7.4.8 设 $P_iQ_{i+1}(P_iQ'_{i+1})(i=1,2,3,4)$ 是圆内接四边形 $P_1P_2P_3P_4$ 内角 (外角) 的平分线, 且 $Q_1Q_2Q_3Q_4(Q'_1Q'_2Q'_3Q'_4)$ 均为四边形, 则

$$\sigma_1\sigma_2\sigma_3\sigma_4\mathrm{D}_{Q_1Q_2Q_3Q_4}=\sigma'_1\sigma'_2\sigma'_3\sigma'_4\mathrm{D}_{Q'_1Q'_2Q'_3Q'_4}$$

$$\sigma_1\sigma_2\sigma_3\sigma_4\mathrm{a}_{Q_1Q_2Q_3Q_4}=|\sigma'_1\sigma'_2\sigma'_3\sigma'_4|\mathrm{a}_{Q'_1Q'_2Q'_3Q'_4}.$$

证明 分别由式 (7.4.3) 和 (7.4.9)、(7.4.4) 和 (7.4.10) 即得.

第8章 高线三角形有向面积的定值定理与应用

8.1 三角形高线三角形有向面积的定值定理与应用

众所周知, 三角形的三条高线相交于一点. 从有向面积的观点来看, 这并不是偶然的. 本节用有向面积的思想方法探讨有关的问题. 首先, 给出三角形高线三角形的概念; 其次, 给出三角形有向面积的定理; 最后, 应用该定理得出一些等积和共点的结论, 包括著名的三角形的高线定理.

8.1.1 三角形高线三角形的概念

定义 8.1.1 设 $P_1P_2P_3$ 是三角形, $P_{i+2}N_i \perp P_iP_{i+1}$ 于 $N_i(i=1,2,3)$, 则称线段 $P_{i+2}N_i$ 是 $P_1P_2P_3$ 边 $P_iP_{i+1}(i=1,2,3)$ 上的高线 (俗称高); 又设 P 是 $P_1P_2P_3$ 所在平面上任意一点, 则称 P 与 $P_{i+2}N_i$ 所构成的三角形 $PP_{i+2}N_i$ 为 $P_1P_2P_3$ 的高线三角形.

为方便起见, 当 P 在高 $P_{i+2}N_i$ 所在直线上时, 我们把 P 与高 $P_{i+2}N_i$ 所构成的线段看成是高线三角形的特殊情形.

显然, 高线三角形是以三角形的一条高为一边的三角形; 一般地, 过三角形所在平面上一点, 可以作三角形的三个高线三角形 (图 8.1.1).

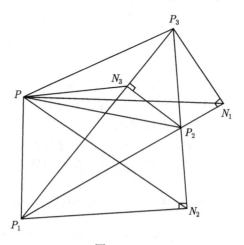

图 8.1.1

8.1.2 三角形高线三角形有向面积的定值定理

定理 8.1.1(喻德生, 2003, 2017) 设 P 是三角形 $P_1P_2P_3$ 所在平面上任意一点, $P_{i+2}N_i(i=1,2,3)$ 为 $P_1P_2P_3$ 的三条高线, 则

$$\mathrm{d}_{P_1P_2}^2 \mathrm{D}_{PP_3N_1} + \mathrm{d}_{P_2P_3}^2 \mathrm{D}_{PP_1N_2} + \mathrm{d}_{P_3P_1}^2 \mathrm{D}_{PP_2N_3} = 0. \tag{8.1.1}$$

证明 如图 8.1.2 所示. 设三角形 $P_1P_2P_3$ 顶点的坐标为 $P_i(x_i, y_i)(i=1,2,3)$, 则 P_iP_{i+1} 的直线方程为

$$(y_i - y_{i+1})x + (x_{i+1} - x_i)y = x_{i+1}y_i - x_iy_{i+1}, \tag{8.1.2}$$

因此设 $P_{i+2}N_i$ 的方程为

$$(x_i - x_{i+1})x + (y_i - y_{i+1})y = c_i,$$

将 $P_{i+2}(x_{i+2}, y_{i+2})$ 代入, 求得

$$c_i = (x_i - x_{i+1})x_{i+2} + (y_i - y_{i+1})y_{i+2},$$

所以

$$(x_i - x_{i+1})x + (y_i - y_{i+1})y = (x_i - x_{i+1})x_{i+2} + (y_i - y_{i+1})y_{i+2}. \tag{8.1.3}$$

式 (8.1.2) 和 (8.1.3) 联立, 解线性方程组. 由于

$$\Delta_i = \begin{vmatrix} y_i - y_{i+1} & x_{i+1} - x_i \\ x_i - x_{i+1} & y_i - y_{i+1} \end{vmatrix} = (x_i - x_{i+1})^2 + (y_i - y_{i+1})^2 = \mathrm{d}_{P_iP_{i+1}}^2,$$

$$\Delta_{x_i} = \begin{vmatrix} x_{i+1}y_i - x_iy_{i+1} & x_{i+1} - x_i \\ (x_i - x_{i+1})x_{i+2} + (y_i - y_{i+1})y_{i+2} & y_i - y_{i+1} \end{vmatrix}$$
$$= (x_{i+1}y_i - x_iy_{i+1})(y_i - y_{i+1}) + (x_i - x_{i+1})^2 x_{i+2} + (x_i - x_{i+1})(y_i - y_{i+1})y_{i+2},$$

$$\Delta_{y_i} = \begin{vmatrix} y_i - y_{i+1} & x_{i+1}y_i - x_iy_{i+1} \\ x_i - x_{i+1} & (x_i - x_{i+1})x_{i+2} + (y_i - y_{i+1})y_{i+2} \end{vmatrix}$$
$$= (x_{i+1}y_i - x_iy_{i+1})(x_{i+1} - x_i) + (x_i - x_{i+1})(y_i - y_{i+1})x_{i+2} + (y_i - y_{i+1})^2 y_{i+2},$$

所以

$$x_{N_i} = \Delta_{x_i} \Big/ \mathrm{d}_{P_iP_{i+1}}^2, \quad y_{N_i} = \Delta_{y_i} \Big/ \mathrm{d}_{P_iP_{i+1}}^2 \quad (i=1,2,3).$$

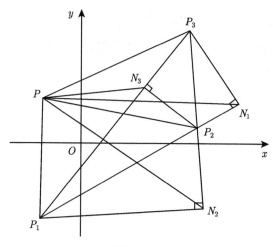

图 8.1.2

设任意点的坐标为 $P(x,y)$, 则由三角形有向面积公式, 得

$$2\mathrm{d}^2_{P_iP_{i+1}}\mathrm{D}_{PP_{i+2}N_i}$$
$$=\mathrm{d}^2_{P_iP_{i+1}}(xy_{i+2}-x_{i+2}y)+(x_{i+2}\Delta_{y_i}-\Delta_{x_i}y_{i+2})+(\Delta_{x_i}y-x\Delta_{y_i})$$
$$=x(\mathrm{d}^2_{P_iP_{i+1}}y_{i+2}-\Delta_{y_i})+y(\Delta_{x_i}-\mathrm{d}^2_{P_iP_{i+1}}x_{i+2})+(x_{i+2}\Delta_{y_i}-\Delta_{x_i}y_{i+2}).$$

由于

$$\sum_{i=1}^{3}(\mathrm{d}^2_{P_iP_{i+1}}y_{i+2}-\Delta_{y_i})$$
$$=\sum_{i=1}^{3}\Big[\mathrm{d}^2_{P_iP_{i+1}}y_{i+2}-(x_{i+1}y_i-x_iy_{i+1})(x_{i+1}-x_i)$$
$$\quad-(x_i-x_{i+1})(y_i-y_{i+1})x_{i+2}-(y_i-y_{i+1})^2y_{i+2}\Big]$$
$$=\sum_{i=1}^{3}\big[(x_i-x_{i+1})^2y_{i+2}-(x_{i+1}y_i-x_iy_{i+1})(x_{i+1}-x_i)-(x_i-x_{i+1})(y_i-y_{i+1})x_{i+2}\big]$$
$$=\sum_{i=1}^{3}(x_i-x_{i+1})\big[(x_i-x_{i+1})y_{i+2}+(x_{i+1}y_i-x_iy_{i+1})-(y_i-y_{i+1})x_{i+2}\big]$$
$$=\sum_{i=1}^{3}(x_{i+1}-x_i)\big[(x_iy_{i+1}-x_{i+1}y_i)+(x_{i+1}y_{i+2}-x_{i+2}y_{i+1})+(x_{i+2}y_i-x_iy_{i+2})\big]$$
$$=2\sum_{i=1}^{3}(x_{i+1}-x_i)\mathrm{D}_{P_iP_{i+1}P_{i+2}}=2\mathrm{D}_{P_1P_2P_3}\sum_{i=1}^{3}(x_{i+1}-x_i)=0,$$

类似地,

$$\sum_{i=1}^{3}(\Delta_{x_i}-\mathrm{d}^2_{P_iP_{i+1}}x_{i+2})=0, \quad \sum_{i=1}^{3}(x_{i+2}\Delta_{y_i}-\Delta_{x_i}y_{i+2})=0.$$

所以

$$2\sum_{i=1}^{3}\mathrm{d}^2_{P_iP_{i+1}}\mathrm{D}_{PP_{i+2}N_i}$$

$$=x\sum_{i=1}^{3}(\mathrm{d}^2_{P_iP_{i+1}}y_{i+2}-\Delta_{y_i})+y\sum_{i=1}^{3}(\Delta_{x_i}-\mathrm{d}^2_{P_iP_{i+1}}x_{i+2})+\sum_{i=1}^{3}(x_{i+2}\Delta_{y_i}-\Delta_{x_i}y_{i+2})=0,$$

因此, 式 (8.2.1) 成立.

8.1.3 三角形高线三角形有向面积定值定理的应用

根据定理 8.1.1, 可以得到下列定理, 它们都可以看成是定理 8.1.1 的推论.

定理 8.1.2 设 $P_{i+2}N_i(i=1,2,3)$ 为三角形 $P_1P_2P_3$ 的三条高线, 则 P 是三角形 $P_1P_2P_3$ 的高 $P_{i+2}N_i$ 所在直线上任意一点的充分必要条件是

$$\mathrm{d}^2_{P_{i+1}P_{i+2}}\mathrm{D}_{PP_iN_{i+1}}+\mathrm{d}^2_{P_{i+2}P_i}\mathrm{D}_{PP_{i+1}N_{i+2}}=0. \tag{8.1.4}$$

证明 **必要性** 若 P 是 $P_{i+2}N_i(i=1,2,3)$ 所在直线上任意一点, 则 $\mathrm{D}_{PP_{i+2}N_i}=0$. 代入式 (8.1.1), 即得式 (8.1.4).

充分性 若式 (8.1.4) 成立, 代入式 (8.1.1), 并注意到得 $\mathrm{d}^2_{P_iP_{i+1}}\neq 0$, 得 $\mathrm{D}_{PP_{i+2}N_i}=0$, 所以 P 在 $P_{i+2}N_i(i=1,2,3)$ 所在直线上.

推论 8.1.1 设 $P_{i+2}N_i(i=1,2,3)$ 为三角形 $P_1P_2P_3$ 的三条高线, P 是 $P_{i+2}N_i$ 所在直线上任意一点, 则

$$\mathrm{d}^2_{P_{i+2}P_i}\mathrm{a}_{PP_{i+1}N_{i+2}}=\mathrm{d}^2_{P_{i+1}P_{i+2}}\mathrm{a}_{PP_iN_{i+1}} \quad (i=1,2,3).$$

证明 式 (8.1.4) 移项后等式两边取绝对值, 即得.

定理 8.1.3 设三角形 $P_1P_2P_3$ 的三条高线为 $P_{i+2}N_i(i=1,2,3)$, 则

$$\mathrm{a}_{P_iN_{i+1}P_{i+2}}\cdot\mathrm{a}_{N_iP_{i+1}N_{i+2}}=\mathrm{a}_{P_{i+1}N_{i+2}P_{i+2}}\cdot\mathrm{a}_{N_iP_iN_{i+1}} \quad (i=1,2,3). \tag{8.1.5}$$

证明 依题设, 易知式 (8.1.5) 中至少有一个三角形的面积不为 0, 不妨设 $\mathrm{a}_{N_iP_iN_{i+1}}\neq 0$, 则 $\angle P_iP_{i+1}P_{i+2}\neq 90°$, 于是 $\mathrm{a}_{N_iP_{i+1}N_{i+2}}\neq 0$.

先将式 (8.1.1) 改写成

$$\mathrm{d}^2_{P_iP_{i+1}}\mathrm{D}_{PP_{i+2}N_i}+\mathrm{d}^2_{P_{i+1}P_{i+2}}\mathrm{D}_{PP_iN_{i+1}}+\mathrm{d}^2_{P_{i+2}P_i}\mathrm{D}_{PP_{i+1}N_{i+2}}=0,$$

再在该式中分别取 P 为 P_{i+2}, N_i, 并移项得

$$\mathrm{d}^2_{P_{i+1}P_{i+2}}\mathrm{D}_{P_{i+2}P_iN_{i+1}} = -\mathrm{d}^2_{P_{i+2}P_i}\mathrm{D}_{P_{i+2}P_{i+1}N_{i+2}}, \tag{8.1.6}$$

$$\mathrm{d}^2_{P_{i+1}P_{i+2}}\mathrm{D}_{N_iP_iN_{i+1}} = -\mathrm{d}^2_{P_{i+2}P_i}\mathrm{D}_{N_iP_{i+1}N_{i+2}}. \tag{8.1.7}$$

式 (8.1.6)÷(8.1.7) 后等式两边取绝对值得

$$\mathrm{a}_{P_iN_{i+1}P_{i+2}}/\mathrm{a}_{N_iP_iN_{i+1}} = \mathrm{a}_{P_{i+1}P_{i+2}N_{i+2}}/\mathrm{a}_{N_iP_{i+1}N_{i+2}},$$

化简即得式 (8.1.5).

定理 8.1.4(高线定理)　三角形 $P_1P_2P_3$ 的三条高线 $P_{i+2}Q_i(i=1,2,3)$ 所在直线相交于一点.

证明　如图 8.1.3 所示. 不妨设 P_1N_2, P_2N_3 所在直线相交于 H 点, 将 H 及 $\mathrm{D}_{HP_1N_2} = \mathrm{D}_{HP_2N_3} = 0$ 代入式 (8.1.1), 并注意到 $\mathrm{d}^2_{P_1P_2} \neq 0$, 得 $\mathrm{D}_{HP_3N_1} = 0$, 即 H 在 P_3N_1 所在直线上, 所以三角形 $P_1P_2P_3$ 的三条高线 P_1N_2, P_2N_3, P_3N_1 所在直线相交于 H 点.

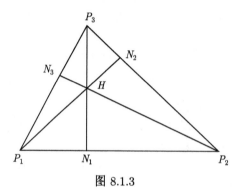

图 8.1.3

定理 8.1.5　设 P 是正三角形 $P_1P_2P_3$ 所在平面上任意一点, 则在 $P_1P_2P_3$ 的三个高线三角形 $PP_{i+2}Q_i(i=1,2,3)$ 中, 其中一个高线三角形的面积等于其余两个高线三角形的面积的和.

证明　依题设, 将 $\mathrm{d}_{P_1P_2} = \mathrm{d}_{P_2P_3} = \mathrm{d}_{P_3P_1} \neq 0$, 代入式 (8.1.1) 并化简, 得

$$\mathrm{D}_{PP_3N_1} + \mathrm{D}_{PP_1N_2} + \mathrm{D}_{PP_2N_3} = 0,$$

从而定理 8.1.5 结论成立.

定理 8.1.6　$PP_{i+2}N_i(i=1,2,3)$ 为 $P_1P_2P_3$ 的高, 则三角形 $P_1P_2P_3$ 的内心 I 在 $P_{i+2}N_i$ 所在直线上的充分必要条件是

$$\mathrm{d}^2_{P_{i+1}P_{i+2}}\mathrm{D}_{IP_iN_{i+1}} + \mathrm{d}^2_{P_{i+2}P_i}\mathrm{D}_{IP_{i+1}N_{i+2}} = 0. \tag{8.1.8}$$

证明 **必要性** 若 I 在 $P_{i+2}N_i(i=1,2,3)$ 所在直线上, 则 $\mathrm{D}_{IP_{i+2}N_i}=0$. 代入式 (8.1.1), 即得式 (8.1.8).

充分性 若式 (8.1.8) 成立, 将该式及 I 代入式 (8.1.1), 并注意到 $\mathrm{d}^2_{P_iP_{i+1}}\neq 0$, 得 $\mathrm{D}_{IP_{i+2}N_i}=0$, 所以 I 在 $P_{i+2}N_i(i=1,2,3)$ 所在直线上.

注 8.1.1 对三角形的旁心、外心和重心, 也可以得出类似的结论, 请读者列出.

8.2 $2n+1$ 角 ($2n+1$ 边) 形高线三角形有向面积的定值定理与应用

本节主要研究圆内接 $2n+1$ 角形高线三角形有向面积的定值定理与应用. 首先, 给出 $2n+1$ 角形高线及高线三角形的概念; 其次, 给出圆内接 $2n+1$ 角形高线三角形有向面积的定理及其应用, 从而将三角形高线三角形有向面积的定值定理等结论推广到圆内接 $2n+1$ 角形的情形; 再次, 应用圆内接 $2n+1$ 角形高线三角形有向面积的定理得出圆内接 $2n+1$ 边形高线三角形有向面积的定理及其推论, 从而将三角形高线三角形有向面积的定值定理和三角形的高线定理等结论推广到圆内接 $2n+1$ 边的情形.

8.2.1 $2n+1$ 角 ($2n+1$ 边) 形的高和高线三角形的概念与记号

定义 8.2.1 设 $P_1P_2\cdots P_{2n+1}$ 为 $2n+1$ 角 ($2n+1$ 边) 形, $P_{i+n+1}N_i\perp P_iP_{i+1}$ 于 $N_i(i=1,2,\cdots,2n+1)$, 则称线段 $P_{i+n+1}N_i$ 为 $2n+1$ 角 ($2n+1$ 边) 形 $P_1P_2\cdots P_{2n+1}$ 边 P_iP_{i+1} 上的高线 (简称高), N_i 为该边的高足, 并称以 $P_{i+n+1}N_i$ 为一边的三角形为 $2n+1$ 角 ($2n+1$ 边) 形 $P_1P_2\cdots P_{2n+1}$ 的高线三角形 (图 8.2.1).

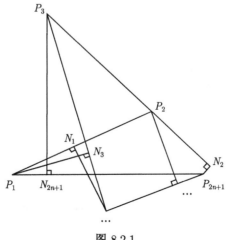

图 8.2.1

特别地, 当 $n = 1$ 时, 即得三角形 $P_1P_2P_3$ 三边 P_1P_2, P_2P_3, P_3P_1 上的高 P_1N_2, P_2N_3, P_3N_1, 因此, $2n+1$ 角 $(2n+1$ 边) 形的高及高线三角形是三角形的高及高线三角形的推广.

为方便起见, 我们把包含多边形 $P_1P_2 \cdots P_{2n+1}$ 的一条高线的任意一条线段看成是高线三角形的特殊情形.

8.2.2　圆内接 $2n+1$ 角形高线三角形有向面积的定值定理与应用

引理 8.2.1　设 $\alpha_{i+2n+1} = \alpha_i$, 证明:

(1) $\displaystyle\sum_{i=1}^{2n+1} \sin\frac{\alpha_{i+1} - \alpha_i}{2} \sin\frac{\alpha_i + \alpha_{i+1} - 2\alpha_{i+n+1}}{2} = 0,$ 　　　　　(8.2.1)

(2) $\displaystyle\sum_{i=1}^{2n+1} \sin\frac{\alpha_{i+1} - \alpha_i}{2} \sin\frac{\alpha_i + \alpha_{i+1} - 2\alpha}{2} = 0.$ 　　　　　(8.2.2)

证明　由积化和差公式及 $\alpha_{i+2n+1} = \alpha_i$, 得

$$2 \sum_{i=1}^{2n+1} \sin\frac{\alpha_{i+1} - \alpha_i}{2} \sin\frac{\alpha_i + \alpha_{i+1} - 2\alpha_{i+n+1}}{2}$$

$$= \sum_{i=1}^{2n+1} \cos(\alpha_i - \alpha_{i+n+1}) - \sum_{i=1}^{2n+1} \cos(\alpha_{i+1} - \alpha_{i+n+1})$$

$$= \sum_{i=1}^{2n+1} \cos(\alpha_i - \alpha_{i+n+1}) - \sum_{i=1}^{2n+1} \cos(\alpha_{i+n+1} - \alpha_{i+2n+1})$$

$$= \sum_{i=1}^{2n+1} \cos(\alpha_i - \alpha_{i+n+1}) - \sum_{i=1}^{2n+1} \cos(\alpha_{i+n+1} - \alpha_i)$$

$$= 0.$$

因此式 (8.2.1) 成立.

类似地, 可以证明式 (8.2.2) 成立.

定理 8.2.1(喻德生, 2017)　设 $P_1P_2 \cdots P_{2n+1}$ 为圆 $C(R)$ 的内接 $2n+1$ 角形, 圆心的坐标为 $C(c_1, c_2)$, 顶点的坐标为 $P_i(c_1 + a\cos\alpha_i, c_2 + a\sin\alpha_i)$ $(i = 1, 2, \cdots, 2n+1)$, $P_{i+n+1}N_i$ 为边 $P_iP_{i+1}(i = 1, 2, \cdots, 2n+1)$ 上的高, P 是 $P_1P_2 \cdots P_{2n+1}$ 所在平面上任意一点, 则

$$\sum_{i=1}^{2n+1} \tau_{i+n+1,i+1}\tau_{i+n+1,i}\tau_{i+1,i}\mathrm{d}_{P_{i+1}P_i}\mathrm{D}_{PP_{i+n+1}N_i}\big/\mathrm{d}_{P_{i+n+1}P_{i+1}}\mathrm{d}_{P_{i+n+1}P_i} = 0; \quad (8.2.3)$$

$$\sum_{i=1}^{2n+1} \left(\tau_{i+n+1,i+1}\tau_{i+n+1,i}\tau_{i+1,i}\mathrm{D}_{PP_{i+n+1}N_i} \prod_{j=2, j\neq n+2}^{2n+1} \mathrm{d}_{P_{i+n+j}P_{i+j-1}} \right) = 0, \quad (8.2.4)$$

其中 $\tau_{j,i} = \operatorname{sgn}\{\alpha_j - \alpha_i\}$.

证明　不妨设 $c_1 = c_2 = 0$, 则由定理 7.4.1 的证明, 并注意到 $\tau_{j,i} = 1/\tau_{j,i}$, 可得

$$d_{P_i P_j} = 2a\tau_{j,i} \sin \frac{\alpha_j - \alpha_i}{2} \quad (i, j = 1, 2, \cdots, 2n + 1; j \neq i).$$

又 $P_i P_{i+1}$ 和 $P_{i+n+1} N_i$ 的直线方程分别为

$$\cos \frac{\alpha_{i+1} + \alpha_i}{2} \cdot x + \sin \frac{\alpha_{i+1} + \alpha_i}{2} \cdot y = a \cos \frac{\alpha_{i+1} - \alpha_i}{2}, \tag{8.2.5}$$

$$\sin \frac{\alpha_{i+1} + \alpha_i}{2} \cdot x - \cos \frac{\alpha_{i+1} + \alpha_i}{2} \cdot y = a \sin \frac{\alpha_{i+1} + \alpha_i - 2\alpha_{i+n+1}}{2}. \tag{8.2.6}$$

式 (8.2.5) 和 (8.2.6) 联立, 求得 N_i 的坐标

$$\begin{cases} x_{N_i} = \dfrac{a}{2} \left[\cos \alpha_i + \cos \alpha_{i+1} + \cos \alpha_{i+n+1} - \cos(\alpha_i + \alpha_{i+1} - \alpha_{i+n+1}) \right] \\ y_{N_i} = \dfrac{a}{2} \left[\sin \alpha_i + \sin \alpha_{i+1} + \sin \alpha_{i+n+1} - \sin(\alpha_i + \alpha_{i+1} - \alpha_{i+n+1}) \right] \end{cases},$$

其中 $i = 1, 2, \cdots, 2n + 1$.

设任意点的坐标为 $P(r \cos \alpha, r \sin \alpha)$, 则由三角形有向面积公式, 可得

$$4D_{PP_{i+n+1}N_i}$$
$$= 2ar \left(\cos \alpha \sin \alpha_{i+n+1} - \sin \alpha \cos \alpha_{i+n+1} \right)$$
$$\quad + a^2 \{ \cos \alpha_{i+n+1} \left[\sin \alpha_i + \sin \alpha_{i+1} + \sin \alpha_{i+n+1} - \sin(\alpha_i + \alpha_{i+1} - \alpha_{i+n+1}) \right]$$
$$\quad - \sin \alpha_{i+n+1} \left[\cos \alpha_i + \cos \alpha_{i+1} + \cos \alpha_{i+n+1} - \cos(\alpha_i + \alpha_{i+1} - \alpha_{i+n+1}) \right] \}$$
$$\quad + ar \{ \left[\cos \alpha_i + \cos \alpha_{i+1} + \cos \alpha_{i+n+1} - \cos(\alpha_i + \alpha_{i+1} - \alpha_{i+n+1}) \right] \sin \alpha$$
$$\quad - \cos \alpha \left[\sin \alpha_i + \sin \alpha_{i+1} + \sin \alpha_{i+n+1} - \sin(\alpha_i + \alpha_{i+1} - \alpha_{i+n+1}) \right] \}$$
$$= 2ar \sin(\alpha_{i+n+1} - \alpha) + a^2 [\sin(\alpha_i - \alpha_{i+n+1})$$
$$\quad + \sin(\alpha_{i+1} - \alpha_{i+n+1}) - \sin(\alpha_i + \alpha_{i+1} - 2\alpha_{i+n+1})]$$
$$\quad - ar[\sin(\alpha_i - \alpha) + \sin(\alpha_{i+1} - \alpha) + \sin(\alpha_{i+n+1} - \alpha)$$
$$\quad - \sin(\alpha_i + \alpha_{i+1} - \alpha_{i+n+1} - \alpha)]$$
$$= ar \{ [\sin(\alpha_{i+n+1} - \alpha) + \sin(\alpha_i + \alpha_{i+1} - \alpha_{i+n+1} - \alpha)]$$
$$\quad - [\sin(\alpha_i - \alpha) + \sin(\alpha_{i+1} - \alpha)] \}$$
$$\quad + a^2 \{ [\sin(\alpha_i - \alpha_{i+n+1}) + \sin(\alpha_{i+1} - \alpha_{i+n+1})] - \sin(\alpha_i + \alpha_{i+1} - 2\alpha_{i+n+1}) \}$$
$$= 2ar \left(\sin \frac{\alpha_i + \alpha_{i+1} - 2\alpha}{2} \cos \frac{\alpha_i + \alpha_{i+1} - 2\alpha_{i+n+1}}{2} \right.$$
$$\quad \left. - \sin \frac{\alpha_i + \alpha_{i+1} - 2\alpha}{2} \cos \frac{\alpha_{i+1} - \alpha_i}{2} \right)$$

$$+ 2a^2 \left(\sin \frac{\alpha_i + \alpha_{i+1} - 2\alpha_{i+n+1}}{2} \cos \frac{\alpha_{i+1} - \alpha_i}{2} \right.$$

$$\left. - \sin \frac{\alpha_i + \alpha_{i+1} - 2\alpha_{i+n+1}}{2} \cos \frac{\alpha_i + \alpha_{i+1} - 2\alpha_{i+n+1}}{2} \right)$$

$$= 2a \left(r \sin \frac{\alpha_i + \alpha_{i+1} - 2\alpha}{2} - a \sin \frac{\alpha_i + \alpha_{i+1} - 2\alpha_{i+n+1}}{2} \right)$$

$$\times \left(\cos \frac{\alpha_i + \alpha_{i+1} - 2\alpha_{i+n+1}}{2} - \cos \frac{\alpha_{i+1} - \alpha_i}{2} \right)$$

$$= 4a \left(a \sin \frac{\alpha_i + \alpha_{i+1} - 2\alpha_{i+n+1}}{2} - r \sin \frac{\alpha_i + \alpha_{i+1} - 2\alpha}{2} \right)$$

$$\sin \frac{\alpha_{i+n+1} - \alpha_{i+1}}{2} \sin \frac{\alpha_{i+n+1} - \alpha_i}{2}$$

$$= \frac{\mathrm{d}_{P_{i+n+1}P_{i+1}} \mathrm{d}_{P_{i+n+1}P_i}}{a \tau_{i+n+1,i+1} \tau_{i+n+1,i}} \left(a \sin \frac{\alpha_i + \alpha_{i+1} - 2\alpha_{i+n+1}}{2} \right.$$

$$\left. - r \sin \frac{\alpha_i + \alpha_{i+1} - 2\alpha}{2} \right),$$

所以

$$\tau_{i+n+1,i+1} \tau_{i+n+1,i} \mathrm{D}_{PP_{i+n+1}N_i} / \mathrm{d}_{P_{i+n+1}P_{i+1}} \mathrm{d}_{P_{i+n+1}P_i}$$

$$= \frac{1}{4a} \left(a \sin \frac{\alpha_i + \alpha_{i+1} - 2\alpha_{i+n+1}}{2} - r \sin \frac{\alpha_i + \alpha_{i+1} - 2\alpha}{2} \right).$$

故由引理 8.2.1, 可得

$$\sum_{i=1}^{2n+1} \tau_{i+n+1,i+1} \tau_{i+n+1,i} \tau_{i+1,i} \mathrm{d}_{P_{i+1}P_i} \mathrm{D}_{PP_{i+n+1}N_i} / \mathrm{d}_{P_{i+n+1}P_{i+1}} \mathrm{d}_{P_{i+n+1}P_i}$$

$$= \frac{1}{2} \sum_{i=1}^{2n+1} \sin \frac{\alpha_{i+1} - \alpha_i}{2} \left(a \sin \frac{\alpha_i + \alpha_{i+1} - 2\alpha_{i+n+1}}{2} - r \sin \frac{\alpha_i + \alpha_{i+1} - 2\alpha}{2} \right)$$

$$= \frac{1}{2} a \sum_{i=1}^{2n+1} \sin \frac{\alpha_{i+1} - \alpha_i}{2} \sin \frac{\alpha_i + \alpha_{i+1} - 2\alpha_{i+n+1}}{2}$$

$$- \frac{1}{2} r \sum_{i=1}^{2n+1} \sin \frac{\alpha_{i+1} - \alpha_i}{2} \sin \frac{\alpha_i + \alpha_{i+1} - 2\alpha}{2}$$

$$= 0,$$

因此, 式 (8.2.3) 成立.

又因为

$$\sum_{i=1}^{2n+1} \left(\tau_{i+n+1,i+1} \tau_{i+n+1,i} \tau_{i+1,i} \mathrm{D}_{PP_{i+n+1}N_i} \prod_{j=2, j \neq n+2}^{2n+1} \mathrm{d}_{P_{i+n+j}P_{i+j-1}} \right)$$

$$= \sum_{i=1}^{2n+1} \left[\tau_{i+n+1,i+1}\tau_{i+n+1,i}\tau_{i+1,i}\mathrm{d}_{P_{i+1}P_i}\mathrm{D}_{PP_{i+n+1}N_i} \left(\prod_{j=1}^{2n+1} \mathrm{d}_{P_{i+n+j}P_{i+j-1}} \right) \right. \Big/$$

$$\left. \mathrm{d}_{P_{i+n+1}P_{i+1}}\mathrm{d}_{P_{i+n+1}P_i} \right]$$

$$= \left(\prod_{j=1}^{2n+1} \mathrm{d}_{P_{n+j}P_j} \right) \left(\sum_{i=1}^{2n+1} \tau_{i+n+1,i+1}\tau_{i+n+1,i}\tau_{i+1,i}\mathrm{d}_{P_{i+1}P_i}\mathrm{D}_{PP_{i+n+1}N_i} \right/ $$

$$\left. \mathrm{d}_{P_{i+n+1}P_{i+1}}\mathrm{d}_{P_{i+n+1}P_i} \right)$$

$$= \left(\prod_{j=1}^{2n+1} \mathrm{d}_{P_{n+j}P_j} \right) \times 0 = 0,$$

所以, 式 (8.2.4) 成立.

推论 8.2.1 设 $P_1P_2\cdots P_{2n+1}$ 为圆 $C(R)$ 的内接 $2n+1$ 角形, 圆心的坐标为 $C(c_1,c_2)$, 顶点的坐标为 $P_i(c_1+a\cos\alpha_i,c_2+a\sin\alpha_i)$ $(i=1,2,\cdots,2n+1)$, $P_{i+n+1}N_i$ 为边 $P_iP_{i+1}(i=1,2,\cdots,2n+1)$ 上的高, 则 P 是 $P_{k+n+1}N_k$ 所在直线上任意一点的充分必要条件是如下两式之一成立:

$$\sum_{i=1,i\neq k}^{2n+1} \tau_{i+n+1,i+1}\tau_{i+n+1,i}\tau_{i+1,i}\mathrm{d}_{P_{i+1}P_i}\mathrm{D}_{PP_{i+n+1}N_i} \Big/ \mathrm{d}_{P_{i+n+1}P_{i+1}}\mathrm{d}_{P_{i+n+1}P_i} = 0; \quad (8.2.7)$$

$$\sum_{i=1,i\neq k}^{2n+1} \left(\tau_{i+n+1,i+1}\tau_{i+n+1,i}\tau_{i+1,i}\mathrm{D}_{PP_{i+n+1}N_i} \prod_{j=2,j\neq n+2}^{2n+1} \mathrm{d}_{P_{i+n+j}P_{i+j-1}} \right) = 0, \quad (8.2.8)$$

其中 $k=1,2,\cdots,2n+1$.

证明 由式 (8.2.3) 和 (8.2.4) 可知

P 是 $P_{k+n+1}N_k$ 所在直线上任意一点 $\Leftrightarrow \mathrm{D}_{PP_{k+n+1}N_k}=0 \Leftrightarrow$ 式 (8.2.7) 成立 (式 (8.2.7) 成立).

推论 8.2.2 设 $P_1P_2\cdots P_{2n+1}$ 为圆 $C(R)$ 的内接 $2n+1$ 角形, 圆心的坐标为 $C(c_1,c_2)$, 顶点的坐标为 $P_i(c_1+a\cos\theta_i,c_2+a\sin\theta_i)$ $(i=1,2,\cdots,2n+1)$, $P_{i+n+1}N_i$ 为边 $P_iP_{i+1}(i=1,2,\cdots,2n+1)$ 上的高. 若 $P_{k+n+1}N_k$ 和 $P_{l+n+1}N_l$ 所在直线相交于 G_{kl} 点, 则

$$\sum_{i=1,i\neq k,l}^{2n+1} \tau_{i+n+1,i+1}\tau_{i+n+1,i}\tau_{i+1,i}\mathrm{d}_{P_{i+1}P_i}\mathrm{D}_{G_{kl}P_{i+n+1}N_i} \Big/ \mathrm{d}_{P_{i+n+1}P_{i+1}}\mathrm{d}_{P_{i+n+1}P_i} = 0;$$

$$(8.2.9)$$

$$\sum_{i=1,i\neq k,l}^{2n+1} \tau_{i+n+1,i+1}\tau_{i+n+1,i}\tau_{i+1,i}\mathrm{D}_{G_{kl}P_{i+n+1}N_i} \prod_{j=2,j\neq n+2}^{2n+1} \mathrm{d}_{P_{i+n+j}P_{i+j-1}} = 0, \quad (8.2.10)$$

其中 $k,l = 1,2,\cdots,2n+1; k < l$.

证明 因为 G_{kl} 是 $P_{k+n+1}N_k$ 和 $P_{k+n+1}N_k$ 所在直线的交点, 所以 $\mathrm{D}_{G_{kl}P_{k+n+1}N_k}$ $= \mathrm{D}_{G_{kl}P_{l+n+1}N_l} = 0$. 分别代入式 (8.2.3) 和 (8.2.4), 即得式 (8.2.9) 和 (8.2.10).

定理 8.2.2(喻德生, 2017) 设 $P_1P_2\cdots P_{2n+1}$ 是圆内接 $2n+1$ 角形, $P_{i+n+1}N_i \perp$ P_iP_{i+1} 于 N_i. 若 $P_1P_2\cdots P_{2n+1}$ 的高线 $P_{i+n+1}N_i(i=1,2,\cdots,2n+1)$ 所在的 $2n+1$ 条直线中有 $2n$ 条相交于一点, 则这 $2n+1$ 条直线相交于一点.

证明 如图 8.2.2 所示. 不妨设 $P_{n+2}N_1, P_{n+3}N_2, \cdots, P_nN_{2n}$ 相交于一点 G, 则

$$\mathrm{D}_{GP_{n+2}N_1} = \mathrm{D}_{GP_{n+3}N_2} = \cdots = \mathrm{D}_{GP_nN_{2n}} = 0.$$

代入式 (8.2.4), 得

$$\tau_{n+1,1}\tau_{n+1,2n+1}\tau_{1,2n+1}\mathrm{D}_{GP_{n+1}N_{2n+1}} \prod_{j=2,j\neq n+2}^{2n+1} \mathrm{d}_{P_{n+j}N_{j-1}} = 0,$$

注意到 $\tau_{n+1,1}\tau_{n+1,2n+1}\tau_{1,2n+1} \prod_{j=2,j\neq n+2}^{2n+1} \mathrm{d}_{P_{n+j}N_{j-1}} \neq 0$, 所以 $\mathrm{D}_{GP_{n+1}N_{2n+1}} = 0$, 即 G 在 $P_{n+1}N_{2n+1}$ 所在直线上. 因此, $P_1P_2\cdots P_{2n+1}$ 的 $2n+1$ 条高 $P_{i+n+1}N_i(i=1,2,\cdots,2n+1)$ 所在的 $2n+1$ 直线相交于一点.

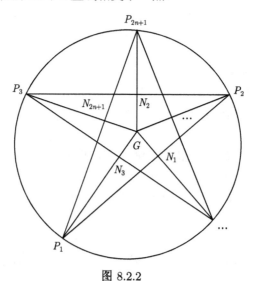

图 8.2.2

8.2.3　圆内接 $2n+1$ 边形高线三角形有向面积的定值定理与应用

定理 8.2.3(喻德生, 2003, 2017)　设 $P_1P_2\cdots P_{2n+1}$ 为圆内接 $2n+1$ 边形, $P_{i+n+1}N_i$ 为 $P_1P_2\cdots P_{2n+1}$ 的边 $P_iP_{i+1}(i=1,2,\cdots,2n+1)$ 上的高, P 是 $P_1P_2\cdots P_{2n+1}$ 所在平面上任意一点, 则

$$\sum_{i=1}^{2n+1}\mathrm{d}_{P_{i+1}P_i}\mathrm{D}_{PP_{i+n+1}N_i}\big/\mathrm{d}_{P_{i+n+1}P_{i+1}}\mathrm{d}_{P_{i+n+1}P_i}=0;\qquad(8.2.11)$$

$$\sum_{i=1}^{2n+1}\left(\mathrm{D}_{PP_{i+n+1}N_i}\prod_{j=2,j\neq n+2}^{2n+1}\mathrm{d}_{P_{i+n+j}P_{i+j-1}}\right)=0.\qquad(8.2.12)$$

证明　不妨设 $P_1P_2\cdots P_{2n+1}$ 顶点的坐标为 $P_i(a\cos\theta_i,a\sin\theta_i)$ $(i=1,2,\cdots,2n+1)$, 且 $0\leqslant\theta_1<\theta_2<\cdots<\theta_{2n+1}<2\pi$, 据此容易证明 $\tau_{i+n+1,i+1}\tau_{i+n+1,i}\tau_{i+1,i}=1$, 将其分别代入式 (8.2.3) 和 (8.2.4), 即得式 (8.2.11) 和 (8.2.12).

注 8.2.1　在式 (8.2.11) 或 (8.2.12) 中令 $n=1$, 化简即得式 (8.1.1). 因此, 定理 8.2.1 是定理 8.1.1 在圆内接 $2n+1$ 角形中的推广; 定理 8.2.3 是定理 8.1.1 在圆内接 $2n+1$ 边形中的推广.

类似地, 在推论 8.2.1 和推论 8.2.2 中, 令 $\tau_{i+n+1,i+1}\tau_{i+n+1,i}\tau_{i+1,i}=1$, 可得如下的推论 8.2.3 和推论 8.2.4.

推论 8.2.3　设 $P_1P_2\cdots P_{2n+1}$ 为圆内接 $2n+1$ 边形, $P_{i+n+1}N_i$ 为 $P_1P_2\cdots P_{2n+1}$ 的边 $P_iP_{i+1}(i=1,2,\cdots,2n+1)$ 上的高, 则 P 是 $P_{k+n+1}N_k$ 所在直线上任意一点的充分必要条件是如下两式之一成立:

$$\sum_{i=1,i\neq k}^{2n+1}\mathrm{d}_{P_{i+1}P_i}\mathrm{D}_{PP_{i+n+1}N_i}\big/\mathrm{d}_{P_{i+n+1}P_{i+1}}\mathrm{d}_{P_{i+n+1}P_i}=0\quad(k=1,2,\cdots,2n+1);$$

$$\sum_{i=1,i\neq k}^{2n+1}\left(\mathrm{D}_{PP_{i+n+1}N_i}\prod_{j=2,j\neq n+2}^{2n+1}\mathrm{d}_{P_{i+n+j}P_{i+j-1}}\right)=0\quad(k=1,2,\cdots,2n+1).$$

推论 8.2.4　设 $P_1P_2\cdots P_{2n+1}$ 为圆内接 $2n+1$ 边形, $P_{i+n+1}N_i$ 为 $P_1P_2\cdots P_{2n+1}$ 的边 $P_iP_{i+1}(i=1,2,\cdots,2n+1)$ 上的高. 若 $P_{k+n+1}N_k$ 和 $P_{l+n+1}N_l$ 所在直线相交于 G_{kl} 点, 则

$$\sum_{i=1}^{2n+1}\mathrm{d}_{P_{i+1}P_i}\mathrm{D}_{G_{kl}P_{i+n+1}N_i}\big/\mathrm{d}_{P_{i+n+1}P_{i+1}}\mathrm{d}_{P_{i+n+1}P_i}=0\quad(k,l=1,2,\cdots,2n+1;k<l);$$

$$\sum_{i=1,i\neq k,l}^{2n+1}\mathrm{D}_{G_{kl}P_{i+n+1}N_i}\prod_{j=2,j\neq n+2}^{2n+1}\mathrm{d}_{P_{i+n+j}P_{i+j-1}}=0\quad(k,l=1,2,\cdots,2n+1;k<l).$$

定理 8.2.4(喻德生, 2017)　　设 $P_1P_2\cdots P_{2n+1}$ 是圆内接 $2n+1$ 角形, $P_{i+n+1}N_i$ 是边 $P_iP_{i+1}(i=1,2,\cdots,2n+1)$ 上的高, 若 $P_{i+n+1}N_i(i=1,2,\cdots,2n+1)$ 所在的 $2n+1$ 条直线中有 $2n$ 条相交于一点, 则这 $2n+1$ 条直线相交于一点.

证明　　如图 8.2.3 所示. 不妨设 $P_{n+2}N_1, P_{n+3}N_2, \cdots, P_nN_{2n}$ 相交于一点 G, 则

$$\mathrm{D}_{GP_{n+2}N_1} = \mathrm{D}_{GP_{n+3}N_2} = \cdots = \mathrm{D}_{GP_nN_{2n}} = 0.$$

代入式 (8.2.12), 得

$$\mathrm{D}_{GP_{n+1}N_{2n+1}} \prod_{j=2,j\neq n+2}^{2n+1} \mathrm{d}_{P_{n+j}N_{j-1}} = 0,$$

注意到 $\displaystyle\prod_{j=2,j\neq n+2}^{2n+1} \mathrm{d}_{P_{n+j}N_{j-1}} \neq 0$, 所以 $\mathrm{D}_{GP_{n+1}N_{2n+1}} = 0$, 即 G 在 $P_{n+1}N_{2n+1}$ 所在直线上. 因此, $P_1P_2\cdots P_{2n+1}$ 的 $2n+1$ 条高 $P_{i+n+1}N_i(i=1,2,\cdots,2n+1)$ 所在的 $2n+1$ 直线相交于一点.

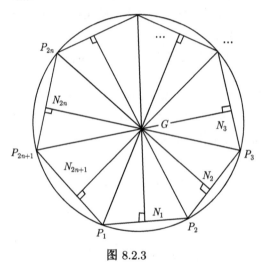

图 8.2.3

注 8.2.2　　在定理 8.2.4 中注意到三角形的任意两条高所在直线相交于一点, 即得推论 7.1.3. 因此, 定理 8.2.4 是三角形的高线定理在圆内接 $2n+1$ 边形中的推广.

定理 8.2.5(喻德生, 2003, 2017)　　设 $P_1P_2\cdots P_{2n+1}$ 是正 $2n+1$ 边形, $P_{i+n+1}N_i$ 是边 $P_iP_{i+1}(i=1,2,\cdots,2n+1)$ 上的高, P 是 $P_1P_2\cdots P_{2n+1}$ 所在平面上任意一点, 则

$$\sum_{i=1}^{2n+1} \mathrm{D}_{PP_{i+n+1}N_i} = 0. \tag{8.2.13}$$

证明 在式 (8.2.11) 中注意到 $\mathrm{d}_{P_{n+2}N_1} = \mathrm{d}_{P_{n+3}N_2} = \cdots = \mathrm{d}_{P_{n+2n}N_{2n-1}}$, 代入并化简即得.

推论 8.2.5 设 $P_1P_2\cdots P_{2n+1}$ 是正 $2n+1$ 边形, $P_{i+n+1}N_i$ 是边 $P_iP_{i+1}(i = 1, 2, \cdots, 2n+1)$ 上的高, P 是 $P_1P_2\cdots P_{2n+1}$ 所在平面上任意一点, 则在 $2n+1$ 个高线三角形 $PP_{i+n+1}N_i(i = 1, 2, \cdots, 2n+1)$ 中, 正向三角形的面积之和等于反向三角形的面积之和.

证明 在式 (8.2.13) 中, 注意到正向三角形的有向面积等于三角形的面积, 反向三角形的有向面积等于三角形面积的负值即得.

8.3 高足线三角形有向面积的定值定理与应用

本节主要讨论高足线三角形有向面积的定值定理与应用. 首先, 给出 $2n+1$ 边形中高足线及高足线三角形的概念; 其次, 给出三角形高足线三角形有向面积的定值定理, 从而推出一道数学奥林匹克题等的结论.

8.3.1 高足线三角形和高足多角形的概念与记号

定义 8.3.1 设 $P_{i+n+1}N_i(i = 1, 2, \cdots, 2n+1)$ 为多角形 $P_1P_2\cdots P_{2n+1}$ 的边 P_iP_{i+1} 上的高, P 是 $P_1P_2\cdots P_{2n+1}$ 所在平面上一点, 则称以高足 $N_1, N_2, \cdots, N_{2n+1}$ 中任意两点 $N_i, N_j(i, j = 1, 2, \cdots, 2n+1; i \neq j)$ 之间的连线 N_iN_j 为 $P_1P_2\cdots P_{2n+1}$ 的高足线, 以 N_iN_j 为一边的三角形 PN_iN_j 为 $P_1P_2\cdots P_{2n+1}$ 高足线三角形.

特别地, 为方便起见, 当 P 在 N_iN_j 所在直线上时, 我们把 P 与 N_iN_j 所构成的线段 PN_iN_j 看成是高足线三角形的特殊情形.

定义 8.3.2 设 $P_{i+n+1}N_i(i = 1, 2, \cdots, 2n+1)$ 为多角形 $P_1P_2\cdots P_{2n+1}$ 的边 P_iP_{i+1} 上的高, 则称以 $N_1, N_2, \cdots, N_{2n+1}$ 为顶点的多角形 $N_1N_2\cdots N_{2n+1}$ 为 $P_1P_2\cdots P_{2n+1}$ 的高足多角形.

特别地, 当 $N_1N_2\cdots N_{2n+1}$ 为多边形时, 则称 $N_1N_2\cdots N_{2n+1}$ 为多角形 $P_1P_2\cdots P_{2n+1}$ 的高足多边形; 而当 $n = 1$ 时, 三角形 $P_1P_2P_3$ 的高足多角形 $N_1N_2N_3$ 为三边形.

显然, 当 $P_1P_2\cdots P_{2n+1}$ 为圆内接多边形时, $N_1N_2\cdots N_{2n+1}$ 为 $P_1P_2\cdots P_{2n+1}$ 的高足多边形; 而三角形的高足三角形是高足线三角形的特殊情形.

8.3.2 三角形高足线三角形有向面积公式与应用

定理 8.3.1(喻德生, 2017) 设 $P_{i+2}N_i(i = 1, 2, 3)$ 为 $P_1P_2P_3$ 的边 P_iP_{i+1} 上的

高, O 是三角形的外心, 则

$$16a^2 \mathrm{D}_{ON_iN_{i+1}} = \pm \mathrm{d}_{P_iP_{i+2}} \sqrt{4a^2 - \mathrm{d}_{P_iP_{i+2}}^2} \left(4a^2 + \mathrm{d}_{P_iP_{i+2}}^2 - \mathrm{d}_{P_{i+1}P_i}^2 - \mathrm{d}_{P_{i+2}P_{i+1}}^2 \right),$$
$$(8.3.1)$$

其中当 ON_iN_{i+1} 为正向三角形时取 "+" 号, 为反向三角形时取 "−" 号; a 是三角形外接圆半径; $i = 1, 2, 3$.

证明　图 8.3.1 是 $i = 1$ 的情形. 不妨设 $P_1P_2P_3$ 顶点的坐标为 $P_i(a\cos\alpha_i,$ $a\sin\alpha_i)(i = 1, 2, 3)$, 且 $0 \leqslant \alpha_1 < \alpha_2 < \alpha_3 < 2\pi$, 于是其外心的坐标为 $O(0,0)$. 由定理 7.4.1 的证明可得

$$\mathrm{d}_{P_iP_j} = 2a\sin\frac{\alpha_j - \alpha_i}{2} \quad (i, j = 1, 2, 3; j > i),$$

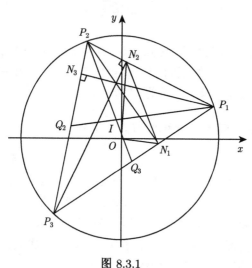

图 8.3.1

且三角形各边 $P_iP_{i+1}(i = 1, 2, 3)$ 上的垂足 N_i 的坐标为

$$\begin{cases} x_{N_i} = \dfrac{a}{2} \left[\cos\alpha_1 + \cos\alpha_2 + \cos\alpha_3 - \cos(\alpha_i + \alpha_{i+1} - \alpha_{i+2}) \right] \\ y_{N_i} = \dfrac{a}{2} \left[\sin\alpha_1 + \sin\alpha_2 + \sin\alpha_3 - \sin(\alpha_i + \alpha_{i+1} - \alpha_{i+2}) \right] \end{cases} \quad (i = 1, 2, 3).$$

于是

$$\mathrm{D}_{ON_iN_{i+1}}$$
$$= \frac{a^2}{8} \begin{vmatrix} \displaystyle\sum_{k=1}^{3}\cos\alpha_k - \cos(\alpha_i + \alpha_{i+1} - \alpha_{i+2}) & \displaystyle\sum_{k=1}^{3}\sin\alpha_k - \sin(\alpha_i + \alpha_{i+1} - \alpha_{i+2}) \\ \displaystyle\sum_{k=1}^{3}\cos\alpha_k - \cos(\alpha_{i+1} + \alpha_{i+2} - \alpha_i) & \displaystyle\sum_{k=1}^{3}\sin\alpha_k - \sin(\alpha_{i+1} + \alpha_{i+2} - \alpha_i) \end{vmatrix}$$

$$
\begin{aligned}
=&\frac{a^2}{8}\left|
\begin{array}{l}
\displaystyle\sum_{k=1}^{3}\cos\alpha_k-\cos(\alpha_i+\alpha_{i+1}-\alpha_{i+2})\\
\cos(\alpha_i+\alpha_{i+1}-\alpha_{i+2})-\cos(\alpha_{i+1}+\alpha_{i+2}-\alpha_i)
\end{array}\right.\\
&\left.\begin{array}{l}
\displaystyle\sum_{k=1}^{3}\sin\alpha_k-\sin(\alpha_i+\alpha_{i+1}-\alpha_{i+2})\\
\sin(\alpha_i+\alpha_{i+1}-\alpha_{i+2})-\sin(\alpha_{i+1}+\alpha_{i+2}-\alpha_i)
\end{array}\right|
\end{aligned}
$$

$$
=\frac{a^2}{8}\left|
\begin{array}{ll}
\displaystyle\sum_{k=1}^{3}\cos\alpha_k-\cos(\alpha_i+\alpha_{i+1}-\alpha_{i+2}) & \displaystyle\sum_{k=1}^{3}\sin\alpha_k-\sin(\alpha_i+\alpha_{i+1}-\alpha_{i+2})\\
-2\sin\alpha_{i+1}\sin(\alpha_i-\alpha_{i+2}) & 2\cos\alpha_{i+1}\sin(\alpha_i-\alpha_{i+2})
\end{array}\right|
$$

$$
=\frac{a^2}{4}\sin(\alpha_i-\alpha_{i+2})\left\{\left(\cos\alpha_{i+1}\sum_{k=1}^{3}\cos\alpha_k+\sin\alpha_{i+1}\sum_{k=1}^{3}\sin\alpha_k\right)\right.
$$
$$
\left.-[\cos\alpha_{i+1}\cos(\alpha_i+\alpha_{i+1}-\alpha_{i+2})+\sin\alpha_{i+1}\sin(\alpha_i+\alpha_{i+1}-\alpha_{i+2})]\right\}
$$

$$
=\frac{a^2}{4}\sin(\alpha_i-\alpha_{i+2})[1+\cos(\alpha_{i+1}-\alpha_i)+\cos(\alpha_{i+2}-\alpha_{i+1})-\cos(\alpha_i-\alpha_{i+2})]
$$

$$
=a^2\sin\frac{\alpha_i-\alpha_{i+2}}{2}\cos\frac{\alpha_i-\alpha_{i+2}}{2}
$$
$$
\left(\cos^2\frac{\alpha_{i+1}-\alpha_i}{2}+\cos^2\frac{\alpha_{i+2}-\alpha_{i+1}}{2}-\cos^2\frac{\alpha_i-\alpha_{i+2}}{2}\right)
$$

$$
=\pm a^2\times\frac{\mathrm{d}_{P_iP_{i+2}}}{2a}\sqrt{1-\frac{\mathrm{d}_{P_iP_{i+2}}^2}{4a^2}}\left(1-\frac{\mathrm{d}_{P_{i+1}P_i}^2}{4a^2}+1-\frac{\mathrm{d}_{P_{i+2}P_{i+1}}^2}{4a^2}-1+\frac{\mathrm{d}_{P_iP_{i+2}}^2}{4a^2}\right)
$$

$$
=\pm\frac{1}{16a^2}\mathrm{d}_{P_iP_{i+2}}\sqrt{4a^2-\mathrm{d}_{P_iP_{i+2}}^2}\left(4a^2+\mathrm{d}_{P_iP_{i+2}}^2-\mathrm{d}_{P_{i+1}P_i}^2-\mathrm{d}_{P_{i+2}P_{i+1}}^2\right),
$$

所以, 式 (8.3.1) 成立.

推论 8.3.1 设 $P_{i+2}N_i(i=1,2,3)$ 为 $P_1P_2P_3$ 的边 P_iP_{i+1} 上的高, O 是三角形的外心, 则 O,N_i,N_{i+1} 三点共线的充分必要条件是 $\angle P_{i+1}=90°$ 或 $4a^2+\mathrm{d}_{P_iP_{i+2}}^2=\mathrm{d}_{P_{i+1}P_i}^2+\mathrm{d}_{P_{i+2}P_{i+1}}^2(i=1,2,3)$.

证明 根据定理 8.3.1, 可知

$$
O,N_i,N_{i+1}\ \text{三点共线}\ \Leftrightarrow \mathrm{D}_{ON_iN_{i+1}}=0
$$
$$
\Leftrightarrow \mathrm{d}_{P_iP_{i+2}}\sqrt{4a^2-\mathrm{d}_{P_iP_{i+2}}^2}\left(4a^2+\mathrm{d}_{P_iP_{i+2}}^2-\mathrm{d}_{P_{i+1}P_i}^2-\mathrm{d}_{P_{i+2}P_{i+1}}^2\right)=0
$$
$$
\Leftrightarrow 4a^2-\mathrm{d}_{P_iP_{i+2}}^2=0\ \text{或}\ 4a^2+\mathrm{d}_{P_iP_{i+2}}^2-\mathrm{d}_{P_{i+1}P_i}^2-\mathrm{d}_{P_{i+2}P_{i+1}}^2=0
$$
$$
\Leftrightarrow \angle P_i=90°\ \text{或}\ 4a^2+\mathrm{d}_{P_iP_{i+2}}^2=\mathrm{d}_{P_{i+1}P_i}^2+\mathrm{d}_{P_{i+2}P_{i+1}}^2\quad(i=1,2,3).
$$

推论 8.3.2 设 $P_{i+2}N_i(i=1,2,3)$ 为 $P_1P_2P_3$ 的边 P_iP_{i+1} 上的高, 则高足三

角形的有向面积

$$D_{N_1N_2N_3} = \frac{1}{16a^2} \sum_{i=1}^{3} \tau_i d_{P_iP_{i+2}} \sqrt{4a^2 - d_{P_iP_{i+2}}^2} \left(4a^2 + d_{P_iP_{i+2}}^2 - d_{P_{i+1}P_i}^2 - d_{P_{i+2}P_{i+1}}^2\right),$$

其中 $\tau_i = \pm 1$, 且当 ON_iN_{i+1} 为正向三角形时取 "$+1$", 为反向三角形时取 "-1"; a 是三角形外接圆半径.

证明　根据三角形对其边三角形有向面积的可加性和式 (8.3.1) 即得.

定理 8.3.2　设三角形 $P_1P_2P_3$ 的顶点的坐标为 $P_i(a\cos\alpha_i, a\sin\alpha_i), P_iN_{i+1}(i = 1,2,3)$ 是三边上的高, I 分别是内心, 则

$$D_{IN_iN_{i+1}} = 2a^2 \sin(\alpha_i - \alpha_{i+2}) \cos\frac{\alpha_{i+2} - \alpha_i}{4} \cos\frac{\alpha_{i+2} - \alpha_{i+1}}{4} \cos\frac{\alpha_{i+1} - \alpha_i}{4} \sigma(i),$$

$$(8.3.2)$$

其中 $\sigma(i) = 1 + 4\sin\frac{\alpha_{i+2} - \alpha_{i+1}}{4} \sin\frac{\alpha_{i+1} - \alpha_i}{4} \cos\frac{\alpha_i - \alpha_{i+2}}{4}$.

证明　如图 8.3.2 所示. 依题设三角形 $P_1P_2P_3$ 外心的坐标为 $O(0,0)$. 而由定理 8.2.1 的证明可得三角形内角平分线 P_1Q_2, P_2Q_3 的方程分别为

$$\sin\frac{\alpha_2 + \alpha_3 + 2\alpha_1}{4} \cdot x - \cos\frac{\alpha_2 + \alpha_3 + 2\alpha_1}{4} \cdot y = a\sin\frac{\alpha_2 + \alpha_3 - 2\alpha_1}{4}, \qquad (8.3.3)$$

$$\sin\frac{\alpha_1 + \alpha_3 + 2\alpha_2}{4} \cdot x - \cos\frac{\alpha_1 + \alpha_3 + 2\alpha_2}{4} \cdot y = a\sin\frac{\alpha_1 + \alpha_3 - 2\alpha_2}{4}. \qquad (8.3.4)$$

式 (8.3.3) 和 (8.3.4) 联立, 求得三角形内心 I 的坐标为

$$\begin{cases} x_I = -a\left(\cos\frac{\alpha_1 + \alpha_2}{2} + \cos\frac{\alpha_2 + \alpha_3}{2} + \cos\frac{\alpha_3 + \alpha_1}{2}\right) \\ y_I = -a\left(\sin\frac{\alpha_1 + \alpha_2}{2} + \sin\frac{\alpha_2 + \alpha_3}{2} + \sin\frac{\alpha_3 + \alpha_1}{2}\right) \end{cases};$$

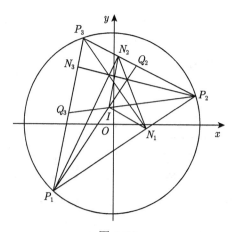

图 8.3.2

由定理 8.2.1 的证明, 可得三角形各边 $P_iP_{i+1}(i=1,2,3)$ 上的垂足 N_i 的坐标为

$$
\begin{cases}
x_{N_i} = \dfrac{a}{2}\left[\cos\alpha_1 + \cos\alpha_2 + \cos\alpha_3 - \cos(\alpha_i + \alpha_{i+1} - \alpha_{i+2})\right] \\[2mm]
y_{N_i} = \dfrac{a}{2}\left[\sin\alpha_1 + \sin\alpha_2 + \sin\alpha_3 - \sin(\alpha_i + \alpha_{i+1} - \alpha_{i+2})\right]
\end{cases}
\quad (i=1,2,3).
$$

于是由三角形有向面积公式, 得

$$
\begin{aligned}
&D_{I\,N_1 N_2}\\
&=\frac{a^2}{8}\left|\begin{array}{ccc}
-2\displaystyle\sum_{k=1}^{3}\cos\dfrac{\alpha_k+\alpha_{k+1}}{2} & -2\displaystyle\sum_{k=1}^{3}\sin\dfrac{\alpha_k+\alpha_{k+1}}{2} & 1\\[3mm]
\displaystyle\sum_{k=1}^{3}\cos\alpha_k-\cos(\alpha_1+\alpha_2-\alpha_3) & \displaystyle\sum_{k=1}^{3}\sin\alpha_k-\sin(\alpha_1+\alpha_2-\alpha_3) & 1\\[3mm]
\displaystyle\sum_{k=1}^{3}\cos\alpha_k-\cos(\alpha_2+\alpha_3-\alpha_1) & \displaystyle\sum_{k=1}^{3}\sin\alpha_k-\sin(\alpha_2+\alpha_3-\alpha_1) & 1
\end{array}\right|\\[4mm]
&=\frac{a^2}{8}\left|\begin{array}{ccc}
-2\displaystyle\sum_{k=1}^{3}\cos\dfrac{\alpha_k+\alpha_{k+1}}{2} & -2\displaystyle\sum_{k=1}^{3}\sin\dfrac{\alpha_k+\alpha_{k+1}}{2} & 1\\[3mm]
\displaystyle\sum_{k=1}^{3}\cos\alpha_k-\cos(\alpha_1+\alpha_2-\alpha_3) & \displaystyle\sum_{k=1}^{3}\sin\alpha_k-\sin(\alpha_1+\alpha_2-\alpha_3) & 1\\[3mm]
\cos(\alpha_1+\alpha_2-\alpha_3)-\cos(\alpha_2+\alpha_3-\alpha_1) & \sin(\alpha_1+\alpha_2-\alpha_3)-\sin(\alpha_2+\alpha_3-\alpha_1) & 0
\end{array}\right|\\[4mm]
&=\frac{a^2}{8}\left|\begin{array}{ccc}
-2\displaystyle\sum_{k=1}^{3}\cos\dfrac{\alpha_k+\alpha_{k+1}}{2} & -2\displaystyle\sum_{k=1}^{3}\sin\dfrac{\alpha_k+\alpha_{k+1}}{2} & 1\\[3mm]
\displaystyle\sum_{k=1}^{3}\cos\alpha_k-\cos(\alpha_1+\alpha_2-\alpha_3) & \displaystyle\sum_{k=1}^{3}\sin\alpha_k-\sin(\alpha_1+\alpha_2-\alpha_3) & 1\\[3mm]
-2\sin\alpha_2\sin(\alpha_1-\alpha_3) & 2\cos\alpha_2\sin(\alpha_1-\alpha_3) & 0
\end{array}\right|\\[4mm]
&=\frac{a^2}{4}\sin(\alpha_1-\alpha_3)\left|\begin{array}{ccc}
-2\displaystyle\sum_{k=1}^{3}\cos\dfrac{\alpha_k+\alpha_{k+1}}{2} & -2\displaystyle\sum_{k=1}^{3}\sin\dfrac{\alpha_k+\alpha_{k+1}}{2} & 1\\[3mm]
\displaystyle\sum_{k=1}^{3}\cos\alpha_k-\cos(\alpha_1+\alpha_2-\alpha_3) & \displaystyle\sum_{k=1}^{3}\sin\alpha_k-\sin(\alpha_1+\alpha_2-\alpha_3) & 1\\[3mm]
-\sin\alpha_2 & \cos\alpha_2 & 0
\end{array}\right|\\[4mm]
&=\frac{a^2}{4}\sin(\alpha_1-\alpha_3)\bigg\{\sin\alpha_2\Big[\sin\alpha_1+\sin\alpha_2+\sin\alpha_3-\sin(\alpha_1+\alpha_2-\alpha_3)\\
&\quad+2\left(\sin\dfrac{\alpha_1+\alpha_2}{2}+\sin\dfrac{\alpha_2+\alpha_3}{2}+\sin\dfrac{\alpha_3+\alpha_1}{2}\right)\Big]+\cos\alpha_2\Big[\cos\alpha_1+\cos\alpha_2+\cos\alpha_3\\
&\quad-\cos(\alpha_1+\alpha_2-\alpha_3)+2\left(\cos\dfrac{\alpha_1+\alpha_2}{2}+\cos\dfrac{\alpha_2+\alpha_3}{2}+\cos\dfrac{\alpha_3+\alpha_1}{2}\right)\Big]\bigg\}
\end{aligned}
$$

$$= \frac{a^2}{4} \sin(\alpha_1 - \alpha_3) \Big[1 + \cos(\alpha_2 - \alpha_1) + \cos(\alpha_3 - \alpha_2) - \cos(\alpha_3 - \alpha_1)$$

$$+ 2 \left(\cos \frac{\alpha_1 - \alpha_2}{2} + \cos \frac{\alpha_2 - \alpha_3}{2} + \cos \frac{\alpha_1 + \alpha_3 - 2\alpha_2}{2} \right) \Big]$$

$$= \frac{a^2}{2} \sin(\alpha_1 - \alpha_3) \Big[\sin^2 \frac{\alpha_3 - \alpha_1}{2} + \left(1 + \cos \frac{\alpha_3 - \alpha_1}{2} \right) \cos \frac{\alpha_1 + \alpha_3 - 2\alpha_2}{2}$$

$$+ 2 \cos \frac{\alpha_1 - \alpha_3}{4} \cos \frac{\alpha_1 + \alpha_3 - 2\alpha_2}{4} \Big]$$

$$= a^2 \sin(\alpha_1 - \alpha_3) \Big[\sin \frac{\alpha_3 - \alpha_1}{2} \sin \frac{\alpha_3 - \alpha_1}{4} \cos \frac{\alpha_3 - \alpha_1}{4}$$

$$+ \cos^2 \frac{\alpha_3 - \alpha_1}{4} \cos \frac{\alpha_1 + \alpha_3 - 2\alpha_2}{2} + \cos \frac{\alpha_1 - \alpha_3}{4} \cos \frac{\alpha_1 + \alpha_3 - 2\alpha_2}{4} \Big]$$

$$= a^2 \sin(\alpha_1 - \alpha_3) \cos \frac{\alpha_3 - \alpha_1}{4} \Big(\sin \frac{\alpha_3 - \alpha_1}{2} \sin \frac{\alpha_3 - \alpha_1}{4}$$

$$+ \cos \frac{\alpha_3 - \alpha_1}{4} \cos \frac{\alpha_1 + \alpha_3 - 2\alpha_2}{2} + \cos \frac{\alpha_1 + \alpha_3 - 2\alpha_2}{4} \Big)$$

$$= a^2 \sin(\alpha_1 - \alpha_3) \cos \frac{\alpha_3 - \alpha_1}{4} \Big(2 \sin^2 \frac{\alpha_3 - \alpha_1}{4} \cos \frac{\alpha_3 - \alpha_1}{4} + \cos \frac{\alpha_1 + \alpha_3 - 2\alpha_2}{4}$$

$$+ \cos \frac{\alpha_1 + \alpha_3 - 2\alpha_2}{2} \cos \frac{\alpha_1 - \alpha_3}{4} \Big)$$

$$= a^2 \sin(\alpha_1 - \alpha_3) \cos \frac{\alpha_3 - \alpha_1}{4} \Big[\left(1 - \cos \frac{\alpha_3 - \alpha_1}{2} \right) \cos \frac{\alpha_3 - \alpha_1}{4} + \cos \frac{\alpha_1 + \alpha_3 - 2\alpha_2}{4}$$

$$+ \cos \frac{\alpha_1 + \alpha_3 - 2\alpha_2}{2} \cos \frac{\alpha_1 - \alpha_3}{4} \Big]$$

$$= a^2 \sin(\alpha_1 - \alpha_3) \cos \frac{\alpha_3 - \alpha_1}{4} \Big[\left(\cos \frac{\alpha_3 - \alpha_1}{4} + \cos \frac{\alpha_1 + \alpha_3 - 2\alpha_2}{4} \right)$$

$$+ \left(\cos \frac{\alpha_1 + \alpha_3 - 2\alpha_2}{2} - \cos \frac{\alpha_3 - \alpha_1}{2} \right) \cos \frac{\alpha_1 - \alpha_3}{4} \Big]$$

$$= 2a^2 \sin(\alpha_1 - \alpha_3) \cos \frac{\alpha_3 - \alpha_1}{4} \Big(\cos \frac{\alpha_3 - \alpha_2}{4} \cos \frac{\alpha_2 - \alpha_1}{4}$$

$$- \sin \frac{\alpha_3 - \alpha_2}{2} \sin \frac{\alpha_1 - \alpha_2}{2} \cos \frac{\alpha_1 - \alpha_3}{4} \Big)$$

$$= 2a^2 \sin(\alpha_1 - \alpha_3) \cos \frac{\alpha_3 - \alpha_1}{4} \cos \frac{\alpha_3 - \alpha_2}{4} \cos \frac{\alpha_2 - \alpha_1}{4}$$

$$\times \left(1 + 4 \sin \frac{\alpha_3 - \alpha_2}{4} \sin \frac{\alpha_2 - \alpha_1}{4} \cos \frac{\alpha_1 - \alpha_3}{4} \right)$$

$$= 2a^2 \sin(\alpha_1 - \alpha_3) \cos \frac{\alpha_3 - \alpha_1}{4} \cos \frac{\alpha_3 - \alpha_2}{4} \cos \frac{\alpha_2 - \alpha_1}{4} \sigma(1),$$

所以, $i = 1$ 时式 (8.3.2) 成立;

类似地, 可以证明 $i = 2, 3$ 时, 式 (8.3.2) 成立.

推论 8.3.3 设三角形 $P_1P_2P_3$ 的顶点的坐标为 $P_i(a\cos\alpha_i, a\sin\alpha_i), P_iN_{i+1}(i = 1, 2, 3)$ 是三边上的高, I 是内心, 证明:I, N_i, N_{i+1} 三点共线的充要条件是 $\sin(\alpha_i - \alpha_{i+2})\sigma(i) = 0(i = 1, 2, 3)$.

证明 不妨设 $0 \leqslant \alpha_i < \alpha_{i+1} < \alpha_{i+2} < 2\pi$, 于是

$$0 < \alpha_{i+1} - \alpha_i, \alpha_{i+2} - \alpha_{i+1}, \alpha_{i+2} - \alpha_i < 2\pi,$$

所以

$$\cos\frac{\alpha_{i+2} - \alpha_i}{4}\cos\frac{\alpha_{i+2} - \alpha_{i+1}}{4}\cos\frac{\alpha_{i+1} - \alpha_i}{4} \neq 0,$$

故由定理 7.3.3 知,

$$I, N_i, N_{i+1} \text{ 三点共线 } \Leftrightarrow D_{I\,N_iN_{i+1}} = 0 \Leftrightarrow \sin(\alpha_i - \alpha_{i+2})\sigma(i) = 0(i = 1, 2, 3).$$

推论 8.3.4(第 38 届国际数学奥林匹克预选题) 在锐角三角形 $P_1P_2P_3$ 中, P_1N_2, P_2N_3, P_3N_1 是三边上的高, P_1Q_2, P_2Q_3, P_3Q_1 是三内角的平分线, I, O 分别是内心和外心, 证明:I, N_i, N_{i+1} 三点共线的充分必要条件是 O, Q_i, Q_{i+1} $(i = 1, 2, 3)$ 三点共线.

证明 如图 8.3.3 所示. 由于 $P_1P_2P_3$ 是锐角三角形, 所以 $\alpha_{i+2} - \alpha_i \neq \pi$, $\sin(\alpha_i - \alpha_{i+2}) \neq 0$. 于是由推论 7.3.6 和推论 8.3.3 知,

$$I, N_i, N_{i+1} \text{ 三点共线 } \Leftrightarrow D_{I\,N_iN_{i+1}} = 0 \Leftrightarrow \sigma(i) = 0$$

$$\Leftrightarrow D_{OQ_iQ_{i+1}} = 0 \Leftrightarrow O, Q_i, Q_{i+1} \text{ 三点共线 } \quad (i = 1, 2, 3).$$

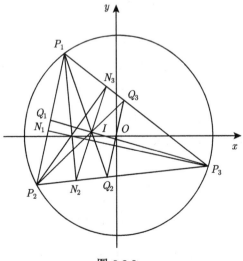

图 8.3.3

第9章 心坐标公式、心三角形有向面积公式与应用

9.1 心坐标公式与应用

众所周知, 三角形有七心: 外心、内心、(三个) 旁心、重心和垂心. 外心是三角形外接圆的圆心; 内心是三角形内切圆的圆心, 它是三角形内角平分线的交点; 旁心是三角形旁切圆的圆心, 它们是三角形一条内角的平分线与其余两外角平分线的交点; 重心亦即三角形的质心, 它是三角形三条中线的交点; 而三角形三条高线的交点就是三角形的垂心. 本节主要讨论三角形三角形以上诸心的坐标公式及其应用. 首先, 给出三角形内、旁心坐标公式, 并据此给出一道与内心有关的数学奥林匹克竞赛题的证明; 其次, 给出三角形垂心坐标公式, 以及一道与垂心有关的数学奥林匹克竞赛题的证明.

9.1.1 三角形内心和旁心的坐标公式与应用

定理 9.1.1 设三角形 $P_1P_2P_3$ 顶点的坐标为 $P_i(x_i, y_i)(i = 1, 2, 3)$, $\angle P_iP_{i+2}P_{i+1}$ ($\angle P_iP_{i+2}P_{i+1}$ 的外角) 的平分线为 $P_{i+2}Q_i(P_{i+2}Q_i')$, 内心为 I, 角平分线 $P_{i+2}Q_i$ 所在直线上的旁心为 $I_i(i = 1, 2, 3)$, 则内、旁心的坐标分别为

$$\begin{cases} x_I = (\mathrm{d}_{P_2P_3}x_1 + \mathrm{d}_{P_3P_1}x_2 + \mathrm{d}_{P_1P_2}x_3)/\omega \\ y_I = (\mathrm{d}_{P_2P_3}y_1 + \mathrm{d}_{P_3P_1}y_2 + \mathrm{d}_{P_1P_2}y_3)/\omega \end{cases}; \tag{9.1.1}$$

$$\begin{cases} x_{I_i} = (\mathrm{d}_{P_{i+1}P_{i+2}}x_i + \mathrm{d}_{P_{i+2}P_i}x_{i+1} - \mathrm{d}_{P_iP_{i+1}}x_{i+2})/\omega_i \\ y_{I_i} = (\mathrm{d}_{P_{i+1}P_{i+2}}y_i + \mathrm{d}_{P_{i+2}P_i}y_{i+1} - \mathrm{d}_{P_iP_{i+1}}y_{i+2})/\omega_i \end{cases}, \tag{9.1.2}$$

其中 $\omega = \mathrm{d}_{P_1P_2} + \mathrm{d}_{P_2P_3} + \mathrm{d}_{P_3P_1}, \omega_i = \mathrm{d}_{P_{i+1}P_{i+2}} + \mathrm{d}_{P_{i+2}P_i} - \mathrm{d}_{P_iP_{i+1}}; i = 1, 2, 3$.

证明 如图 9.1.1 所示. 依题设和定理 7.1.1 的证明, 角平分线 P_1Q_2 的方程为

$$(y_1 - y_{Q_2})x + (x_{Q_2} - x_1)y = x_{Q_2}y_1 - x_1y_{Q_2},$$

将 $x_{Q_2} = (\mathrm{d}_{P_1P_3}x_2 + \mathrm{d}_{P_1P_2}x_3)/\sigma_2, y_{Q_2} = (\mathrm{d}_{P_1P_3}y_2 + \mathrm{d}_{P_1P_2}y_3)/\sigma_2$ 代入, 并化简得

$$[\mathrm{d}_{P_1P_2}(y_1 - y_3) + \mathrm{d}_{P_1P_3}(y_1 - y_2)]x + [\mathrm{d}_{P_1P_3}(x_2 - x_1) + \mathrm{d}_{P_1P_2}(x_3 - x_1)]y$$
$$= \mathrm{d}_{P_1P_2}(x_3y_1 - x_1y_3) + \mathrm{d}_{P_1P_3}(x_2y_1 - x_1y_2), \tag{9.1.3}$$

类似地, 求得角平分线 P_2Q_3 的方程

$$[\mathrm{d}_{P_2P_3}(y_2 - y_1) + \mathrm{d}_{P_2P_1}(y_2 - y_3)]\, x + [\mathrm{d}_{P_2P_1}(x_3 - x_2) + \mathrm{d}_{P_2P_3}(x_1 - x_2)]\, y$$

$$=\mathrm{d}_{P_2P_3}(x_1y_2 - x_2y_1) + \mathrm{d}_{P_2P_1}(x_3y_2 - x_2y_3). \tag{9.1.4}$$

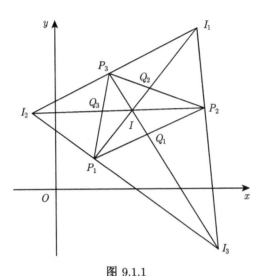

图 9.1.1

式 (9.1.3)、(9.1.4) 联立, 解线性方程组. 由于

$$\Delta = \begin{vmatrix} \mathrm{d}_{P_1P_2}(y_1 - y_3) + \mathrm{d}_{P_1P_3}(y_1 - y_2) & \mathrm{d}_{P_1P_3}(x_2 - x_1) + \mathrm{d}_{P_1P_2}(x_3 - x_1) \\ \mathrm{d}_{P_2P_3}(y_2 - y_1) + \mathrm{d}_{P_2P_1}(y_2 - y_3) & \mathrm{d}_{P_2P_1}(x_3 - x_2) + \mathrm{d}_{P_2P_3}(x_1 - x_2) \end{vmatrix}$$

$$= [\mathrm{d}_{P_1P_2}(y_1 - y_3) + \mathrm{d}_{P_1P_3}(y_1 - y_2)]\,[\mathrm{d}_{P_2P_1}(x_3 - x_2) + \mathrm{d}_{P_2P_3}(x_1 - x_2)]$$

$$\quad - [\mathrm{d}_{P_2P_3}(y_2 - y_1) + \mathrm{d}_{P_2P_1}(y_2 - y_3)]\,[\mathrm{d}_{P_1P_3}(x_2 - x_1) + \mathrm{d}_{P_1P_2}(x_3 - x_1)]$$

$$= \mathrm{d}_{P_1P_2}^2\,[(x_3 - x_2)(y_1 - y_3) - (x_3 - x_1)(y_2 - y_3)]$$

$$\quad + \mathrm{d}_{P_1P_2}\mathrm{d}_{P_2P_3}\,[(x_1 - x_2)(y_1 - y_3) - (x_3 - x_1)(y_2 - y_1)]$$

$$\quad + \mathrm{d}_{P_1P_2}\mathrm{d}_{P_1P_3}\,[(x_3 - x_2)(y_1 - y_2) - (x_2 - x_1)(y_2 - y_3)]$$

$$= \mathrm{d}_{P_1P_2}^2\,[(x_1y_2 - x_2y_1) + (x_2y_3 - x_3y_2) + (x_3y_1 - x_1y_3)]$$

$$\quad + \mathrm{d}_{P_1P_2}\mathrm{d}_{P_2P_3}\,[(x_1y_2 - x_2y_1) + (x_2y_3 - x_3y_2) + (x_3y_1 - x_1y_3)]$$

$$\quad + \mathrm{d}_{P_1P_2}\mathrm{d}_{P_1P_3}\,[(x_1y_2 - x_2y_1) + (x_2y_3 - x_3y_2) + (x_3y_1 - x_1y_3)]$$

$$= 2\mathrm{d}_{P_1P_2}(\mathrm{d}_{P_1P_2} + \mathrm{d}_{P_2P_3} + \mathrm{d}_{P_3P_1})\mathrm{D}_{P_1P_2P_3},$$

$$\Delta_x = \begin{vmatrix} \mathrm{d}_{P_1P_2}(x_3y_1 - x_1y_3) + \mathrm{d}_{P_1P_3}(x_2y_1 - x_1y_2) & \mathrm{d}_{P_1P_3}(x_2 - x_1) + \mathrm{d}_{P_1P_2}(x_3 - x_1) \\ \mathrm{d}_{P_2P_3}(x_1y_2 - x_2y_1) + \mathrm{d}_{P_2P_1}(x_3y_2 - x_2y_3) & \mathrm{d}_{P_2P_1}(x_3 - x_2) + \mathrm{d}_{P_2P_3}(x_1 - x_2) \end{vmatrix}$$

$$= [\mathrm{d}_{P_1P_2}(x_3y_1 - x_1y_3) + \mathrm{d}_{P_1P_3}(x_2y_1 - x_1y_2)]\,[\mathrm{d}_{P_2P_1}(x_3 - x_2) + \mathrm{d}_{P_2P_3}(x_1 - x_2)]$$

$$- \left[\mathrm{d}_{P_2P_3}(x_1y_2 - x_2y_1) + \mathrm{d}_{P_2P_1}(x_3y_2 - x_2y_3)\right]\left[\mathrm{d}_{P_1P_3}(x_2 - x_1) + \mathrm{d}_{P_1P_2}(x_3 - x_1)\right]$$

$$= \mathrm{d}_{P_1P_2}^2\left[(x_3 - x_2)(x_3y_1 - x_1y_3) - (x_3 - x_1)(x_3y_2 - x_2y_3)\right]$$

$$+ \mathrm{d}_{P_1P_2}\mathrm{d}_{P_2P_3}\left[(x_1 - x_2)(x_3y_1 - x_1y_3) - (x_3 - x_1)(x_1y_2 - x_2y_1)\right]$$

$$+ \mathrm{d}_{P_1P_2}\mathrm{d}_{P_1P_3}\left[(x_3 - x_2)(x_2y_1 - x_1y_2) - (x_2 - x_1)(x_3y_2 - x_2y_3)\right]$$

$$= \mathrm{d}_{P_1P_2}^2 x_3 \left[(x_1y_2 - x_2y_1) + (x_2y_3 - x_3y_2) + (x_3y_1 - x_1y_3)\right]$$

$$+ \mathrm{d}_{P_1P_2}\mathrm{d}_{P_2P_3} x_1 \left[(x_1y_2 - x_2y_1) + (x_2y_3 - x_3y_2) + (x_3y_1 - x_1y_3)\right]$$

$$+ \mathrm{d}_{P_1P_2}\mathrm{d}_{P_1P_3} x_2 \left[(x_1y_2 - x_2y_1) + (x_2y_3 - x_3y_2) + (x_3y_1 - x_1y_3)\right]$$

$$= 2\mathrm{d}_{P_1P_2}(\mathrm{d}_{P_1P_2} x_3 + \mathrm{d}_{P_2P_3} x_1 + \mathrm{d}_{P_3P_1} x_2)\mathrm{D}_{P_1P_2P_3},$$

类似地, 可以求得

$$\Delta_y = 2\mathrm{d}_{P_1P_2}(\mathrm{d}_{P_1P_2} y_3 + \mathrm{d}_{P_2P_3} y_1 + \mathrm{d}_{P_3P_1} y_2)\mathrm{D}_{P_1P_2P_3},$$

所以

$$x_I = \frac{\Delta_x}{\Delta} = \frac{\mathrm{d}_{P_1P_2} x_3 + \mathrm{d}_{P_2P_3} x_1 + \mathrm{d}_{P_3P_1} x_2}{\mathrm{d}_{P_1P_2} + \mathrm{d}_{P_2P_3} + \mathrm{d}_{P_3P_1}},$$

$$y_I = \frac{\Delta_y}{\Delta} = \frac{\mathrm{d}_{P_1P_2} y_3 + \mathrm{d}_{P_2P_3} y_1 + \mathrm{d}_{P_3P_1} y_2}{\mathrm{d}_{P_1P_2} + \mathrm{d}_{P_2P_3} + \mathrm{d}_{P_3P_1}},$$

因此, 式 (9.1.1) 成立;

类似地, 由外角平分线 P_1Q_2', P_2Q_3' 的方程

$$\left[\mathrm{d}_{P_1P_2}(y_3 - y_1) + \mathrm{d}_{P_1P_3}(y_1 - y_2)\right]x + \left[\mathrm{d}_{P_1P_3}(x_2 - x_1) + \mathrm{d}_{P_1P_2}(x_1 - x_3)\right]y$$

$$= \mathrm{d}_{P_1P_2}(x_1y_3 - x_3y_1) + \mathrm{d}_{P_1P_3}(x_2y_1 - x_1y_2),$$

$$\left[\mathrm{d}_{P_2P_3}(y_1 - y_2) + \mathrm{d}_{P_2P_1}(y_2 - y_3)\right]x + \left[\mathrm{d}_{P_2P_1}(x_3 - x_2) + \mathrm{d}_{P_2P_3}(x_2 - x_1)\right]y$$

$$= \mathrm{d}_{P_2P_3}(x_2y_1 - x_1y_2) + \mathrm{d}_{P_2P_1}(x_3y_2 - x_2y_3),$$

可以证明式 (9.1.2) 成立.

例 9.1.1(1997 年伊朗数学奥林匹克竞赛题)　在直角三角形 ABC 中, $\angle A = 90°$, $\angle B$ 和 $\angle C$ 的平分线相交于 I, 且分别交对边于 D 和 E, 求证:$a_{BCDE} = 2a_{IBC}$.

证明　如图 9.1.2 所示. 以 A 为坐标原点、AB 为 x 轴建立平面直角坐标系. 不妨设 ABC 为正向三角形, 且其顶点和两角平分线与其对边的交点的坐标分别为

$$A(0,0), \quad B(b,0), \quad C(0,c); \quad D(0,d), \quad E(e,0),$$

于是由角平分线定理和三角形内心坐标公式, 可得

$$\frac{e}{b-e} = \frac{c}{\sqrt{b^2 + c^2}} \Rightarrow e = \frac{bc}{\sqrt{b^2 + c^2} + c},$$

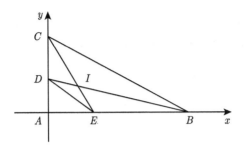

图 9.1.2

$$\frac{d}{c-d} = \frac{b}{\sqrt{b^2+c^2}} \Rightarrow d = \frac{bc}{\sqrt{b^2+c^2}+b};$$

$$x_I = \frac{\sqrt{b^2+c^2}x_A + cx_B + bx_C}{b+c+\sqrt{b^2+c^2}} = \frac{bc}{b+c+\sqrt{b^2+c^2}},$$

$$y_I = \frac{\sqrt{b^2+c^2}y_A + cy_B + by_C}{b+c+\sqrt{b^2+c^2}} = \frac{bc}{b+c+\sqrt{b^2+c^2}}.$$

故由多边形有向面积公式, 可得

$$\begin{aligned}
2a_{BCDE} &= 2D_{BCDE} = bc - ed \\
&= bc - \frac{bc}{\sqrt{b^2+c^2}+c} \times \frac{bc}{\sqrt{b^2+c^2}+b} \\
&= bc - b^2c^2 \frac{\sqrt{b^2+c^2}-c}{b^2+c^2-c^2} \times \frac{\sqrt{b^2+c^2}-b}{b^2+c^2-b^2} \\
&= bc - b^2 - c^2 + (b+c)\sqrt{b^2+c^2} - bc \\
&= \sqrt{b^2+c^2}\left(b+c-\sqrt{b^2+c^2}\right) \\
&= \frac{2bc\sqrt{b^2+c^2}}{b+c+\sqrt{b^2+c^2}},
\end{aligned}$$

$$\begin{aligned}
2a_{IBC} &= 2D_{IBC} = bc - cx_I - by_I = bc - \frac{bc^2+b^2c}{b+c+\sqrt{b^2+c^2}} \\
&= bc \times \frac{b+c+\sqrt{b^2+c^2}-(b+c)}{b+c+\sqrt{b^2+c^2}} = \frac{bc\sqrt{b^2+c^2}}{b+c+\sqrt{b^2+c^2}},
\end{aligned}$$

所以 $a_{BCDE} = 2a_{IBC}$.

9.1.2 三角形垂心的坐标公式与应用

定理 9.1.2 设三角形 $P_1P_2P_3$ 顶点的坐标为 $P_i(a\cos\alpha_i, a\sin\alpha_i)(i=1,2,3)$, 垂心为 H, 则 H 的坐标分别为

$$\begin{cases} x_H = a(\cos\alpha_1 + \cos\alpha_2 + \cos\alpha_3) \\ y_H = a(\sin\alpha_1 + \sin\alpha_2 + \sin\alpha_3) \end{cases}. \tag{9.1.5}$$

证明　如图 9.1.3 所示. 设 $P_{i+2}N_i(i=1,2,3)$ 是三角形 $P_1P_2P_3$ 边 P_iP_{i+1} 上的高, 于是由定理 8.2.1 的证明, $P_{i+2}N_i$ 的方程为

$$\sin\frac{\alpha_{i+1}+\alpha_i}{2}\cdot x-\cos\frac{\alpha_{i+1}+\alpha_i}{2}\cdot y=a\sin\frac{\alpha_{i+1}+\alpha_i-2\alpha_{i+2}}{2}\quad(i=1,2,3).$$

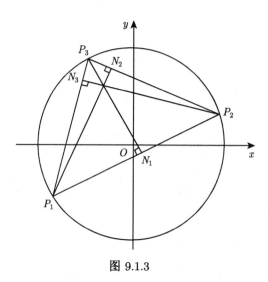

图 9.1.3

解线性方程组

$$\begin{cases}\sin\dfrac{\alpha_2+\alpha_1}{2}\cdot x-\cos\dfrac{\alpha_2+\alpha_1}{2}\cdot y=a\sin\dfrac{\alpha_2+\alpha_1-2\alpha_3}{2}\\[3mm]\sin\dfrac{\alpha_3+\alpha_2}{2}\cdot x-\cos\dfrac{\alpha_3+\alpha_2}{2}\cdot y=a\sin\dfrac{\alpha_3+\alpha_2-2\alpha_1}{2}\end{cases},$$

由于

$$\Delta=\begin{vmatrix}\sin\dfrac{\alpha_2+\alpha_1}{2}&-\cos\dfrac{\alpha_2+\alpha_1}{2}\\[3mm]\sin\dfrac{\alpha_3+\alpha_2}{2}&-\cos\dfrac{\alpha_3+\alpha_2}{2}\end{vmatrix}$$

$$=\sin\frac{\alpha_3+\alpha_2}{2}\cos\frac{\alpha_2+\alpha_1}{2}-\cos\frac{\alpha_3+\alpha_2}{2}\sin\frac{\alpha_2+\alpha_1}{2}=\sin\frac{\alpha_3-\alpha_1}{2},$$

$$\Delta_x=a\begin{vmatrix}\sin\dfrac{\alpha_2+\alpha_1-2\alpha_3}{2}&-\cos\dfrac{\alpha_2+\alpha_1}{2}\\[3mm]\sin\dfrac{\alpha_3+\alpha_2-2\alpha_1}{2}&-\cos\dfrac{\alpha_3+\alpha_2}{2}\end{vmatrix}$$

$$=a\left(\sin\frac{\alpha_3+\alpha_2-2\alpha_1}{2}\cos\frac{\alpha_2+\alpha_1}{2}-\sin\frac{\alpha_2+\alpha_1-2\alpha_3}{2}\cos\frac{\alpha_3+\alpha_2}{2}\right)$$

$$=\frac{a}{2}\left[\left(\sin\frac{\alpha_3+2\alpha_2-\alpha_1}{2}-\sin\frac{2\alpha_2+\alpha_1-\alpha_3}{2}\right)+\left(\sin\frac{\alpha_3-3\alpha_1}{2}-\sin\frac{\alpha_1-3\alpha_3}{2}\right)\right]$$

$$=a\left[\cos\alpha_2\sin\frac{\alpha_3-\alpha_1}{2}+\cos\frac{\alpha_3+\alpha_1}{2}\sin(\alpha_3-\alpha_1)\right]$$

$$=a\sin\frac{\alpha_3-\alpha_1}{2}\left(\cos\alpha_2+2\cos\frac{\alpha_3+\alpha_1}{2}\cos\frac{\alpha_3-\alpha_1}{2}\right)$$

$$=a\sin\frac{\alpha_3-\alpha_1}{2}\left(\cos\alpha_1+\cos\alpha_2+\cos\alpha_3\right).$$

类似地, 可以求得

$$\Delta_y=a\sin\frac{\alpha_3-\alpha_1}{2}\left(\sin\alpha_1+\sin\alpha_2+\sin\alpha_3\right),$$

所以

$$x_H=\frac{\Delta_x}{\Delta}=a\left(\cos\alpha_1+\cos\alpha_2+\cos\alpha_3\right),$$

$$y_H=\frac{\Delta_y}{\Delta}=a\left(\sin\alpha_1+\sin\alpha_2+\sin\alpha_3\right),$$

因此, 式 (9.1.3) 成立.

引理 9.1.1 设 $\alpha_{i+3}=\alpha_i$, 则

$$\sum_{i=1}^{3}\sin(\alpha_{i+1}-\alpha_i)\left[\cos(\alpha_{i+2}-\alpha_{i+1})+\cos(\alpha_i-\alpha_{i+2})\right]=\sum_{i=1}^{3}\sin(\alpha_i-\alpha_{i+1}).$$

证明 左式相乘后, 再利用积化和差公式, 得

$$\sum_{i=1}^{3}\sin(\alpha_{i+1}-\alpha_i)\left[\cos(\alpha_{i+2}-\alpha_{i+1})+\cos(\alpha_i-\alpha_{i+2})\right]$$

$$=\frac{1}{2}\sum_{i=1}^{3}\left[\sin(\alpha_{i+2}-\alpha_i)+\sin(2\alpha_{i+1}-\alpha_{i+2}-\alpha_i)+\sin(\alpha_{i+1}-\alpha_{i+2})\right.$$

$$\left.+\sin(\alpha_{i+1}+\alpha_{i+2}-2\alpha_i)\right]$$

$$=\frac{1}{2}\sum_{i=1}^{3}\left[\sin(\alpha_i-\alpha_{i+1})+\sin(2\alpha_{i+2}-\alpha_i-\alpha_{i+1})+\sin(\alpha_i-\alpha_{i+1})\right.$$

$$\left.+\sin(\alpha_i+\alpha_{i+1}-2\alpha_{i+2})\right]$$

$$=\sum_{i=1}^{3}\sin(\alpha_i-\alpha_{i+1}).$$

例 9.1.2(1998 年第 39 届国际数学奥林匹克预选题) 在三角形 $P_1P_2P_3$ 中, H 为垂心, O 为外心, a 为外接圆半径, Q_i 是 P_{i+2} 关于 $P_iP_{i+1}(i=1,2,3)$ 的对称点, 求证:Q_1,Q_2,Q_3 三点共线当且仅当 $\mathrm{d}_{OH}=2a$.

证明　如图 9.1.4 所示. 设三角形 $P_1P_2P_3$ 顶点的坐标为 $P_i(a\cos\alpha_i, a\sin\alpha_i)(i= 1,2,3)$, 边 P_iP_{i+1} 上的高为 $P_{i+2}N_i(i=1,2,3)$, 于是外心的坐标为 $O(0,0)$.

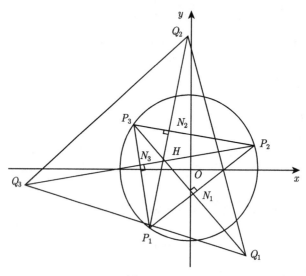

图 9.1.4

又由定理 8.2.1 的证明, 可得垂足 N_i 的坐标

$$\begin{cases} x_{N_i} = \dfrac{a}{2}\left[\cos\alpha_1 + \cos\alpha_2 + \cos\alpha_3 - \cos(\alpha_i + \alpha_{i+1} - \alpha_{i+2})\right] \\ y_{N_i} = \dfrac{a}{2}\left[\sin\alpha_1 + \sin\alpha_2 + \sin\alpha_3 - \sin(\alpha_1 + \alpha_2 - \alpha_{i+2})\right] \end{cases} \quad (i=1,2,3).$$

依题设,

$$\begin{cases} x_{P_{i+2}} + x_{Q_i} = 2x_{N_i} \\ y_{P_{i+2}} + y_{Q_i} = 2y_{N_i} \end{cases} \quad (i=1,2,3)$$

求得

$$\begin{cases} x_{Q_i} = a\left[\cos\alpha_i + \cos\alpha_{i+1} - \cos(\alpha_i + \alpha_{i+1} - \alpha_{i+2})\right] \\ y_{Q_i} = a\left[\sin\alpha_i + \sin\alpha_{i+1} - \sin(\alpha_1 + \alpha_2 - \alpha_{i+2})\right] \end{cases} \quad (i=1,2,3).$$

于是由两点之间的距离公式和三角形有向面积公式, 可得

$$\begin{aligned} \mathrm{d}_{OH} &= a\sqrt{(\cos\alpha_1 + \cos\alpha_2 + \cos\alpha_3)^2 + (\sin\alpha_1 + \sin\alpha_2 + \sin\alpha_3)^2} \\ &= a\sqrt{3 + 2\cos(\alpha_2 - \alpha_1) + 2\cos(\alpha_3 - \alpha_2) + 2\cos(\alpha_1 - \alpha_3)}; \end{aligned}$$

$$2\mathrm{D}_{Q_1Q_2Q_3}$$
$$= a^2\sum_{i=1}^{3}\{[\cos\alpha_i + \cos\alpha_{i+1} - \cos(\alpha_i + \alpha_{i+1} - \alpha_{i+2})]$$

$$\times\left[\sin\alpha_{i+1}+\sin\alpha_{i+2}-\sin(\alpha_{i+1}+\alpha_{i+2}-\alpha_i)\right]$$

$$-\left[\cos\alpha_{i+1}+\cos\alpha_{i+2}-\cos(\alpha_{i+1}+\alpha_{i+2}-\alpha_i)\right]$$

$$\times\left[\sin\alpha_i+\sin\alpha_{i+1}-\sin(\alpha_i+\alpha_{i+1}-\alpha_{i+2})\right]\Big\}$$

$$=a^2\sum_{i=1}^{3}\left[\sin(\alpha_{i+1}-\alpha_i)+\sin(\alpha_{i+2}-\alpha_i)-\sin(\alpha_{i+1}+\alpha_{i+2}-2\alpha_i)\right.$$

$$+\sin(\alpha_{i+2}-\alpha_{i+1})-\sin(\alpha_{i+2}-\alpha_i)$$

$$\left.-\sin(\alpha_{i+2}-\alpha_i)-\sin(2\alpha_{i+2}-\alpha_i-\alpha_{i+1})+\sin 2(\alpha_{i+2}-\alpha_i)\right]$$

$$=a^2\sum_{i=1}^{3}\left[3\sin(\alpha_{i+1}-\alpha_i)-\sin 2(\alpha_{i+1}-\alpha_i)\right],$$

故

$$Q_1,Q_2,Q_3\ \text{三点共线}\ \Leftrightarrow \mathrm{D}_{Q_1Q_2Q_3}=0\Leftrightarrow\sum_{i=1}^{3}\left[3\sin(\alpha_{i+1}-\alpha_i)-\sin 2(\alpha_{i+1}-\alpha_i)\right]=0;$$

另一方面, 由引理 9.1.1, 并注意到

$$\sin(\alpha_2-\alpha_1)+\sin(\alpha_3-\alpha_2)+\sin(\alpha_1-\alpha_3)=2\mathrm{D}_{P_1P_2P_3}\big/a^2\neq 0,$$

得

$$\mathrm{d}_{OH}=2a$$

$$\Leftrightarrow a\sqrt{3+2\cos(\alpha_2-\alpha_1)+2\cos(\alpha_3-\alpha_2)+2\cos(\alpha_1-\alpha_3)}=2a$$

$$\Leftrightarrow 2\cos(\alpha_2-\alpha_1)+2\cos(\alpha_3-\alpha_2)+2\cos(\alpha_1-\alpha_3)-1=0$$

$$\Leftrightarrow \left[\sin(\alpha_2-\alpha_1)+\sin(\alpha_3-\alpha_2)+\sin(\alpha_1-\alpha_3)\right]$$

$$\times\left[2\cos(\alpha_2-\alpha_1)+2\cos(\alpha_3-\alpha_2)+2\cos(\alpha_1-\alpha_3)-1\right]=0$$

$$\Leftrightarrow 2\sum_{i=1}^{3}\sin(\alpha_{i+1}-\alpha_i)\cos(\alpha_{i+1}-\alpha_i)$$

$$=-2\sum_{i=1}^{3}\sin(\alpha_{i+1}-\alpha_i)\left[\cos(\alpha_{i+2}-\alpha_{i+1})+\cos(\alpha_i-\alpha_{i+2})\right]+\sum_{i=1}^{3}\sin(\alpha_{i+1}-\alpha_i)$$

$$\Leftrightarrow \sum_{i=1}^{3}\sin 2(\alpha_{i+1}-\alpha_i)=-2\sum_{i=1}^{3}\sin(\alpha_i-\alpha_{i+1})+\sum_{i=1}^{3}\sin(\alpha_{i+1}-\alpha_i)$$

$$\Leftrightarrow \sum_{i=1}^{3}\sin 2(\alpha_{i+1}-\alpha_i)=3\sum_{i=1}^{3}\sin(\alpha_{i+1}-\alpha_i)$$

$$\Leftrightarrow \sum_{i=1}^{3}\left[3\sin(\alpha_{i+1}-\alpha_i)-\sin 2(\alpha_{i+1}-\alpha_i)\right]=0,$$

因此, Q_1, Q_2, Q_3 三点共线当且仅当 $\mathrm{d}_{OH} = 2a$.

9.2　三角形内旁心 (旁心) 线三角形有向面积公式与应用

本节主要讨论三角形内、旁心线三角形有向面积及其应用. 首先, 给出三角形内旁心 (旁心) 线、内旁心 (旁心) 线三角形和内旁心 (旁心) 三角形的概念; 其次, 给出三角形内旁心三角形和旁心三角形有向面积公式与应用; 最后, 给出内旁心线三角形和旁心线三角形有向面积公式与应用.

9.2.1　三角形内旁心 (旁心) 线和内旁心 (旁心) 线三角形的概念

定义 9.2.1　设 I 和 $I_i(i = 1,\ 2,\ 3)$ 分别是三角形 $P_1P_2P_3$ 的内心和旁心, 则称 I 与 $I_i(i = 1,\ 2,\ 3)$ 之间的连线 $II_i(i = 1,\ 2,\ 3)$ 为三角形 $P_1P_2P_3$ 的内旁心线, $I_i, I_j(i, j = 1,\ 2,\ 3; i \neq j)$ 之间的连线 I_iI_j 为三角形 $P_1P_2P_3$ 的旁心线.

定义 9.2.2　以三角形 $P_1P_2P_3$ 所在平面上任意一点 P 为一顶点, 三角形内旁心线 $II_i(i = 1,\ 2,3)$ 和旁心线 $I_iI_j(i, j = 1,\ 2,\ 3; i \neq j)$ 为一边的三角形 $PII_i(i = 1,\ 2,\ 3)$ 和 $PI_iI_j(i, j = 1,\ 2,\ 3; i \neq j)$ 分别称为三角形 $P_1P_2P_3$ 内旁心线三角形和旁心线三角形; 内心 I 和旁心线 $I_iI_j(i, j = 1,\ 2,\ 3; i \neq j)$ 所构成的三角形 $II_iI_j(i, j = 1,\ 2,\ 3; i \neq j)$ 为三角形 $P_1P_2P_3$ 内旁心三角形, 三旁心 $I_i(i = 1,\ 2,\ 3)$ 所构成的三角形 $I_1I_2I_3$ 为三角形 $P_1P_2P_3$ 为旁心三角形.

显然, 三角形 $P_1P_2P_3$ 的内旁心三角形 $II_iI_j(i, j = 1,\ 2,\ 3; i \neq j)$ 三角形和旁心 $I_1I_2I_3$ 都是旁心线三角形 $PI_iI_j(i, j = 1,\ 2,\ 3; i \neq j)$ 的特殊情形.

在本节中, 仍记 $\omega = \mathrm{d}_{P_1P_2} + \mathrm{d}_{P_2P_3} + \mathrm{d}_{P_3P_1}, \omega_i = \mathrm{d}_{P_{i+1}P_{i+2}} + \mathrm{d}_{P_{i+2}P_i} - \mathrm{d}_{P_iP_{i+1}}; P_{i+3} = P_i$.

9.2.2　三角形内旁心三角形和旁心三角形有向面积公式

定理 9.2.1(喻德生, 2017)　设三角形 $P_1P_2P_3$ 的内心为 I, 角平分线 $P_{i+2}Q_i$ 所在直线上的旁心为 $I_i(i = 1,\ 2,\ 3)$, 则

$$\mathrm{D}_{II_iI_{i+1}} = \frac{4\mathrm{d}_{P_1P_2}\mathrm{d}_{P_2P_3}\mathrm{d}_{P_3P_1}}{\omega\omega_i\omega_{i+1}}\mathrm{D}_{P_1P_2P_3} \quad \left(\mathrm{a}_{II_iI_{i+1}} = \frac{4\mathrm{d}_{P_1P_2}\mathrm{d}_{P_2P_3}\mathrm{d}_{P_3P_1}}{\omega\omega_i\omega_{i+1}}\mathrm{a}_{P_1P_2P_3}\right);$$
$$(9.2.1)$$

$$\mathrm{D}_{I_1I_2I_3} = \frac{4\mathrm{d}_{P_1P_2}\mathrm{d}_{P_2P_3}\mathrm{d}_{P_3P_1}}{\omega_1\omega_2\omega_3}\mathrm{D}_{P_1P_2P_3} \quad \left(\mathrm{a}_{I_1I_2I_3} = \frac{4\mathrm{d}_{P_1P_2}\mathrm{d}_{P_2P_3}\mathrm{d}_{P_3P_1}}{\omega_1\omega_2\omega_3}\mathrm{a}_{P_1P_2P_3}\right),$$
$$(9.2.2)$$

其中 $i = 1, 2, 3$.

证明　不妨设三角形 $P_1P_2P_3$ 顶点的坐标为 $P_i(x_i, y_i)(i = 1, 2, 3)$, 于是由三角形内、旁心坐标公式 (9.1.1) 和 (9.1.2), 以及三角形有向面积公式, 可得

$$2\omega\omega_1\omega_2\mathrm{D}_{II_1I_2}$$

$$
= \begin{vmatrix}
\mathrm{d}_{P_2P_3}x_1+\mathrm{d}_{P_3P_1}x_2+\mathrm{d}_{P_1P_2}x_3 & \mathrm{d}_{P_2P_3}y_1+\mathrm{d}_{P_3P_1}y_2+\mathrm{d}_{P_1P_2}y_3 & \mathrm{d}_{P_1P_2}+\mathrm{d}_{P_2P_3}+\mathrm{d}_{P_3P_1} \\
\mathrm{d}_{P_2P_3}x_1+\mathrm{d}_{P_3P_1}x_2-\mathrm{d}_{P_1P_2}x_3 & \mathrm{d}_{P_2P_3}y_1+\mathrm{d}_{P_3P_1}y_2-\mathrm{d}_{P_1P_2}y_3 & \mathrm{d}_{P_2P_3}+\mathrm{d}_{P_3P_1}-\mathrm{d}_{P_1P_2} \\
\mathrm{d}_{P_3P_1}x_2+\mathrm{d}_{P_1P_2}x_3-\mathrm{d}_{P_2P_3}x_1 & \mathrm{d}_{P_3P_1}y_2+\mathrm{d}_{P_1P_2}y_3-\mathrm{d}_{P_2P_3}y_1 & \mathrm{d}_{P_3P_1}+\mathrm{d}_{P_1P_2}-\mathrm{d}_{P_2P_3}
\end{vmatrix}
$$

$$
= 4 \begin{vmatrix}
\mathrm{d}_{P_2P_3}x_1+\mathrm{d}_{P_3P_1}x_2+\mathrm{d}_{P_1P_2}x_3 & \mathrm{d}_{P_2P_3}y_1+\mathrm{d}_{P_3P_1}y_2+\mathrm{d}_{P_1P_2}y_3 & \mathrm{d}_{P_1P_2}+\mathrm{d}_{P_2P_3}+\mathrm{d}_{P_3P_1} \\
\mathrm{d}_{P_2P_3}x_1+\mathrm{d}_{P_3P_1}x_2 & \mathrm{d}_{P_2P_3}y_1+\mathrm{d}_{P_3P_1}y_2 & \mathrm{d}_{P_2P_3}+\mathrm{d}_{P_3P_1} \\
\mathrm{d}_{P_3P_1}x_2+\mathrm{d}_{P_1P_2}x_3 & \mathrm{d}_{P_3P_1}y_2+\mathrm{d}_{P_1P_2}y_3 & \mathrm{d}_{P_1P_2}+\mathrm{d}_{P_3P_1}
\end{vmatrix}
$$

$$
= 4 \begin{vmatrix}
\mathrm{d}_{P_1P_2}x_3 & \mathrm{d}_{P_1P_2}y_3 & \mathrm{d}_{P_1P_2} \\
\mathrm{d}_{P_2P_3}x_1+\mathrm{d}_{P_3P_1}x_2 & \mathrm{d}_{P_2P_3}y_1+\mathrm{d}_{P_3P_1}y_2 & \mathrm{d}_{P_2P_3}+\mathrm{d}_{P_3P_1} \\
\mathrm{d}_{P_3P_1}x_2+\mathrm{d}_{P_1P_2}x_3 & \mathrm{d}_{P_3P_1}y_2+\mathrm{d}_{P_1P_2}y_3 & \mathrm{d}_{P_1P_2}+\mathrm{d}_{P_3P_1}
\end{vmatrix}
$$

$$
= 4\mathrm{d}_{P_1P_2} \begin{vmatrix}
x_3 & y_3 & 1 \\
\mathrm{d}_{P_2P_3}x_1+\mathrm{d}_{P_3P_1}x_2 & \mathrm{d}_{P_2P_3}y_1+\mathrm{d}_{P_3P_1}y_2 & \mathrm{d}_{P_2P_3}+\mathrm{d}_{P_3P_1} \\
\mathrm{d}_{P_3P_1}x_2 & \mathrm{d}_{P_3P_1}y_2 & \mathrm{d}_{P_3P_1}
\end{vmatrix}
$$

$$
= 4\mathrm{d}_{P_1P_2}\mathrm{d}_{P_2P_3}\mathrm{d}_{P_3P_1} \begin{vmatrix}
x_3 & y_3 & 1 \\
x_1 & y_1 & 1 \\
x_2 & y_2 & 1
\end{vmatrix}
= 4\mathrm{d}_{P_1P_2}\mathrm{d}_{P_2P_3}\mathrm{d}_{P_3P_1} \begin{vmatrix}
x_1 & y_2 & 1 \\
x_2 & y_3 & 1 \\
x_3 & y_3 & 1
\end{vmatrix}
$$

$$
= 8\mathrm{d}_{P_1P_2}\mathrm{d}_{P_2P_3}\mathrm{d}_{P_3P_1}\mathrm{D}_{P_1P_2P_3},
$$

因此, 式 (9.2.1) 成立.

又由三角形旁心坐标公式和三角形有向面积公式以及式 (9.2.1), 可得

$$
2\omega_1\omega_2\omega_3\mathrm{D}_{I_1I_2I_3}
$$

$$
= \begin{vmatrix}
\mathrm{d}_{P_2P_3}x_1+\mathrm{d}_{P_3P_1}x_2-\mathrm{d}_{P_1P_2}x_3 & \mathrm{d}_{P_2P_3}y_1+\mathrm{d}_{P_3P_1}y_2-\mathrm{d}_{P_1P_2}y_3 & \mathrm{d}_{P_1P_2}+\mathrm{d}_{P_2P_3}-\mathrm{d}_{P_3P_1} \\
\mathrm{d}_{P_3P_1}x_2+\mathrm{d}_{P_1P_2}x_3-\mathrm{d}_{P_2P_3}x_1 & \mathrm{d}_{P_3P_1}y_2+\mathrm{d}_{P_1P_2}y_3-\mathrm{d}_{P_2P_3}y_1 & \mathrm{d}_{P_3P_1}+\mathrm{d}_{P_1P_2}-\mathrm{d}_{P_2P_3} \\
\mathrm{d}_{P_1P_2}x_3+\mathrm{d}_{P_2P_3}x_1-\mathrm{d}_{P_3P_1}x_2 & \mathrm{d}_{P_1P_2}y_3+\mathrm{d}_{P_2P_3}y_1-\mathrm{d}_{P_3P_1}y_2 & \mathrm{d}_{P_1P_2}+\mathrm{d}_{P_2P_3}-\mathrm{d}_{P_3P_1}
\end{vmatrix}
$$

$$
= \begin{vmatrix}
\mathrm{d}_{P_2P_3}x_1+\mathrm{d}_{P_3P_1}x_2+\mathrm{d}_{P_1P_2}x_3 & \mathrm{d}_{P_2P_3}y_1+\mathrm{d}_{P_3P_1}y_2+\mathrm{d}_{P_1P_2}y_3 & \mathrm{d}_{P_1P_2}+\mathrm{d}_{P_2P_3}+\mathrm{d}_{P_3P_1} \\
\mathrm{d}_{P_3P_1}x_2+\mathrm{d}_{P_1P_2}x_3-\mathrm{d}_{P_2P_3}x_1 & \mathrm{d}_{P_3P_1}y_2+\mathrm{d}_{P_1P_2}y_3-\mathrm{d}_{P_2P_3}y_1 & \mathrm{d}_{P_3P_1}+\mathrm{d}_{P_1P_2}-\mathrm{d}_{P_2P_3} \\
\mathrm{d}_{P_1P_2}x_3+\mathrm{d}_{P_2P_3}x_1-\mathrm{d}_{P_3P_1}x_2 & \mathrm{d}_{P_1P_2}y_3+\mathrm{d}_{P_2P_3}y_1-\mathrm{d}_{P_3P_1}y_2 & \mathrm{d}_{P_1P_2}+\mathrm{d}_{P_2P_3}-\mathrm{d}_{P_3P_1}
\end{vmatrix}
$$

$$
= 2\omega_1\omega_2\omega_3\mathrm{D}_{I_1I_2I_3},
$$

所以

$$
\mathrm{D}_{I_1I_2I_3} = \frac{\omega}{\omega_1}\mathrm{D}_{II_2I_3} = \frac{\omega}{\omega_1}\cdot\frac{4\mathrm{d}_{P_1P_2}\mathrm{d}_{P_2P_3}\mathrm{d}_{P_3P_1}}{\omega\omega_2\omega_3}\mathrm{D}_{P_1P_2P_3} = \frac{4\mathrm{d}_{P_1P_2}\mathrm{d}_{P_2P_3}\mathrm{d}_{P_3P_1}}{\omega_1\omega_2\omega_3}\mathrm{D}_{P_1P_2P_3}.
$$

因此, 式 (9.2.2) 成立.

定理 9.2.2(喻德生, 2017)　　设三角形 $P_1P_2P_3$ 的内心为 I, 角平分线 $P_{i+2}Q_i$ 所在直线上的旁心为 $I_i(i=1, 2, 3)$, 则

$$\omega \mathrm{D}_{I\,I_iI_{i+1}} = \omega_{i+2}\mathrm{D}_{I_1I_2I_3} \quad \left(\mathrm{a}_{I\,I_iI_{i+1}} = \omega_{i+2}\mathrm{a}_{I_1I_2I_3}\right); \tag{9.2.3}$$

$$\omega_i\mathrm{D}_{II_iI_{i+1}} = \omega_{i+2}\mathrm{D}_{II_{i+1}I_{i+2}} \quad \left(\omega_i\mathrm{a}_{I\,I_iI_{i+1}} = \omega_{i+2}\mathrm{a}_{I\,I_{i+1}I_{i+2}}\right), \tag{9.2.4}$$

其中 $i=1,2,3$.

证明　先将式 (9.2.2) 改写成

$$\mathrm{D}_{I_1I_2I_3} = \frac{4\mathrm{d}_{P_1P_2}\mathrm{d}_{P_2P_3}\mathrm{d}_{P_3P_1}}{\omega_i\omega_{i+1}\omega_{i+2}}\mathrm{D}_{P_1P_2P_3} \quad (i=1,2,3),$$

于是由上式和式 (9.2.1), 可得

$$\begin{aligned}\frac{\mathrm{D}_{II_iI_{i+1}}}{\mathrm{D}_{I_1I_2I_3}} &= \frac{4\mathrm{d}_{P_1P_2}\mathrm{d}_{P_2P_3}\mathrm{d}_{P_3P_1}}{\omega\omega_i\omega_{i+1}}\mathrm{D}_{P_1P_2P_3} \bigg/ \frac{4\mathrm{d}_{P_1P_2}\mathrm{d}_{P_2P_3}\mathrm{d}_{P_3P_1}}{\omega_i\omega_{i+1}\omega_{i+2}}\mathrm{D}_{P_1P_2P_3} \\ &= \frac{\omega_{i+2}}{\omega} \quad (i=1,2,3),\end{aligned}$$

因此, 式 (9.2.3) 成立.

又由式 (9.2.1), 可得

$$\begin{aligned}\frac{\mathrm{D}_{II_iI_{i+1}}}{\mathrm{D}_{II_{i+1}I_{i+2}}} &= \frac{4\mathrm{d}_{P_1P_2}\mathrm{d}_{P_2P_3}\mathrm{d}_{P_3P_1}}{\omega\omega_i\omega_{i+1}}\mathrm{D}_{P_1P_2P_3} \bigg/ \frac{4\mathrm{d}_{P_1P_2}\mathrm{d}_{P_2P_3}\mathrm{d}_{P_3P_1}}{\omega\omega_{i+1}\omega_{i+2}}\mathrm{D}_{P_1P_2P_3} \\ &= \frac{\omega_{i+2}}{\omega_i} \quad (i=1,2,3),\end{aligned}$$

因此, 式 (9.2.4) 成立.

定理 9.2.3(喻德生, 2017)　　设三角形 $P_1P_2P_3$ 三内角的平分线为 $P_iQ_{i+1}(i=1,2,3)$, 内心为 I, 角平分线 $P_{i+2}Q_i$ 所在直线上的旁心为 $I_i(i=1, 2, 3)$, 则

$$\omega\omega_i\omega_{i+1}\mathrm{D}_{II_iI_{i+1}} = 2\sigma_1\sigma_2\sigma_3\mathrm{D}_{Q_1Q_2Q_3} \quad \left(\omega\omega_i\omega_{i+1}\mathrm{a}_{II_iI_{i+1}} = 2\sigma_1\sigma_2\sigma_3\mathrm{a}_{Q_1Q_2Q_3}\right), \tag{9.2.5}$$

$$\omega_1\omega_2\omega_3\mathrm{D}_{I_1I_2I_3} = 2\sigma_1\sigma_2\sigma_3\mathrm{D}_{Q_1Q_2Q_3} \quad \left(\omega_1\omega_2\omega_3\mathrm{a}_{I_1I_2I_3} = 2\sigma_1\sigma_2\sigma_3\mathrm{a}_{Q_1Q_2Q_3}\right), \tag{9.2.6}$$

其中 $i=1,2,3$.

证明　式 (9.2.1) 和 (9.2.2) 分别与式 (7.3.4) 相除, 得

$$\frac{\mathrm{D}_{II_iI_{i+1}}}{\mathrm{D}_{Q_1Q_2Q_3}} = \frac{2\sigma_1\sigma_2\sigma_3}{\omega\omega_i\omega_{i+1}}, \quad \mathrm{D}_{I_1I_2I_3} = \frac{2\sigma_1\sigma_2\sigma_3}{\omega_1\omega_2\omega_3},$$

去分母 (去分母后, 等式两边取绝对值), 即得式 (9.2.5) 和 (9.2.6).

定理 9.2.4(喻德生, 2017)　　设三角形 $P_1P_2P_3$ 三外角的平分线为 $P_iQ'_{i+2}(i=1,2,3)$, 内心为 I, 角平分线 $P_{i+2}Q'_i$ 所在直线上的旁心为 $I_i(i=1,2,3)$, 则

$$\omega\omega_i\omega_{i+1}\mathrm{D}_{II_iI_{i+1}} = 2\sigma'_1\sigma'_2\sigma'_3\mathrm{D}_{Q'_1Q'_2Q'_3} \quad \left(\omega\omega_i\omega_{i+1}\mathrm{a}_{II_iI_{i+1}} = 2\sigma'_1\sigma'_2\sigma'_3\mathrm{a}_{Q'_1Q'_2Q'_3}\right),$$
$$(9.2.7)$$

$$\omega_1\omega_2\omega_3\mathrm{D}_{I_1I_2I_3} = 2\sigma'_1\sigma'_2\sigma'_3\mathrm{D}_{Q'_1Q'_2Q'_3} \quad \left(\omega_1\omega_2\omega_3\mathrm{a}_{I_1I_2I_3} = 2\sigma'_1\sigma'_2\sigma'_3\mathrm{a}_{Q'_1Q'_2Q'_3}\right), \quad (9.2.8)$$

其中 $i=1,2,3$.

证明　　式 (9.2.1) 和 (9.2.2) 分别与式 (7.3.8) 相除, 得

$$\frac{\mathrm{D}_{II_iI_{i+1}}}{\mathrm{D}_{Q'_1Q'_2Q'_3}} = \frac{2\sigma'_1\sigma'_2\sigma'_3}{\omega\omega_i\omega_{i+1}}, \quad \frac{\mathrm{D}_{I_1I_2I_3}}{\mathrm{D}_{Q'_1Q'_2Q'_3}} = \frac{2\sigma'_1\sigma'_2\sigma'_3}{\omega_1\omega_2\omega_3},$$

去分母 (去分母后, 等式两边取绝对值), 即得式 (9.2.7) 和 (9.2.8).

9.2.3　三角形内旁心 (旁心) 线三角形有向面积公式与应用

定理 9.2.5　　设三角形 $P_1P_2P_3$ 顶点的坐标为 $P_i(a\cos\alpha_i, a\sin\alpha_i)$ $(i=1,2,3)$, 内心为 I, 外心为 O, 角平分线 $P_{i+2}Q_i$ 所在直线上的旁心为 $I_i(i=1,2,3)$, 则

$$\mathrm{D}_{OII_i} = -\frac{a\mathrm{d}_{P_1P_2}\mathrm{d}_{P_2P_3}\mathrm{d}_{P_3P_1}}{\omega\omega_i}\left(\tau_{i+2,i}\cos\frac{\alpha_{i+2}-\alpha_i}{2} + \tau_{i+2,i+1}\cos\frac{\alpha_{i+2}-\alpha_{i+1}}{2}\right),$$
$$(9.2.9)$$

其中 $\tau_{j,i} = \mathrm{sgn}\{\alpha_j-\alpha_i\}$; $i=1,2,3$.

证明　　仅证 $i=1$ 的情形, $i=2,3$ 的情形类似. 依题设, 三角形外心的坐标为 $O(0,0)$, 于是由内、旁心坐标公式 (9.1.1) 和 (9.1.2), 以及三角形有向面积公式, 可得

$$2\omega\omega_1\mathrm{D}_{OII_1}$$

$$=a^2\begin{vmatrix} \mathrm{d}_{P_2P_3}\cos\alpha_1+\mathrm{d}_{P_3P_1}\cos\alpha_2+\mathrm{d}_{P_1P_2}\cos\alpha_3 & \mathrm{d}_{P_2P_3}\sin\alpha_1+\mathrm{d}_{P_3P_1}\sin\alpha_2+\mathrm{d}_{P_1P_2}\sin\alpha_3 \\ \mathrm{d}_{P_2P_3}\cos\alpha_1+\mathrm{d}_{P_3P_1}\cos\alpha_2-\mathrm{d}_{P_1P_2}\cos\alpha_3 & \mathrm{d}_{P_2P_3}\sin\alpha_1+\mathrm{d}_{P_3P_1}\sin\alpha_2-\mathrm{d}_{P_1P_2}\sin\alpha_3 \end{vmatrix}$$

$$=2a^2\begin{vmatrix} \mathrm{d}_{P_2P_3}\cos\alpha_1+\mathrm{d}_{P_3P_1}\cos\alpha_2+\mathrm{d}_{P_1P_2}\cos\alpha_3 & \mathrm{d}_{P_2P_3}\sin\alpha_1+\mathrm{d}_{P_3P_1}\sin\alpha_2+\mathrm{d}_{P_1P_2}\sin\alpha_3 \\ \mathrm{d}_{P_2P_3}\cos\alpha_1+\mathrm{d}_{P_3P_1}\cos\alpha_2 & \mathrm{d}_{P_2P_3}\sin\alpha_1+\mathrm{d}_{P_3P_1}\sin\alpha_2 \end{vmatrix}$$

$$=2a^2[\mathrm{d}_{P_2P_3}\mathrm{d}_{P_3P_1}\sin(\alpha_1-\alpha_2)+\mathrm{d}_{P_1P_2}\mathrm{d}_{P_2P_3}\sin(\alpha_1-\alpha_3)$$

$$+\mathrm{d}_{P_2P_3}\mathrm{d}_{P_3P_1}\sin(\alpha_2-\alpha_1)+\mathrm{d}_{P_1P_2}\mathrm{d}_{P_3P_1}\sin(\alpha_2-\alpha_3)]$$

$$=4a^2\left(\mathrm{d}_{P_1P_2}\mathrm{d}_{P_2P_3}\sin\frac{\alpha_1-\alpha_3}{2}\cos\frac{\alpha_1-\alpha_3}{2}+\mathrm{d}_{P_1P_2}\mathrm{d}_{P_3P_1}\sin\frac{\alpha_2-\alpha_3}{2}\cos\frac{\alpha_2-\alpha_3}{2}\right)$$

$$=\frac{4a^2}{2a}\left(\mathrm{d}_{P_1P_2}\mathrm{d}_{P_2P_3}\mathrm{d}_{P_3P_1}\tau_{1,3}\cos\frac{\alpha_1-\alpha_3}{2}+\mathrm{d}_{P_1P_2}\mathrm{d}_{P_3P_1}\mathrm{d}_{P_2P_3}\tau_{2,3}\cos\frac{\alpha_2-\alpha_3}{2}\right)$$

$$=-2a\mathrm{d}_{P_1P_2}\mathrm{d}_{P_2P_3}\mathrm{d}_{P_3P_1}\left(\tau_{3,1}\cos\frac{\alpha_3-\alpha_1}{2}+\tau_{3,2}\cos\frac{\alpha_3-\alpha_2}{2}\right),$$

因此, 当 $i = 1$ 时, 式 (9.2.9) 成立.

推论 9.2.1　设三角形 $P_1P_2P_3$ 的内心为 I, 外心为 O, 角平分线 $P_{i+2}Q_i$ 所在直线上的旁心为 $I_i(i = 1,\ 2,\ 3)$, 则 O, I, I_i 三点共线的充分必要条件是

$$\tau_{i+2,i} \cos \frac{\alpha_{i+2} - \alpha_i}{2} + \tau_{i+2,i+1} \cos \frac{\alpha_{i+2} - \alpha_{i+1}}{2} = 0.$$

证明　由式 (9.2.9) 即得.

定理 9.2.6(喻德生, 2017)　设三角形 $P_1P_2P_3$ 的内心为 I, 外心为 O, 角平分线 $P_{i+2}Q_i$ 所在直线上的旁心为 $I_i(i = 1,\ 2,\ 3)$, 则

$$\omega_1 D_{OI\,I_1} + \omega_2 D_{OI\,I_2} + \omega_3 D_{OI\,I_3} = 0.$$

证明　不妨设三角形 $P_1P_2P_3$ 顶点的坐标为 $P_i(a\cos\alpha_i, a\sin\alpha_i)$ $(i = 1,2,3)$, 于是外心的坐标为 $O(0,0)$, 则由式 (9.2.9), 可得

$$\sum_{i=1}^{3} \omega_i D_{OII_i}$$

$$= -\frac{a\mathrm{d}_{P_1P_2}\mathrm{d}_{P_2P_3}\mathrm{d}_{P_3P_1}}{\omega} \sum_{i=1}^{3}\left(\tau_{i+2,i}\cos\frac{\alpha_{i+2} - \alpha_i}{2} + \tau_{i+2,i+1}\cos\frac{\alpha_{i+2} - \alpha_{i+1}}{2}\right)$$

$$= -\frac{a\mathrm{d}_{P_1P_2}\mathrm{d}_{P_2P_3}\mathrm{d}_{P_3P_1}}{\omega} \sum_{i=1}^{3}\left(\tau_{i,i+1}\cos\frac{\alpha_i - \alpha_{i+1}}{2} + \tau_{i+1,i}\cos\frac{\alpha_{i+1} - \alpha_i}{2}\right) = 0.$$

定理 9.2.7　设三角形 $P_1P_2P_3$ 顶点的坐标为 $P_i(a\cos\alpha_i, a\sin\alpha_i)$ $(i = 1,2,3)$, 外心为 O, 角平分线 $P_{i+2}Q_i$ 所在直线上的旁心为 $I_i(i = 1,\ 2,\ 3)$, 则

$$D_{OI_iI_{i+1}} = \frac{a\mathrm{d}_{P_1P_2}\mathrm{d}_{P_2P_3}\mathrm{d}_{P_3P_1}}{\omega_i\omega_{i+1}}\left(\tau_{i+1,i}\cos\frac{\alpha_{i+1} - \alpha_i}{2} + \tau_{i+2,i+1}\cos\frac{\alpha_{i+2} - \alpha_{i+1}}{2}\right),$$
$$\tag{9.2.10}$$

其中 $\tau_{j,i} = \mathrm{sgn}\{\alpha_j - \alpha_i\}; i = 1,2,3.$

证明　仅证 $i = 1$ 的情形, $i = 2,3$ 的情形类似. 依题设, 三角形外心的坐标为 $O(0,0)$, 于是由旁心坐标公式 (9.1.2), 以及三角形有向面积公式, 可得

$$2\omega_1\omega_2 D_{O\,I_1\,I_2}$$

$$= a^2 \begin{vmatrix} \mathrm{d}_{P_2P_3}\cos\alpha_1 + \mathrm{d}_{P_3P_1}\cos\alpha_2 - \mathrm{d}_{P_1P_2}\cos\alpha_3 & \mathrm{d}_{P_2P_3}\sin\alpha_1 + \mathrm{d}_{P_3P_1}\sin\alpha_2 - \mathrm{d}_{P_1P_2}\sin\alpha_3 \\ \mathrm{d}_{P_3P_1}\cos\alpha_2 + \mathrm{d}_{P_1P_2}\cos\alpha_3 - \mathrm{d}_{P_2P_3}\cos\alpha_1 & \mathrm{d}_{P_3P_1}\sin\alpha_2 + \mathrm{d}_{P_1P_2}\sin\alpha_3 - \mathrm{d}_{P_2P_3}\sin\alpha_1 \end{vmatrix}$$

$$= 2a^2 \begin{vmatrix} \mathrm{d}_{P_2P_3}\cos\alpha_1 + \mathrm{d}_{P_3P_1}\cos\alpha_2 - \mathrm{d}_{P_1P_2}\cos\alpha_3 & \mathrm{d}_{P_2P_3}\sin\alpha_1 + \mathrm{d}_{P_3P_1}\sin\alpha_2 - \mathrm{d}_{P_1P_2}\sin\alpha_3 \\ \mathrm{d}_{P_3P_1}\cos\alpha_2 & \mathrm{d}_{P_3P_1}\sin\alpha_2 \end{vmatrix}$$

$$= 2a^2\left[\mathrm{d}_{P_2P_3}\mathrm{d}_{P_3P_1}\sin(\alpha_2 - \alpha_1) + \mathrm{d}_{P_1P_2}\mathrm{d}_{P_3P_1}\sin(\alpha_3 - \alpha_2)\right]$$

$$= \frac{4a^2}{2a} \left(\mathrm{d}_{P_1P_2} \mathrm{d}_{P_2P_3} \mathrm{d}_{P_3P_1} \tau_{2,1} \cos \frac{\alpha_2 - \alpha_1}{2} + \mathrm{d}_{P_1P_2} \mathrm{d}_{P_3P_1} \mathrm{d}_{P_2P_3} \tau_{3,2} \cos \frac{\alpha_3 - \alpha_2}{2} \right)$$

$$= 2a \mathrm{d}_{P_1P_2} \mathrm{d}_{P_2P_3} \mathrm{d}_{P_3P_1} \left(\tau_{2,1} \cos \frac{\alpha_2 - \alpha_1}{2} + \tau_{3,2} \cos \frac{\alpha_3 - \alpha_2}{2} \right),$$

因此, 当 $i = 1$ 时, 式 (9.2.10) 成立.

推论 9.2.2 设三角形 $P_1P_2P_3$ 的外心为 O, 角平分线 $P_{i+2}Q_i$ 所在直线上的旁心为 $I_i(i = 1, 2, 3)$, 则 O, I_i, I_{i+1} 三点共线的充分必要条件是

$$\tau_{i+1,i} \cos \frac{\alpha_{i+1} - \alpha_i}{2} + \tau_{i+2,i+1} \cos \frac{\alpha_{i+2} - \alpha_{i+1}}{2} = 0.$$

证明 由式 (9.2.10) 即得.

推论 9.2.3 设三角形 $P_1P_2P_3$ 的内心为 I, 角平分线 $P_{i+2}Q_i$ 所在直线上的旁心为 $I_i(i = 1, 2, 3)$, 则式 (9.2.1) 成立.

证明 不妨设三角形 $P_1P_2P_3$ 顶点的坐标为 $P_i(a\cos\alpha_i, a\sin\alpha_i)$ $(i = 1, 2, 3)$, 外心为 O, 则由式 (9.2.9) 和 (9.2.10) 及三角形有向面积对边三角形有向面积的可加性, 得

$$\omega\omega_i\omega_{i+1} \mathrm{D}_{I\,I_iI_{i+1}} = \omega\omega_i\omega_{i+1} \left(\mathrm{D}_{O\,I\,I_i} + \mathrm{D}_{O\,I_iI_{i+1}} + \mathrm{D}_{O\,I_{i+1}I} \right)$$

$$= a \mathrm{d}_{P_1P_2} \mathrm{d}_{P_2P_3} \mathrm{d}_{P_3P_1} \left[-\omega_{i+1} \left(\tau_{i+2,i} \cos \frac{\alpha_{i+2} - \alpha_i}{2} + \tau_{i+2,i+1} \cos \frac{\alpha_{i+2} - \alpha_{i+1}}{2} \right) \right.$$

$$\left. + \omega \left(\tau_{i+1,i} \cos \frac{\alpha_{i+1} - \alpha_i}{2} + \tau_{i+2,i+1} \cos \frac{\alpha_{i+2} - \alpha_{i+1}}{2} \right) \right.$$

$$\left. + \omega_i \left(\tau_{i,i+1} \cos \frac{\alpha_i - \alpha_{i+1}}{2} + \tau_{i,i+2} \cos \frac{\alpha_i - \alpha_{i+2}}{2} \right) \right]$$

$$= a \mathrm{d}_{P_1P_2} \mathrm{d}_{P_2P_3} \mathrm{d}_{P_3P_1} \left[\tau_{i+1,i} (\omega - \omega_i) \cos \frac{\alpha_{i+1} - \alpha_i}{2} \right.$$

$$\left. + \tau_{i+2,i+1} (\omega - \omega_{i+1}) \cos \frac{\alpha_{i+2} - \alpha_{i+1}}{2} + \tau_{i,i+2} (\omega_i + \omega_{i+2}) \cos \frac{\alpha_i - \alpha_{i+2}}{2} \right]$$

$$= 2a \mathrm{d}_{P_1P_2} \mathrm{d}_{P_2P_3} \mathrm{d}_{P_3P_1} \left(\tau_{i+1,i} \mathrm{d}_{P_iP_{i+1}} \cos \frac{\alpha_{i+1} - \alpha_i}{2} \right.$$

$$\left. + \tau_{i+2,i+1} \mathrm{d}_{P_{i+1}P_{i+2}} \cos \frac{\alpha_{i+2} - \alpha_{i+1}}{2} + \tau_{i,i+2} \mathrm{d}_{P_{i+2}P_i} \cos \frac{\alpha_i - \alpha_{i+2}}{2} \right)$$

$$= 2a^2 \mathrm{d}_{P_1P_2} \mathrm{d}_{P_2P_3} \mathrm{d}_{P_3P_1} \left[\sin(\alpha_{i+1} - \alpha_i) + \sin(\alpha_{i+2} - \alpha_{i+1}) + \sin(\alpha_i - \alpha_{i+2}) \right]$$

$$= 4 \mathrm{d}_{P_1P_2} \mathrm{d}_{P_2P_3} \mathrm{d}_{P_3P_1} \mathrm{D}_{P_1P_2P_3}.$$

因此, 式 (9.2.1) 成立.

推论 9.2.4 设三角形 $P_1P_2P_3$ 角平分线 $P_{i+2}Q_i$ 所在直线上的旁心为 $I_i(i = 1, 2, 3)$, 则式 (9.2.2) 成立.

证明　不妨设三角形 $P_1P_2P_3$ 顶点的坐标为 $P_i(a\cos\alpha_i, a\sin\alpha_i)$ $(i = 1, 2, 3)$, 外心为 O, 则由式 (9.2.10) 和三角形有向面积对边三角形有向面积的可加性, 得

$$\omega_1\omega_2\omega_3 D_{I_1I_2I_3} = \omega_1\omega_2\omega_3 \sum_{i=1}^{3} D_{O\,I_iI_{i+1}}$$

$$=a d_{P_1P_2} d_{P_2P_3} d_{P_3P_1} \sum_{i=1}^{3} \omega_{i+2} \left(\tau_{i+1,i} \cos\frac{\alpha_{i+1} - \alpha_i}{2} + \tau_{i+2,i+1} \cos\frac{\alpha_{i+2} - \alpha_{i+1}}{2} \right)$$

$$=a d_{P_1P_2} d_{P_2P_3} d_{P_3P_1} \sum_{i=1}^{3} \left(\tau_{i+1,i}\omega_{i+2} \cos\frac{\alpha_{i+1} - \alpha_i}{2} + \tau_{i+1,i}\omega_{i+1} \cos\frac{\alpha_{i+1} - \alpha_i}{2} \right)$$

$$=a d_{P_1P_2} d_{P_2P_3} d_{P_3P_1} \sum_{i=1}^{3} \tau_{i+1,i} (\omega_{i+2} + \omega_{i+1}) \cos\frac{\alpha_{i+1} - \alpha_i}{2}$$

$$=2a d_{P_1P_2} d_{P_2P_3} d_{P_3P_1} \sum_{i=1}^{3} \tau_{i+1,i} d_{P_iP_{i+1}} \cos\frac{\alpha_{i+1} - \alpha_i}{2}$$

$$=2a^2 d_{P_1P_2} d_{P_2P_3} d_{P_3P_1} \sum_{i=1}^{3} \sin(\alpha_{i+1} - \alpha_i)$$

$$=4 d_{P_1P_2} d_{P_2P_3} d_{P_3P_1} D_{P_1P_2P_3}.$$

因此, 式 (9.2.2) 成立.

9.3　心三角形有向面积公式与应用

　　本节主要讨论心三角形有向面积公式与应用. 首先, 给出三角形心三角形的概念; 其次, 给出三角形双心三角形有向面积公式与应用, 从而得出三角形双心三角形有向面积的几个关系式; 再次, 给出三角形三心三角形有向面积公式与应用, 从而得出三角形三心三角形有向面积的一些关系式.

9.3.1　三角形心三角形的概念

　　定义 9.3.1　设三角形 $P_1P_2P_3$ 的重心为 G, 内心为 I, 旁心为 $I_i(i = 1, 2, 3)$, 外心为 O, 垂心为 H, 则称七心中任意三心所构成的三角形为三角形 $P_1P_2P_3$ 的心三角形.

　　具体地说, 心三角形 $GIO, I_1I_2H, I_1I_2I_3$ 分别称为三角 $P_1P_2P_3$ 的重内外心三角形、旁垂心三角形和旁心三角形, 等等; 为讨论方便, 又称其中三类不同的心所构成的三角形为三心三角形, 如 GIO; 两类不同的心所构成的三角形为双心三角形, 如 I_1I_2H; 同类心所构成的三角形为单心三角形, 即旁心三角形 $I_1I_2I_3$.

　　特别地, 当三角 $P_1P_2P_3$ 的三心共线时, 我们把它看成是心三角形的特殊情形.

在本节中, 仍记

$$\sigma_i = \mathrm{d}_{P_{i+1}P_{i+2}} + \mathrm{d}_{P_{i+2}P_i}, \quad \sigma_i' = \mathrm{d}_{P_{i+1}P_{i+2}} - \mathrm{d}_{P_{i+2}P_i}; \quad \delta_i = \mathrm{d}_{P_iP_{i+1}}\sigma_i, \delta_i' = \mathrm{d}_{P_iP_{i+1}}\sigma_i';$$

$$\omega = \mathrm{d}_{P_1P_2} + \mathrm{d}_{P_2P_3} + \mathrm{d}_{P_3P_1}, \quad \omega_i = \mathrm{d}_{P_{i+1}P_{i+2}} + \mathrm{d}_{P_{i+2}P_i} - \mathrm{d}_{P_iP_{i+1}}.$$

9.3.2 双心三角形有向面积公式与应用

定理 9.3.1 设三角形 $P_1P_2P_3$ 顶点的坐标为 $P_i(a\cos\alpha_i, a\sin\alpha_i)$ $(i=1,2,3)$, 垂心为 H, 角平分线 $P_{i+2}Q_i$ 所在直线上的旁心为 $I_i(i=1,2,3)$, 则

$$\mathrm{D}_{I_iI_{i+1}H} = \frac{a^2\delta_{i+2}'}{\omega_i\omega_{i+1}}\left[\sin(\alpha_{i+1}-\alpha_{i+2}) + \sin(\alpha_{i+2}-\alpha_i) - \sin(\alpha_i-\alpha_{i+1})\right], \quad (9.3.1)$$

其中 $i=1,2,3$.

证明 仅证 $i=1$ 的情形, $i=2,3$ 的情形类似. 依题设, 三角形 $P_1P_2P_3$ 外心的坐标为 $O(0,0)$, 于是由公式 (9.1.2) 和 (9.1.5), 以及三角形有向面积公式, 可得

$$2\omega_1\omega_2\mathrm{D}_{I_1I_2H}$$

$$=a^2\begin{vmatrix} \mathrm{d}_{P_2P_3}\cos\alpha_1 + \mathrm{d}_{P_3P_1}\cos\alpha_2 - \mathrm{d}_{P_1P_2}\cos\alpha_3 & \mathrm{d}_{P_2P_3}\sin\alpha_1 + \mathrm{d}_{P_3P_1}\sin\alpha_2 - \mathrm{d}_{P_1P_2}\sin\alpha_3 & \omega_1 \\ \mathrm{d}_{P_3P_1}\cos\alpha_2 + \mathrm{d}_{P_1P_2}\cos\alpha_3 - \mathrm{d}_{P_2P_3}\cos\alpha_1 & \mathrm{d}_{P_3P_1}\sin\alpha_2 + \mathrm{d}_{P_1P_2}\sin\alpha_3 - \mathrm{d}_{P_2P_3}\sin\alpha_1 & \omega_2 \\ \cos\alpha_1 + \cos\alpha_2 + \cos\alpha_3 & \sin\alpha_1 + \sin\alpha_2 + \sin\alpha_3 & 1 \end{vmatrix}$$

$$=2a^2\begin{vmatrix} \mathrm{d}_{P_2P_3}\cos\alpha_1 + \mathrm{d}_{P_3P_1}\cos\alpha_2 - \mathrm{d}_{P_1P_2}\cos\alpha_3 & \mathrm{d}_{P_2P_3}\sin\alpha_1 + \mathrm{d}_{P_3P_1}\sin\alpha_2 - \mathrm{d}_{P_1P_2}\sin\alpha_3 & \omega_1 \\ \mathrm{d}_{P_3P_1}\cos\alpha_2 & \mathrm{d}_{P_3P_1}\sin\alpha_2 & \mathrm{d}_{P_3P_1} \\ \cos\alpha_1 + \cos\alpha_2 + \cos\alpha_3 & \sin\alpha_1 + \sin\alpha_2 + \sin\alpha_3 & 1 \end{vmatrix}$$

$$=2a^2\mathrm{d}_{P_3P_1}\begin{vmatrix} \mathrm{d}_{P_2P_3}\cos\alpha_1 - \mathrm{d}_{P_1P_2}\cos\alpha_3 & \mathrm{d}_{P_2P_3}\sin\alpha_1 - \mathrm{d}_{P_1P_2}\sin\alpha_3 & \mathrm{d}_{P_2P_3} - \mathrm{d}_{P_1P_2} \\ \cos\alpha_2 & \sin\alpha_2 & 1 \\ \cos\alpha_1 + \cos\alpha_3 & \sin\alpha_1 + \sin\alpha_3 & 0 \end{vmatrix}$$

$$=2a^2\mathrm{d}_{P_3P_1}\left[(\mathrm{d}_{P_2P_3} - \mathrm{d}_{P_1P_2})\begin{vmatrix} \cos\alpha_2 & \sin\alpha_2 \\ \cos\alpha_1 + \cos\alpha_3 & \sin\alpha_1 + \sin\alpha_3 \end{vmatrix}\right.$$

$$-\begin{vmatrix} \mathrm{d}_{P_2P_3}\cos\alpha_1 - \mathrm{d}_{P_1P_2}\cos\alpha_3 & \mathrm{d}_{P_2P_3}\sin\alpha_1 - \mathrm{d}_{P_1P_2}\sin\alpha_3 \\ \cos\alpha_1 + \cos\alpha_3 & \sin\alpha_1 + \sin\alpha_3 \end{vmatrix}$$

$$=2a^2\mathrm{d}_{P_3P_1}\{(\mathrm{d}_{P_2P_3} - \mathrm{d}_{P_1P_2})[\sin(\alpha_1-\alpha_2)+\sin(\alpha_3-\alpha_2)]$$

$$-\mathrm{d}_{P_2P_3}\sin(\alpha_3-\alpha_1)+\mathrm{d}_{P_1P_2}\sin(\alpha_1-\alpha_3)\}$$

$$=2a^2\mathrm{d}_{P_3P_1}(\mathrm{d}_{P_1P_2}-\mathrm{d}_{P_2P_3})[\sin(\alpha_2-\alpha_3)+\sin(\alpha_3-\alpha_1)-\sin(\alpha_1-\alpha_2)]$$

$$=2a^2\delta'_{i+2}[\sin(\alpha_2-\alpha_3)+\sin(\alpha_3-\alpha_1)-\sin(\alpha_1-\alpha_2)],$$

因此, 当 $i=1$ 时, 式 (9.3.1) 成立.

推论 9.3.1　设三角形 $P_1P_2P_3$ 顶点的坐标为 $P_i(a\cos\alpha_i, a\sin\alpha_i)\ (i=1,2,3)$, 垂心为 H, 角平分线 $P_{i+2}Q_i$ 所在直线上的旁心为 $I_i(i=1,\ 2,\ 3)$, 则 I_i, I_{i+1}, H 三点共线的充分必要条件是

$$\mathrm{d}_{P_iP_{i-1}}=\mathrm{d}_{P_{i+1}P_{i+2}}\quad\text{或}\quad \sin(\alpha_i-\alpha_{i+1})=\sin(\alpha_{i+1}-\alpha_{i+2})+\sin(\alpha_{i+2}-\alpha_i)\quad(i=1,2,3).$$

证明　由式 (9.3.1) 即得.

定理 9.3.2(喻德生, 2017)　设三角形 $P_1P_2P_3$ 的垂心为 H, 角平分线 $P_{i+2}Q_i$ 所在直线上的旁心为 $I_i(i=1,\ 2,\ 3)$, 则

$$\sum_{i=1}^{3}\omega_i\omega_{i+1}\delta'_i\delta'_{i+1}\mathrm{D}_{I_iI_{i+1}H} = -2\delta'_1\delta'_2\delta'_3\mathrm{D}_{P_1P_2P_3}. \tag{9.3.2}$$

证明　不妨设三角形 $P_1P_2P_3$ 顶点的坐标为 $P_i(a\cos\alpha_i, a\sin\alpha_i)\ (i=1,2,3)$, 于是由式 (9.3.1), 得

$$\sum_{i=1}^{3}\omega_i\omega_{i+1}\delta'_i\delta'_{i+1}\mathrm{D}_{I_iI_{i+1}H}$$

$$=a^2\sum_{i+1}^{3}\delta'_i\delta'_{i+1}\delta'_{i+2}[\sin(\alpha_{i+1}-\alpha_{i+2})+\sin(\alpha_{i+2}-\alpha_i)-\sin(\alpha_i-\alpha_{i+1})]$$

$$=a^2\delta'_1\delta'_2\delta'_3\sum_{i+1}^{3}[\sin(\alpha_{i+1}-\alpha_{i+2})+\sin(\alpha_{i+2}-\alpha_i)-\sin(\alpha_i-\alpha_{i+1})]$$

$$=a^2\delta'_1\delta'_2\delta'_3\sum_{i+1}^{3}[\sin(\alpha_i-\alpha_{i+1})+\sin(\alpha_i-\alpha_{i+1})-\sin(\alpha_i-\alpha_{i+1})]$$

$$=-a^2\delta'_1\delta'_2\delta'_3\sum_{i+1}^{3}\sin(\alpha_{i+1}-\alpha_i) = -2\delta'_1\delta'_2\delta'_3\mathrm{D}_{P_1P_2P_3},$$

因此, 式 (3.3.2) 成立.

定理 9.3.3(喻德生, 2017) 设三角形 $P_1P_2P_3$ 顶点的坐标为 $P_i(a\cos\alpha_i, a\sin\alpha_i)$ $(i=1,2,3)$, 重心为 G, 角平分线 $P_{i+2}Q_i$ 所在直线上的旁心为 $I_i(i=1,2,3)$, 则

$$\mathrm{D}_{I_iI_{i+1}G} = \frac{2\delta_{i+2}}{3\omega_i\omega_{i+1}}\mathrm{D}_{P_1P_2P_3} \quad (i=1,2,3). \tag{9.3.3}$$

证明 仅证 $i=1$ 的情形, $i=2,3$ 的情形类似. 依题设, 三角形 $P_1P_2P_3$ 外心的坐标为 $O(0,0)$, 于是由公式 (9.1.2) 和重心的坐标公式, 以及三角形有向面积公式, 可得

$$6\omega_1\omega_2\mathrm{D}_{I_1I_2G}$$

$$=a^2\begin{vmatrix} \mathrm{d}_{P_2P_3}\cos\alpha_1+\mathrm{d}_{P_3P_1}\cos\alpha_2-\mathrm{d}_{P_1P_2}\cos\alpha_3 & \mathrm{d}_{P_2P_3}\sin\alpha_1+\mathrm{d}_{P_3P_1}\sin\alpha_2-\mathrm{d}_{P_1P_2}\sin\alpha_3 & \omega_1 \\ \mathrm{d}_{P_3P_1}\cos\alpha_2+\mathrm{d}_{P_1P_2}\cos\alpha_3-\mathrm{d}_{P_2P_3}\cos\alpha_1 & \mathrm{d}_{P_3P_1}\sin\alpha_2+\mathrm{d}_{P_1P_2}\sin\alpha_3-\mathrm{d}_{P_2P_3}\sin\alpha_1 & \omega_2 \\ \cos\alpha_1+\cos\alpha_2+\cos\alpha_3 & \sin\alpha_1+\sin\alpha_2+\sin\alpha_3 & 3 \end{vmatrix}$$

$$=2a^2\begin{vmatrix} \mathrm{d}_{P_2P_3}\cos\alpha_1+\mathrm{d}_{P_3P_1}\cos\alpha_2-\mathrm{d}_{P_1P_2}\cos\alpha_3 & \mathrm{d}_{P_2P_3}\sin\alpha_1+\mathrm{d}_{P_3P_1}\sin\alpha_2-\mathrm{d}_{P_1P_2}\sin\alpha_3 & \omega_1 \\ \mathrm{d}_{P_3P_1}\cos\alpha_2 & \mathrm{d}_{P_3P_1}\sin\alpha_2 & \mathrm{d}_{P_3P_1} \\ \cos\alpha_1+\cos\alpha_2+\cos\alpha_3 & \sin\alpha_1+\sin\alpha_2+\sin\alpha_3 & 3 \end{vmatrix}$$

$$=2a^2\mathrm{d}_{P_3P_1}\begin{vmatrix} \mathrm{d}_{P_2P_3}\cos\alpha_1-\mathrm{d}_{P_1P_2}\cos\alpha_3 & \mathrm{d}_{P_2P_3}\sin\alpha_1-\mathrm{d}_{P_1P_2}\sin\alpha_3 & \mathrm{d}_{P_2P_3}-\mathrm{d}_{P_1P_2} \\ \cos\alpha_2 & \sin\alpha_2 & 1 \\ \cos\alpha_1+\cos\alpha_3 & \sin\alpha_1+\sin\alpha_3 & 2 \end{vmatrix}$$

$$=2a^2\mathrm{d}_{P_3P_1}\left[(\mathrm{d}_{P_2P_3}-\mathrm{d}_{P_1P_2})\begin{vmatrix} \cos\alpha_2 & \sin\alpha_2 \\ \cos\alpha_1+\cos\alpha_3 & \sin\alpha_1+\sin\alpha_3 \end{vmatrix}\right.$$

$$-\begin{vmatrix} \mathrm{d}_{P_2P_3}\cos\alpha_1-\mathrm{d}_{P_1P_2}\cos\alpha_3 & \mathrm{d}_{P_2P_3}\sin\alpha_1-\mathrm{d}_{P_1P_2}\sin\alpha_3 \\ \cos\alpha_1+\cos\alpha_3 & \sin\alpha_1+\sin\alpha_3 \end{vmatrix}$$

$$\left.+2\begin{vmatrix} \mathrm{d}_{P_2P_3}\cos\alpha_1-\mathrm{d}_{P_1P_2}\cos\alpha_3 & \mathrm{d}_{P_2P_3}\sin\alpha_1-\mathrm{d}_{P_1P_2}\sin\alpha_3 \\ \cos\alpha_2 & \sin\alpha_2 \end{vmatrix}\right]$$

$$=2a^2\mathrm{d}_{P_3P_1}\{(\mathrm{d}_{P_2P_3}-\mathrm{d}_{P_1P_2})[\sin(\alpha_1-\alpha_2)+\sin(\alpha_3-\alpha_2)]-\mathrm{d}_{P_2P_3}\sin(\alpha_3-\alpha_1)$$

$$+\mathrm{d}_{P_1P_2}\sin(\alpha_1-\alpha_3)+2[\mathrm{d}_{P_2P_3}\sin(\alpha_2-\alpha_1)-\mathrm{d}_{P_1P_2}\sin(\alpha_2-\alpha_3)]\}$$

$$=2a^2 \mathrm{d}_{P_3P_1}(\mathrm{d}_{P_1P_2}+\mathrm{d}_{P_2P_3})\left[\sin(\alpha_2-\alpha_1)+\sin(\alpha_3-\alpha_2)+\sin(\alpha_1-\alpha_3)\right]$$

$$=2a^2\delta_3\left[\sin(\alpha_2-\alpha_1)+\sin(\alpha_3-\alpha_2)+\sin(\alpha_1-\alpha_3)\right]$$

$$=4\delta_3\mathrm{D}_{P_1P_2P_3},$$

因此, 当 $i=1$ 时, 式 (9.3.3) 成立.

推论 9.3.2　设三角形 $P_1P_2P_3$ 顶点的坐标为 $P_i(a\cos\alpha_i, a\sin\alpha_i)$ $(i=1,2,3)$, 重心为 G, 角平分线 $P_{i+2}Q_i$ 所在直线上的旁心为 $I_i(i=1,\ 2,\ 3)$, 则 $I_i, I_{i+1}, G(i=1,2,3)$ 三点均不共线.

证明　由式 (9.3.3) 易知 $\mathrm{D}_{I_i I_{i+1}G}\neq 0$ $(i=1,2,3)$, 因此 $I_i, I_{i+1}, G(i=1,2,3)$ 三点均不共线.

定理 9.3.4(喻德生, 2017)　设三角形 $P_1P_2P_3$ 顶点的坐标为 $P_i(a\cos\alpha_i, a\sin\alpha_i)$ $(i=1,2,3)$, 重心为 G, 角平分线 $P_{i+2}Q_i$ 所在直线上的旁心为 $I_i(i=1,\ 2,\ 3)$, 则

$$\sum_{i=1}^{3}\omega_i\omega_{i+1}\mathrm{D}_{I_i I_{i+1}G}=\frac{2}{3}\mathrm{D}_{P_1P_2P_3}\sum_{i=1}^{3}\delta_i=\frac{4}{3}\mathrm{D}_{P_1P_2P_3}\sum_{i=1}^{3}\mathrm{d}_{P_iP_{i+1}}\mathrm{d}_{P_{i+1}P_{i+2}}. \tag{9.3.4}$$

证明　不妨设三角形 $P_1P_2P_3$ 顶点的坐标为 $P_i(a\cos\alpha_i, a\sin\alpha_i)$ $(i=1,2,3)$, 于是由式 (9.3.3), 得

$$3\sum_{i=1}^{3}\omega_i\omega_{i+1}\mathrm{D}_{I_i I_{i+1}G}=2\mathrm{D}_{P_1P_2P_3}\sum_{i=1}^{3}\delta_{i+2}=2\mathrm{D}_{P_1P_2P_3}\sum_{i=1}^{3}\delta_i$$

$$=4\mathrm{D}_{P_1P_2P_3}\sum_{i=1}^{3}\mathrm{d}_{P_iP_{i+1}}\mathrm{d}_{P_{i+1}P_{i+2}},$$

因此, 式 (9.3.4) 成立.

9.3.3　三心三角形有向面积公式与应用

定理 9.3.5　三角形 $P_1P_2P_3$ 的外心 O、重心 G 和垂心 H 三点共线, 且 $\mathrm{D}_{OG}:\mathrm{D}_{GH}=1:2$.

证明　不妨设三角形 $P_1P_2P_3$ 顶点的坐标为 $P_i(a\cos\alpha_i, a\sin\alpha_i)(i=1,2,3)$, 于是三角形外心的坐标为 $O(0,0)$, 重心的坐标为

$$x_G=a\left(\cos\alpha_1+\cos\alpha_2+\cos\alpha_3\right)/3, \quad y_G=a\left(\sin\alpha_1+\sin\alpha_2+\sin\alpha_3\right)/3.$$

故由垂心的坐标公式 (9.1.5), 以及三角形有向面积公式, 可得

$$6\mathrm{D}_{OGH}=a^2\begin{vmatrix}\cos\alpha_1+\cos\alpha_2+\cos\alpha_3 & \sin\alpha_1+\sin\alpha_2+\sin\alpha_3\\ \cos\alpha_1+\cos\alpha_2+\cos\alpha_3 & \sin\alpha_1+\sin\alpha_2+\sin\alpha_3\end{vmatrix}=0,$$

从而三角形 $P_1P_2P_3$ 的外心 O、重心 G 和垂心 H 三点共线, 且显然 $\mathrm{D}_{OG} : \mathrm{D}_{GH} = 1 : 2$.

注 9.3.1 三角形外心、重心和垂心所在直线, 称为三角形的 Euler 线.

推论 9.3.3 在三角形 $P_1P_2P_3$ 中, G 为重心, O 为外心, a 为外接圆半径, Q_i 是 P_{i+2} 关于 $P_iP_{i+1}(i = 1, 2, 3)$ 的对称点, 求证:Q_1, Q_2, Q_3 三点共线当且仅当 $\mathrm{d}_{OG} = 2a/3$.

证明 由定理 9.3.5 和例 9.1.2, 可得

$$Q_1, Q_2, Q_3 \quad \text{三点共线} \quad \Leftrightarrow \mathrm{d}_{OH} = 2a \Leftrightarrow 3\mathrm{d}_{OG} = 2a \Leftrightarrow \mathrm{d}_{OG} = 2a/3.$$

定理 9.3.6 设三角形 $P_1P_2P_3$ 顶点的坐标为 $P_i(a\cos\alpha_i, a\sin\alpha_i)\ (i = 1, 2, 3)$, 垂心为 H, 内心 I, 角平分线 $P_{i+2}Q_i$ 所在直线上的旁心为 $I_i(i = 1, 2, 3)$, 则

$$\mathrm{D}_{II_iH} = \frac{a^2}{\omega\omega_i}\{\delta_i'\sin(\alpha_{i+1} - \alpha_i) - \delta_i[\sin(\alpha_i - \alpha_{i+2}) + \sin(\alpha_{i+1} - \alpha_{i+2})]\}, \quad (9.3.5)$$

其中 $i = 1, 2, 3$.

证明 仅证 $i = 1$ 的情形, $i = 2, 3$ 的情形类似. 依题设, 三角形 $P_1P_2P_3$ 外心的坐标为 $O(0, 0)$, 于是由公式 (9.1.1)、(9.1.2) 和 (9.1.5), 以及三角形有向面积公式, 可得

$$2\omega\omega_1\mathrm{D}_{II_1H}$$

$$= a^2 \begin{vmatrix} \mathrm{d}_{P_2P_3}\cos\alpha_1 + \mathrm{d}_{P_3P_1}\cos\alpha_2 + \mathrm{d}_{P_1P_2}\cos\alpha_3 & \mathrm{d}_{P_2P_3}\sin\alpha_1 + \mathrm{d}_{P_3P_1}\sin\alpha_2 + \mathrm{d}_{P_1P_2}\sin\alpha_3 & \omega \\ \mathrm{d}_{P_2P_3}\cos\alpha_1 + \mathrm{d}_{P_3P_1}\cos\alpha_2 - \mathrm{d}_{P_1P_2}\cos\alpha_3 & \mathrm{d}_{P_2P_3}\sin\alpha_1 + \mathrm{d}_{P_3P_1}\sin\alpha_2 - \mathrm{d}_{P_1P_2}\sin\alpha_3 & \omega_1 \\ \cos\alpha_1 + \cos\alpha_2 + \cos\alpha_3 & \sin\alpha_1 + \sin\alpha_2 + \sin\alpha_3 & 1 \end{vmatrix}$$

$$= a^2 \begin{vmatrix} 2\mathrm{d}_{P_1P_2}\cos\alpha_3 & 2\mathrm{d}_{P_1P_2}\sin\alpha_3 & 2\mathrm{d}_{P_1P_2} \\ \mathrm{d}_{P_2P_3}\cos\alpha_1 + \mathrm{d}_{P_3P_1}\cos\alpha_2 - \mathrm{d}_{P_1P_2}\cos\alpha_3 & \mathrm{d}_{P_2P_3}\sin\alpha_1 + \mathrm{d}_{P_3P_1}\sin\alpha_2 - \mathrm{d}_{P_1P_2}\cos\alpha_3 & \omega_1 \\ \cos\alpha_1 + \cos\alpha_2 + \cos\alpha_3 & \sin\alpha_1 + \sin\alpha_2 + \sin\alpha_3 & 1 \end{vmatrix}$$

$$= 2a^2\mathrm{d}_{P_1P_2} \begin{vmatrix} \cos\alpha_3 & \sin\alpha_3 & 1 \\ \mathrm{d}_{P_2P_3}\cos\alpha_1 + \mathrm{d}_{P_3P_1}\cos\alpha_2 & \mathrm{d}_{P_2P_3}\sin\alpha_1 + \mathrm{d}_{P_3P_1}\sin\alpha_2 & \mathrm{d}_{P_2P_3} + \mathrm{d}_{P_3P_1} \\ \cos\alpha_1 + \cos\alpha_2 & \sin\alpha_1 + \sin\alpha_2 & 0 \end{vmatrix}$$

$$=2a^2 \mathrm{d}_{P_1P_2} \left[\left| \begin{array}{cc} \mathrm{d}_{P_2P_3}\cos\alpha_1 + \mathrm{d}_{P_3P_1}\cos\alpha_2 & \mathrm{d}_{P_2P_3}\sin\alpha_1 + \mathrm{d}_{P_3P_1}\sin\alpha_2 \\ \cos\alpha_1 + \cos\alpha_2 & \sin\alpha_1 + \sin\alpha_2 \end{array} \right| \right.$$

$$\left. - (\mathrm{d}_{P_2P_3} + \mathrm{d}_{P_3P_1}) \left| \begin{array}{cc} \cos\alpha_3 & \sin\alpha_3 \\ \cos\alpha_1 + \cos\alpha_2 & \sin\alpha_1 + \sin\alpha_2 \end{array} \right| \right]$$

$$=2a^2 \mathrm{d}_{P_1P_2} \{ (\mathrm{d}_{P_2P_3} - \mathrm{d}_{P_3P_1})\sin(\alpha_2 - \alpha_1)$$

$$- (\mathrm{d}_{P_2P_3} + \mathrm{d}_{P_3P_1})[\sin(\alpha_1 - \alpha_3) + \sin(\alpha_2 - \alpha_3)] \}$$

$$=2a^2 \mathrm{d}_{P_1P_2} \{ (\mathrm{d}_{P_2P_3} - \mathrm{d}_{P_3P_1})\sin(\alpha_2 - \alpha_1)$$

$$- (\mathrm{d}_{P_2P_3} + \mathrm{d}_{P_3P_1})[\sin(\alpha_1 - \alpha_3) + \sin(\alpha_2 - \alpha_3)] \}$$

$$=2a^2 \{ \delta_1' \sin(\alpha_2 - \alpha_1) - \delta_1[\sin(\alpha_1 - \alpha_3) + \sin(\alpha_2 - \alpha_3)] \},$$

因此, 当 $i = 1$ 时, 式 (9.3.5) 成立.

推论 9.3.4　设三角形 $P_1P_2P_3$ 顶点的坐标为 $P_i(a\cos\alpha_i, a\sin\alpha_i)$ $(i = 1, 2, 3)$, 垂心为 H, 内心 I, 角平分线 $P_{i+2}Q_i$ 所在直线上的旁心为 $I_i (i = 1, 2, 3)$, 则 I, I_i, H 三点共线的充分必要条件是

$$\delta_i' \sin(\alpha_{i+1} - \alpha_i) = \delta_i [\sin(\alpha_i - \alpha_{i+2}) + \sin(\alpha_{i+1} - \alpha_{i+2})], \tag{9.3.6}$$

其中 $i = 1, 2, 3$.

证明　由式 (9.3.5), 并消除 $\mathrm{d}_{P_iP_{i+1}} \neq 0$, 得

$$I, I_i, H \quad 三点共线 \quad \Leftrightarrow \mathrm{D}_{II_iH} = 0 \Leftrightarrow 式 (9.3.6) 成立.$$

定理 9.3.7(喻德生, 2017)　设三角形 $P_1P_2P_3$ 的垂心为 H, 内心为 I, 角平分线 $P_{i+2}Q_i$ 所在直线上的旁心为 $I_i (i = 1, 2, 3)$, 则

$$\omega_1 \mathrm{D}_{II_1H} + \omega_2 \mathrm{D}_{II_2H} + \omega_3 \mathrm{D}_{II_3H} = 0. \tag{9.3.7}$$

证明　由式 (9.3.6), 可得

$$\omega \sum_{i=1}^{3} \omega_i \mathrm{D}_{II_iH}$$

$$=a^2 \sum_{i=1}^{3} \{ \delta_i' \sin(\alpha_{i+1} - \alpha_i) - \delta_i[\sin(\alpha_i - \alpha_{i+2}) + \sin(\alpha_{i+1} - \alpha_{i+2})] \}$$

$$=a^2 \sum_{i=1}^{3} (\delta_i' - \delta_{i+1} + \delta_{i+2})\sin(\alpha_{i+1} - \alpha_i)$$

$$=2a^2 \sum_{i=1}^{3} \left[\mathrm{d}_{P_iP_{i+1}} \left(\mathrm{d}_{P_{i+1}P_{i+2}} - \mathrm{d}_{P_{i+2}P_i} \right) - \mathrm{d}_{P_{i+1}P_{i+2}} \left(\mathrm{d}_{P_{i+2}P_i} + \mathrm{d}_{P_iP_{i+1}} \right) \right.$$

$$+ \mathrm{d}_{P_{i+2}P_i}\left(\mathrm{d}_{P_iP_{i+1}} + \mathrm{d}_{P_{i+1}P_{i+2}}\right)\big]\sin(\alpha_{i+1} - \alpha_i)$$
$$= 0,$$

因此, 式 (9.3.7) 成立.

推论 9.3.5 设三角形 $P_1P_2P_3$ 的垂心为 H, 内心 I, 角平分线 $P_{i+2}Q_i$ 所在直线上的旁心为 $I_i(i = 1, 2, 3)$, 则 I, I_{i+2}, H 三点共线的充分必要条件是

$$\omega_i \mathrm{D}_{I\,I_i\,H} + \omega_{i+1}\mathrm{D}_{I\,I_{i+1}\,H} = 0 \quad (i = 1, 2, 3).$$

证明 由式 (9.3.7) 即得.

定理 9.3.8(喻德生, 2017) 设三角形 $P_1P_2P_3$ 顶点的坐标为 $P_i(a\cos\alpha_i, a\sin\alpha_i)$ $(i = 1, 2, 3)$, 重心为 G, 内心 I, 角平分线 $P_{i+2}Q_i$ 所在直线上的旁心为 $I_i(i = 1, 2, 3)$, 则

$$\mathrm{D}_{I\,I_i\,G} = \frac{2\delta_i'}{3\omega\omega_i}\mathrm{D}_{P_1P_2P_3} \quad (i = 1, 2, 3). \tag{9.3.8}$$

证明 仅证 $i = 1$ 的情形, $i = 2, 3$ 的情形类似. 依题设, 三角形 $P_1P_2P_3$ 外心的坐标为 $O(0,0)$, 于是由公式 (9.1.1)、(9.1.2) 和重心的坐标公式, 以及三角形有向面积公式, 可得

$$6\omega\omega_1\mathrm{D}_{I\,I_1\,G}$$
$$= a^2 \begin{vmatrix} \mathrm{d}_{P_2P_3}\cos\alpha_1 + \mathrm{d}_{P_3P_1}\cos\alpha_2 + \mathrm{d}_{P_1P_2}\cos\alpha_3 & \mathrm{d}_{P_2P_3}\sin\alpha_1 + \mathrm{d}_{P_3P_1}\sin\alpha_2 + \mathrm{d}_{P_1P_2}\sin\alpha_3 & \omega \\ \mathrm{d}_{P_2P_3}\cos\alpha_1 + \mathrm{d}_{P_3P_1}\cos\alpha_2 - \mathrm{d}_{P_1P_2}\cos\alpha_3 & \mathrm{d}_{P_2P_3}\sin\alpha_1 + \mathrm{d}_{P_3P_1}\sin\alpha_2 - \mathrm{d}_{P_1P_2}\sin\alpha_3 & \omega_1 \\ \cos\alpha_1 + \cos\alpha_2 + \cos\alpha_3 & \sin\alpha_1 + \sin\alpha_2 + \sin\alpha_3 & 3 \end{vmatrix}$$

$$= a^2 \begin{vmatrix} 2\mathrm{d}_{P_1P_2}\cos\alpha_3 & 2\mathrm{d}_{P_1P_2}\sin\alpha_3 & 2\mathrm{d}_{P_1P_2} \\ \mathrm{d}_{P_2P_3}\cos\alpha_1 + \mathrm{d}_{P_3P_1}\cos\alpha_2 - \mathrm{d}_{P_1P_2}\cos\alpha_3 & \mathrm{d}_{P_2P_3}\sin\alpha_1 + \mathrm{d}_{P_3P_1}\sin\alpha_2 - \mathrm{d}_{P_1P_2}\cos\alpha_3 & \omega_1 \\ \cos\alpha_1 + \cos\alpha_2 + \cos\alpha_3 & \sin\alpha_1 + \sin\alpha_2 + \sin\alpha_3 & 3 \end{vmatrix}$$

$$= 2a^2\mathrm{d}_{P_1P_2} \begin{vmatrix} \cos\alpha_3 & \sin\alpha_3 & 1 \\ \mathrm{d}_{P_2P_3}\cos\alpha_1 + \mathrm{d}_{P_3P_1}\cos\alpha_2 & \mathrm{d}_{P_2P_3}\sin\alpha_1 + \mathrm{d}_{P_3P_1}\sin\alpha_2 & \mathrm{d}_{P_2P_3} + \mathrm{d}_{P_3P_1} \\ \cos\alpha_1 + \cos\alpha_2 & \sin\alpha_1 + \sin\alpha_2 & 2 \end{vmatrix}$$

$$
\begin{aligned}
=2a^2 \mathrm{d}_{P_1P_2} &\left[\left|\begin{matrix} \mathrm{d}_{P_2P_3}\cos\alpha_1 + \mathrm{d}_{P_3P_1}\cos\alpha_2 & \mathrm{d}_{P_2P_3}\sin\alpha_1 + \mathrm{d}_{P_3P_1}\sin\alpha_2 \\ \cos\alpha_1 + \cos\alpha_2 & \sin\alpha_1 + \sin\alpha_2 \end{matrix}\right|\right.\\
&- (\mathrm{d}_{P_2P_3} + \mathrm{d}_{P_3P_1})\left|\begin{matrix} \cos\alpha_3 & \sin\alpha_3 \\ \cos\alpha_1 + \cos\alpha_2 & \sin\alpha_1 + \sin\alpha_2 \end{matrix}\right|\\
&\left.+2\left|\begin{matrix} \cos\alpha_3 & \sin\alpha_3 \\ \mathrm{d}_{P_2P_3}\cos\alpha_1 + \mathrm{d}_{P_3P_1}\cos\alpha_2 & \mathrm{d}_{P_2P_3}\sin\alpha_1 + \mathrm{d}_{P_3P_1}\sin\alpha_2 \end{matrix}\right|\right]\\
=2a^2 \mathrm{d}_{P_1P_2} &\{ (\mathrm{d}_{P_2P_3} - \mathrm{d}_{P_3P_1})\sin(\alpha_2 - \alpha_1)\\
&- (\mathrm{d}_{P_2P_3} + \mathrm{d}_{P_3P_1})[\sin(\alpha_1 - \alpha_3) + \sin(\alpha_2 - \alpha_3)]\\
&+ 2\mathrm{d}_{P_2P_3}\sin(\alpha_1 - \alpha_3) + 2\mathrm{d}_{P_3P_1}\sin(\alpha_2 - \alpha_3)\}\\
=2a^2 \mathrm{d}_{P_1P_2} &\{ (\mathrm{d}_{P_2P_3} - \mathrm{d}_{P_3P_1})\sin(\alpha_2 - \alpha_1)\\
&+ (\mathrm{d}_{P_2P_3} - \mathrm{d}_{P_3P_1})[\sin(\alpha_1 - \alpha_3) - \sin(\alpha_2 - \alpha_3)]\}\\
=2a^2 \mathrm{d}_{P_1P_2} &(\mathrm{d}_{P_2P_3} - \mathrm{d}_{P_3P_1})[\sin(\alpha_2 - \alpha_1) + \sin(\alpha_3 - \alpha_2) + \sin(\alpha_1 - \alpha_3)]\\
=4\mathrm{d}_{P_1P_2} &(\mathrm{d}_{P_2P_3} - \mathrm{d}_{P_3P_1})\mathrm{D}_{P_1P_2P_3} = 4\delta_1' \mathrm{D}_{P_1P_2P_3},
\end{aligned}
$$

因此, 当 $i = 1$ 时, 式 (9.3.8) 成立.

推论 9.3.6　设三角形 $P_1P_2P_3$ 的重心为 G, 内心为 I, 角平分线 $P_{i+2}Q_i$ 所在直线上的旁心为 $I_i(i = 1,\ 2,\ 3)$, 则 I, I_i, G 三点共线的充分必要条件是 $\mathrm{d}_{P_{i+1}P_{i+2}} = \mathrm{d}_{P_{i+2}P_i}(i = 1,\ 2,\ 3)$.

证明　由式 (9.3.8), 并注意到 $\mathrm{d}_{P_iP_{i+1}} \neq 0$ 即得.

定理 9.3.9(喻德生, 2017)　设三角形 $P_1P_2P_3$ 重心为 G, 内心为 I, 角平分线 $P_{i+2}Q_i$ 所在直线上的旁心为 $I_i(i = 1,\ 2,\ 3)$, 则

$$
\omega_1 \mathrm{D}_{I\,I_1\,G} + \omega_2 \mathrm{D}_{I\,I_2\,G} + \omega_3 \mathrm{D}_{I\,I_3\,G} = 0. \tag{9.3.9}
$$

证明　由式 (9.3.8), 得

$$
\begin{aligned}
3\omega \sum_{i=1}^{3} \omega_i \mathrm{D}_{I\,I_i\,G} &= 2\mathrm{D}_{P_1P_2P_3} \sum_{i=1}^{3} \delta_i'\\
&= 2\mathrm{D}_{P_1P_2P_3} \sum_{i=1}^{3} \mathrm{d}_{P_iP_{i+1}}(\mathrm{d}_{P_{i+1}P_{i+2}} - \mathrm{d}_{P_{i+2}P_i})\\
&= 2\mathrm{D}_{P_1P_2P_3} \sum_{i=1}^{3} (\mathrm{d}_{P_iP_{i+1}}\mathrm{d}_{P_{i+1}P_{i+2}} - \mathrm{d}_{P_iP_{i+1}}\mathrm{d}_{P_{i+2}P_i})\\
&= 2\mathrm{D}_{P_1P_2P_3} \sum_{i=1}^{3} (\mathrm{d}_{P_iP_{i+1}}\mathrm{d}_{P_{i+1}P_{i+2}} - \mathrm{d}_{P_{i+1}P_{i+2}}\mathrm{d}_{P_iP_{i+1}})
\end{aligned}
$$

$$=0,$$

因此, 式 (9.3.9) 成立.

推论 9.3.7 设三角形 $P_1P_2P_3$ 重心为 G, 内心为 I, 角平分线 $P_{i+2}Q_i$ 所在直线上的旁心为 $I_i(i=1,\,2,\,3)$, 则 I, I_{i+2}, G 三点共线的充分必要条件是

$$\omega_i \mathrm{D}_{I\,I_i\,G} + \omega_{i+1}\mathrm{D}_{I\,I_{i+1}\,G} = 0 \quad (i=1,2,3).$$

证明 根据定理 9.3.7, 分别由式 (9.3.8) 即得.

定理 9.3.10 设三角形 $P_1P_2P_3$ 顶点的坐标为 $P_i(a\cos\alpha_i, a\sin\alpha_i)\,(i=1,2,3)$, 内心为 I, 重心为 G, 垂心为 H, 则

$$\mathrm{D}_{IGH} = \frac{a^2}{3\omega}\sum_{i=1}^{3}\sigma_i'\sin(\alpha_{i+1}-\alpha_i). \tag{9.3.10}$$

证明 依题设, 三角形 $P_1P_2P_3$ 外心的坐标为 $O(0,0)$, 于是由公式 (9.1.1)、(9.1.5) 和重心坐标公式, 以及三角形有向面积公式, 可得

$$6\omega\mathrm{D}_{IGH}$$

$$=a^2 \begin{vmatrix} \mathrm{d}_{P_2P_3}\cos\alpha_1 + \mathrm{d}_{P_3P_1}\cos\alpha_2 + \mathrm{d}_{P_1P_2}\cos\alpha_3 & \mathrm{d}_{P_2P_3}\sin\alpha_1 + \mathrm{d}_{P_3P_1}\sin\alpha_2 + \mathrm{d}_{P_1P_2}\sin\alpha_3 & \omega \\ \cos\alpha_1 + \cos\alpha_2 + \cos\alpha_3 & \sin\alpha_1 + \sin\alpha_2 + \sin\alpha_3 & 3 \\ \cos\alpha_1 + \cos\alpha_2 + \cos\alpha_3 & \sin\alpha_1 + \sin\alpha_2 + \sin\alpha_3 & 1 \end{vmatrix}$$

$$=a^2 \begin{vmatrix} \mathrm{d}_{P_2P_3}\cos\alpha_1 + \mathrm{d}_{P_3P_1}\cos\alpha_2 + \mathrm{d}_{P_1P_2}\cos\alpha_3 & \mathrm{d}_{P_2P_3}\sin\alpha_1 + \mathrm{d}_{P_3P_1}\sin\alpha_2 + \mathrm{d}_{P_1P_2}\sin\alpha_3 & \omega \\ 0 & 0 & 2 \\ \cos\alpha_1 + \cos\alpha_2 + \cos\alpha_3 & \sin\alpha_1 + \sin\alpha_2 + \sin\alpha_3 & 1 \end{vmatrix}$$

$$=2a^2 \begin{vmatrix} \mathrm{d}_{P_2P_3}\cos\alpha_1 + \mathrm{d}_{P_3P_1}\cos\alpha_2 + \mathrm{d}_{P_1P_2}\cos\alpha_3 & \mathrm{d}_{P_2P_3}\sin\alpha_1 + \mathrm{d}_{P_3P_1}\sin\alpha_2 + \mathrm{d}_{P_1P_2}\sin\alpha_3 \\ \cos\alpha_1 + \cos\alpha_2 + \cos\alpha_3 & \sin\alpha_1 + \sin\alpha_2 + \sin\alpha_3 \end{vmatrix}$$

$$=2a^2\left\{\mathrm{d}_{P_2P_3}\left[\sin(\alpha_2-\alpha_1) + \sin(\alpha_3-\alpha_1)\right] + \mathrm{d}_{P_3P_1}\left[\sin(\alpha_1-\alpha_2) + \sin(\alpha_3-\alpha_2)\right]\right.$$

$$+\mathrm{d}_{P_1 P_2} \left[\sin(\alpha_1 - \alpha_3) + \sin(\alpha_2 - \alpha_3)\right]\}$$

$$=2a^2 \sum_{i=1}^{3} \left(\mathrm{d}_{P_{i+1} P_{i+2}} - \mathrm{d}_{P_{i+2} P_i}\right) \sin(\alpha_{i+1} - \alpha_i)$$

$$=2a^2 \sum_{i=1}^{3} \sigma_i' \sin(\alpha_{i+1} - \alpha_i),$$

因此, 式 (9.3.10) 成立.

推论 9.3.8 设三角形 $P_1 P_2 P_3$ 顶点的坐标为 $P_i(a\cos\alpha_i, a\sin\alpha_i)$ $(i=1,2,3)$, 内心为 I, 重心为 G, 垂心为 H, 则 I, G, H 三点共线的充分必要条件是

$$\sum_{i=1}^{3} \sigma_i' \sin(\alpha_{i+1} - \alpha_i) = 0.$$

证明 由式 (9.3.10) 即得.

定理 9.3.11 设三角形 $P_1 P_2 P_3$ 顶点的坐标为 $P_i(a\cos\alpha_i, a\sin\alpha_i)$ $(i=1,2,3)$, 外心为 O, 内心为 I, 重心为 G, 垂心为 H, 则

$$\mathrm{D}_{OIH} = \frac{a^2}{2\omega} \sum_{i=1}^{3} \sigma_i' \sin(\alpha_{i+1} - \alpha_i). \tag{9.3.11}$$

$$\mathrm{D}_{OIG} = \frac{a^2}{6\omega} \sum_{i=1}^{3} \sigma_i' \sin(\alpha_{i+1} - \alpha_i). \tag{9.3.12}$$

证明 依题设, 三角形 $P_1 P_2 P_3$ 外心的坐标为 $O(0,0)$, 于是由公式 (9.1.1) 和 (9.1.5), 以及三角形有向面积公式, 可得

$$2\omega \mathrm{D}_{OIH}$$

$$=a^2 \begin{vmatrix} \mathrm{d}_{P_2 P_3} \cos\alpha_1 + \mathrm{d}_{P_3 P_1} \cos\alpha_2 + \mathrm{d}_{P_1 P_2} \cos\alpha_3 & \mathrm{d}_{P_2 P_3} \sin\alpha_1 + \mathrm{d}_{P_3 P_1} \sin\alpha_2 + \mathrm{d}_{P_1 P_2} \sin\alpha_3 \\ \cos\alpha_1 + \cos\alpha_2 + \cos\alpha_3 & \sin\alpha_1 + \sin\alpha_2 + \sin\alpha_3 \end{vmatrix}$$

$$=a^2 \{\mathrm{d}_{P_2 P_3} \left[\sin(\alpha_2 - \alpha_1) + \sin(\alpha_3 - \alpha_1)\right] + \mathrm{d}_{P_3 P_1} \left[\sin(\alpha_1 - \alpha_2) + \sin(\alpha_3 - \alpha_2)\right]$$

$$+\mathrm{d}_{P_1 P_2} \left[\sin(\alpha_1 - \alpha_3) + \sin(\alpha_2 - \alpha_3)\right]\}$$

$$=a^2 \sum_{i=1}^{3} \left(\mathrm{d}_{P_{i+1} P_{i+2}} - \mathrm{d}_{P_{i+2} P_i}\right) \sin(\alpha_{i+1} - \alpha_i)$$

$$=\sum_{i=1}^{3} \sigma_i' \sin(\alpha_{i+1} - \alpha_i),$$

因此, 式 (9.3.11) 成立.

又由定理 9.3.5, 可得 $\mathrm{D}_{OIG} = \mathrm{D}_{OIH}/3$, 因此式 (9.3.12) 成立.

推论 9.3.9 设三角形 $P_1P_2P_3$ 顶点的坐标为 $P_i(a\cos\alpha_i, a\sin\alpha_i)$ $(i = 1, 2, 3)$, 外心为 O, 内心为 I, 重心为 G, 垂心为 H, 则 $O, I, H(O, I, G)$ 三点共线的充分必要条件是

$$\sum_{i=1}^{3} \sigma_i' \sin(\alpha_{i+1} - \alpha_i) = 0.$$

证明 由式 (9.3.11) 和 (9.3.12) 即得.

推论 9.3.10 设三角形 $P_1P_2P_3$ 的外心为 O, 内心为 I, 重心为 G, 垂心为 H, 则

$$\mathrm{D}_{IGH} = \frac{2}{3}\mathrm{D}_{OIH} = 2\mathrm{D}_{OIG} \quad \left(\mathrm{a}_{IGH} = \frac{2}{3}\mathrm{a}_{OIH} = 2\mathrm{a}_{OIG}\right).$$

证明 由式 (9.3.10)、(9.3.11) 和 (9.3.12) 即得.

推论 9.3.11 设三角形 $P_1P_2P_3$ 的外心为 O, 内心为 I, 重心为 G, 垂心为 H, 则 I, G, H 三点共线的充分必要条件是 $O, I, H(O, I, G)$ 三点共线.

证明 由推论 9.3.8 和推论 9.3.9 或推论 9.3.10 即得.

定理 9.3.12 设三角形 $P_1P_2P_3$ 顶点的坐标为 $P_i(a\cos\alpha_i, a\sin\alpha_i)$ $(i = 1, 2, 3)$, 外心为 O, 重心为 G, 垂心为 H, 角平分线 $P_{i+2}Q_i$ 所在直线上的旁心为 $I_i(i = 1, 2, 3)$, 则

$$\mathrm{D}_{OI_iH} = \frac{a^2}{2\omega_i}\left[\sigma_i'\sin(\alpha_{i+1} - \alpha_i) - \sigma_{i+1}\sin(\alpha_{i+1} - \alpha_{i+2}) - \sigma_{i+2}\sin(\alpha_i - \alpha_{i+2})\right];$$
$$(9.3.13)$$

$$\mathrm{D}_{OI_iG} = \frac{a^2}{6\omega_i}\left[\sigma_i'\sin(\alpha_{i+1} - \alpha_i) - \sigma_{i+1}\sin(\alpha_{i+1} - \alpha_{i+2}) - \sigma_{i+2}\sin(\alpha_i - \alpha_{i+2})\right],$$
$$(9.3.14)$$

其中 $i = 1, 2, 3$.

证明 仅证 $i = 1$ 的情形, $i = 2, 3$ 的情形类似. 依题设, 三角形 $P_1P_2P_3$ 外心的坐标为 $O(0, 0)$, 于是由公式 (9.1.2) 和 (9.1.5), 以及三角形有向面积公式, 可得

$$2\omega\mathrm{D}_{OI_1H}$$
$$= a^2\begin{vmatrix} \mathrm{d}_{P_2P_3}\cos\alpha_1 + \mathrm{d}_{P_3P_1}\cos\alpha_2 - \mathrm{d}_{P_1P_2}\cos\alpha_3 & \mathrm{d}_{P_2P_3}\sin\alpha_1 + \mathrm{d}_{P_3P_1}\sin\alpha_2 - \mathrm{d}_{P_1P_2}\sin\alpha_3 \\ \cos\alpha_1 + \cos\alpha_2 + \cos\alpha_3 & \sin\alpha_1 + \sin\alpha_2 + \sin\alpha_3 \end{vmatrix}$$
$$= a^2\{\mathrm{d}_{P_2P_3}[\sin(\alpha_2 - \alpha_1) + \sin(\alpha_3 - \alpha_1)] + \mathrm{d}_{P_3P_1}[\sin(\alpha_1 - \alpha_2) + \sin(\alpha_3 - \alpha_2)]$$
$$\quad - \mathrm{d}_{P_1P_2}[\sin(\alpha_1 - \alpha_3) + \sin(\alpha_2 - \alpha_3)]\}$$
$$= a^2[(\mathrm{d}_{P_2P_3} - \mathrm{d}_{P_3P_1})\sin(\alpha_2 - \alpha_1) - (\mathrm{d}_{P_3P_1} + \mathrm{d}_{P_1P_2})\sin(\alpha_2 - \alpha_3)$$
$$\quad - (\mathrm{d}_{P_2P_3} + \mathrm{d}_{P_1P_2})\sin(\alpha_1 - \alpha_3)]$$
$$= a^2[\sigma_1'\sin(\alpha_2 - \alpha_1) - \sigma_2\sin(\alpha_2 - \alpha_3) - \sigma_3\sin(\alpha_1 - \alpha_3)],$$

因此, 当 $i = 1$ 时, 式 (9.3.13) 成立.

又由定理 9.3.3, 可得 $\mathrm{D}_{OIG} = \mathrm{D}_{OIH}/3$, 因此式 (9.3.14) 成立.

推论 9.3.12　设三角形 $P_1P_2P_3$ 顶点的坐标为 $P_i(a\cos\alpha_i, a\sin\alpha_i)$ $(i = 1, 2, 3)$, 外心为 O, 重心为 G, 垂心为 H, 角平分线 $P_{i+2}Q_i$ 所在直线上的旁心为 $I_i(i = 1, 2, 3)$, 则 $O, I_i, H(O, I_i, G)$ 三点共线的充分必要条件是

$$\sigma_i' \sin(\alpha_{i+1} - \alpha_i) = \sigma_{i+1} \sin(\alpha_{i+1} - \alpha_{i+2}) + \sigma_{i+2} \sin(\alpha_i - \alpha_{i+2}) \quad (i = 1, 2, 3).$$

证明　由式 (9.3.13) 和 (9.3.14) 即得.

定理 9.3.13(喻德生, 2017)　设三角形 $P_1P_2P_3$ 外心为 O, 内心为 I, 重心为 G, 垂心为 H, 角平分线 $P_{i+2}Q_i$ 所在直线上的旁心为 $I_i(i = 1, 2, 3)$, 则

$$\omega \mathrm{D}_{OIH} = \omega_1 \mathrm{D}_{OI_1H} + \omega_2 \mathrm{D}_{OI_2H} + \omega_3 \mathrm{D}_{OI_3H}; \tag{9.3.15}$$

$$\omega \mathrm{D}_{OIG} = \omega_1 \mathrm{D}_{OI_1G} + \omega_2 \mathrm{D}_{OI_2G} + \omega_3 \mathrm{D}_{OI_3G}. \tag{9.3.16}$$

证明　不妨设三角形 $P_1P_2P_3$ 顶点的坐标为 $P_i(a\cos\alpha_i, a\sin\alpha_i)$ $(i = 1, 2, 3)$, 则由式 (9.3.13) 和 (9.3.11), 得

$$2\left(\omega_1 \mathrm{D}_{OI_1H} + \omega_2 \mathrm{D}_{OI_2H} + \omega_3 \mathrm{D}_{OI_3H}\right)$$

$$= a^2 \sum_{i=1}^{3} \left[\sigma_i' \sin(\alpha_{i+1} - \alpha_i) - \sigma_{i+1} \sin(\alpha_{i+1} - \alpha_{i+2}) - \sigma_{i+2} \sin(\alpha_i - \alpha_{i+2})\right]$$

$$= a^2 \sum_{i=1}^{3} (\sigma_i' + \sigma_i - \sigma_i) \sin(\alpha_{i+1} - \alpha_i) = a^2 \sum_{i=1}^{3} \sigma_i' \sin(\alpha_{i+1} - \alpha_i)$$

$$= 2\omega \mathrm{D}_{OIH},$$

因此, 式 (9.3.15) 成立.

又由定理 9.3.3, 可得 $\mathrm{D}_{OIG} = \mathrm{D}_{OIH}/3, \mathrm{D}_{OI_iG} = \mathrm{D}_{OI_iH}/3(i = 1, 2, 3)$, 因此式 (9.3.16) 成立.

定理 9.3.14　设三角形 $P_1P_2P_3$ 顶点的坐标为 $P_i(a\cos\alpha_i, a\sin\alpha_i)$ $(i = 1, 2, 3)$, 重心为 G, 垂心为 H, 角平分线 $P_{i+2}Q_i$ 所在直线上的旁心为 $I_i(i = 1, 2, 3)$, 则

$$\mathrm{D}_{I_iGH} = \frac{a^2}{3\omega_i} \left[\sigma_i' \sin(\alpha_{i+1} - \alpha_i) - \sigma_{i+1} \sin(\alpha_{i+1} - \alpha_{i+2}) - \sigma_{i+2} \sin(\alpha_i - \alpha_{i+2})\right],$$
$$\tag{9.3.17}$$

其中 $i = 1, 2, 3$.

证明　仅证 $i = 1$ 的情形, $i = 2, 3$ 的情形类似. 依题设, 三角形 $P_1P_2P_3$ 外心的坐标为 $O(0,0)$, 于是由公式 (9.1.2)、(9.1.5) 和重心坐标公式, 以及三角形有向面积公式, 可得

$$6\omega_i \mathrm{D}_{I_i G H}$$

$$
=a^2 \left|
\begin{array}{c}
\mathrm{d}_{P_2 P_3}\cos\alpha_1 + \mathrm{d}_{P_3 P_1}\cos\alpha_2 - \mathrm{d}_{P_1 P_2}\cos\alpha_3 \\
\cos\alpha_1 + \cos\alpha_2 + \cos\alpha_3 \\
\cos\alpha_1 + \cos\alpha_2 + \cos\alpha_3
\end{array}
\right.
$$

$$
\left.
\begin{array}{cc}
\mathrm{d}_{P_2 P_3}\sin\alpha_1 + \mathrm{d}_{P_3 P_1}\sin\alpha_2 - \mathrm{d}_{P_1 P_2}\sin\alpha_3 & \omega \\
\sin\alpha_1 + \sin\alpha_2 + \sin\alpha_3 & 3 \\
\sin\alpha_1 + \sin\alpha_2 + \sin\alpha_3 & 1
\end{array}
\right|
$$

$$
=a^2 \left|
\begin{array}{c}
\mathrm{d}_{P_2 P_3}\cos\alpha_1 + \mathrm{d}_{P_3 P_1}\cos\alpha_2 - \mathrm{d}_{P_1 P_2}\cos\alpha_3 \\
0 \\
\cos\alpha_1 + \cos\alpha_2 + \cos\alpha_3
\end{array}
\right.
$$

$$
\left.
\begin{array}{cc}
\mathrm{d}_{P_2 P_3}\sin\alpha_1 + \mathrm{d}_{P_3 P_1}\sin\alpha_2 - \mathrm{d}_{P_1 P_2}\sin\alpha_3 & \omega \\
0 & 2 \\
\sin\alpha_1 + \sin\alpha_2 + \sin\alpha_3 & 1
\end{array}
\right|
$$

$$
=2a^2 \left|
\begin{array}{c}
\mathrm{d}_{P_2 P_3}\cos\alpha_1 + \mathrm{d}_{P_3 P_1}\cos\alpha_2 - \mathrm{d}_{P_1 P_2}\cos\alpha_3 \\
\cos\alpha_1 + \cos\alpha_2 + \cos\alpha_3
\end{array}
\right.
$$

$$
\left.
\begin{array}{c}
\mathrm{d}_{P_2 P_3}\sin\alpha_1 + \mathrm{d}_{P_3 P_1}\sin\alpha_2 - \mathrm{d}_{P_1 P_2}\sin\alpha_3 \\
\sin\alpha_1 + \sin\alpha_2 + \sin\alpha_3
\end{array}
\right|
$$

$$
=2a^2 \{\mathrm{d}_{P_2 P_3}[\sin(\alpha_2 - \alpha_1) + \sin(\alpha_3 - \alpha_1)]
$$
$$
+ \mathrm{d}_{P_3 P_1}[\sin(\alpha_1 - \alpha_2) + \sin(\alpha_3 - \alpha_2)]
$$
$$
- \mathrm{d}_{P_1 P_2}[\sin(\alpha_1 - \alpha_3) + \sin(\alpha_2 - \alpha_3)]\}
$$
$$
=2a^2[(\mathrm{d}_{P_2 P_3} - \mathrm{d}_{P_3 P_1})\sin(\alpha_2 - \alpha_1) + (\mathrm{d}_{P_3 P_1} + \mathrm{d}_{P_1 P_2})\sin(\alpha_3 - \alpha_2)
$$
$$
- (\mathrm{d}_{P_1 P_2} + \mathrm{d}_{P_2 P_3})\sin(\alpha_1 - \alpha_3)]
$$
$$
=2a^2[\sigma_1' \sin(\alpha_2 - \alpha_1) - \sigma_2 \sin(\alpha_2 - \alpha_3) - \sigma_3 \sin(\alpha_1 - \alpha_3)],
$$

因此, 当 $i = 1$ 时, 式 (9.3.17) 成立.

推论 9.3.13 设三角形 $P_1 P_2 P_3$ 顶点的坐标为 $P_i(a\cos\alpha_i, a\sin\alpha_i)$ $(i = 1, 2, 3)$, 重心为 G, 垂心为 H, 角平分线 $P_{i+2}Q_i$ 所在直线上的旁心为 $I_i(i = 1, 2, 3)$, 则 I_i, G, H 三点共线的充分必要条件是

$$
\sigma_i' \sin(\alpha_{i+1} - \alpha_i) = \sigma_{i+1} \sin(\alpha_{i+1} - \alpha_{i+2}) + \sigma_{i+2} \sin(\alpha_i - \alpha_{i+2}) \quad (i = 1, 2, 3).
$$

证明 由式 (9.3.17) 即得.

定理 9.3.15(喻德生, 2017) 设三角形 $P_1 P_2 P_3$ 的重心为 G, 垂心为 H, 内心

为 I, 角平分线 $P_{i+2}Q_i$ 所在直线上的旁心为 $I_i(i = 1,\ 2,\ 3)$, 则

$$\omega \mathrm{D}_{IGH} = \omega_1 \mathrm{D}_{I_1GH} + \omega_2 \mathrm{D}_{I_2GH} + \omega_3 \mathrm{D}_{I_3GH}. \tag{9.3.18}$$

证明   不妨设三角形 $P_1P_2P_3$ 顶点的坐标为 $P_i(a\cos\alpha_i,\ a\sin\alpha_i)$ $(i = 1, 2, 3)$, 则由式 (9.3.17) 和 (9.3.10), 得

$$3\left(\omega_1 \mathrm{D}_{I_1GH} + \omega_2 \mathrm{D}_{I_2GH} + \omega_3 \mathrm{D}_{I_3GH}\right)$$

$$=a^2 \sum_{i=1}^{3} \left[\sigma_i' \sin(\alpha_{i+1} - \alpha_i) - \sigma_{i+1}\sin(\alpha_{i+1} - \alpha_{i+2}) - \sigma_{i+2}\sin(\alpha_i - \alpha_{i+2})\right]$$

$$=a^2 \sum_{i=1}^{3} \left(\sigma_i' + \sigma_i - \sigma_i\right) \sin(\alpha_{i+1} - \alpha_i)$$

$$=a^2 \sum_{i=1}^{3} \sigma_i' \sin(\alpha_{i+1} - \alpha_i)$$

$$=3\omega \mathrm{D}_{IGH},$$

因此, 式 (9.3.18) 成立.

参 考 文 献

巴兹列夫 B T, 1985. 几何学及拓扑学习题集 [M]. 李质朴译. 北京: 北京师范大学出版社.

嘎尔别林 Γ A, 托尔贝戈 A K, 1990. 第 1—50 届莫斯科数学奥林匹克 [M]. 苏淳等译. 北京: 科学出版社.

胡敦复, 荣方舟, 2011. 世界著名平面几何经典著作钩沉. 哈尔滨: 哈尔滨工业大学出版社.

考克瑟特 H S M, 格蕾策 S L, 1986. 几何学的新探索 [M]. 陈维恒译. 北京: 北京大学出版社.

梁延堂, 2002. 关于两个三角形成正交透视的几个定理及其应用 [J]. 兰州大学学报, 38(1): 18—21.

廖小勇, 2003. Menelaus 定理的矢量证明及其应用 [J]. 曲靖师范学院学报, 22(6): 29—31.

梅向明, 刘增贤, 林向岩, 1983. 高等几何 [M]. 北京: 高等教育出版社.

单蹲, 2002. 数学名题词典 [M]. 南京: 江苏教育出版社.

沈文选, 2009. 走进教育数学 [M]. 北京: 科学出版社.

吴文俊, 2003. 数学机械化 [M]. 北京: 科学出版社.

夏道行, 吴作人, 严绍宗, 舒五昌, 1985. 实变函数论与泛函分析 (下册) [M]. 2 版. 北京: 高等教育出版社.

徐道, 1999. 正多边形中的定值问题 [J]. 安顺师专学报. (2): 19—24.

徐利治, 2007. 数学方法论十二讲 [M]. 大连: 大连理工大学出版社.

亚格龙 U M, 1987. 几何变换 3[M]. 章学成译. 北京: 北京大学出版社.

喻德生, 1999. 关于平面多边形有向面积的一些定理 [J]. 赣南师范学院学报, (3): 11—14.

喻德生, 1999. 有向面积及其应用 [J]. 吉安师专学报. (6): 35—40.

喻德生, 2000. 平面四边形有向面积的两个定理及其应用 [J]. 赣南师范学院学报, (3): 18—21.

喻德生, 2000. 一类垂足多边形的有向面积公式及其应用 [J]. 南昌航空工业学院学报, 14(4): 72—76.

喻德生, 2001. 关于垂足三角形有向面积的一些定理 [J]. 江西师范大学学报, 25(3): 214—218.

喻德生, 2001. 圆外切五边形中有向面积的定值定理及其应用 [J]. 南昌航空工业学院学报, 15(4): 58—62.

喻德生, 2002. 关于切顶线三角形有向面积的定值定理及其应用 [J]. 南昌航空工业学院学报, 16(3): 1—3.

喻德生, 2003. 高线三角形有向面积的定值定理及其应用 [J]. 南昌航空工业学院学报, 17(3): 43—45.

喻德生, 2003. 椭圆类二次曲线外切多边形中有向面积的定值定理及其应用 [J]. 南昌大学学报, 25(3): 94—97.

喻德生, 2003. 椭圆外切 $2n+1$ 边形中切定线三角形有向面积的定值定理及其应用 [J]. 南昌航空工业学院学报, 17(1): 10—12.

喻德生, 2004. 关于外、内三角形有向面积的两个定理及其应用 [J]. 宜春学院学报, 26(6): 19—21.

喻德生, 2004. 双曲类二次曲线外切多边形中有向面积的定值定理及其应用 [J]. 福州大学学报, 32(5): 522—525.

喻德生, 2006. 抛物类二次曲线外切 $2n+1$ 边形中有向面积的定值定理及其应用 [J]. 江西师范大学学报, 30(4): 319—421.

喻德生, 2006. 抛物类二次曲线外切多边形中有向面积的定值定理及其应用 [J]. 大学数学, 22(1): 26—29.

喻德生, 2006. 双曲类二次曲线外切 $2n+1$ 边形中有向面积的定值定理及其应用 [J]. 福州大学学报, 34(2): 176—179.

喻德生, 2007. Brianchon 定理在二次曲线外切 $2n$ 边形中的推广 [J]. 数学的实践与认识, 37(13): 109—113.

喻德生, 2010. 线型三角形有向面积公式及其应用 [J], 南昌航空大学学报, 24(3): 51—55.

喻德生, 2014. 平面有向几何学 [M]. 北京: 科学出版社.

喻德生, 2016. 有向几何学: 有向距离及其应用 [M]. 北京: 科学出版社.

喻德生, 师晶, 2009. 二次曲线外切多边形中有向距离的定值定理及其应用 [J]. 南昌航空大学学报, 23(4): 42—46.

喻德生, 徐迎博, 刘朝霞, 2011. 四边形中有向面积的定值定理及其应用 [J]. 数学研究期刊, 12(1): 1—9.

张景中, 1997. 几何定理机器证明二十年 [J]. 科学通报, 42(21): 2248—2256.

张景中, 2009. 几何新方法和新体系 [M]. 北京: 科学出版社.

张景中, 李永彬, 2009. 几何定理机器证明三十年 [J]. 系统科学与数学, 29(9): 1155—1168.

中国数学奥林匹克委员会, 等, 2012. 世界数学奥林匹克解题大辞典: 几何卷. 石家庄: 河北出版传媒集团, 河北少年少年儿童出版社.

朱华伟, 2009. 从数学竞赛到竞赛数学 [M]. 北京: 科学出版社.

Ayme J L, 2004. A purely synthetic proof of the Droz-Farny line theorem[J]. Forum Geometricorum, (4): 219—224.

Cerin Z, 2009. Rings of squares around orthologic triangles[J]. Forum Geometricorum, (9): 58—80.

Dergiades N, 2004. Signed distance and the Erdos-Mordell inequality [J]. Forum Geometricorum, (4): 67—68.

Dergiades N, Salazar H C, 2003 Harcourt's theorem [J]. Forum Geometricorum, (3): 117—124.

Ehrmann J P, 2004. Steiner's theorems on the complete quadrilateral[J]. Forum Geometricorum, (4): 35—52.

Gruenberg K W, Weir A J, 1977. Linear Geometry [M]. New York: Springer-Verlag.

Hoffmann M, Gorjanc S, 2008. On the generalized gergonne point and beyeond[J]. Forum Geometricorum, (8): 151—155.

Konecny V, Heuver J, Pfiefer R E, Problem 1320 and solutions[J]. Math. Mag., 621989(62): 137; 1990(63): 130—131.

Svrtan D, Veljan D, Volenec V, 2006[J]. Geometry of pentagons: From Gauss to Robbins.http://218. 264.35.10.hdbsm/.

Yu D S, 2009. On a fixed value theorem for directed areas in conic circumscribed polygons and applications[J]. 数学季刊, 24(4): 485—490.

Yu D S, 2011. On two fixed value theorems for directed areas in conic circumscribed 2n+1 polygon and applications [J]. The 2nd International Conference on Multimedia Technology, 3 (2): 2781—2784.

名 词 索 引